新时代大学数学系列教材

配套参考书

高等数学

（上册）

学习辅导与习题全解

主　编　李继成　朱晓平

副主编　赵小艳　屈　娜

中国教育出版传媒集团

高等教育出版社·北京

内容提要

本书是新时代大学数学系列教材《高等数学（上册）》的配套辅导书，与主教材的内容编排保持一致，并根据当前的实际教学需要，按章设置知识导图、基本内容、常用方法、典型例题、习题解答五个模块，帮助学生梳理知识脉络，掌握基本内容和方法，加强分析和解决问题的能力。习题解答部分给出了各章习题和总习题的全部解答，供使用教材的教师和学生参考。

本书可作为理工类专业学习高等数学的参考书，也可供准备报考研究生的学生参考。

图书在版编目（CIP）数据

高等数学（上册）学习辅导与习题全解 / 李继成，朱晓平主编．-- 北京：高等教育出版社，2024. 2

ISBN 978-7-04-060472-6

Ⅰ．①高… Ⅱ．①李… ②朱… Ⅲ．①高等数学－高等学校－教学参考资料 Ⅳ．① O13

中国国家版本馆 CIP 数据核字（2023）第 079155 号

GAODENG SHUXUE (SHANGCE) XUEXI FUDAO YU XITI QUANJIE

策划编辑　于丽娜　　责任编辑　于丽娜　　特约编辑　宋玉文　　封面设计　王凌波　易斯翔
版式设计　徐艳妮　　责任绘图　杨伟露　　责任校对　吕红颖　　责任印制　存　怡

出版发行　高等教育出版社
社　　址　北京市西城区德外大街4号
邮政编码　100120
印　　刷　保定市中画美凯印刷有限公司
开　　本　787mm × 1092mm　1/16
印　　张　19.5
字　　数　350 千字
购书热线　010-58581118
咨询电话　400-810-0598
网　　址　http://www.hep.edu.cn
　　　　　http://www.hep.com.cn
网上订购　http://www.hepmall.com.cn
　　　　　http://www.hepmall.com
　　　　　http://www.hepmall.cn
版　　次　2024 年 2 月第 1 版
印　　次　2024 年 2 月第 1 次印刷
定　　价　41.50 元

物 料 号　60472-00

前言

本书是新时代大学数学系列教材《高等数学（上册）》的配套教学辅导用书。

本书主教材自出版以来，受到广大高校专家学者和一线教师的广泛关注，并被不少高校作为教材选用。为配合教材的使用，本书按主教材章节顺序编排，按章设置知识导图、基本内容、常用方法、典型例题、习题解答五个模块，模块设置充分考虑教学实际需求，有利于辅助教师教学，帮助学生更好地巩固所学知识。

"知识导图"给出本章知识结构框图，帮助学生系统梳理本章知识要点，整体把握知识间的相互联系，从而"既见树木，又见森林"。

"基本内容"对每章重要概念、性质、定理等进行了整理、归纳和总结，重点内容一目了然，方便读者查阅和复习。

"常用方法"在读者学习基本内容后，给出本章涉及的常用方法，并选取了部分例题进行分析和解答，达到演示和示范作用。

"典型例题"在编者多年教学积累的基础上，精选了一些代表性的例题，其中不乏全国硕士研究生招生考试的题目，方便学生举一反三、巩固提高。

"习题解答"给出全书各章节全部习题的详细解答过程，问题分析透彻、深入浅出，有的题目给出了多种解法，供读者学习参考。建议读者在自己思考之后，再参考习题解答，这样可以更好地达到释疑解惑的功效。

本书由李继成、朱晓平主编，赵小艳、屈娜参与编写。

借本书出版之机，感谢教育部高等学校大学数学课程教学指导委员会、高等学校大学数学教学研究与发展中心和高等教育出版社的大力支持，对全国高校同行们长期以来的关心和支持致以诚挚的谢意!

限于编者水平，书中难免存在不足之处，敬请读者批评指正。

编　者

2023 年 9 月

目录

第一章　极限与连续

本章主要内容包括：一元函数的极限、连续、闭区间上连续函数的性质等.

一、知识导图

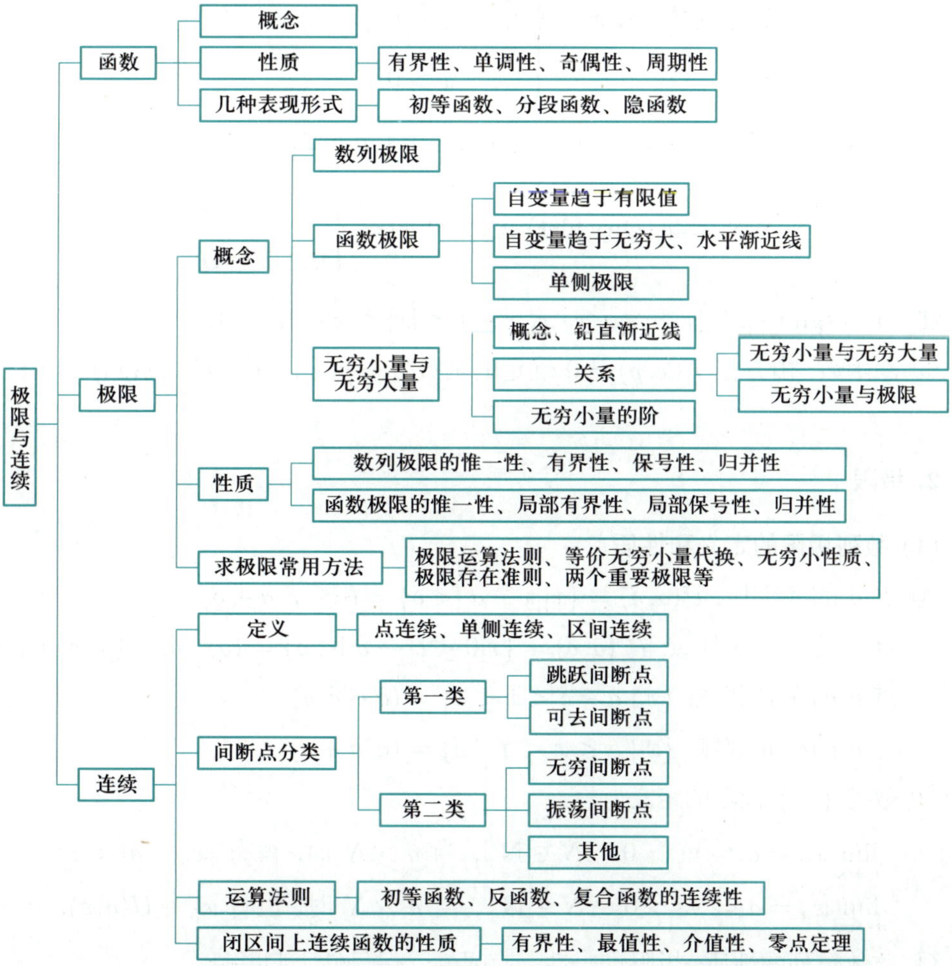

二、基本内容

1. 函数

(1) 函数的定义及基本性质

从非空数集 $D \subseteq \mathbf{R}$ 到 $\mathbf{R}$ 的任一映射 f 称为定义在 D 上的一元函数, 记作 $y = f(x), x \in D$. 其中 D 称为函数 f 的定义域, $f(D) = \{f(x) \mid x \in D\}$ 称为函数 f 的值域, 并把平面 $\mathbf{R}^2$ 上的点集 $\{(x, y) \mid y = f(x), x \in D\}$ 称为函数 f 的图形.

函数的几种基本性质: 有界性、单调性、奇偶性、周期性.

(2) 函数的几种表现形式

① 初等函数: 由常数和基本初等函数经过有限次的四则运算和复合运算所构成.

② 三个特殊的分段函数:

$$\text{符号函数 } \operatorname{sgn} x = \begin{cases} -1, & x < 0, \\ 0, & x = 0, \\ 1, & x > 0. \end{cases}$$

$$\text{取整函数 } [x] = n, n \leqslant x < n + 1, n \in \mathbf{Z}.$$

$$\text{狄利克雷 (Dirichlet) 函数 } D(x) = \begin{cases} 1, & x \in \mathbf{Q}, \\ 0, & x \in \mathbf{Q}^c. \end{cases}$$

注 $x = \operatorname{sgn} x \cdot |x|, |x| = \operatorname{sgn} x \cdot x, x - 1 < [x] \leqslant x < [x] + 1.$

③ 隐函数: 由方程 $F(x, y) = 0$ 确定的函数 $y = y(x)$, 满足 $F(x, y(x)) = 0$.

2. 极限

(1) 数列极限的定义和性质

① 点 a 的 δ 邻域: $U(a, \delta) = \{x \| x - a | < \delta\} = (a - \delta, a + \delta)$.

点 a 的去心 δ 邻域: $\mathring{U}(a, \delta) = \{x | 0 < |x - a| < \delta\} = (a - \delta, a) \bigcup (a, a + \delta)$.

点 a 的左 δ 邻域: $\{x \mid a - \delta < x < a\} = (a - \delta, a)$.

点 a 的右 δ 邻域: $\{x \mid a < x < a + \delta\} = (a, a + \delta)$.

② 数列 $\{x_n\}$ 极限的定义

$$\lim_{n \to \infty} x_n = a \Leftrightarrow \forall \varepsilon > 0, \exists N \in \mathbf{N}_+, \text{当 } n > N \text{ 时, 恒有 } |x_n - a| < \varepsilon.$$

或
$$\lim_{n \to \infty} x_n = a \Leftrightarrow \forall \varepsilon > 0, \exists N \in \mathbf{N}_+, \text{当 } n > N \text{ 时, 恒有 } x_n \in U(a, \varepsilon).$$

③ 收敛数列的性质: 极限惟一性、有界性、保号性、归并性.

基于收敛数列的性质, 常采用下面的逻辑判断:

(i) 收敛数列必有界, 但有界数列未必收敛, 因此, 无界数列必定发散.

(ii) 若数列 $\{x_n\}$ 满足 $\lim\limits_{n\to\infty} x_n = a > 0$ (或 $a < 0$), 则该数列从第 N_0 项起, 有 $x_n > 0$ (或 $x_n < 0$), $\forall n \geqslant N_0$.

(iii) 若数列 $\{x_n\}$ 有一个发散的子列 $\{x_{n_k}\}$, 则数列 $\{x_n\}$ 必发散. 若数列 $\{x_n\}$ 有两个子列收敛于不同的极限, 则数列 $\{x_n\}$ 必发散. 若子列 $\{x_{2n}\}$ 和 $\{x_{2n-1}\}$ 都收敛于 a, 则数列 $\{x_n\}$ 收敛于 a.

(2) 函数极限的定义和性质

① $f(x)$: $\mathring{U}(x_0) \subseteq \mathbf{R} \to \mathbf{R}$, $x \to x_0$ 时函数的极限

$$\lim_{x\to x_0} f(x) = A \Leftrightarrow \forall \varepsilon > 0,\ \exists \delta > 0,\ 当\ 0 < |x - x_0| < \delta\ 时,\ 恒有\ |f(x) - A| < \varepsilon.$$

类似地, 可定义 $\lim\limits_{x\to x_0^+} f(x) = A$, $\lim\limits_{x\to x_0^-} f(x) = A$.

很显然, $\lim\limits_{x\to x_0} f(x) = A \Leftrightarrow \lim\limits_{x\to x_0^+} f(x) = \lim\limits_{x\to x_0^-} f(x) = A$.

② $f(x)$: $(a, +\infty) \to \mathbf{R}$, $x \to +\infty$ 时函数的极限

$$\lim_{x\to+\infty} f(x) = A \Leftrightarrow \forall \varepsilon > 0,\ \exists X > 0,\ 当\ x > X\ 时,\ 恒有\ |f(x) - A| < \varepsilon.$$

类似地, 可定义 $\lim\limits_{x\to-\infty} f(x) = A$, $\lim\limits_{x\to\infty} f(x) = A$.

很显然, $\lim\limits_{x\to\infty} f(x) = A \Leftrightarrow \lim\limits_{x\to+\infty} f(x) = \lim\limits_{x\to-\infty} f(x) = A$.

一般地, 如果 $\lim\limits_{x\to+\infty} f(x) = A$ 或 $\lim\limits_{x\to-\infty} f(x) = A$, 那么 $y = A$ 是曲线 $y = f(x)$ 的水平渐近线.

③ 函数极限的性质: 极限惟一性、局部有界性、局部保号性、归并性.

基于函数极限的定义和性质, 常采用下面的逻辑判断:

(i) 极限 $\lim\limits_{x\to x_0} f(x)$ 是否存在同 $f(x)$ 在 x_0 处是否有定义没有因果关系.

(ii) 若 $\lim\limits_{x\to x_0^+} f(x) \neq \lim\limits_{x\to x_0^-} f(x)$, 则极限 $\lim\limits_{x\to x_0} f(x)$ 不存在. 类似地, 若 $\lim\limits_{x\to+\infty} f(x) \neq \lim\limits_{x\to-\infty} f(x)$, 则极限 $\lim\limits_{x\to\infty} f(x)$ 不存在.

(iii) 如果 $\lim\limits_{x\to x_0} f(x) = A$, 且 $A > 0$ (或 $A < 0$), 那么存在点 x_0 的某个去心邻域 $\mathring{U}(x_0)$, 在其内部 $f(x) > 0$ (或 $f(x) < 0$).

(iv) 若存在收敛于 x_0 的数列 $\{x_n\}(x_n \neq x_0)$, 使得 $\lim\limits_{n\to\infty} f(x_n)$ 不存在, 则 $\lim\limits_{x\to x_0} f(x)$ 不存在. 若存在收敛于 x_0 的两个不同的数列 $\{x_n\}, \{x_n'\}$, 使得 $\lim\limits_{n\to\infty} f(x_n) \neq \lim\limits_{n\to\infty} f(x_n')$, 则 $\lim\limits_{x\to x_0} f(x)$ 不存在. 若函数极限 $\lim\limits_{x\to+\infty} f(x)$ 存在, 则数列极限 $\lim\limits_{n\to\infty} f(n)$ 存在, 并且成立 $\lim\limits_{n\to\infty} f(n) = \lim\limits_{x\to+\infty} f(x)$.

(3) 极限的运算法则

① 极限的四则运算法则

数列极限与函数极限的四则运算法则是一致的. 以 $x \to x_0$ 时函数的极限运算为例, 如果 $\lim\limits_{x \to x_0} f(x) = A$, $\lim\limits_{x \to x_0} g(x) = B$, 那么

$$\lim_{x \to x_0} [\alpha f(x) \pm \beta g(x)] = \alpha A \pm \beta B = \alpha \lim_{x \to x_0} f(x) \pm \beta \lim_{x \to x_0} g(x), \quad \alpha, \beta \in \mathbf{R};$$

$$\lim_{x \to x_0} f(x)g(x) = AB = \lim_{x \to x_0} f(x) \cdot \lim_{x \to x_0} g(x);$$

$$\lim_{x \to x_0} \frac{f(x)}{g(x)} = \frac{A}{B} = \frac{\lim\limits_{x \to x_0} f(x)}{\lim\limits_{x \to x_0} g(x)} \quad (B \neq 0).$$

② 复合函数极限运算法则

设 $\lim\limits_{x \to x_0} g(x) = u_0$, $\lim\limits_{u \to u_0} f(u) = A$, 且在点 x_0 的某去心邻域 $\mathring{U}(x_0)$ 内, 都有 $g(x) \neq u_0$, 则复合函数 $f[g(x)]$ 当 $x \to x_0$ 时的极限存在, 且 $\lim\limits_{x \to x_0} f[g(x)] = A = \lim\limits_{u \to u_0} f(u)$.

(4) 极限存在准则与两个重要极限

极限存在准则包括夹逼准则和单调有界收敛准则.

① 夹逼准则: 若数列 $\{x_n\}$, $\{y_n\}$ 及 $\{z_n\}$ 满足 $\exists n_0 \in \mathbf{N}$, 当 $n > n_0$ 时, $y_n \leqslant x_n \leqslant z_n$, 且 $\lim\limits_{n \to \infty} y_n = \lim\limits_{n \to \infty} z_n = a$, 则数列 $\{x_n\}$ 的极限存在, 且 $\lim\limits_{n \to \infty} x_n = a$. 对于函数极限仍成立类似的结果.

② 单调有界收敛准则: 单调有界数列必定收敛.

③ 两个重要极限: $\lim\limits_{x \to 0} \dfrac{\sin x}{x} = 1$, $\lim\limits_{x \to 0} (1+x)^{\frac{1}{x}} = \mathrm{e}$ 或 $\lim\limits_{x \to \infty} \left(1 + \dfrac{1}{x}\right)^x = \mathrm{e}$.

(5) 无穷小量与无穷大量

① 无穷小量: 若 $\lim\limits_{x \to x_0} \alpha(x) = 0$ (或 $\lim\limits_{x \to \infty} \alpha(x) = 0$), 则称 $\alpha(x)$ 为当 $x \to x_0$ (或 $x \to \infty$) 时的无穷小量, 简称无穷小.

注 无穷小量是一个以零为极限的函数, 常数零是惟一的可作为无穷小量的常数.

② 无穷大量: 若 $\lim\limits_{x \to x_0} \beta(x) = \infty$ (或 $\lim\limits_{x \to \infty} \beta(x) = \infty$), 则称 $\beta(x)$ 为当 $x \to x_0$ (或 $x \to \infty$) 时的无穷大量, 简称无穷大. 无穷大量是在自变量的变化过程中, 函数极限不存在的一种特殊情况.

一般地, 如果 $\lim\limits_{x \to x_0^+} f(x) = \infty$ 或 $\lim\limits_{x \to x_0^-} f(x) = \infty$, 那么直线 $x = x_0$ 是曲线 $y = f(x)$ 的铅直渐近线.

③ 常用结论

(i) 有限多个无穷小量的和、积仍是无穷小量, 有界函数与无穷小量的乘积是无穷

小量.

(ii) 在自变量的某个极限变化过程 (如 $x\to x_0$) 中, $\lim\limits_{x\to x_0} f(x)=A \Leftrightarrow f(x)=A+\alpha(x)$, 其中 $\alpha(x)$ 是 $x\to x_0$ 时的无穷小量.

(iii) 在自变量的某个极限变化过程中, 若 $\alpha(x)$ 为无穷大量, 则 $\dfrac{1}{\alpha(x)}$ 为无穷小量. 反之, 若 $\alpha(x)$ 为无穷小量, 且 $\alpha(x)\neq 0$, 则 $\dfrac{1}{\alpha(x)}$ 为无穷大量.

(iv) 若函数在自变量的某个极限变化过程中为无穷大量, 则该函数在其定义域内一定无界. 但反之不成立, 即无界函数未必是无穷大量.

(6) 无穷小量的比较 (除常量零外) (以 $x\to x_0$ 为例)

① 设 $\alpha(x)$ 及 $\beta(x)$ 是 $x\to x_0$ 时的无穷小量, 且 $\lim\limits_{x\to x_0}\dfrac{\beta(x)}{\alpha(x)}=c$.

(i) 若 $c=0$, 则称 $\beta(x)$ 是比 $\alpha(x)$ 高阶的无穷小量, 记为 $\beta(x)=o(\alpha(x))$;

(ii) 若 $c=1$, 则称 $\beta(x)$ 是与 $\alpha(x)$ 等价的无穷小量, 记为 $\alpha(x)\sim\beta(x)$;

(iii) 若 $c\neq 0$, 则称 $\beta(x)$ 是与 $\alpha(x)$ 同阶的无穷小量;

(iv) 若 $\lim\limits_{x\to x_0}\dfrac{\beta(x)}{\alpha^k(x)}=c\ (c\neq 0)$, $k>0$, 则称 $\beta(x)$ 是 $\alpha(x)$ 的 k 阶无穷小量.

当 $x\to 0$ 时, 常用的等价无穷小量有:

$$x\sim\sin x\sim\tan x\sim\arcsin x\sim\arctan x\sim\ln(1+x)\sim(\mathrm{e}^x-1);$$

$$1-\cos x\sim\frac{1}{2}x^2;\quad (1+x)^\alpha-1\sim\alpha x\quad(\alpha\neq 0).$$

② 常用结论

(i) $\lim\limits_{x\to x_0}\dfrac{\beta(x)}{\alpha(x)}=1\Leftrightarrow\beta(x)=\alpha(x)+o(\alpha(x))$, 即 $\beta(x)-\alpha(x)=o(\alpha(x))$, 也就是说, 两个等价无穷小量相差一个更高阶的无穷小量.

(ii) 若 $\alpha(x)\sim\overline{\alpha}(x)$, $\beta(x)\sim\overline{\beta}(x)$, 且 $\lim\limits_{x\to x_0}\dfrac{\overline{\alpha}(x)}{\overline{\beta}(x)}$ 存在, 则 $\lim\limits_{x\to x_0}\dfrac{\alpha(x)}{\beta(x)}=\lim\limits_{x\to x_0}\dfrac{\overline{\alpha}(x)}{\overline{\beta}(x)}$.

3. 连续

(1) 函数的连续性

① 设 $f(x):U(x_0)\to\mathbf{R}$, 若 $\lim\limits_{x\to x_0}f(x)=f(x_0)$, 则称函数 $f(x)$ 在点 x_0 处连续, 亦称 x_0 是 $f(x)$ 的连续点. 类似地, 可定义左连续 $\lim\limits_{x\to x_0^-}f(x)=f(x_0)$ 和右连续 $\lim\limits_{x\to x_0^+}f(x)=f(x_0)$ 的概念.

$f(x)$ 在点 x_0 处连续 $\Leftrightarrow f(x)$ 在点 x_0 处既左连续又右连续.

② 若函数 $f(x)$ 在区间 I 上每一点都连续, 则称 $f(x)$ 在区间 I 上连续, 或称 $f(x)$

为区间 I 上的连续函数. 如果区间包括端点, 那么函数在左端点连续指的是右连续, 在右端点连续指的是左连续. 通常用 $f(x)\in C(I)$ 表示 $f(x)$ 是区间 I 上的连续函数.

基本初等函数在其定义域内是连续的. 从几何直观上看, 在一个区间上连续的函数的图形是一条不间断的曲线.

③ 若函数 $f(x)$ 在点 x_0 的某去心邻域内有定义, 但在点 x_0 处不连续, 则称 $f(x)$ 在点 x_0 处间断, x_0 为 $f(x)$ 的间断点.

函数的间断点分为两类: $f(x_0^-)$, $f(x_0^+)$ 均存在的间断点称为第一类间断点, 其余间断点为第二类间断点. 若 $f(x_0^-)=f(x_0^+)$, 则称点 x_0 为 $f(x)$ 的第一类可去间断点; 若 $f(x_0^-)\neq f(x_0^+)$, 则称点 x_0 为 $f(x)$ 的第一类跳跃间断点. 第二类间断点包括无穷间断点、振荡间断点等.

(2) 连续函数的性质

① 若函数 $f(x)$ 和 $g(x)$ 在点 x_0 处连续, 则它们的和、差、积、商 (分母不为 0 时) 在点 x_0 处均连续.

② 若 $y=f(u)$ 在点 u_0 处连续, 而 $u=u(x)$ 在点 x_0 处连续, 且 $u(x_0)=u_0$, 则复合函数 $y=f[u(x)]$ 在点 x_0 处连续.

③ 设函数 $y=f(x)$ 在区间 I_x 上单调增加 (或单调减少) 且连续, 则它的反函数 $x=f^{-1}(y)$ 存在, 并且在对应区间 $I_y=\{y\mid y=f(x),\ x\in I_x\}$ 上单调增加 (或单调减少) 且连续.

④ 初等函数在其定义域内的区间上连续.

(3) 闭区间上连续函数的性质

① 有界性: 闭区间 $[a,b]$ 上的连续函数 $f(x)$ 必有界.

② 最值性: 闭区间 $[a,b]$ 上的连续函数 $f(x)$ 必取得最大值和最小值.

③ 介值性: 闭区间 $[a,b]$ 上的连续函数 $f(x)$ 必能取得介于最小值和最大值的任意值.

④ 零点定理: 若函数 $f(x)$ 在闭区间 $[a,b]$ 上连续, 且 $f(a)\cdot f(b)<0$, 则 $f(x)$ 在开区间 (a,b) 内至少有一个零点.

三、常用方法

1. 求初等函数的定义域

若函数没有明确的实际意义, 则其定义域是使其表达式有意义的自变量取值范围. 对于具有特定意义的函数, 其定义域要受问题的实际约束, 如在自由落体运动中, 物体下落距离 s 与时间 t 的函数关系为 $s=\dfrac{1}{2}gt^2$, 该函数定义域为 $[0,T]$, 其中 $t=T$ 时该物体落到地面.

例 1 求函数 $y=\log_{(x-2)}(16-x^2)$ 的定义域.

解 要使该函数有意义, 需满足 $\begin{cases}16-x^2>0,\\ x-2>0,\\ x-2\neq 1.\end{cases}$ 求解不等式组,可得 $\begin{cases}|x|<4,\\ x>2,\\ x\neq 3.\end{cases}$ 求这些数集的交集, 可得函数的定义域为 $(2,3)\bigcup(3,4)$ 或 $\{x\mid 2<x<4, x\neq 3\}$.

2. 判定函数的奇偶性、单调性、周期性和有界性

根据函数奇偶性、单调性、周期性等概念, 逐一验证即可.

例 2 已知函数 $f(x)$ 满足 $af(x)+bf\left(\dfrac{1}{x}\right)=\dfrac{c}{x}$, 其中 a,b,c 为常数且 $|a|\neq|b|$, 证明 $f(x)$ 是奇函数.

证明 先求 $f(x)$ 的表达式, 再证明 $f(-x)=-f(x)$.

令 $t=\dfrac{1}{x}$, 代入原式得 $af\left(\dfrac{1}{t}\right)+bf(t)=ct$, 于是 $\begin{cases}af(x)+bf\left(\dfrac{1}{x}\right)=\dfrac{c}{x},\\ af\left(\dfrac{1}{x}\right)+bf(x)=cx,\end{cases}$ 消去 $f\left(\dfrac{1}{x}\right)$ 后得

$$f(x)=\frac{c}{a^2-b^2}\left(\frac{a}{x}-bx\right), \text{ 其中 } a^2-b^2\neq 0.$$

由 $f(-x)=\dfrac{c}{a^2-b^2}\left(\dfrac{a}{-x}+bx\right)=-\dfrac{c}{a^2-b^2}\left(\dfrac{a}{x}-bx\right)=-f(x)$, 知 $f(x)$ 是奇函数.

例 3 设 $f(x)=\dfrac{1}{x}\cos\dfrac{1}{x}$, 证明该函数在区间 $(0,1)$ 内无界.

证明 根据定义可知, 只需证明: 对于任意给定的数 $M>0$, 存在点 $x_0\in(0,1)$, 使得 $\left|\dfrac{1}{x_0}\cos\dfrac{1}{x_0}\right|>M$.

对任何给定的数 $M>0$, 必存在自然数 n, 使得 $\dfrac{1}{2[M+1]\pi}=\dfrac{1}{2n\pi}$, 若取 $x_0=\dfrac{1}{2n\pi}\in(0,1)$, 则 $|f(x_0)|=|2n\pi\cos 2n\pi|=2n\pi>M$. 故 $f(x)=\dfrac{1}{x}\cos\dfrac{1}{x}$ 在区间 $(0,1)$ 内是无界的.

3. 用极限的定义、性质判定极限的存在性

以数列极限为例, 用定义证明数列 $\{x_n\}$ 的极限为 a 时, 关键是对于任意给定的正数 ε, 如何找到相应的 N, 使得当 $n>N$ 时, 恒有 $|x_n-a|<\varepsilon$. 通常可由不等式

$|x_n-a|<\varepsilon$ 解出使该不等式成立的关系式 $n>\varphi(\varepsilon)$ ($\varphi(\varepsilon)$ 表示与 ε 有关的数), 然后选取 $N=[\varphi(\varepsilon)]$ 即可. 在实际推理中, 通常会采取不等式的放缩技巧.

例 4 证明 $\lim\limits_{n\to\infty}\dfrac{\sqrt{n^2+4}}{n}=1$.

证明 因为 $\left|\dfrac{\sqrt{n^2+4}}{n}-1\right|=\left|\dfrac{\sqrt{n^2+4}-n}{n}\right|=\left|\dfrac{4}{n(\sqrt{n^2+4}+n)}\right|<\dfrac{4}{n}$, 为使 $\left|\dfrac{\sqrt{n^2+4}}{n}-1\right|<\varepsilon$, 所以只需 $\dfrac{4}{n}<\varepsilon$, 即 $n>\dfrac{4}{\varepsilon}$ 即可. 因此, 对于任意给定的 $\varepsilon>0$, 存在正整数 $N=\left[\dfrac{4}{\varepsilon}\right]$, 当 $n>N$ 时, 恒有 $\left|\dfrac{\sqrt{n^2+4}}{n}-1\right|<\varepsilon$, 即 $\lim\limits_{n\to\infty}\dfrac{\sqrt{n^2+4}}{n}=1$.

例 5 设 $x_n=\sin\dfrac{n\pi}{2}$ $(n=1,2,\cdots)$, 证明数列 $\{x_n\}$ 发散.

证明 根据收敛数列极限的惟一性, 为证明数列 $\{x_n\}$ 发散, 只需找到数列 $\{x_n\}$ 的两个子列, 其极限不同即可. 取数列 $\{x_n\}$ 的两个子列 $\left\{\sin\dfrac{(4k)\pi}{2}\right\}$ 和 $\left\{\sin\dfrac{(4k+1)\pi}{2}\right\}$, 其中 k 为正整数. 由于

$$\lim_{k\to\infty}\sin\frac{(4k)\pi}{2}=\lim_{k\to\infty}\sin 2k\pi=0,\quad \lim_{k\to\infty}\sin\frac{(4k+1)\pi}{2}=\lim_{k\to\infty}\sin\left(2k\pi+\frac{\pi}{2}\right)=1,$$

因此, 数列 $\{x_n\}$ 发散.

注 读者可尝试用类似的方法证明极限 $\lim\limits_{x\to 0}\sin\dfrac{1}{x}$ 不存在.

4. 用极限存在准则判定极限的存在性

以数列极限为例, 当极限 $\lim\limits_{n\to\infty}x_n$ 难以计算时, 若能找到数列 $\{y_n\}$, $\{z_n\}$ 满足 $y_n\leqslant x_n\leqslant z_n$, 并且 $\lim\limits_{n\to\infty}y_n=\lim\limits_{n\to\infty}z_n=A$, 则由夹逼准则可知 $\lim\limits_{n\to\infty}x_n=A$. 对于由递推关系式给出的数列 $x_n=f(x_{n-1})$ $(n=2,3,\cdots)$, 常采用单调有界收敛准则证明数列 $\{x_n\}$ 收敛, 然后设 $\lim\limits_{n\to\infty}x_n=A$, 对递推关系式两边求极限得 $A=f(A)$, 解出 A 即可.

例 6 求下列极限:

(1) $\lim\limits_{n\to\infty}\left(\dfrac{1}{n^3+1}+\dfrac{2^2}{n^3+2}+\cdots+\dfrac{n^2}{n^3+n}\right)$;

(2) 设数列 $x_1=\sqrt{a}$, $x_2=\sqrt{a+\sqrt{a}}$, $x_3=\sqrt{a+\sqrt{a+\sqrt{a}}},\cdots(a>0)$, 求 $\lim\limits_{n\to\infty}x_n$.

解 (1) 因为 $\dfrac{1+2^2+\cdots+n^2}{n^3+n}\leqslant\dfrac{1}{n^3+1}+\dfrac{2^2}{n^3+2}+\cdots+\dfrac{n^2}{n^3+n}\leqslant\dfrac{1+2^2+\cdots+n^2}{n^3+1}$, 又因为

$$\lim_{n\to\infty}\frac{1+2^2+\cdots+n^2}{n^3+n}=\lim_{n\to\infty}\frac{\frac{n}{6}(n+1)(2n+1)}{n^3+n}=\frac{1}{3},$$

$$\lim_{n\to\infty}\frac{1+2^2+\cdots+n^2}{n^3+1}=\lim_{n\to\infty}\frac{\frac{n}{6}(n+1)(2n+1)}{n^3+1}=\frac{1}{3},$$

所以由夹逼准则知, $\lim\limits_{n\to\infty}\left(\frac{1}{n^3+1}+\frac{2^2}{n^3+2}+\cdots+\frac{n^2}{n^3+n}\right)=\frac{1}{3}$.

(2) 所求数列可表示为 $x_n=\sqrt{a+x_{n-1}}\ (n\geqslant 2)$, 先证 $\{x_n\}$ 为单调增加数列.

由于 $x_2=\sqrt{a+\sqrt{a}}>\sqrt{a}=x_1$, 假设 $n=k$ 时, $x_k>x_{k-1}$, 则

$$x_{k+1}=\sqrt{a+x_k}>\sqrt{a+x_{k-1}}=x_k,$$

由数学归纳法知, 数列 $\{x_n\}$ 单调增加. 下面证明数列 $\{x_n\}$ 有上界.

显然有 $x_n>0$, 将 $x_n=\sqrt{a+x_{n-1}}$ 两边平方可得 $x_n^2=a+x_{n-1}$, 即 $x_n=\frac{a}{x_n}+\frac{x_{n-1}}{x_n}$. 因为 $x_n>\sqrt{a}$, $x_{n-1}<x_n$, 所以 $x_n=\frac{a}{x_n}+\frac{x_{n-1}}{x_n}<\sqrt{a}+1$, 即数列 $\{x_n\}$ 有上界. 由单调有界收敛准则知, 极限 $\lim\limits_{n\to\infty}x_n$ 存在.

设 $\lim\limits_{n\to\infty}x_n=A$, 则 $A^2=a+A$, 解出 $A=\frac{1+\sqrt{1+4a}}{2}$ $\left(舍去\ A=\frac{1-\sqrt{1+4a}}{2}\right)$, 于是 $\lim\limits_{n\to\infty}x_n=\frac{1+\sqrt{1+4a}}{2}$.

5. 用极限运算法则、无穷小量等价代换求极限

使用极限运算法则求极限时, 要求各项的极限均存在, 且商的极限运算法则的使用要求分母极限不为 0. 亦可对所求极限表达式中的因子进行无穷小量等价代换.

例 7 求下列极限:

(1) $\lim\limits_{n\to\infty}\left(n-\sqrt{n^2+n}\right)$;　　(2) $\lim\limits_{x\to0}\frac{2\arcsin x+3(1-\cos x)}{\ln(1+6x)-2(1-\mathrm{e}^{-x^2})}$;

(3) $\lim\limits_{x\to0}\frac{\sin x-\tan x}{\ln(1+x^3)}$;　　(4) $\lim\limits_{x\to0}\left(\frac{2+3\mathrm{e}^{\frac{1}{x}}}{1+2\mathrm{e}^{\frac{2}{x}}}+\frac{\arctan x}{|x|}\right)$.

解 (1) $\lim\limits_{n\to\infty}\left(n-\sqrt{n^2+n}\right)=\lim\limits_{n\to\infty}\frac{\left(n-\sqrt{n^2+n}\right)\left(n+\sqrt{n^2+n}\right)}{n+\sqrt{n^2+n}}=\lim\limits_{n\to\infty}\frac{-n}{n+\sqrt{n^2+n}}$

$$=\lim_{n\to\infty}\frac{-1}{1+\sqrt{1+\frac{1}{n}}}=\frac{\lim\limits_{n\to\infty}(-1)}{\lim\limits_{n\to\infty}\left(1+\sqrt{1+\frac{1}{n}}\right)}=-\frac{1}{2}.$$

(2) $\lim\limits_{x\to0}\frac{2\arcsin x+3(1-\cos x)}{\ln(1+6x)-2(1-\mathrm{e}^{-x^2})}=\frac{\lim\limits_{x\to0}\frac{2\arcsin x}{x}+\lim\limits_{x\to0}\frac{3(1-\cos x)}{x}}{\lim\limits_{x\to0}\frac{\ln(1+6x)}{x}-\lim\limits_{x\to0}\frac{2(1-\mathrm{e}^{-x^2})}{x}}=\frac{2+0}{6-0}=\frac{1}{3}.$

注　在 (2) 极限的求解过程中, 使用了 $x\to 0$ 时的等价无穷小量代换 $\arcsin x\sim x$, $1-\cos x\sim \dfrac{1}{2}x^2$, $\ln(1+6x)\sim 6x$, $1-\mathrm{e}^{-x^2}\sim x^2$.

(3) $$\lim_{x\to 0}\frac{\sin x-\tan x}{\ln(1+x^3)}=\lim_{x\to 0}\frac{\sin x\left(1-\dfrac{1}{\cos x}\right)}{x^3}=\lim_{x\to 0}\frac{\sin x(\cos x-1)}{x^3\cos x}$$
$$=\lim_{x\to 0}\frac{1}{\cos x}\cdot\lim_{x\to 0}\frac{\sin x}{x}\cdot\lim_{x\to 0}\frac{\cos x-1}{x^2}=-\frac{1}{2}.$$

(4) 因为 $\lim\limits_{x\to 0^-}\mathrm{e}^{\frac{1}{x}}=0$, $\lim\limits_{x\to 0^+}\mathrm{e}^{\frac{1}{x}}=+\infty$, 所以

$$\lim_{x\to 0^-}\left(\frac{2+3\mathrm{e}^{\frac{1}{x}}}{1+2\mathrm{e}^{\frac{2}{x}}}+\frac{\arctan x}{|x|}\right)=\lim_{x\to 0^-}\left(\frac{2+3\mathrm{e}^{\frac{1}{x}}}{1+2\mathrm{e}^{\frac{2}{x}}}-\frac{x}{x}\right)=\frac{2+0}{1+0}-1=1,$$

$$\lim_{x\to 0^+}\left(\frac{2+3\mathrm{e}^{\frac{1}{x}}}{1+2\mathrm{e}^{\frac{2}{x}}}+\frac{\arctan x}{|x|}\right)=\lim_{x\to 0^+}\left(\frac{2+3\mathrm{e}^{\frac{1}{x}}}{1+2\mathrm{e}^{\frac{2}{x}}}+\frac{x}{x}\right)=\lim_{x\to 0^+}\frac{\dfrac{2}{\mathrm{e}^{\frac{2}{x}}}+\dfrac{3}{\mathrm{e}^{\frac{1}{x}}}}{\mathrm{e}^{-\frac{2}{x}}+1}+1=\frac{0+0}{0+2}+1=1,$$

故 $\lim\limits_{x\to 0}\left(\dfrac{2+3\mathrm{e}^{\frac{1}{x}}}{1+2\mathrm{e}^{\frac{2}{x}}}+\dfrac{\arctan x}{|x|}\right)=1.$

6. 用两个重要极限求极限

若 $x\to x_0$ (或自变量的任一极限变化过程), $u(x)\to 0$, 则

$$\lim_{u(x)\to 0}\frac{\sin u(x)}{u(x)}=1\ \left(\frac{0}{0}\ 型\right),\qquad \lim_{u(x)\to 0}[1+u(x)]^{\frac{1}{u(x)}}=\mathrm{e}\ (1^\infty\ 型).$$

例 8　求下列极限:

(1) $\lim\limits_{x\to\infty}x\sin\dfrac{1}{x^2}$;　　　　(2) $\lim\limits_{x\to 0^+}(\cos\sqrt{x})^{\frac{2}{x}}$.

解　(1) $$\lim_{x\to\infty}x\sin\frac{1}{x^2}=\lim_{x\to\infty}\frac{1}{x}\cdot\lim_{x\to\infty}\frac{\sin\dfrac{1}{x^2}}{\dfrac{1}{x^2}}=0\cdot 1=0.$$

(2) $$\lim_{x\to 0^+}(\cos\sqrt{x})^{\frac{2}{x}}=\lim_{x\to 0^+}\left[\left(1+\cos\sqrt{x}-1\right)^{\frac{1}{\cos\sqrt{x}-1}}\right]^{(\cos\sqrt{x}-1)\cdot\frac{2}{x}}$$
$$=\mathrm{e}^{\lim\limits_{x\to 0^+}\frac{2(\cos\sqrt{x}-1)}{x}}=\mathrm{e}^{\lim\limits_{x\to 0^+}\frac{-2\cdot\frac{1}{2}x}{x}}=\mathrm{e}^{-1}.$$

7. 用定义判断函数在某点处的连续性和间断点类型

判断函数 $f(x)$ 在点 x_0 处是连续还是间断, 通常需要考虑 $f(x)$ 在点 x_0 处的左右极限.

例 9 设 $f(x)=\begin{cases} x\arctan\dfrac{1}{x-1}, & x>0, \\ 1, & x=0, \\ \dfrac{\sin x^2}{x}, & x<0. \end{cases}$ 讨论 $f(x)$ 的连续性, 并指出间断点的类型.

解 函数 $f(x)$ 可能的间断点为分母等于 0 的点 $x=1$ 和分段点 $x=0$, 用间断点定义判断即可.

在 $x=1$ 处, 因为 $\lim\limits_{x\to1^+} x\arctan\dfrac{1}{x-1}=\dfrac{\pi}{2}$, $\lim\limits_{x\to1^-} x\arctan\dfrac{1}{x-1}=-\dfrac{\pi}{2}$, 即 $f(1^+)\neq f(1^-)$, 所以 $x=1$ 为 $f(x)$ 的第一类跳跃间断点.

在 $x=0$ 处, 因为 $\lim\limits_{x\to0^+} x\arctan\dfrac{1}{x-1}=0$, $\lim\limits_{x\to0^-}\dfrac{\sin x^2}{x}=0$, $f(0)=1$, 即 $f(0^+)=f(0^-)\neq f(0)$, 所以 $x=0$ 为 $f(x)$ 的第一类可去间断点.

综上, $x=1$ 为 $f(x)$ 的第一类跳跃间断点, $x=0$ 为 $f(x)$ 的第一类可去间断点, 其余点均为 $f(x)$ 的连续点.

8. 闭区间上连续函数性质的应用

利用闭区间上连续函数的介值性、最值性以及零点定理, 可以证明方程根的存在性等命题.

例 10 证明下列结论:

(1) 方程 $x-2\sin x=0$ 在 $\left(\dfrac{\pi}{2},\pi\right)$ 内至少有一个实根;

(2) 设函数 $f(x)$ 在 $[a,b]$ 上连续, 任取 $x_1,x_2,\cdots,x_n\in(a,b)$, 则存在 $\xi\in(a,b)$, 使得

$$f(\xi)=\frac{1}{n}\left[f(x_1)+f(x_2)+\cdots+f(x_n)\right].$$

证明 (1) 作辅助函数 $f(x)=x-2\sin x$, 则 $f(x)$ 在 $\left[\dfrac{\pi}{2},\pi\right]$ 上连续, 且 $f\left(\dfrac{\pi}{2}\right)=\dfrac{\pi}{2}-2<0$, $f(\pi)=\pi>0$. 由零点定理知, 至少存在一点 $\xi\in\left(\dfrac{\pi}{2},\pi\right)$, 使得 $f(\xi)=0$, 即 $\xi-2\sin\xi=0$. 故方程 $x-2\sin x=0$ 在 $\left(\dfrac{\pi}{2},\pi\right)$ 内至少有一个实根.

(2) 因为函数 $f(x)$ 在 $[a,b]$ 上连续, 所以 $m\leqslant f(x)\leqslant M$, 其中 m,M 分别为 $f(x)$ 在 $[a,b]$ 上的最小值和最大值, 于是有 $m\leqslant f(x_i)\leqslant M\ (i=1,2,\cdots,n)$, 从而

$$m\leqslant\frac{f(x_1)+f(x_2)+\cdots+f(x_n)}{n}\leqslant M,$$

由介值定理可知, 存在 $\xi\in[x_1,x_n]\subset(a,b)$, 使得 $f(\xi)=\dfrac{1}{n}\left[f(x_1)+f(x_2)+\cdots+f(x_n)\right]$.

四、典型例题

例 1 设对任何 $x \in (-\infty, +\infty)$, 有 $f\left(\frac{1}{2}+x\right)=\frac{1}{2}+\sqrt{f(x)-f^2(x)}$, 证明: $f(x)$ 是周期函数.

分析 根据周期函数的定义, 需要找到 $T \neq 0$, 使得 $f(x+T)=f(x)$.

证明 因为

$$
\begin{aligned}
f\left[\frac{1}{2}+\left(\frac{1}{2}+x\right)\right] &= \frac{1}{2}+\sqrt{f\left(\frac{1}{2}+x\right)-f^2\left(\frac{1}{2}+x\right)} \\
&= \frac{1}{2}+\sqrt{\frac{1}{2}+\sqrt{f(x)-f^2(x)}-\frac{1}{4}-f(x)+f^2(x)-\sqrt{f(x)-f^2(x)}} \\
&= \frac{1}{2}+\sqrt{\frac{1}{4}-f(x)+f^2(x)}=\frac{1}{2}+\left|f(x)-\frac{1}{2}\right|=\frac{1}{2}+f(x)-\frac{1}{2}=f(x),
\end{aligned}
$$

即 $f(1+x)=f(x)$, 由周期函数的定义可知, $f(x)$ 为周期函数, 且周期为 1.

例 2 证明: 当 $x \to 0^+$ 时, $\ln\frac{1+x}{1-\sqrt{x}}$ 与 $\sqrt{x}$ 是等价的无穷小量.

分析 根据等价无穷小量的定义, 只需验证 $\lim\limits_{x\to 0^+}\dfrac{\ln\frac{1+x}{1-\sqrt{x}}}{\sqrt{x}}=1$ 即可.

证明 因为 $\lim\limits_{x\to 0^+}\dfrac{\ln\frac{1+x}{1-\sqrt{x}}}{\sqrt{x}}=\lim\limits_{x\to 0^+}\dfrac{\ln\frac{1-\sqrt{x}+\sqrt{x}+x}{1-\sqrt{x}}}{\sqrt{x}}=\lim\limits_{x\to 0^+}\dfrac{\ln\left(1+\frac{\sqrt{x}+x}{1-\sqrt{x}}\right)}{\sqrt{x}}$

$$
=\lim_{x\to 0^+}\frac{\frac{\sqrt{x}+x}{1-\sqrt{x}}}{\sqrt{x}}=\lim_{x\to 0^+}\frac{\sqrt{x}+x}{\sqrt{x}-x}=\lim_{x\to 0^+}\frac{1+\sqrt{x}}{1-\sqrt{x}}=1,
$$

所以 $\ln\frac{1+x}{1-\sqrt{x}} \sim \sqrt{x}$, 即 $\ln\frac{1+x}{1-\sqrt{x}}$ 与 $\sqrt{x}$ 是等价的无穷小量.

例 3 求解下列问题:

(1) 设 $f(x)=(\cos x+1)e^{\frac{1}{x-1}}$, 讨论极限 $\lim\limits_{x\to 1}f(x)$;

(2) 以 $[x]$ 表示不超过 x 的最大整数, a 为常数, 若极限 $\lim\limits_{x\to 0}\left(\dfrac{\ln\left(1+e^{\frac{2}{x}}\right)}{\ln\left(1+e^{\frac{1}{x}}\right)}+a[x]\right)$ 存在, 求解 a 以及该极限值.

分析 一般来说, 含有 $[x]$, $e^{\frac{1}{x}}$ 的函数, 在讨论 $x\to 0$ 的极限时, 应分左右极限来考虑, 再由极限存在的充要条件判定.

解 (1) 因为 $f(1^+)=\lim\limits_{x\to 1^+}(\cos x+1)e^{\frac{1}{x-1}}=+\infty$, $f(1^-)=\lim\limits_{x\to 1^-}(\cos x+1)e^{\frac{1}{x-1}}=$

0, 所以 $\lim\limits_{x\to1}f(x)$ 不存在也不为 ∞.

(2) 因为 $$\lim_{x\to0^-}\left(\frac{\ln\left(1+\mathrm{e}^{\frac{2}{x}}\right)}{\ln\left(1+\mathrm{e}^{\frac{1}{x}}\right)}+a[x]\right)=\lim_{x\to0^-}\frac{\ln\left(1+\mathrm{e}^{\frac{2}{x}}\right)}{\ln\left(1+\mathrm{e}^{\frac{1}{x}}\right)}-a=\lim_{x\to0^-}\frac{\mathrm{e}^{\frac{2}{x}}}{\mathrm{e}^{\frac{1}{x}}}-a$$
$$=\lim_{x\to0^-}\mathrm{e}^{\frac{1}{x}}-a=-a,$$

$$\lim_{x\to0^+}\left(\frac{\ln\left(1+\mathrm{e}^{\frac{2}{x}}\right)}{\ln\left(1+\mathrm{e}^{\frac{1}{x}}\right)}+a[x]\right)=\lim_{x\to0^+}\frac{\ln\mathrm{e}^{\frac{2}{x}}\left(\mathrm{e}^{-\frac{2}{x}}+1\right)}{\ln\mathrm{e}^{\frac{1}{x}}\left(\mathrm{e}^{-\frac{1}{x}}+1\right)}-0=\lim_{x\to0^+}\frac{\dfrac{2}{x}+\ln\left(1+\mathrm{e}^{-\frac{2}{x}}\right)}{\dfrac{1}{x}+\ln\left(1+\mathrm{e}^{-\frac{1}{x}}\right)}$$
$$=\lim_{x\to0^+}\frac{2+x\ln\left(1+\mathrm{e}^{-\frac{2}{x}}\right)}{1+x\ln\left(1+\mathrm{e}^{-\frac{1}{x}}\right)}=\frac{2+0}{1+0}=2.$$

所以当且仅当 $a=-2$ 时, 该极限存在, 且极限值为 2.

例 4 求解下列问题:

(1) (2010 年数学一) $\lim\limits_{x\to\infty}\left[\dfrac{x^2}{(x-a)(x+b)}\right]^x$;

(2) (2018 年数学一) 若 $\lim\limits_{x\to0}\left(\dfrac{1-\tan x}{1+\tan x}\right)^{\frac{1}{\sin kx}}=\mathrm{e}$, 则 k 取何值?

分析 这两个极限类型均属于 1^∞ 型未定式, 可由结论

$$\lim_{f(x)\to0}[1+f(x)]^{g(x)}=\lim_{f(x)\to0}[1+f(x)]^{\frac{1}{f(x)}\cdot f(x)\cdot g(x)}=\mathrm{e}^{\lim\limits_{f(x)\to0}f(x)\cdot g(x)}$$

求该类型极限.

解 (1) $$\lim_{x\to\infty}\left[\frac{x^2}{(x-a)(x+b)}\right]^x=\lim_{x\to\infty}\left[1+\frac{x^2}{(x-a)(x+b)}-1\right]^x$$
$$=\mathrm{e}^{\lim\limits_{x\to\infty}x\left[\frac{x^2}{(x-a)(x+b)}-1\right]}$$
$$=\mathrm{e}^{\lim\limits_{x\to\infty}\frac{(a-b)x^2+abx}{(x-a)(x+b)}}=\mathrm{e}^{a-b}.$$

(2) 因为 $$\lim_{x\to0}\left(\frac{1-\tan x}{1+\tan x}\right)^{\frac{1}{\sin kx}}=\lim_{x\to0}\left(1-\frac{2\tan x}{1+\tan x}\right)^{\frac{1}{\sin kx}}$$
$$=\mathrm{e}^{\lim\limits_{x\to0}\left(\frac{-2\tan x}{1+\tan x}\cdot\frac{1}{\sin kx}\right)}=\mathrm{e}^{\lim\limits_{x\to0}\frac{-2\tan x}{\sin kx}}=\mathrm{e}^{-\frac{2}{k}},$$

令 $\mathrm{e}^{-\frac{2}{k}}=\mathrm{e}$, 所以可得 $k=-2$.

例 5 设函数 $f(x)=\lim\limits_{n\to\infty}\dfrac{ax+b+x^{2n-1}}{1+x^{2n+2}}$ 在 $(-\infty,+\infty)$ 上连续, 求 a,b.

分析 由于函数 $f(x)$ 是以极限形式给出的, 因此, 需先通过求极限得到 $f(x)$ 的表达式, 再讨论其连续性.

解 因为

$$f(x)=\lim_{n\to\infty}\frac{ax+b+x^{2n-1}}{1+x^{2n+2}}=\begin{cases}ax+b, & |x|<1,\\ \dfrac{1}{x^3}, & |x|>1,\\ \dfrac{a+b+1}{2}, & x=1,\\ \dfrac{-a+b-1}{2}, & x=-1,\end{cases}$$

所以要使 $f(x)$ 在 $(-\infty,+\infty)$ 上连续, 只需 $f(x)$ 在 $x=\pm1$ 处连续, 即满足

$$\begin{cases}f(1^+)=f(1^-)=f(1)=\dfrac{a+b+1}{2},\\ f(-1^+)=f(-1^-)=f(-1)=\dfrac{-a+b-1}{2}.\end{cases}$$

由 $\begin{cases}a+b=1,\\ -a+b=-1,\end{cases}$ 可解得 $a=1,b=0$. 故当 $a=1$, $b=0$ 时, $f(x)$ 在 $(-\infty,+\infty)$ 上连续.

例 6 求函数 $f(x)=\dfrac{x^2-x}{x^2-1}\sqrt{1+\dfrac{1}{x^2}}$ 的间断点并判别其类型.

分析 函数 $f(x)$ 可能的间断点有 $x=0,\pm1$, 根据间断点的定义判别其类型.

解 $f(x)=\dfrac{x(x-1)}{(x-1)(x+1)}\sqrt{1+\dfrac{1}{x^2}}$.

对于 $x=0$, $\lim\limits_{x\to0}f(x)=\lim\limits_{x\to0}\dfrac{x}{x+1}\sqrt{1+\dfrac{1}{x^2}}=\lim\limits_{x\to0}x\sqrt{1+\dfrac{1}{x^2}}=\lim\limits_{x\to0}\dfrac{x}{|x|}\sqrt{x^2+1}$, 因为 $\lim\limits_{x\to0^+}\dfrac{x}{|x|}\sqrt{x^2+1}=1$, $\lim\limits_{x\to0^-}\dfrac{x}{|x|}\sqrt{x^2+1}=-1$, 所以 $x=0$ 为 $f(x)$ 的第一类跳跃间断点.

对于 $x=1$, $\lim\limits_{x\to1}f(x)=\lim\limits_{x\to1}\dfrac{x}{x+1}\sqrt{1+\dfrac{1}{x^2}}=\dfrac{\sqrt2}{2}$, 故 $x=1$ 为 $f(x)$ 的第一类可去间断点.

对于 $x=-1$, $\lim\limits_{x\to-1}f(x)=\lim\limits_{x\to-1}\dfrac{x}{x+1}\sqrt{1+\dfrac{1}{x^2}}=\infty$, 故 $x=-1$ 为 $f(x)$ 的第二类无穷间断点.

例 7 (2007 年数学一) 求曲线 $y=\dfrac{1}{x}+\ln(1+\mathrm{e}^x)$ 的渐近线.

分析 曲线的渐近线包括铅直渐近线、水平渐近线、斜渐近线. 求曲线的渐近线时, 要根据渐近线的定义逐一判定.

解 因为 $\lim\limits_{x\to0}\left[\dfrac{1}{x}+\ln(1+\mathrm{e}^x)\right]=\infty$, 所以 $x=0$ 为其铅直渐近线.

因为 $\lim\limits_{x\to+\infty}\left[\dfrac{1}{x}+\ln(1+\mathrm{e}^x)\right]=+\infty$, 但 $\lim\limits_{x\to-\infty}\left[\dfrac{1}{x}+\ln(1+\mathrm{e}^x)\right]=0$, 所以 $y=0$

为其水平渐近线.

因为

$$a=\lim_{x\to+\infty}\frac{\frac{1}{x}+\ln(1+\mathrm{e}^x)}{x}=\lim_{x\to+\infty}\frac{1}{x^2}+\lim_{x\to+\infty}\frac{\ln\mathrm{e}^x(1+\mathrm{e}^{-x})}{x}$$

$$=\lim_{x\to+\infty}\frac{\ln\mathrm{e}^x+\ln(1+\mathrm{e}^{-x})}{x}=1+\lim_{x\to+\infty}\frac{\mathrm{e}^{-x}}{x}=1,$$

$$b=\lim_{x\to+\infty}\left[\frac{1}{x}+\ln(1+\mathrm{e}^x)-x\right]=\lim_{x\to+\infty}\frac{1}{x}+\lim_{x\to+\infty}[\ln(1+\mathrm{e}^x)-x]$$

$$=\lim_{x\to+\infty}[\ln(1+\mathrm{e}^x)-\ln\mathrm{e}^x]$$

$$=\lim_{x\to+\infty}\ln\frac{1+\mathrm{e}^x}{\mathrm{e}^x}=0,$$

所以 $y=x$ 为其斜渐近线.

例 8 求下列极限:

(1) $\lim\limits_{x\to0}\dfrac{\ln(1+\tan^2x)-\ln(1+\sin^2x)}{x\sin^3x}$; (2) $\lim\limits_{x\to+\infty}\sqrt{x^2+x+1}\dfrac{x-\ln(\mathrm{e}^x+x)}{x}$;

(3) $\lim\limits_{x\to0}\dfrac{\sin^2x}{\sqrt{1+2x\sin x}-\sqrt{\cos x}}$; (4) $\lim\limits_{x\to0}\dfrac{\ln\left(\mathrm{e}^{\sin x}+\sqrt[3]{1-\cos x}\right)-\sin x}{\arctan\left(4\sqrt[3]{1-\cos x}\right)}$.

分析 在求极限时, 可综合运用分子或分母有理化、分式通分、变量代换、等价无穷小量代换等各种方法.

解 (1) 该极限为 $\dfrac{0}{0}$ 型未定式, 通常可利用等价无穷小量代换等方法, 旨在约去“零因子”、提出“非零因子”.

$$\lim_{x\to0}\frac{\ln(1+\tan^2x)-\ln(1+\sin^2x)}{x\sin^3x}=\lim_{x\to0}\frac{\ln\left(1+\dfrac{\tan^2x-\sin^2x}{1+\sin^2x}\right)}{x^4}$$

$$=\lim_{x\to0}\frac{\dfrac{\tan^2x-\sin^2x}{1+\sin^2x}}{x^4}$$

$$=\lim_{x\to0}\frac{1}{1+\sin^2x}\cdot\lim_{x\to0}\frac{\tan x+\sin x}{x}\cdot\lim_{x\to0}\frac{\tan x-\sin x}{x^3}$$

$$=\left(\lim_{x\to0}\frac{\tan x}{x}+\lim_{x\to0}\frac{\sin x}{x}\right)\cdot\lim_{x\to0}\frac{\sin x\left(\dfrac{1-\cos x}{\cos x}\right)}{x^3}$$

$$=2\cdot\lim_{x\to0}\left(\frac{\sin x}{x}\cdot\frac{1}{\cos x}\cdot\frac{1-\cos x}{x^2}\right)=1.$$

(2) 将所求极限理解为两因子乘积, 分别求极限.

$$\lim_{x\to+\infty}\sqrt{x^2+x+1}\frac{x-\ln(\mathrm{e}^x+x)}{x}=\lim_{x\to+\infty}\frac{\sqrt{x^2+x+1}}{x}[\ln\mathrm{e}^x-\ln(\mathrm{e}^x+x)]$$

$$=\lim_{x\to+\infty}\sqrt{\frac{x^2+x+1}{x^2}}\ln\frac{\mathrm{e}^x}{\mathrm{e}^x+x}$$

$$=\lim_{x\to+\infty}\sqrt{1+\frac{1}{x}+\frac{1}{x^2}}\lim_{x\to+\infty}\ln\frac{1}{1+\frac{x}{\mathrm{e}^x}}=1\cdot 0=0.$$

注 在计算 $\frac{\infty}{\infty}$ 型极限时, 通常可采用对分子、分母同时除以“最大的项”这种方法.

(3) 该极限为 $\frac{0}{0}$ 型未定式, 分母有根式, 可考虑分母有理化.

$$\begin{aligned}\lim_{x\to0}\frac{\sin^2 x}{\sqrt{1+2x\sin x}-\sqrt{\cos x}}&=\lim_{x\to0}\frac{x^2(\sqrt{1+2x\sin x}+\sqrt{\cos x})}{1+2x\sin x-\cos x}\\&=2\lim_{x\to0}\frac{x^2}{1+2x\sin x-\cos x}\\&=2\lim_{x\to0}\frac{1}{\frac{1-\cos x}{x^2}+\frac{2x\sin x}{x^2}}=2\cdot\frac{1}{\frac{1}{2}+2}=\frac{4}{5}.\end{aligned}$$

(4) 该极限为 $\frac{0}{0}$ 型未定式, 拆分成极限存在的和式, 用等价无穷小量代换方法求极限.

$$\begin{aligned}&\lim_{x\to0}\frac{\ln(\mathrm{e}^{\sin x}+\sqrt[3]{1-\cos x})-\sin x}{\arctan\left(4\sqrt[3]{1-\cos x}\right)}\\=&\lim_{x\to0}\frac{\ln\left(1+\mathrm{e}^{\sin x}+\sqrt[3]{1-\cos x}-1\right)}{4\sqrt[3]{1-\cos x}}-\lim_{x\to0}\frac{\sin x}{4\sqrt[3]{1-\cos x}}\\=&\lim_{x\to0}\frac{\mathrm{e}^{\sin x}-1+\sqrt[3]{1-\cos x}}{4\sqrt[3]{1-\cos x}}-\lim_{x\to0}\frac{\sin x}{4\sqrt[3]{1-\cos x}}\\=&\lim_{x\to0}\frac{\mathrm{e}^{\sin x}-1}{4\left(\frac{x^2}{2}\right)^{\frac{1}{3}}}+\frac{1}{4}-\lim_{x\to0}\frac{\sin x}{4\left(\frac{x^2}{2}\right)^{\frac{1}{3}}}\\=&\lim_{x\to0}\frac{\sin x}{4\left(\frac{x^2}{2}\right)^{\frac{1}{3}}}-\lim_{x\to0}\frac{\sin x}{4\left(\frac{x^2}{2}\right)^{\frac{1}{3}}}+\frac{1}{4}=\frac{1}{4}.\end{aligned}$$

例 9 求下列极限:

(1) $\lim\limits_{x\to0}\dfrac{1-\cos x\sqrt{\cos 2x}\sqrt[3]{\cos 3x}}{x^2}$;

(2) $\lim\limits_{x\to\frac{\pi}{2}}\dfrac{\left(1-\sqrt{\sin x}\right)\left(1-\sqrt[3]{\sin x}\right)\cdots\left(1-\sqrt[n]{\sin x}\right)}{(1-\sin x)^{n-1}}$.

解 (1)
$$\begin{aligned}&\lim_{x\to0}\frac{1-\cos x\sqrt{\cos 2x}\sqrt[3]{\cos 3x}}{x^2}\\=&\lim_{x\to0}\frac{1-\cos x+\cos x-\cos x\sqrt{\cos 2x}\sqrt[3]{\cos 3x}}{x^2}\\=&\lim_{x\to0}\frac{1-\cos x}{x^2}+\lim_{x\to0}\frac{\cos x(1-\sqrt{\cos 2x}\sqrt[3]{\cos 3x})}{x^2}\\=&\frac{1}{2}+\lim_{x\to0}\frac{1-\sqrt{\cos 2x}+\sqrt{\cos 2x}-\sqrt{\cos 2x}\sqrt[3]{\cos 3x}}{x^2}\end{aligned}$$

$$=\frac{1}{2}+\lim_{x\to0}\frac{1-\sqrt{\cos 2x}}{x^2}+\lim_{x\to0}\frac{\sqrt{\cos 2x}\left(1-\sqrt[3]{\cos 3x}\right)}{x^2}$$
$$=\frac{1}{2}+\lim_{x\to0}\frac{1-\cos 2x}{x^2\left(1+\sqrt{\cos 2x}\right)}+\lim_{x\to0}\frac{1-\sqrt[3]{1+\cos 3x-1}}{x^2}$$
$$=\frac{1}{2}+1+\lim_{x\to0}\frac{1-\cos 3x}{3x^2}=\frac{3}{2}+\frac{3}{2}=3.$$

(2) 因为 $\lim\limits_{x\to\frac{\pi}{2}}\dfrac{1-\sqrt[k]{\sin x}}{1-\sin x}=\lim\limits_{x\to\frac{\pi}{2}}\dfrac{1-\sqrt[k]{1+\sin x-1}}{1-\sin x}=-\lim\limits_{x\to\frac{\pi}{2}}\dfrac{\frac{1}{k}(\sin x-1)}{1-\sin x}=\dfrac{1}{k}$, 所以

$$\lim_{x\to\frac{\pi}{2}}\frac{\left(1-\sqrt{\sin x}\right)\left(1-\sqrt[3]{\sin x}\right)\cdots\left(1-\sqrt[n]{\sin x}\right)}{(1-\sin x)^{n-1}}$$
$$=\left(\lim_{x\to\frac{\pi}{2}}\frac{1-\sqrt{\sin x}}{1-\sin x}\right)\left(\lim_{x\to\frac{\pi}{2}}\frac{1-\sqrt[3]{\sin x}}{1-\sin x}\right)\cdots\left(\lim_{x\to\frac{\pi}{2}}\frac{1-\sqrt[n]{\sin x}}{1-\sin x}\right)$$
$$=\frac{1}{2}\cdot\frac{1}{3}\cdot\cdots\cdot\frac{1}{n}=\frac{1}{n!}.$$

例 10 设 $x_1>0$, $x_{n+1}=\dfrac{x_n+6}{x_n+2}$ $(n=1,2,\cdots)$, 求 $\lim\limits_{n\to\infty}x_n$.

分析 可先预设: 若数列的极限存在, 即设 $\lim\limits_{n\to\infty}x_n=a$, 求得 a 后, 再用数列极限存在准则证明该数列的极限值为 a.

解 假设该数列的极限存在, 且 $\lim\limits_{n\to\infty}x_n=a$, 对 $x_{n+1}=\dfrac{x_n+6}{x_n+2}$ 两边求极限, 有

$$\lim_{n\to\infty}x_{n+1}=\lim_{n\to\infty}\frac{x_n+6}{x_n+2},$$

可得 $a=\dfrac{a+6}{a+2}$, 解得 $a=2$ 或 $a=-3$ (基于极限的保号性, 舍去 $a=-3$). 下面证明数列 $\{x_n\}$ 收敛于 2.

由条件可知 $x_n>0$ $(n=1,2,\cdots)$, 且 $|x_n-2|=\left|\dfrac{x_{n-1}+6}{x_{n-1}+2}-2\right|=\left|\dfrac{-x_{n-1}+2}{x_{n-1}+2}\right|=\left|\dfrac{x_{n-1}-2}{x_{n-1}+2}\right|=|x_{n-1}-2|\cdot\dfrac{1}{|x_{n-1}+2|}$, 从而

$$0\leqslant|x_n-2|\leqslant\frac{1}{2}|x_{n-1}-2|\leqslant\frac{1}{2^2}|x_{n-2}-2|\leqslant\cdots\leqslant\frac{1}{2^{n-1}}|x_1-2|.$$

因为 $\lim\limits_{n\to\infty}\dfrac{1}{2^{n-1}}=0$, 所以由夹逼准则可得 $\lim\limits_{n\to\infty}x_n=2$, 即数列 $\{x_n\}$ 的极限为 2.

例 11 设 $f(x),g(x)$ 在 $x=0$ 的某一邻域 U 内有定义, 对任意的 $x\in U$, $f(x)\neq g(x)$, 且 $\lim\limits_{x\to0}f(x)=\lim\limits_{x\to0}g(x)=a>0$, 求极限 $\lim\limits_{x\to0}\dfrac{f(x)^{g(x)}-g(x)^{g(x)}}{f(x)-g(x)}$.

分析 因为 $f(x)^{g(x)}-g(x)^{g(x)}=g(x)^{g(x)}\left[\left(\dfrac{f(x)}{g(x)}\right)^{g(x)}-1\right]$, 所以原问题转化

为求极限 $a^a\lim\limits_{x\to 0}\dfrac{\left(\dfrac{f(x)}{g(x)}\right)^{g(x)}-1}{f(x)-g(x)}$, 利用对数函数恒等变形, 等价无穷小量代换方法求极限.

解 由极限的保号性, 存在去心邻域 $\mathring{U}(0)\subseteq U$, 当 $x\in\mathring{U}(0)$ 时, $f(x)>0$, $g(x)>0$, 由等价无穷小量代换, 可知

$$\begin{aligned}
\lim_{x\to 0}\frac{f(x)^{g(x)}-g(x)^{g(x)}}{f(x)-g(x)}&=\lim_{x\to 0}g(x)^{g(x)}\cdot\frac{\left(\dfrac{f(x)}{g(x)}\right)^{g(x)}-1}{f(x)-g(x)}=a^a\lim_{x\to 0}\frac{\mathrm{e}^{g(x)\ln\frac{f(x)}{g(x)}}-1}{f(x)-g(x)}\\
&=a^a\lim_{x\to 0}\frac{g(x)\ln\dfrac{f(x)}{g(x)}}{f(x)-g(x)}=a^a\lim_{x\to 0}\frac{g(x)\ln\left(1+\dfrac{f(x)}{g(x)}-1\right)}{f(x)-g(x)}\\
&=a^a\lim_{x\to 0}\frac{g(x)\left(\dfrac{f(x)}{g(x)}-1\right)}{f(x)-g(x)}=a^a\lim_{x\to 0}\frac{f(x)-g(x)}{f(x)-g(x)}=a^a.
\end{aligned}$$

例 12 设数列 $\{x_n\}$ 满足 $x_0=1$, $x_n=\dfrac{3n-1}{3n}x_{n-1}\ (n=1,2,\cdots)$, 求 $\lim\limits_{n\to\infty}x_n$.

分析 由条件 $\dfrac{x_n}{x_{n-1}}=\dfrac{3n-1}{3n}<1$ 可知, 数列 $\{x_n\}$ 单调减少, 并且 $x_n>0$ $(n=1,2,\cdots)$, 说明数列 $\{x_n\}$ 单调减少且有下界. 由单调有界收敛准则知, 数列 $\{x_n\}$ 收敛.

解 因为 $\dfrac{x_n}{x_{n-1}}=\dfrac{3n-1}{3n}<1$, 并且 $x_n>0\ (n=1,2,\cdots)$, 所以数列 $\{x_n\}$ 单调减少且有下界, 由单调有界收敛准则可知极限 $\lim\limits_{n\to\infty}x_n$ 存在.

根据递推公式可得,

$$\begin{aligned}
x_n&=\frac{3n-1}{3n}x_{n-1}=\frac{3n-1}{3n}\cdot\frac{3(n-1)-1}{3(n-1)}\cdot x_{n-2}\\
&=\frac{3n-1}{3n}\cdot\frac{3(n-1)-1}{3(n-1)}\cdot\cdots\cdot\frac{5}{6}\cdot\frac{2}{3}\cdot x_0=\frac{3n-1}{3n}\cdot\frac{3n-4}{3n-3}\cdot\cdots\cdot\frac{5}{6}\cdot\frac{2}{3}.
\end{aligned}$$

因为 $\dfrac{3n-1}{3n}<\dfrac{3n}{3n+1}<\dfrac{3n+1}{3n+2}$, 从而

$$\begin{aligned}
x_n^3&=\frac{3n-1}{3n}\cdot\frac{3n-1}{3n}\cdot\frac{3n-1}{3n}\cdot\frac{3n-4}{3n-3}\cdot\frac{3n-4}{3n-3}\cdot\frac{3n-4}{3n-3}\cdot\cdots\cdot\frac{5}{6}\cdot\frac{5}{6}\cdot\frac{5}{6}\cdot\frac{2}{3}\cdot\frac{2}{3}\cdot\frac{2}{3}\\
&<\frac{3n+1}{3n+2}\cdot\frac{3n}{3n+1}\cdot\frac{3n-1}{3n}\cdot\frac{3n-2}{3n-1}\cdot\frac{3n-3}{3n-2}\cdot\frac{3n-4}{3n-3}\cdot\cdots\cdot\frac{7}{8}\cdot\frac{6}{7}\cdot\frac{5}{6}\cdot\frac{4}{5}\cdot\frac{3}{4}\cdot\frac{2}{3}\\
&=\frac{2}{3n+2},
\end{aligned}$$

所以 $0<x_n<\sqrt[3]{\dfrac{2}{3n+2}}$, 又由于 $\lim\limits_{n\to\infty}\sqrt[3]{\dfrac{2}{3n+2}}=0$, 故由夹逼准则可知 $\lim\limits_{n\to\infty}x_n=0$.

例 13 设函数 $f(x)$ 在 $[a,b]$ 上连续, 且满足 $f(x)>0$. 证明: 对于任意的 $x_1,x_2\in[a,b]$, $x_1<x_2$, 必存在 $\xi\in[x_1,x_2]$, 使得 $f(\xi)=\sqrt{f(x_1)f(x_2)}$.

分析 根据题目要求, 只需证函数 $F(x)=f(x)-\sqrt{f(x_1)f(x_2)}$ 有零点即可.

证明 作辅助函数 $F(x)=f(x)-\sqrt{f(x_1)f(x_2)}$, 显然 $F(x)$ 在 $[x_1,x_2]$ 上连续, 且

$$\begin{aligned}F(x_1)\cdot F(x_2)&=\left[f(x_1)-\sqrt{f(x_1)f(x_2)}\right]\cdot\left[f(x_2)-\sqrt{f(x_1)f(x_2)}\right]\\&=2f(x_1)f(x_2)-[f(x_1)+f(x_2)]\cdot\sqrt{f(x_1)f(x_2)}\\&=\sqrt{f(x_1)f(x_2)}\{2\sqrt{f(x_1)f(x_2)}-[f(x_1)+f(x_2)]\}\\&=-\sqrt{f(x_1)f(x_2)}(\sqrt{f(x_1)}-\sqrt{f(x_2)})^2\leqslant 0.\end{aligned}$$

下面分情况讨论.

(i) 若 $F(x_1)\cdot F(x_2)=0$, 因为 $-\sqrt{f(x_1)f(x_2)}<0$, 所以必成立 $\sqrt{f(x_1)}=\sqrt{f(x_2)}$. 从而 $F(x_1)=f(x_1)-\sqrt{f(x_1)f(x_2)}=0$, $F(x_2)=f(x_2)-\sqrt{f(x_1)f(x_2)}=0$, 即 $\xi=x_1$ 或 $\xi=x_2$.

(ii) 若 $F(x_1)\cdot F(x_2)<0$, 由零点定理可知, 至少存在一点 $\xi\in(x_1,x_2)$, 使得 $F(\xi)=0$, 即存在 $\xi\in(x_1,x_2)$, 使得 $f(\xi)=\sqrt{f(x_1)f(x_2)}$.

综上讨论, 可知必存在 $\xi\in[x_1,x_2]$, 使得 $f(\xi)=\sqrt{f(x_1)f(x_2)}$.

例 14 设 $f_n(x)=x+x^2+\cdots+x^n-1\ (n=2,3,\cdots)$.

(1) 证明: 方程 $f_n(x)=0$ 在 $(0,1)$ 内有惟一实根 x_n;

(2) 求 $\lim\limits_{n\to\infty}x_n$.

分析 $f_n(x)$ 是区间 $[0,1]$ 上的多项式函数 (连续), 为证 $f_n(x)$ 在 $(0,1)$ 内有零点, 只需说明 $f_n(x)$ 在 $[0,1]$ 上的端点处异号即可.

证明 (1) 显然 $f_n(x)$ 在 $[0,1]$ 上连续, 且 $f_n(0)=-1$, $f_n(1)=n-1$. 由零点定理知, 方程 $f_n(x)=0$ 在 $(0,1)$ 内至少有实根 x_n. 为证惟一性, 假设存在 $y_n\in(0,1)$, 并且 $x_n\neq y_n$, 使得 $f_n(y_n)=f_n(x_n)=0$, 则

$$\begin{aligned}&f_n(x_n)-f_n(y_n)\\&=x_n+x_n^2+\cdots+x_n^n-1-y_n-y_n^2-\cdots-y_n^n+1\\&=(x_n-y_n)+(x_n^2-y_n^2)+(x_n^3-y_n^3)+\cdots+(x_n^n-y_n^n)\\&=(x_n-y_n)\left[1+(x_n+y_n)+(x_n^2+x_ny_n+y_n^2)+\cdots+(x_n^{n-1}+x_n^{n-2}y_n+\cdots+y_n^{n-1})\right].\end{aligned}$$

因为 $1+(x_n+y_n)+(x_n^2+x_ny_n+y_n^2)+\cdots+(x_n^{n-1}+x_n^{n-2}y_n+\cdots+y_n^{n-1})>0$, 所以 $f_n(x_n)-f_n(y_n)=0$ 当且仅当 $x_n=y_n$, 惟一性得证.

(2) 由 (1) 可知 $0<x_n<1$, 即数列 $\{x_n\}$ 有界, 下证数列 $\{x_n\}$ 单调. 基于数列 $\{x_n\}$ 的定义知, x_{n+1} 是 $f_{n+1}(x)=0$ 的根, 所以 $f_n(x_n)-f_{n+1}(x_{n+1})=0$, 即

$$\begin{aligned}0=f_n(x_n)-f_{n+1}(x_{n+1})&=(x_n+x_n^2+\cdots+x_n^n)-(x_{n+1}+x_{n+1}^2+\cdots+x_{n+1}^n+x_{n+1}^{n+1})\\&=(x_n-x_{n+1})\left[1+(x_n+x_{n+1})+\cdots+(x_n^{n-1}+x_n^{n-2}x_{n+1}+\cdots+x_{n+1}^{n-1})\right]-x_{n+1}^{n+1},\end{aligned}$$

而 $1+(x_n+x_{n+1})+\cdots+(x_n^{n-1}+x_n^{n-2}x_{n+1}+\cdots+x_{n+1}^{n-1})>0$, $x_{n+1}^{n+1}>0$, 所以为使上式成立, 需成立 $x_n-x_{n+1}>0$, 即数列 $\{x_n\}$ 单调减少, 因此数列 $\{x_n\}$ 收敛. 设 $\lim\limits_{n\to\infty}x_n=a$, 因为

$$f_n(x_n)=x_n+x_n^2+\cdots+x_n^n-1=\frac{x_n(1-x_n^n)}{1-x_n}-1=0,$$

对上式两边取极限, 并考虑到 $0<x_n<1$, 得 $\dfrac{a}{1-a}-1=0$, 即 $a=\dfrac{1}{2}$, 故 $\lim\limits_{n\to\infty}x_n=\dfrac{1}{2}$.

五、习题解答

习题 1.1

1. 求下列函数的定义域:

(1) $y=\sqrt{x^2+3x-4}$;　　(2) $y=\ln(5-2x)$;

(3) $y=2\arcsin\dfrac{x-2}{3}-\dfrac{1}{\sqrt{9-x^2}}$;　　(4) $y=\dfrac{x-3}{[3x-7]}$.

解　(1) 由 $x^2+3x-4=(x+4)(x-1)\geqslant 0$, 解得 $x\leqslant -4$ 或 $x\geqslant 1$, 所以函数 y 的定义域是 $(-\infty,-4]\cup[1,+\infty)$.

(2) 由 $5-2x>0$, 解得 $x<\dfrac{5}{2}$, 所以函数 y 的定义域是 $\left(-\infty,\dfrac{5}{2}\right)$.

(3) 由 $\begin{cases}-1\leqslant\dfrac{x-2}{3}\leqslant 1,\\ 9-x^2>0,\end{cases}$ 即 $\begin{cases}-1\leqslant x\leqslant 5,\\ -3<x<3,\end{cases}$ 解得 $-1\leqslant x<3$, 所以函数 y 的定义域是 $[-1,3)$.

(4) 函数 y 的定义域是满足 $[3x-7]\neq 0$ 的 x 的集合. 先解出使 $[3x-7]=0$ 的 x 的集合, 则其补集就是函数 y 的定义域.

由 $[3x-7]=0$, 解得 $0\leqslant 3x-7<1$, 即 $\dfrac{7}{3}\leqslant x<\dfrac{8}{3}$, 故函数 y 的定义域是 $\left(-\infty,\dfrac{7}{3}\right)\cup\left[\dfrac{8}{3},+\infty\right)$.

2. 下列函数是否相同?

(1) $f(x)=x$, $g(x)=\sqrt{x^2}$;　　(2) $f(x)=x$, $g(x)=(\sqrt{x})^2$;

(3) $f(x)=\sin^2 x$, $g(x)=1-\cos^2 x$;　　(4) $f(x)=\sec^2 x$, $g(x)=1+\tan^2 x$.

解　(1) 不同, 因为对应法则不同.

(2) 不同, 因为定义域不同.

(3) 相同, 因为 $g(x)=1-\cos^2 x=\sin^2 x$.

(4) 相同, 因为 $g(x)=1+\tan^2 x=1+\dfrac{\sin^2 x}{\cos^2 x}=\dfrac{\cos^2 x+\sin^2 x}{\cos^2 x}=\dfrac{1}{\cos^2 x}=\sec^2 x$.

3. 讨论下列函数的奇偶性:

(1) $y=2-x^2+3x^4$;　　(2) $y=x\cos\dfrac{1}{x}$;

(3) $y=x+\arctan x-\mathrm{e}^{2x+1}$;　　(4) $y=\ln\left(x+\sqrt{1+x^2}\right)$.

解 (1) 令 $f(x)=2-x^2+3x^4$, 则

$$f(-x)=2-(-x)^2+3(-x)^4=2-x^2+3x^4=f(x),$$

所以 $f(x)$ 是偶函数.

(2) 令 $f(x)=x\cos\dfrac{1}{x}$, 则

$$f(-x)=(-x)\cos\frac{1}{(-x)}=-x\cos\frac{1}{x}=-f(x),$$

所以 $f(x)$ 是奇函数.

(3) 令 $f(x)=x+\arctan x-\mathrm{e}^{2x+1}=x+\arctan x-\mathrm{e}^{2x}\cdot\mathrm{e}$, 则

$$f(-x)=(-x)+\arctan(-x)-\mathrm{e}^{2(-x)}\cdot\mathrm{e}=-x-\arctan x-\mathrm{e}^{-2x}\cdot\mathrm{e},$$

因为 $f(-x)\neq f(x)$ 且 $f(-x)\neq -f(x)$, 所以 $f(x)$ 既不是偶函数也不是奇函数.

(4) 令 $f(x)=\ln\left(x+\sqrt{1+x^2}\right)$, 则

$$\begin{aligned}
f(-x)&=\ln\left[(-x)+\sqrt{1+(-x)^2}\right]=\ln\left(-x+\sqrt{1+x^2}\right)\\
&=\ln\frac{\left(-x+\sqrt{1+x^2}\right)\left(x+\sqrt{1+x^2}\right)}{x+\sqrt{1+x^2}}=\ln\frac{1}{x+\sqrt{1+x^2}}\\
&=-\ln\left(x+\sqrt{1+x^2}\right)=-f(x),
\end{aligned}$$

所以 $f(x)$ 是奇函数.

事实上, 也可由 $f(x)+f(-x)=0$ 来说明 $f(x)$ 为奇函数, 请读者自行完成.

4. 设函数 $f(x)$ 的定义域为 D, 数集 $X\subset D$. 如果存在常数 K_1, 使得对任一 $x\in X$, 都有 $f(x)\geqslant K_1$, 就称 $f(x)$ 在 X 上有**下界**; 如果存在常数 K_2, 使得对任一 $x\in X$, 都有 $f(x)\leqslant K_2$, 就称 $f(x)$ 在 X 上有**上界**. 试证明: 函数 $f(x)$ 在 X 上有界的充要条件是 $f(x)$ 在 X 上既有下界又有上界.

证明 先证必要性.

设 $f(x)$ 在 X 上有界, 即存在常数 $M>0$, 使得

$$|f(x)|\leqslant M,\quad x\in X,$$

故

$$-M\leqslant f(x)\leqslant M,\quad x\in X,$$

即 $f(x)$ 在 X 上有上界 M, 下界 $-M$.

再证充分性.

设 $f(x)$ 在 X 上有上界 K_1, 下界 K_2, 则

$$K_2 \leqslant f(x) \leqslant K_1, \quad x \in X.$$

取 $M = \max\{|K_1|, |K_2|\}$, 则有 $|f(x)| \leqslant M$, $x \in X$, 即 $f(x)$ 在 X 上有界.

5. 证明: 两个偶函数之积是偶函数, 两个奇函数之积也是偶函数; 一个奇函数与一个偶函数之积是奇函数.

证明 先证两个偶函数之积是偶函数.

设 $f_1(x)$, $f_2(x)$ 都是定义在区间 $(-l, l)$ 内的偶函数, 则 $f_1(-x) = f_1(x)$, $f_2(-x) = f_2(x)$. 令 $F(x) = f_1(x) \cdot f_2(x)$, 则

$$F(-x) = f_1(-x) \cdot f_2(-x) = f_1(x) \cdot f_2(x) = F(x),$$

所以 $F(x)$ 是偶函数.

下面证两个奇函数之积也是偶函数.

设 $g_1(x)$, $g_2(x)$ 都是定义在区间 $(-l, l)$ 内的奇函数, 则 $g_1(-x) = -g_1(x)$, $g_2(-x) = -g_2(x)$. 令 $G(x) = g_1(x) \cdot g_2(x)$, 则

$$G(-x) = g_1(-x) \cdot g_2(-x) = [-g_1(x)] \cdot [-g_2(x)] = g_1(x) \cdot g_2(x) = G(x),$$

所以 $G(x)$ 是偶函数.

最后证一个奇函数与一个偶函数之积是奇函数.

设 $f(x)$ 是定义在区间 $(-l, l)$ 内的奇函数, $g(x)$ 是定义在区间 $(-l, l)$ 内的偶函数, 则 $f(-x) = -f(x)$, $g(-x) = g(x)$. 令 $H(x) = f(x) \cdot g(x)$, 则

$$H(-x) = f(-x) \cdot g(-x) = [-f(x)] \cdot g(x) = -f(x) \cdot g(x) = -H(x),$$

所以 $H(x)$ 是奇函数.

6. 设 $f(x)$, $g(x)$ 分别是定义在 $(-\infty, +\infty)$ 上的奇、偶函数, 说明 $f[f(x)]$, $g[g(x)]$, $f[g(x)]$, $g[f(x)]$ 的奇偶性.

解 $f[f(x)]$ 是奇函数, 理由如下:

因为 $f(x)$ 是奇函数, 所以 $f(-x) = -f(x)$. 令 $H(x) = f[f(x)]$, 则

$$H(-x) = f[f(-x)] = f[-f(x)] = -f[f(x)] = -H(x),$$

所以 $H(x)$ 是奇函数, 即 $f[f(x)]$ 是奇函数.

$g[g(x)]$ 是偶函数, 理由如下:

因为 $g(x)$ 是偶函数, 所以 $g(-x) = g(x)$. 令 $G(x) = g[g(x)]$, 则

$$G(-x) = g[g(-x)] = g[g(x)] = G(x),$$

所以 $G(x)$ 是偶函数, 即 $g[g(x)]$ 是偶函数.

$f[g(x)]$ 是偶函数, 理由如下:

因为 $f(x)$ 是奇函数, 所以 $f(-x) = -f(x)$, 因为 $g(x)$ 是偶函数, 所以 $g(-x) = g(x)$. 令 $F(x) = f[g(x)]$, 则

$$F(-x) = f[g(-x)] = f[g(x)] = F(x),$$

所以 $F(x)$ 是偶函数, 即 $f[g(x)]$ 是偶函数.

$g[f(x)]$ 是偶函数, 理由如下:

因为 $f(x)$ 是奇函数, 所以 $f(-x)=-f(x)$, 因为 $g(x)$ 是偶函数, 所以 $g(-x)=g(x)$. 令 $M(x)=g[f(x)]$, 则

$$M(-x)=g[f(-x)]=g[-f(x)]=g[f(x)]=M(x),$$

所以 $M(x)$ 是偶函数, 即 $g[f(x)]$ 是偶函数.

7. 设 $f(x)$ 是定义在对称区间 $(-l,l)$ 内的任意函数, 证明:

(1) $g(x)=f(x)+f(-x)$ 是偶函数, $h(x)=f(x)-f(-x)$ 是奇函数;

(2) $f(x)$ 能表示为一个偶函数与一个奇函数的和.

证明 (1) 因为 $g(-x)=f(-x)+f(x)=g(x)$, 所以 $g(x)$ 是偶函数.

因为 $h(-x)=f(-x)-f(x)=-[f(x)-f(-x)]=-h(x)$, 所以 $h(x)$ 是奇函数.

(2) 因为 $f(x)=\dfrac{1}{2}g(x)+\dfrac{1}{2}h(x)$, 由 (1) 可知, $\dfrac{1}{2}g(x)$ 是偶函数, $\dfrac{1}{2}h(x)$ 是奇函数, 所以 $f(x)$ 能表示为一个偶函数与一个奇函数的和.

8. 设 $f(x)$, $g(x)$ 是定义在 $(-\infty,+\infty)$ 上的单调增加函数, 且 $f(x)\leqslant g(x)$, 证明: $f[f(x)]\leqslant g[g(x)]$.

证明 因为 $f(x)$, $g(x)$ 都是定义在 $(-\infty,+\infty)$ 上的单调增加函数, 所以对任意的 $x_1<x_2$, 都有 $f(x_1)<f(x_2)$, $g(x_1)<g(x_2)$. 又因为 $f(x)\leqslant g(x)$, 所以

$$f[f(x)]\leqslant f[g(x)]\leqslant g[g(x)].$$

9. 试证明: 当 $x>1$ 时, 有 $\left(1+\dfrac{1}{[x]+1}\right)^{[x]}<\left(1+\dfrac{1}{x}\right)^{x}<\left(1+\dfrac{1}{[x]}\right)^{[x]+1}$.

证明 因为 $x>1$, 所以 $1\leqslant[x]\leqslant x<[x]+1$, 故 $\dfrac{1}{[x]+1}<\dfrac{1}{x}\leqslant\dfrac{1}{[x]}$, 因此

$$\left(1+\frac{1}{[x]+1}\right)^{x}<\left(1+\frac{1}{x}\right)^{x}\leqslant\left(1+\frac{1}{[x]}\right)^{x}.$$

又因为 $\left(1+\dfrac{1}{[x]+1}\right)^{[x]}<\left(1+\dfrac{1}{[x]+1}\right)^{x}$, $\left(1+\dfrac{1}{[x]}\right)^{x}<\left(1+\dfrac{1}{[x]}\right)^{[x]+1}$, 所以

$$\left(1+\frac{1}{[x]+1}\right)^{[x]}<\left(1+\frac{1}{x}\right)^{x}<\left(1+\frac{1}{[x]}\right)^{[x]+1}.$$

10. 求下列复合函数的表达式及定义域:

(1) $f(x)=1+\dfrac{1}{x}$, $g(x)=f\{f[f(x)]\}$;

(2) $f(x)=\begin{cases}1-x, & x\leqslant 0,\\ 1+x, & x>0,\end{cases}$ $g(x)=\begin{cases}2-x, & x<0,\\ 2+x, & x\geqslant 0,\end{cases}$ $h(x)=f[g(x)]$.

解　(1) 因为 $f[f(x)]=1+\dfrac{1}{f(x)}=1+\dfrac{1}{1+\dfrac{1}{x}}=1+\dfrac{x}{x+1}=\dfrac{2x+1}{x+1}$, 所以

$$g(x)=1+\frac{1}{f[f(x)]}=1+\frac{1}{\dfrac{2x+1}{x+1}}=1+\frac{x+1}{2x+1}=\frac{3x+2}{2x+1}.$$

由 $2x+1\neq 0$, 解得 $x\neq -\dfrac{1}{2}$, 故函数 $g(x)$ 的定义域是 $\left(-\infty,-\dfrac{1}{2}\right)\cup\left(-\dfrac{1}{2},+\infty\right)$.

(2) $f[g(x)]=\begin{cases}1-g(x), & g(x)\leqslant 0,\\ 1+g(x), & g(x)>0.\end{cases}$ 当 $x<0$ 时, $g(x)=2-x>0$; 当 $x\geqslant 0$ 时, $g(x)=2+x>0$, 故 $h(x)=f[g(x)]=\begin{cases}1+2-x, & x<0,\\ 1+2+x, & x\geqslant 0\end{cases}=\begin{cases}3-x, & x<0,\\ 3+x, & x\geqslant 0.\end{cases}$

显然 $h(x)$ 的定义域是 $(-\infty,+\infty)$.

11. 求下列函数的反函数表达式及反函数的定义域:

(1) $y=-\sqrt{2x-x^2},\quad x\in[0,1]$;　　　(2) $y=\begin{cases}1+x, & x\leqslant 0,\\ \ln(\mathrm{e}+x), & x>0.\end{cases}$

解　(1) 因为 $y^2=2x-x^2=1-(x-1)^2$, 所以 $x=1\pm\sqrt{1-y^2}$. 又因为 $x\in[0,1]$, 故 $x=1-\sqrt{1-y^2}$. 因此所求反函数为 $y=1-\sqrt{1-x^2}$, 其定义域是 $[-1,0]$.

(2) 因为当 $x\leqslant 0$ 时, $y=1+x$, 所以 $x=y-1$, 且此时 $y\leqslant 1$; 当 $x>0$ 时, $y=\ln(\mathrm{e}+x)$, 所以 $\mathrm{e}^y=\mathrm{e}+x$, 因此 $x=\mathrm{e}^y-\mathrm{e}$, 且此时 $y>1$.

综上可知, 所求反函数为 $y=\begin{cases}x-1, & x\leqslant 1,\\ \mathrm{e}^x-\mathrm{e}, & x>1,\end{cases}$ 其定义域是 $(-\infty,+\infty)$.

12. 作出下列函数的图形:

(1) $y=x-[x]$;　　　(2) $y=\operatorname{sgn}(\sin x)$.

解　(1) 函数 $y=x-[x]$ 的图形如图 1.1 所示.

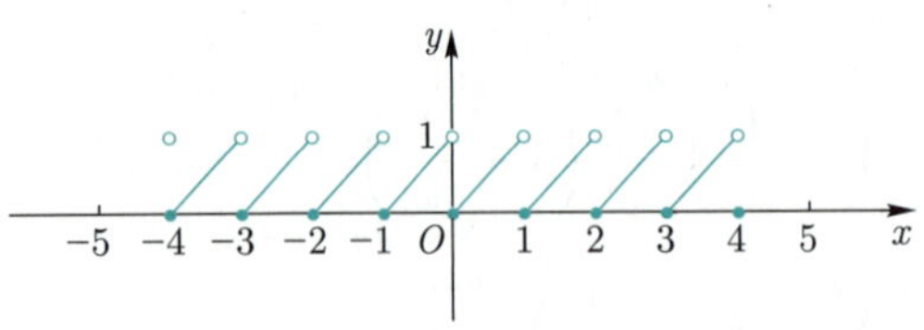

图 1.1

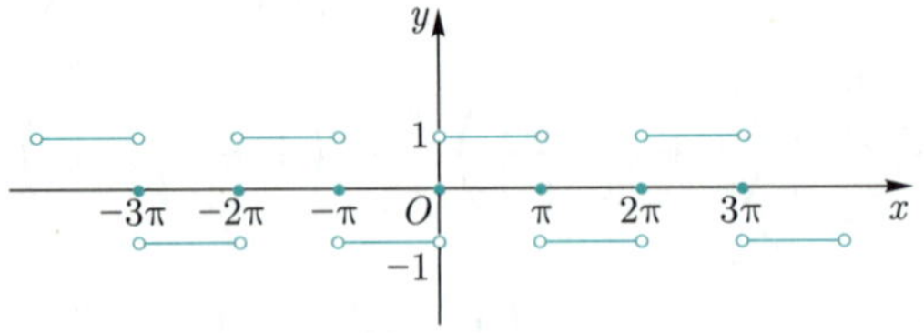

图 1.2

(2) 函数 $y=\operatorname{sgn}(\sin x)$ 的图形如图 1.2 所示.

13. 求下列函数 $f(x)$ 的表达式:

(1) $f(\ln x)=\sqrt{x}$;　　　(2) $f\left(\dfrac{x+1}{x-1}\right)=3f(x)-2x$.

解　(1) 令 $\ln x=t$, 则 $x=\mathrm{e}^t$, 所以 $f(t)=\sqrt{\mathrm{e}^t}=\mathrm{e}^{\frac{t}{2}}$, 故 $f(x)=\mathrm{e}^{\frac{x}{2}}$.

(2) 令 $\dfrac{x+1}{x-1}=t$, 则 $x=\dfrac{t+1}{t-1}$, 所以

$$f(t)=3f\left(\frac{t+1}{t-1}\right)-2\frac{t+1}{t-1}. \qquad ①$$

在式子 $f\left(\dfrac{x+1}{x-1}\right)=3f(x)-2x$ 中令 $x=t$, 得 $f\left(\dfrac{t+1}{t-1}\right)=3f(t)-2t$.

把其代入① 式可得

$$f(t)=3[3f(t)-2t]-2\frac{t+1}{t-1}=9f(t)-6t-2\frac{t+1}{t-1}.$$

因此 $f(t)=\dfrac{3}{4}t+\dfrac{1}{4}\dfrac{t+1}{t-1}=\dfrac{3t^2-2t+1}{4(t-1)}$, 故 $f(x)=\dfrac{3x^2-2x+1}{4(x-1)}$, 其中 $x\neq 1$.

14. 证明:

(1) $\sinh x+\sinh y=2\sinh\dfrac{x+y}{2}\cosh\dfrac{x-y}{2}$;

(2) $\cosh x-\cosh y=2\sinh\dfrac{x+y}{2}\sinh\dfrac{x-y}{2}$.

证明 (1) $2\sinh\dfrac{x+y}{2}\cosh\dfrac{x-y}{2}$

$$=2\cdot\frac{e^{\frac{x+y}{2}}-e^{-\frac{x+y}{2}}}{2}\cdot\frac{e^{\frac{x-y}{2}}+e^{-\frac{x-y}{2}}}{2}$$

$$=\frac{1}{2}\left(e^{\frac{x+y}{2}}\cdot e^{\frac{x-y}{2}}+e^{\frac{x+y}{2}}\cdot e^{-\frac{x-y}{2}}-e^{-\frac{x+y}{2}}\cdot e^{\frac{x-y}{2}}-e^{-\frac{x+y}{2}}\cdot e^{-\frac{x-y}{2}}\right)$$

$$=\frac{1}{2}(e^x+e^y-e^{-y}-e^{-x})=\frac{e^x-e^{-x}}{2}+\frac{e^y-e^{-y}}{2}=\sinh x+\sinh y.$$

(2) $2\sinh\dfrac{x+y}{2}\sinh\dfrac{x-y}{2}=2\cdot\dfrac{e^{\frac{x+y}{2}}-e^{-\frac{x+y}{2}}}{2}\cdot\dfrac{e^{\frac{x-y}{2}}-e^{-\frac{x-y}{2}}}{2}$

$$=\frac{1}{2}\left(e^{\frac{x+y}{2}}\cdot e^{\frac{x-y}{2}}-e^{\frac{x+y}{2}}\cdot e^{-\frac{x-y}{2}}-e^{-\frac{x+y}{2}}\cdot e^{\frac{x-y}{2}}+e^{-\frac{x+y}{2}}\cdot e^{-\frac{x-y}{2}}\right)$$

$$=\frac{1}{2}(e^x-e^y-e^{-y}+e^{-x})=\frac{e^x+e^{-x}}{2}-\frac{e^y+e^{-y}}{2}=\cosh x-\cosh y.$$

15. 双曲正弦函数 $y=\sinh x$ 在 $(-\infty,+\infty)$ 上的反函数称为反双曲正弦函数, 记作 $y=\operatorname{arsinh}x$; 双曲余弦函数 $y=\cosh x$ 在 $[0,+\infty)$ 上的反函数称为反双曲余弦函数, 记作 $y=\operatorname{arcosh}x$. 试写出反双曲正弦函数 $y=\operatorname{arsinh}x$ 和反双曲余弦函数 $y=\operatorname{arcosh}x$ 的表达式.

解 先求双曲正弦函数 $y=\sinh x$ 的反函数.

因为 $y=\sinh x=\dfrac{e^x-e^{-x}}{2}$, 所以 $2y=e^x-\dfrac{1}{e^x}$, 因此 $e^{2x}-2ye^x-1=0$.

令 $u=e^x$, 则 $u^2-2yu-1=0$, 所以 $u=\dfrac{2y\pm\sqrt{4y^2+4}}{2}=y\pm\sqrt{y^2+1}$. 又因为 $u=e^x>0$, 所以 $u=y+\sqrt{y^2+1}$, 即 $e^x=y+\sqrt{y^2+1}$, 故 $x=\ln\left(y+\sqrt{y^2+1}\right)$.

因此 $y=\sinh x$ 的反函数是 $y=\operatorname{arsinh}x=\ln\left(x+\sqrt{x^2+1}\right)$, 其定义域是 $(-\infty,+\infty)$.

下面求双曲余弦函数 $y=\cosh x$ 的反函数.

因为 $y=\cosh x=\dfrac{e^x+e^{-x}}{2}$, 所以 $2y=e^x+\dfrac{1}{e^x}$, 因此 $e^{2x}-2ye^x+1=0$.

令 $u=e^x$, 则 $u^2-2yu+1=0$, 所以 $u=\dfrac{2y\pm\sqrt{4y^2-4}}{2}=y\pm\sqrt{y^2-1}$. 又因为 $u=e^x>0$, 所以 $u=y+\sqrt{y^2-1}$, 即 $e^x=y+\sqrt{y^2-1}$, 故 $x=\ln(y+\sqrt{y^2-1})$.

因此 $y=\cosh x$ 的反函数是 $y=\operatorname{arcosh} x=\ln\left(x+\sqrt{x^2-1}\right)$, 其定义域是 $[1,+\infty)$.

习题 1.2

1. 观察下列数列的变化趋势, 判别哪些数列有极限. 如果有极限, 写出它们的极限:

(1) $\left\{\dfrac{(-1)^n}{2n+3}\right\}$; (2) $\left\{\dfrac{3}{5n-1}+(-1)^n\right\}$;

(3) $\left\{\dfrac{(-1)^n}{\sqrt{n+(-1)^{n-1}}}\right\}$; (4) $\left\{\sin\dfrac{n\pi}{2}\right\}$.

解 (1) 有极限, $\lim\limits_{n\to\infty}\dfrac{(-1)^n}{2n+3}=0$. (2) 无极限.

(3) 有极限, $\lim\limits_{n\to\infty}\dfrac{(-1)^n}{\sqrt{n+(-1)^{n-1}}}=0$. (4) 无极限.

2. 观察下列函数在自变量的给定变化趋势下是否有极限, 如果有极限, 写出它们的极限:

(1) $x^2\cos\dfrac{1}{x}\ (x\to 0)$; (2) $\dfrac{1}{x-2}\ (x\to 2)$;

(3) $3-2\cos x\ (x\to+\infty)$; (4) $\operatorname{arccot} x\ (x\to-\infty)$.

解 (1) 有极限, $\lim\limits_{x\to 0}x^2\cos\dfrac{1}{x}=0$. (2) 无极限.

(3) 无极限. (4) 有极限, $\lim\limits_{x\to-\infty}\operatorname{arccot} x=\pi$.

3. 用数列极限的定义证明:

(1) $\lim\limits_{n\to\infty}\left(-\dfrac{1}{2}\right)^{n-1}=0$; (2) $\lim\limits_{n\to\infty}\dfrac{2n-3}{n^3+1}=0$;

(3) $\lim\limits_{n\to\infty}\dfrac{2n}{1+3n}=\dfrac{2}{3}$; (4) $\lim\limits_{n\to\infty}\cos\dfrac{1}{n}=1$.

证明 (1) 令 $x_n=\left(-\dfrac{1}{2}\right)^{n-1}$, 则 $|x_n-a|=\left|\left(-\dfrac{1}{2}\right)^{n-1}-0\right|=\left(\dfrac{1}{2}\right)^{n-1}$. 因为 $\forall\varepsilon>0$, 要使 $|x_n-a|<\varepsilon$, 只要 $\left(\dfrac{1}{2}\right)^{n-1}<\varepsilon$, 所以 $n>-\dfrac{\ln\varepsilon}{\ln 2}+1$. 于是取 $N=\left[-\dfrac{\ln\varepsilon}{\ln 2}+1\right]$, 则当 $n>N$ 时, 总有

$$|x_n - a| = \left|\left(-\frac{1}{2}\right)^{n-1} - 0\right| < \varepsilon.$$

故由数列极限的定义可知 $\lim\limits_{n\to\infty} x_n = \lim\limits_{n\to\infty}\left(-\frac{1}{2}\right)^{n-1} = 0.$

(2) 令 $x_n = \dfrac{2n-3}{n^3+1}$, 则 $|x_n - a| = \left|\dfrac{2n-3}{n^3+1} - 0\right| = \dfrac{|2n-3|}{n^3+1} \leqslant \dfrac{2n}{n^3} = \dfrac{2}{n^2}$.

因为 $\forall\varepsilon > 0$, 要使 $|x_n - a| < \varepsilon$, 只要 $\dfrac{2}{n^2} < \varepsilon$, 所以 $n > \sqrt{\dfrac{2}{\varepsilon}}$. 于是取 $N = \left[\sqrt{\dfrac{2}{\varepsilon}}\right]$, 则当 $n > N$ 时, 总有

$$|x_n - a| = \left|\frac{2n-3}{n^3+1} - 0\right| < \varepsilon.$$

故由数列极限的定义可知 $\lim\limits_{n\to\infty} x_n = \lim\limits_{n\to\infty}\dfrac{2n-3}{n^3+1} = 0.$

(3) 令 $x_n = \dfrac{2n}{1+3n}$, 则

$$|x_n - a| = \left|\frac{2n}{1+3n} - \frac{2}{3}\right| = \frac{2}{3(1+3n)} < \frac{2}{n}.$$

因为 $\forall\varepsilon > 0$, 要使 $|x_n - a| < \varepsilon$, 只要 $\dfrac{2}{n} < \varepsilon$, 所以 $n > \dfrac{2}{\varepsilon}$. 于是取 $N = \left[\dfrac{2}{\varepsilon}\right]$, 则当 $n > N$ 时, 总有

$$|x_n - a| = \left|\frac{2n}{1+3n} - \frac{2}{3}\right| < \varepsilon.$$

故由数列极限的定义可知 $\lim\limits_{n\to\infty} x_n = \lim\limits_{n\to\infty}\dfrac{2n}{1+3n} = \dfrac{2}{3}.$

(4) 令 $x_n = \cos\dfrac{1}{n}$, 则

$$|x_n - a| = \left|\cos\frac{1}{n} - 1\right| = 1 - \cos\frac{1}{n} = 2\sin^2\frac{1}{2n} \leqslant 2\cdot\frac{1}{4n^2} = \frac{1}{2n^2}.$$

因为 $\forall\varepsilon > 0$, 要使 $|x_n - a| < \varepsilon$, 只要 $\dfrac{1}{2n^2} < \varepsilon$, 所以 $n > \sqrt{\dfrac{1}{2\varepsilon}}$. 于是取 $N = \left[\sqrt{\dfrac{1}{2\varepsilon}}\right]$, 则当 $n > N$ 时, 总有

$$|x_n - a| = \left|\cos\frac{1}{n} - 1\right| < \varepsilon.$$

故由数列极限的定义可知 $\lim\limits_{n\to\infty} x_n = \lim\limits_{n\to\infty}\cos\dfrac{1}{n} = 1.$

4. 用函数极限的定义证明:

(1) $\lim\limits_{x\to1}(3x+2) = 5$; (2) $\lim\limits_{x\to2}\dfrac{x^2-4}{x-2} = 4$;

(3) $\lim\limits_{x\to\infty}\dfrac{2x^2+\sin x}{x^2}=2$; (4) $\lim\limits_{x\to+\infty}\mathrm{e}^{-x}=0$.

证明 (1) 令 $f(x)=3x+2$, 则 $|f(x)-A|=|3x+2-5|=|3x-3|=3|x-1|$.

因为 $\forall\varepsilon>0$, 要使 $|f(x)-A|<\varepsilon$, 只要 $3|x-1|<\varepsilon$, 所以 $|x-1|<\dfrac{\varepsilon}{3}$. 于是取 $\delta=\dfrac{\varepsilon}{3}$, 则当 $0<|x-1|<\delta$ 时, 总有

$$|f(x)-A|=|3x+2-5|<\varepsilon.$$

故由函数极限的定义可知 $\lim\limits_{x\to1}f(x)=\lim\limits_{x\to1}(3x+2)=5$.

(2) 令 $f(x)=\dfrac{x^2-4}{x-2}$, 则

$$|f(x)-A|=\left|\frac{x^2-4}{x-2}-4\right|=|x-2|.$$

因为 $\forall\varepsilon>0$, 要使 $|f(x)-A|<\varepsilon$, 只要 $|x-2|<\varepsilon$. 于是取 $\delta=\varepsilon$, 则当 $0<|x-2|<\delta$ 时, 总有

$$|f(x)-A|=\left|\frac{x^2-4}{x-2}-4\right|<\varepsilon.$$

故由函数极限的定义可知 $\lim\limits_{x\to2}f(x)=\lim\limits_{x\to2}\dfrac{x^2-4}{x-2}=4$.

(3) 令 $f(x)=\dfrac{2x^2+\sin x}{x^2}$, 则 $|f(x)-A|=\left|\dfrac{2x^2+\sin x}{x^2}-2\right|=\left|\dfrac{\sin x}{x^2}\right|\leqslant\dfrac{1}{x^2}$.

因为 $\forall\varepsilon>0$, 要使 $|f(x)-A|<\varepsilon$, 只要 $\dfrac{1}{x^2}<\varepsilon$, 所以 $|x|>\dfrac{1}{\sqrt{\varepsilon}}$. 于是取 $X=\dfrac{1}{\sqrt{\varepsilon}}$, 则当 $|x|>X$ 时, 总有

$$|f(x)-A|=\left|\frac{2x^2+\sin x}{x^2}-2\right|<\varepsilon.$$

故由函数极限的定义可知 $\lim\limits_{x\to\infty}f(x)=\lim\limits_{x\to\infty}\dfrac{2x^2+\sin x}{x^2}=2$.

(4) 令 $f(x)=\mathrm{e}^{-x}$, 则 $|f(x)-A|=|\mathrm{e}^{-x}-0|=\dfrac{1}{\mathrm{e}^x}$.

因为 $\forall\varepsilon>0$ (不妨设 $\varepsilon<1$), 要使 $|f(x)-A|<\varepsilon$, 只要 $\dfrac{1}{\mathrm{e}^x}<\varepsilon$, 所以 $x>-\ln\varepsilon$. 于是取 $X=-\ln\varepsilon$, 则当 $x>X$ 时, 总有

$$|f(x)-A|=\left|\mathrm{e}^{-x}-0\right|<\varepsilon.$$

故由函数极限的定义可知 $\lim\limits_{x\to+\infty}f(x)=\lim\limits_{x\to+\infty}\mathrm{e}^{-x}=0$.

5. 若 $\lim\limits_{n\to\infty}x_n=a$, 证明: $\lim\limits_{n\to\infty}|x_n|=|a|$; 并举例说明前述命题的逆命题不成立.

证明 因为 $\lim\limits_{n\to\infty}x_n=a$, 所以 $\forall\varepsilon>0$, $\exists N\in\mathbf{N}_+$, 当 $n>N$ 时, 有 $|x_n-a|<\varepsilon$. 由于 $\big||x_n|-|a|\big|\leqslant|x_n-a|<\varepsilon$, 故由数列极限的定义可知 $\lim\limits_{n\to\infty}|x_n|=|a|$.

例如, 对于数列 $x_n=(-1)^n$, 虽然 $\lim\limits_{n\to\infty}|x_n|=\lim\limits_{n\to\infty}1=1$, 但是 $\{(-1)^n\}$ 没有极

限, 即前述命题的逆命题不成立.

6. 证明: $\lim\limits_{n\to\infty} x_n = 0$ 的充要条件为 $\lim\limits_{n\to\infty} |x_n| = 0$.

证明 先证充分性.

因为 $\lim\limits_{n\to\infty} |x_n| = 0$, 所以 $\forall \varepsilon > 0, \exists N \in \mathbf{N}_+$, 当 $n > N$ 时, 有 $\big||x_n| - 0\big| = |x_n| < \varepsilon$, 即 $|x_n - 0| < \varepsilon$, 故由数列极限的定义可知 $\lim\limits_{n\to\infty} x_n = 0$.

再证必要性.

因为 $\lim\limits_{n\to\infty} x_n = 0$, 所以 $\forall \varepsilon > 0, \exists N \in \mathbf{N}_+$, 当 $n > N$ 时, 有 $|x_n - 0| = |x_n| < \varepsilon$. 由于 $\big||x_n| - 0\big| = |x_n| < \varepsilon$, 故由数列极限的定义可知 $\lim\limits_{n\to\infty} |x_n| = 0$.

7. 若 $\{x_n\}$ 有界, 且 $\lim\limits_{n\to\infty} y_n = 0$, 证明: $\lim\limits_{n\to\infty} x_n y_n = 0$.

证明 因为 $\{x_n\}$ 有界, 所以 $\exists M > 0$, 使得对一切 n 都有 $|x_n| \leqslant M$. 又因为 $\lim\limits_{n\to\infty} y_n = 0$, 所以 $\forall \varepsilon > 0, \exists N \in \mathbf{N}_+$, 当 $n > N$ 时, 有 $|y_n - 0| = |y_n| < \dfrac{\varepsilon}{M}$.

由于 $|x_n y_n - 0| = |x_n| \cdot |y_n| < M \cdot \dfrac{\varepsilon}{M} = \varepsilon$, 故由数列极限的定义可知 $\lim\limits_{n\to\infty} x_n y_n = 0$.

8. 用函数的极限定义证明: $\lim\limits_{x\to x_0} f(x) = A$ 的充要条件为 $\lim\limits_{x\to x_0^-} f(x)$, $\lim\limits_{x\to x_0^+} f(x)$ 存在且 $\lim\limits_{x\to x_0^-} f(x) = \lim\limits_{x\to x_0^+} f(x) = A$.

证明 先证必要性.

因为 $\lim\limits_{x\to x_0} f(x) = A$, 所以 $\forall \varepsilon > 0, \exists \delta > 0$, 当 $0 < |x - x_0| < \delta$ 时, 有

$$|f(x) - A| < \varepsilon.$$

从而 $0 < x - x_0 < \delta$ 时, 有 $|f(x) - A| < \varepsilon$, 故由函数极限的定义可知 $\lim\limits_{x\to x_0^+} f(x) = A$; 当 $-\delta < x - x_0 < 0$ 时, 有 $|f(x) - A| < \varepsilon$, 故由函数极限的定义可知 $\lim\limits_{x\to x_0^-} f(x) = A$.

下面证充分性.

因为 $\lim\limits_{x\to x_0^+} f(x) = A$, 所以 $\forall \varepsilon > 0, \exists \delta_1 > 0$, 当 $0 < x - x_0 < \delta_1$ 时, 有

$$|f(x) - A| < \varepsilon.$$

又因为 $\lim\limits_{x\to x_0^-} f(x) = A$, 所以对上述 ε, $\exists \delta_2 > 0$, 当 $-\delta_2 < x - x_0 < 0$ 时, 有

$$|f(x) - A| < \varepsilon.$$

取 $\delta = \min\{\delta_1, \delta_2\}$, 则当 $0 < |x - x_0| < \delta$ 时, 总有

$$|f(x) - A| < \varepsilon.$$

故由函数极限的定义可知 $\lim\limits_{x\to x_0} f(x) = A$.

9. 设 $f(x) = \begin{cases} x^3, & |x| \leqslant 1, \\ x^{\frac{2}{3}}, & |x| > 1, \end{cases}$ 求 $\lim\limits_{x\to -1} f(x)$ 及 $\lim\limits_{x\to 1} f(x)$.

解 由题意可知 $f(x)=\begin{cases}x^3, & -1\leqslant x\leqslant 1,\\ x^{\frac{2}{3}}, & x>1 \text{ 或 } x<-1.\end{cases}$

因为 $\lim\limits_{x\to-1^-}f(x)=\lim\limits_{x\to-1^-}x^{\frac{2}{3}}=1$, $\lim\limits_{x\to-1^+}f(x)=\lim\limits_{x\to-1^+}x^3=-1$, 所以 $\lim\limits_{x\to-1^-}f(x)\neq\lim\limits_{x\to-1^+}f(x)$, 故 $\lim\limits_{x\to-1}f(x)$ 不存在.

因为 $\lim\limits_{x\to1^-}f(x)=\lim\limits_{x\to1^-}x^3=3$, $\lim\limits_{x\to1^+}f(x)=\lim\limits_{x\to1^+}x^{\frac{2}{3}}=1$, 所以 $\lim\limits_{x\to1^-}f(x)=\lim\limits_{x\to1^+}f(x)=1$, 故 $\lim\limits_{x\to1}f(x)=1$.

10. 设 $f(x)=\dfrac{\cos x}{x}$, 求 $y=f(x)$ 图形的水平渐近线.

解 因为 $\lim\limits_{x\to\infty}f(x)=\lim\limits_{x\to\infty}\dfrac{\cos x}{x}=0$, 所以 $y=f(x)$ 图形的水平渐近线是 $y=0$.

习题 1.3

1. 若 $\lim\limits_{n\to\infty}x_n=a\neq0$, 证明: 当 n 充分大时, $|x_n|>\dfrac{|a|}{3}$.

证明 因为 $\lim\limits_{n\to\infty}x_n=a$, 所以对 $\varepsilon=\dfrac{2}{3}|a|>0$, $\exists N\in\mathbf{N}_+$, 当 $n>N$ 时, 有 $|x_n-a|<\varepsilon$, 即 $|x_n-a|<\dfrac{2}{3}|a|$, 所以 $a-\dfrac{2}{3}|a|<x_n<a+\dfrac{2}{3}|a|$.

下面分情况讨论. 若 $a>0$, 则 $\dfrac{a}{3}<x_n<\dfrac{5}{3}a$, 即 $x_n>\dfrac{a}{3}$; 若 $a<0$, 则 $\dfrac{5a}{3}<x_n<\dfrac{a}{3}$, 即 $x_n<\dfrac{a}{3}$. 故当 $a\neq0$ 时, 有 $|x_n|>\dfrac{|a|}{3}$.

2. 如果 $\lim\limits_{x\to x_0}f(x)=A\neq0$, 证明: 存在 x_0 的某个去心邻域 $\mathring{U}(x_0,\delta_0)$, 使得 $\dfrac{1}{f(x)}$ 在 $\mathring{U}(x_0,\delta_0)$ 内有界.

证明 因为 $\lim\limits_{x\to x_0}f(x)=A$, 所以对 $\varepsilon=\dfrac{1}{2}|A|>0$, $\exists\delta>0$, 当 $0<|x-x_0|<\delta$ 时, 有 $|f(x)-A|<\varepsilon$, 即 $|f(x)-A|<\dfrac{1}{2}|A|$, 所以 $A-\dfrac{1}{2}|A|<f(x)<A+\dfrac{1}{2}|A|$.

下面分情况讨论. 若 $A>0$, 则 $\dfrac{A}{2}<f(x)<\dfrac{3A}{2}$, 所以 $\dfrac{2}{3A}<\dfrac{1}{f(x)}<\dfrac{2}{A}$, 故当 $0<|x-x_0|<\delta$ 时, $\dfrac{1}{f(x)}$ 有界; 若 $A<0$, 则 $\dfrac{3A}{2}<f(x)<\dfrac{A}{2}$, 所以 $\dfrac{2}{A}<\dfrac{1}{f(x)}<\dfrac{2}{3A}$, 故当 $0<|x-x_0|<\delta$ 时, $\dfrac{1}{f(x)}$ 有界.

3. 对于数列 $\{x_n\}$, 证明: $\lim\limits_{n\to\infty}x_n=A$ 的充要条件为 $\lim\limits_{n\to\infty}x_{2n-1}=\lim\limits_{n\to\infty}x_{2n}=A$.

证明 先证充分性.

因为 $\lim\limits_{n\to\infty}x_{2n-1}=A$, 所以 $\forall\varepsilon>0$, $\exists N_1\in\mathbf{N}_+$, 当 $n>N_1$ 时, 有 $|x_{2n-1}-A|<\varepsilon$.

又因为 $\lim\limits_{n\to\infty} x_{2n}=A$, 所以对上述 ε, $\exists N_2\in\mathbf{N}_+$, 当 $n>N_2$ 时, 有 $|x_{2n}-A|<\varepsilon$.

对上述 ε, 取 $N=\max\{2N_1-1,2N_2\}$, 则 $n>N$ 时, 有 $|x_n-A|<\varepsilon$, 所以 $\lim\limits_{n\to\infty} x_n=A$.

下面证必要性.

因为 $\lim\limits_{n\to\infty} x_n=A$, 所以 $\forall\varepsilon>0$, $\exists N\in\mathbf{N}_+$, 当 $n>N$ 时, 有 $|x_n-A|<\varepsilon$. 从而当 $n>N$ 时, 必有 $|x_{2n-1}-A|<\varepsilon$ 和 $|x_{2n}-A|<\varepsilon$, 即 $\lim\limits_{n\to\infty} x_{2n-1}=A$ 和 $\lim\limits_{n\to\infty} x_{2n}=A$.

4. 设 $x_n=\left(1+\dfrac{1}{n}\right)\cos(n\pi)$, 证明: 数列 $\{x_n\}$ 的极限不存在.

证明 因为

$$\lim_{n\to\infty} x_{2n}=\lim_{n\to\infty}\left[\left(1+\frac{1}{2n}\right)\cos(2n\pi)\right]=\lim_{n\to\infty}\left[\left(1+\frac{1}{2n}\right)\cdot 1\right]=\lim_{n\to\infty}\left(1+\frac{1}{2n}\right)=1,$$

$$\lim_{n\to\infty} x_{2n-1}=\lim_{n\to\infty}\left\{\left(1+\frac{1}{2n-1}\right)\cos[(2n-1)\pi]\right\}=\lim_{n\to\infty}\left[\left(1+\frac{1}{2n-1}\right)\cdot(-1)\right]=-1,$$

所以 $\lim\limits_{n\to\infty} x_{2n}\neq\lim\limits_{n\to\infty} x_{2n-1}$, 因此数列 $\{x_n\}$ 的极限不存在.

5. 证明: 当 $x\to0^+$ 时, 函数 $f(x)=\cos\dfrac{1}{\sqrt{x}}$ 的极限不存在.

证明 取两个收敛于 0 的数列 $\{x_n\}$ 和 $\{y_n\}$, 其中 $x_n=\dfrac{1}{4n^2\pi^2}$, $y_n=\dfrac{1}{\left(2n\pi+\dfrac{\pi}{2}\right)^2}$, 则

$$\lim_{n\to\infty} f(x_n)=\lim_{n\to\infty}\cos\frac{1}{\sqrt{\dfrac{1}{4n^2\pi^2}}}=\lim_{n\to\infty}\cos(2n\pi)=\lim_{n\to\infty}1=1,$$

$$\lim_{n\to\infty} f(y_n)=\lim_{n\to\infty}\cos\frac{1}{\sqrt{\dfrac{1}{\left(2n\pi+\dfrac{\pi}{2}\right)^2}}}=\lim_{n\to\infty}\cos\left(2n\pi+\frac{\pi}{2}\right)=\lim_{n\to\infty}0=0,$$

由归并性可知当 $x\to0^+$ 时, 函数 $f(x)=\cos\dfrac{1}{\sqrt{x}}$ 的极限不存在.

6. 计算下列极限:

(1) $\lim\limits_{x\to1}\dfrac{3x-5}{2x-1}$;

(2) $\lim\limits_{x\to-2}\dfrac{x+2}{3x^2-1}$;

(3) $\lim\limits_{x\to2}\dfrac{x-2}{x^2+x-6}$;

(4) $\lim\limits_{x\to1}\dfrac{\sqrt{5x+4}-3}{\sqrt{3x+1}-2}$;

(5) $\lim\limits_{x\to\infty}\dfrac{x^2-3}{3x^3+x-2}$;

(6) $\lim\limits_{x\to\infty}\dfrac{x^3-3}{2x^3+3x-5}$;

(7) $\lim\limits_{x\to-1}\dfrac{2x^2-x-3}{x^2-x-2}$;

(8) $\lim\limits_{x\to a}\dfrac{\sin x-\sin a}{\sin(x-a)}$;

(9) $\lim\limits_{x\to-\infty}\left(\sqrt{4x^2+x-1}+2x+1\right)$; (10) $\lim\limits_{n\to\infty}\left(\sqrt{2n+\sqrt{n}}-\sqrt{2n-\sqrt{n}}\right)$;

(11) $\lim\limits_{n\to\infty}\left(\dfrac{1}{3}+\dfrac{1}{15}+\cdots+\dfrac{1}{4n^2-1}\right)$; (12) $\lim\limits_{n\to\infty}\left[\dfrac{1}{2!}+\dfrac{2}{3!}+\cdots+\dfrac{n}{(n+1)!}\right]$.

解 (1) $\lim\limits_{x\to1}\dfrac{3x-5}{2x-1}=\dfrac{\lim\limits_{x\to1}(3x-5)}{\lim\limits_{x\to1}(2x-1)}=\dfrac{3\cdot1-5}{2\cdot1-1}=-2.$

(2) $\lim\limits_{x\to-2}\dfrac{x+2}{3x^2-1}=\dfrac{\lim\limits_{x\to-2}(x+2)}{\lim\limits_{x\to-2}(3x^2-1)}=\dfrac{-2+2}{3\cdot(-2)^2-1}=0.$

(3) $\lim\limits_{x\to2}\dfrac{x-2}{x^2+x-6}=\lim\limits_{x\to2}\dfrac{x-2}{(x-2)(x+3)}=\lim\limits_{x\to2}\dfrac{1}{x+3}=\dfrac{1}{5}.$

(4)
$$\begin{aligned}\lim_{x\to1}\frac{\sqrt{5x+4}-3}{\sqrt{3x+1}-2}&=\lim_{x\to1}\frac{\left(\sqrt{5x+4}-3\right)\left(\sqrt{5x+4}+3\right)\left(\sqrt{3x+1}+2\right)}{\left(\sqrt{3x+1}-2\right)\left(\sqrt{3x+1}+2\right)\left(\sqrt{5x+4}+3\right)}\\&=\lim_{x\to1}\frac{(5x+4-9)\left(\sqrt{3x+1}+2\right)}{(3x+1-4)\left(\sqrt{5x+4}+3\right)}=\lim_{x\to1}\frac{5(x-1)\left(\sqrt{3x+1}+2\right)}{3(x-1)\left(\sqrt{5x+4}+3\right)}\\&=\lim_{x\to1}\frac{5\left(\sqrt{3x+1}+2\right)}{3\left(\sqrt{5x+4}+3\right)}=\frac{\lim\limits_{x\to1}5\left(\sqrt{3x+1}+2\right)}{\lim\limits_{x\to1}3\left(\sqrt{5x+4}+3\right)}\\&=\frac{5(\sqrt{3\cdot1+1}+2)}{3(\sqrt{5\cdot1+4}+3)}=\frac{10}{9}.\end{aligned}$$

(5) $\lim\limits_{x\to\infty}\dfrac{x^2-3}{3x^3+x-2}=\lim\limits_{x\to\infty}\dfrac{\dfrac{1}{x}-\dfrac{3}{x^3}}{3+\dfrac{1}{x^2}-\dfrac{2}{x^3}}=\dfrac{\lim\limits_{x\to\infty}\left(\dfrac{1}{x}-\dfrac{3}{x^3}\right)}{\lim\limits_{x\to\infty}\left(3+\dfrac{1}{x^2}-\dfrac{2}{x^3}\right)}=\dfrac{0-0}{3+0-0}=0.$

(6) $\lim\limits_{x\to\infty}\dfrac{x^3-3}{2x^3+3x-5}=\lim\limits_{x\to\infty}\dfrac{1-\dfrac{3}{x^3}}{2+\dfrac{3}{x^2}-\dfrac{5}{x^3}}=\dfrac{\lim\limits_{x\to\infty}\left(1-\dfrac{3}{x^3}\right)}{\lim\limits_{x\to\infty}\left(2+\dfrac{3}{x^2}-\dfrac{5}{x^3}\right)}=\dfrac{1-0}{2+0-0}=\dfrac{1}{2}.$

(7) $\lim\limits_{x\to-1}\dfrac{2x^2-x-3}{x^2-x-2}=\lim\limits_{x\to-1}\dfrac{(2x-3)(x+1)}{(x-2)(x+1)}=\lim\limits_{x\to-1}\dfrac{2x-3}{x-2}=\dfrac{\lim\limits_{x\to-1}(2x-3)}{\lim\limits_{x\to-1}(x-2)}=\dfrac{5}{3}.$

(8)
$$\begin{aligned}\lim_{x\to a}\frac{\sin x-\sin a}{\sin(x-a)}&=\lim_{x\to a}\frac{2\sin\dfrac{x-a}{2}\cos\dfrac{x+a}{2}}{2\sin\dfrac{x-a}{2}\cos\dfrac{x-a}{2}}=\lim_{x\to a}\frac{\cos\dfrac{x+a}{2}}{\cos\dfrac{x-a}{2}}\\&=\frac{\lim\limits_{x\to a}\cos\dfrac{x+a}{2}}{\lim\limits_{x\to a}\cos\dfrac{x-a}{2}}=\frac{\cos a}{\cos 0}=\cos a.\end{aligned}$$

(9) 解法 1 $\lim\limits_{x\to-\infty}\left(\sqrt{4x^2+x-1}+2x+1\right)$

$$=\lim_{x\to-\infty}\frac{\left(\sqrt{4x^2+x-1}+2x+1\right)\left(\sqrt{4x^2+x-1}-2x-1\right)}{\sqrt{4x^2+x-1}-2x-1}$$

$$= \lim_{x\to-\infty} \frac{-3x-2}{\sqrt{4x^2+x-1}-2x-1} = \lim_{x\to-\infty} \frac{-3-\dfrac{2}{x}}{-\sqrt{4+\dfrac{1}{x}-\dfrac{1}{x^2}}-2-\dfrac{1}{x}}$$

$$= \frac{\lim\limits_{x\to-\infty}\left(-3-\dfrac{2}{x}\right)}{\lim\limits_{x\to-\infty}\left(-\sqrt{4+\dfrac{1}{x}-\dfrac{1}{x^2}}-2-\dfrac{1}{x}\right)} = \frac{-3-0}{-2-2}-0 = \frac{3}{4}.$$

解法 2 令 $x=-t$，则当 $x\to-\infty$ 时，$t\to+\infty$，所以

$$\lim_{x\to-\infty}\left(\sqrt{4x^2+x-1}+2x+1\right) = \lim_{t\to+\infty}\left(\sqrt{4t^2-t-1}-2t+1\right)$$

$$= \lim_{t\to+\infty}\frac{\left(\sqrt{4t^2-t-1}+1-2t\right)\left[\sqrt{4t^2-t-1}-(1-2t)\right]}{\sqrt{4t^2-t-1}-1+2t}$$

$$= \lim_{t\to+\infty}\frac{3t-2}{\sqrt{4t^2-t-1}-1+2t} = \lim_{t\to+\infty}\frac{3-\dfrac{2}{t}}{\sqrt{4-\dfrac{1}{t}-\dfrac{1}{t^2}}-\dfrac{1}{t}+2} = \frac{3}{4}.$$

(10) $\lim\limits_{n\to\infty}\left(\sqrt{2n+\sqrt{n}}-\sqrt{2n-\sqrt{n}}\right)$

$$= \lim_{n\to\infty}\frac{\left(\sqrt{2n+\sqrt{n}}-\sqrt{2n-\sqrt{n}}\right)\left(\sqrt{2n+\sqrt{n}}+\sqrt{2n-\sqrt{n}}\right)}{\sqrt{2n+\sqrt{n}}+\sqrt{2n-\sqrt{n}}}$$

$$= \lim_{n\to\infty}\frac{2\sqrt{n}}{\sqrt{2n+\sqrt{n}}+\sqrt{2n-\sqrt{n}}} = \lim_{n\to\infty}\frac{2}{\sqrt{2+\dfrac{1}{\sqrt{n}}}+\sqrt{2-\dfrac{1}{\sqrt{n}}}}$$

$$= \frac{\lim\limits_{n\to\infty}2}{\lim\limits_{n\to\infty}\left(\sqrt{2+\dfrac{1}{\sqrt{n}}}+\sqrt{2-\dfrac{1}{\sqrt{n}}}\right)} = \frac{2}{\sqrt{2+0}+\sqrt{2-0}} = \frac{\sqrt{2}}{2}.$$

(11) $\lim\limits_{n\to\infty}\left(\dfrac{1}{3}+\dfrac{1}{15}+\cdots+\dfrac{1}{4n^2-1}\right)$

$$= \lim_{n\to\infty}\frac{1}{2}\left(1-\frac{1}{3}+\frac{1}{3}-\frac{1}{5}+\cdots+\frac{1}{2n-1}-\frac{1}{2n+1}\right)$$

$$= \lim_{n\to\infty}\frac{1}{2}\left(1-\frac{1}{2n+1}\right) = \frac{1}{2}\left(\lim_{n\to\infty}1-\lim_{n\to\infty}\frac{1}{2n+1}\right) = \frac{1}{2}(1-0) = \frac{1}{2}.$$

(12) 因为 $\dfrac{n}{(n+1)!} = \dfrac{n+1-1}{(n+1)!} = \dfrac{n+1}{(n+1)!}-\dfrac{1}{(n+1)!} = \dfrac{1}{n!}-\dfrac{1}{(n+1)!}$，所以

$$\lim_{n\to\infty}\left[\frac{1}{2!}+\frac{2}{3!}+\cdots+\frac{n}{(n+1)!}\right] = \lim_{n\to\infty}\left[\frac{1}{1!}-\frac{1}{2!}+\frac{1}{2!}-\frac{1}{3!}+\cdots+\frac{1}{n!}-\frac{1}{(n+1)!}\right]$$

$$= \lim_{n\to\infty}\left[1-\frac{1}{(n+1)!}\right] = 1-0 = 1.$$

7. 设 $f_n(x)=(1+x)(1+x^2)\cdots(1+x^{2^n})$, 当 $|x|<1$ 时, 求 $\lim\limits_{n\to\infty} f_n(x)$.

解　$\lim\limits_{n\to\infty} f_n(x)=\lim\limits_{n\to\infty}\dfrac{(1-x)(1+x)(1+x^2)\cdots(1+x^{2^n})}{1-x}$

$$=\lim_{n\to\infty}\frac{1-(x^{2^n})^2}{1-x}=\frac{\lim\limits_{n\to\infty}[1-(x^{2^n})^2]}{\lim\limits_{n\to\infty}(1-x)}=\frac{1-0}{1-x}=\frac{1}{1-x}.$$

8. 若 $\lim\limits_{x\to\infty}\left(\dfrac{x^2}{x+1}+ax+b\right)=2$, 求常数 a, b 的值.

解　因为 $\lim\limits_{x\to\infty}\left(\dfrac{x^2}{x+1}+ax+b\right)=\lim\limits_{x\to\infty}\dfrac{(1+a)x^2+(a+b)x+b}{x+1}=2$, 所以 $1+a=0$, 否则 $\lim\limits_{x\to\infty}\left(\dfrac{x^2}{x+1}+ax+b\right)=\infty$. 因此 $a=-1$.

此时 $\lim\limits_{x\to\infty}\left(\dfrac{x^2}{x+1}+ax+b\right)=\lim\limits_{x\to\infty}\dfrac{(b-1)x+b}{x+1}=\lim\limits_{x\to\infty}\dfrac{(b-1)+\dfrac{b}{x}}{1+\dfrac{1}{x}}=\dfrac{b-1+0}{1}=b-1=2$, 所以 $b=3$.

综上可知, $a=-1$, $b=3$.

习题 1.4

1. 计算下列极限:

(1) $\lim\limits_{x\to0}\dfrac{3x}{\sin5x}$;　(2) $\lim\limits_{x\to0}\dfrac{\tan ax}{\sin bx}\ (b\neq0)$;

(3) $\lim\limits_{x\to0^+}\sqrt{x}\cot\sqrt{x}$;　(4) $\lim\limits_{x\to0}\dfrac{x\arcsin x}{1-\cos x}$;

(5) $\lim\limits_{n\to\infty}\dfrac{3n^2-1}{2n+1}\sin\dfrac{2}{n}$;　(6) $\lim\limits_{n\to\infty}\sqrt[n]{4n^3+5}$.

解　(1) $\lim\limits_{x\to0}\dfrac{3x}{\sin5x}=\lim\limits_{x\to0}\left(\dfrac{5x}{\sin5x}\cdot\dfrac{3}{5}\right)=\dfrac{3}{5}\lim\limits_{x\to0}\dfrac{5x}{\sin5x}=\dfrac{3}{5}\cdot1=\dfrac{3}{5}$.

(2) 当 $a\neq0$ 时,

$$\lim_{x\to0}\frac{\tan ax}{\sin bx}=\lim_{x\to0}\frac{\sin ax}{\cos ax}\cdot\frac{1}{\sin bx}=\lim_{x\to0}\left(\frac{\sin ax}{ax}\cdot\frac{bx}{\sin bx}\cdot\frac{1}{\cos ax}\cdot\frac{a}{b}\right)$$
$$=\frac{a}{b}\lim_{x\to0}\frac{\sin ax}{ax}\cdot\lim_{x\to0}\frac{bx}{\sin bx}\cdot\lim_{x\to0}\frac{1}{\cos ax}=\frac{a}{b}\cdot1\cdot1\cdot\frac{1}{1}=\frac{a}{b}.$$

当 $a=0$ 时,

$$\lim_{x\to0}\frac{\tan ax}{\sin bx}=\lim_{x\to0}\frac{0}{\sin bx}=0=\frac{a}{b}.$$

故不论 a 为何值, 均有 $\lim\limits_{x\to0}\dfrac{\tan ax}{\sin bx}=\dfrac{a}{b}$.

(3) $\lim\limits_{x\to0^+}\sqrt{x}\cot\sqrt{x}=\lim\limits_{x\to0^+}\left(\dfrac{\sqrt{x}}{\sin\sqrt{x}}\cdot\cos\sqrt{x}\right)=\lim\limits_{x\to0^+}\dfrac{\sqrt{x}}{\sin\sqrt{x}}\cdot\lim\limits_{x\to0^+}\cos\sqrt{x}=1\cdot1=1$.

(4) $\lim\limits_{x\to 0}\dfrac{x\arcsin x}{1-\cos x}=\lim\limits_{x\to 0}\dfrac{x\arcsin x}{2\sin^2\dfrac{x}{2}}=\lim\limits_{x\to 0}\left[\dfrac{\left(\dfrac{x}{2}\right)^2}{\sin^2\dfrac{x}{2}}\cdot\dfrac{\arcsin x}{x}\cdot 2\right]$

$$=2\lim_{x\to 0}\left(\frac{\frac{x}{2}}{\sin\frac{x}{2}}\right)^2\cdot\lim_{x\to 0}\frac{\arcsin x}{x}=2\cdot 1\cdot 1=2.$$

(5) $\lim\limits_{n\to\infty}\dfrac{3n^2-1}{2n+1}\sin\dfrac{2}{n}=\lim\limits_{n\to\infty}\left(\dfrac{3n^2-1}{2n+1}\cdot\dfrac{\sin\dfrac{2}{n}}{\dfrac{2}{n}}\cdot\dfrac{2}{n}\right)=\lim\limits_{n\to\infty}\dfrac{6n^2-2}{2n^2+n}\cdot\lim\limits_{n\to\infty}\dfrac{\sin\dfrac{2}{n}}{\dfrac{2}{n}}$

$$=\lim_{n\to\infty}\frac{6-\frac{2}{n^2}}{2+\frac{1}{n}}\cdot\lim_{n\to\infty}\frac{\sin\frac{2}{n}}{\frac{2}{n}}=\frac{6-0}{2+0}\cdot 1=3.$$

(6) 因为当 $n>1$ 时, $n^3<4n^3+5<8n^3$, 所以 $\sqrt[n]{n^3}<\sqrt[n]{4n^3+5}<\sqrt[n]{8n^3}$. 又因为

$$\lim_{n\to\infty}\sqrt[n]{n^3}=\lim_{n\to\infty}\left(\sqrt[n]{n}\cdot\sqrt[n]{n}\cdot\sqrt[n]{n}\right)=\lim_{n\to\infty}\sqrt[n]{n}\cdot\lim_{n\to\infty}\sqrt[n]{n}\cdot\lim_{n\to\infty}\sqrt[n]{n}=1\cdot 1\cdot 1=1,$$

$$\lim_{n\to\infty}\sqrt[n]{8n^3}=\lim_{n\to\infty}\left(8^{\frac{1}{n}}\cdot\sqrt[n]{n^3}\right)=\lim_{n\to\infty}8^{\frac{1}{n}}\cdot\lim_{n\to\infty}\sqrt[n]{n^3}=1\cdot 1=1,$$

所以由夹逼准则可知 $\lim\limits_{n\to\infty}\sqrt[n]{4n^3+5}=1$.

2. 计算下列极限:

(1) $\lim\limits_{x\to 0}(1+5x)^{\frac{1}{x}}$;　　(2) $\lim\limits_{x\to 0}(1-x)^{\frac{4}{x}}$;

(3) $\lim\limits_{x\to 0}(1+3\tan x)^{2\csc x}$;　　(4) $\lim\limits_{n\to\infty}\left(\dfrac{n+2a}{n-a}\right)^n\ (a\neq 0)$.

解　(1) 令 $x=\dfrac{t}{5}$, 则当 $x\to 0$ 时, 有 $t\to 0$, 所以

$$\lim_{x\to 0}(1+5x)^{\frac{1}{x}}=\lim_{t\to 0}(1+t)^{\frac{5}{t}}=\lim_{t\to 0}\left[(1+t)^{\frac{1}{t}}\right]^5=\mathrm{e}^5.$$

(2) 令 $x=-t$, 则当 $x\to 0$ 时, 有 $t\to 0$, 所以

$$\lim_{x\to 0}(1-x)^{\frac{4}{x}}=\lim_{t\to 0}(1+t)^{-\frac{4}{t}}=\lim_{t\to 0}\left[(1+t)^{\frac{1}{t}}\right]^{-4}=\frac{1}{\mathrm{e}^4}.$$

(3) 因为 $(1+3\tan x)^{2\csc x}=\left[(1+3\tan x)^{\frac{1}{3\tan x}}\right]^{\frac{6}{\cos x}}$, 且

$$\lim_{x\to 0}(1+3\tan x)^{\frac{1}{3\tan x}}=\mathrm{e}>0,\quad \lim_{x\to 0}\frac{6}{\cos x}=6,$$

所以 $\lim\limits_{x\to 0}(1+3\tan x)^{2\csc x}=\lim\limits_{x\to 0}\left[(1+3\tan x)^{\frac{1}{3\tan x}}\right]^{\frac{6}{\cos x}}=\mathrm{e}^6$.

(4) 因为 $\left(\dfrac{n+2a}{n-a}\right)^n=\left[\left(1+\dfrac{3a}{n-a}\right)^{\frac{n-a}{3a}}\right]^{\frac{3na}{n-a}}$, 且

$$\lim_{n\to\infty}\left(1+\frac{3a}{n-a}\right)^{\frac{n-a}{3a}}=\mathrm{e}>0,\quad \lim_{n\to\infty}\frac{3na}{n-a}=3a,$$

所以 $\lim\limits_{n\to\infty}\left(\dfrac{n+2a}{n-a}\right)^n=\lim\limits_{n\to\infty}\left[\left(1+\dfrac{3a}{n-a}\right)^{\frac{n-a}{3a}}\right]^{\frac{3na}{n-a}}=\mathrm{e}^{3a}$.

3. 利用夹逼准则证明: $\lim\limits_{n\to\infty}\left(\dfrac{n}{n^2+\pi}+\dfrac{n}{n^2+2\pi}+\cdots+\dfrac{n}{n^2+n\pi}\right)=1$.

证明 令 $x_n=\dfrac{n}{n^2+\pi}+\dfrac{n}{n^2+2\pi}+\cdots+\dfrac{n}{n^2+n\pi}$,

$$y_n=\frac{n}{n^2+n\pi}+\frac{n}{n^2+n\pi}+\cdots+\frac{n}{n^2+n\pi}=\frac{n^2}{n^2+n\pi},$$

$$z_n=\frac{n}{n^2+\pi}+\frac{n}{n^2+\pi}+\cdots+\frac{n}{n^2+\pi}=\frac{n^2}{n^2+\pi},$$

则 $y_n\leqslant x_n\leqslant z_n$. 因为

$$\lim_{n\to\infty}y_n=\lim_{n\to\infty}\frac{n^2}{n^2+n\pi}=\lim_{n\to\infty}\frac{1}{1+\dfrac{\pi}{n}}=\frac{1}{1+0}=1,$$

$$\lim_{n\to\infty}z_n=\lim_{n\to\infty}\frac{n^2}{n^2+\pi}=\lim_{n\to\infty}\frac{1}{1+\dfrac{\pi}{n^2}}=\frac{1}{1+0}=1,$$

所以由夹逼准则可知 $\lim\limits_{n\to\infty}x_n=1$, 即 $\lim\limits_{n\to\infty}\left(\dfrac{n}{n^2+\pi}+\dfrac{n}{n^2+2\pi}+\cdots+\dfrac{n}{n^2+n\pi}\right)=1$.

4. 利用单调有界收敛准则证明下列数列极限存在, 并求出极限值.

(1) $x_1=1,\ x_{n+1}=\dfrac{x_n}{2}+\dfrac{2}{x_n}\ (n=1,2,\cdots)$;

(2) 设 $0<x_1<1,\ x_{n+1}=1-\sqrt{1-x_n}\ (n=1,2,\cdots)$.

证明 (1) 先证有界性.

因为 $x_1=1>0$, 且 $x_{n+1}=\dfrac{x_n}{2}+\dfrac{2}{x_n}$, 所以对任意的正整数 n 都有 $x_n>0$. 从而

$$x_{n+1}=\frac{x_n}{2}+\frac{2}{x_n}\geqslant 2\sqrt{\frac{x_n}{2}\cdot\frac{2}{x_n}}=2,$$

即当 $n>1$ 时都有 $x_n\geqslant 2$, 故数列 $\{x_n\}$ 存在下界.

下面证单调性.

由于 $x_{n+1}-x_n=\dfrac{x_n}{2}+\dfrac{2}{x_n}-x_n=\dfrac{4-x_n^2}{2x_n}$, 且 $x_n\geqslant 2\ (n>1)$, 故 $4-x_n^2\leqslant 0$, 所以 $x_{n+1}-x_n\leqslant 0$, 即 $x_{n+1}\leqslant x_n$, 因此数列 $\{x_n\}$ 是单调递减的.

综上, 根据单调有界收敛准则可知数列 $\{x_n\}$ 的极限存在. 下面求数列 $\{x_n\}$ 的极限.

设 $\lim\limits_{n\to\infty}x_n=a$, 则对等式 $x_{n+1}=\dfrac{x_n}{2}+\dfrac{2}{x_n}$ 两边同时取极限得, $\lim\limits_{n\to\infty}x_{n+1}=\lim\limits_{n\to\infty}\left(\dfrac{x_n}{2}+\dfrac{2}{x_n}\right)$, 即 $a=\dfrac{a}{2}+\dfrac{2}{a}$, 解得 $a=2$ 或 $a=-2$. 由于 $x_n>0,\ n=1,2,\cdots$, 根据数列极限保号性的推论可知 $a=2$, 即 $\lim\limits_{n\to\infty}x_n=2$.

(2) 先证单调性.

因为 $0<x_1<1$, 由 $x_2=1-\sqrt{1-x_1}=\dfrac{x_1}{1+\sqrt{1-x_1}}$, 可知 $\dfrac{x_2}{x_1}=\dfrac{1}{1+\sqrt{1-x_1}}<1$, 即 $x_2<x_1$. 假设 $n=k$ 时, $x_k<x_{k-1}$, 则

$$x_{k+1}-x_k=\sqrt{1-x_{k-1}}-\sqrt{1-x_k}=\frac{x_k-x_{k-1}}{\sqrt{1-x_{k-1}}+\sqrt{1-x_k}},$$

所以 $x_{k+1}-x_k$ 与 x_k-x_{k-1} 同号, 故 $x_{k+1}<x_k$, 所以数列 $\{x_n\}$ 单调递减.

再证有界性.

显然 $x_n=1-\sqrt{1-x_{n-1}}<1$, 又因为 $0<x_1<1$, 且由

$$x_n=1-\sqrt{1-x_{n-1}}=\frac{x_{n-1}}{1+\sqrt{1-x_{n-1}}},$$

可知 $x_1,x_2,\cdots,x_n,\cdots$ 同号, 于是 $0<x_n<1$, 因此 $\{x_n\}$ 有界.

综上, 根据单调有界收敛准则可知数列 $\{x_n\}$ 的极限存在. 下面求数列 $\{x_n\}$ 的极限.

设 $\lim\limits_{n\to\infty}x_n=a$, 则对等式 $x_{n+1}=1-\sqrt{1-x_n}$ 两边同时取极限得, $a=1-\sqrt{1-a}$, 解得 $a=0$ 或 $a=1$ (舍去), 于是 $\lim\limits_{n\to\infty}x_n=0$.

5. 已知极限 $\lim\limits_{n\to\infty}\sqrt[n]{n}=1$.

(1) 利用夹逼准则证明: $\lim\limits_{x\to+\infty}x^{\frac{1}{x}}=1$.

(2) 证明: $\lim\limits_{x\to0^+}x^x=1$, 并计算 $\lim\limits_{x\to0^+}x\ln x$.

证明 (1) 因为 $x\to+\infty$, 所以必存在自然数 $n>1$, 使得 $n\leqslant x<n+1$, 所以 $0<\dfrac{1}{n+1}<\dfrac{1}{x}\leqslant\dfrac{1}{n}<1$. 因此 $n^{\frac{1}{x}}\leqslant x^{\frac{1}{x}}<(n+1)^{\frac{1}{x}}$.

又因为 $n^{\frac{1}{n+1}}<n^{\frac{1}{x}}$, $(n+1)^{\frac{1}{x}}<(n+1)^{\frac{1}{n}}$, 所以 $n^{\frac{1}{n+1}}<x^{\frac{1}{x}}<(n+1)^{\frac{1}{n}}$.

因为 $\lim\limits_{n\to\infty}n^{\frac{1}{n+1}}=\lim\limits_{n\to\infty}n^{\frac{1}{n}\cdot\frac{n}{n+1}}=\mathrm{e}^{\lim\limits_{n\to\infty}\frac{n}{n+1}\ln\sqrt[n]{n}}=\mathrm{e}^{\lim\limits_{n\to\infty}\frac{n}{n+1}\cdot\lim\limits_{n\to\infty}\ln\sqrt[n]{n}}=\mathrm{e}^{1\cdot0}=1$,

$$\begin{aligned}\lim_{n\to\infty}(n+1)^{\frac{1}{n}}&=\lim_{n\to\infty}(n+1)^{\frac{1}{n+1}\cdot\frac{n+1}{n}}=\mathrm{e}^{\lim\limits_{n\to\infty}\frac{n+1}{n}\ln\sqrt[n+1]{n+1}}\\&=\mathrm{e}^{\lim\limits_{n\to\infty}\frac{n+1}{n}\cdot\lim\limits_{n\to\infty}\ln\sqrt[n+1]{n+1}}=\mathrm{e}^{1\cdot0}=1,\end{aligned}$$

所以由夹逼准则可得 $\lim\limits_{x\to+\infty}x^{\frac{1}{x}}=1$.

(2) 令 $x=\dfrac{1}{t}$, 则当 $x\to0^+$ 时, $t\to+\infty$, 所以

$$\lim_{x\to0^+}x^x=\lim_{t\to+\infty}\left(\frac{1}{t}\right)^{\frac{1}{t}}=\lim_{t\to+\infty}\frac{1}{t^{\frac{1}{t}}}=\frac{\lim\limits_{t\to+\infty}1}{\lim\limits_{t\to+\infty}t^{\frac{1}{t}}}=\frac{1}{1}=1.$$

因此, $\lim\limits_{x\to0^+}x\ln x=\lim\limits_{x\to0^+}\ln x^x=\ln\lim\limits_{x\to0^+}x^x=\ln1=0$.

习题 1.5

1. 分别指出在自变量的不同变化过程中, 下列各题中 $f(x)$ 是无穷小还是无穷大:

(1) $f(x)=\dfrac{2+3x}{x^3}$, 当 $x\to\infty$ 和 $x\to 0$ 时;

(2) $f(x)=a^x\ (a>1)$, 当 $x\to+\infty$ 和 $x\to-\infty$ 时;

(3) $f(x)=a^x\ (0<a<1)$, 当 $x\to+\infty$ 和 $x\to-\infty$ 时;

(4) $f(x)=\ln x$, 当 $x\to+\infty$ 和 $x\to 0^+$ 时.

解 (1) $f(x)=\dfrac{2+3x}{x^3}$ 是当 $x\to\infty$ 时的无穷小, 是当 $x\to 0$ 时的无穷大.

(2) $f(x)=a^x\ (a>1)$ 是当 $x\to+\infty$ 时的无穷大, 是当 $x\to-\infty$ 时的无穷小.

(3) $f(x)=a^x\ (0<a<1)$ 是当 $x\to+\infty$ 时的无穷小, 是当 $x\to-\infty$ 时的无穷大.

(4) $f(x)=\ln x$ 是当 $x\to+\infty$ 时的无穷大, 是当 $x\to 0^+$ 时的无穷大.

2. 求下列函数图形的铅直渐近线:

(1) $f(x)=\dfrac{x}{x^2-2x-3}$;　　(2) $f(x)=\dfrac{\sin x}{x-x^2}$.

解 (1) 因为 $f(x)=\dfrac{x}{x^2-2x-3}=\dfrac{x}{(x-3)(x+1)}$, 且 $\lim\limits_{x\to-1}f(x)=\infty$, 所以 $x=-1$ 是函数图形的铅直渐近线.

同理, 因为 $\lim\limits_{x\to 3}f(x)=\infty$, 所以 $x=3$ 是函数图形的铅直渐近线.

综上, 函数图形的铅直渐近线是 $x=-1$ 和 $x=3$.

(2) 因为 $f(x)=\dfrac{\sin x}{x-x^2}=\dfrac{\sin x}{x(1-x)}$, 且 $\lim\limits_{x\to 0}f(x)=\lim\limits_{x\to 0}\dfrac{x}{x(1-x)}=\lim\limits_{x\to 0}\dfrac{1}{1-x}=1$, 所以 $x=0$ 不是函数图形的铅直渐近线.

由于 $\lim\limits_{x\to 1}f(x)=\infty$, 所以 $x=1$ 是函数图形的铅直渐近线.

综上, 函数图形的铅直渐近线是 $x=1$.

3. 利用等价无穷小的性质, 计算下列极限:

(1) $\lim\limits_{x\to\infty}x\sin\dfrac{3x}{2x^2+1}$;　　(2) $\lim\limits_{x\to 0}\dfrac{(\mathrm{e}^x-1)\ln(1-2x)}{1-\cos x}$;

(3) $\lim\limits_{x\to 0}\dfrac{(\arctan x)^m}{\arctan x^n}\ (m,n\in\mathbf{N}_+)$;　　(4) $\lim\limits_{x\to 1}\dfrac{\ln x}{\arcsin(1-x)}$;

(5) $\lim\limits_{x\to 1}(1-x)\tan\dfrac{\pi x}{2}$;　　(6) $\lim\limits_{n\to\infty}n^2\left(\sqrt[n]{x}-\sqrt[n+1]{x}\right)\ (x>0)$.

解 (1) 因为当 $x\to\infty$ 时, $\dfrac{3x}{2x^2+1}\to 0$, 所以当 $x\to\infty$ 时, $\sin\dfrac{3x}{2x^2+1}\sim\dfrac{3x}{2x^2+1}$, 故

$$\lim_{x\to\infty}x\sin\frac{3x}{2x^2+1}=\lim_{x\to\infty}\left(x\cdot\frac{3x}{2x^2+1}\right)=\lim_{x\to\infty}\frac{3}{2+\dfrac{1}{x^2}}=\frac{3}{2+0}=\frac{3}{2}.$$

(2) 因为当 $x\to 0$ 时, $e^x-1\sim x$, $\ln(1-2x)\sim(-2x)$, $1-\cos x\sim\frac{1}{2}x^2$, 故

$$\lim_{x\to 0}\frac{(e^x-1)\ln(1-2x)}{1-\cos x}=\lim_{x\to 0}\frac{x\cdot(-2x)}{\frac{1}{2}x^2}=-4.$$

(3) 因为当 $x\to 0$ 时, $\arctan x\sim x$, $\arctan x^n\sim x^n$, 故

$$\lim_{x\to 0}\frac{(\arctan x)^m}{\arctan x^n}=\lim_{x\to 0}\frac{x^m}{x^n}=\begin{cases}0, & m>n,\\ 1, & m=n,\\ \infty, & m<n.\end{cases}$$

(4) 因为当 $x\to 1$ 时, $1-x\to 0$, 所以当 $x\to 1$ 时, $\ln x=\ln[1+(x-1)]\sim x-1$, $\arcsin(1-x)\sim 1-x$. 故

$$\lim_{x\to 1}\frac{\ln x}{\arcsin(1-x)}=\lim_{x\to 1}\frac{\ln[1+(x-1)]}{\arcsin(1-x)}=\lim_{x\to 1}\frac{x-1}{1-x}=-1.$$

(5) $$\lim_{x\to 1}(1-x)\tan\frac{\pi x}{2}=\lim_{x\to 1}\frac{(1-x)\sin\frac{\pi x}{2}}{\cos\frac{\pi x}{2}}=\lim_{x\to 1}\frac{(1-x)\sin\frac{\pi x}{2}}{\sin\left(\frac{\pi}{2}-\frac{\pi x}{2}\right)}$$
$$=\lim_{x\to 1}\frac{(1-x)\sin\frac{\pi x}{2}}{\frac{\pi}{2}(1-x)}=\lim_{x\to 1}\frac{\sin\frac{\pi x}{2}}{\frac{\pi}{2}}=\frac{2}{\pi}.$$

(6) $$\lim_{n\to\infty}n^2\left(\sqrt[n]{x}-\sqrt[n+1]{x}\right)=\lim_{n\to\infty}n^2\left(x^{\frac{1}{n}}-x^{\frac{1}{n+1}}\right)=\lim_{n\to\infty}n^2x^{\frac{1}{n+1}}\left[x^{\frac{1}{n(n+1)}}-1\right],$$
$$=\lim_{n\to\infty}n^2x^{\frac{1}{n+1}}\left[e^{\frac{1}{n(n+1)}\ln x}-1\right]=\lim_{n\to\infty}n^2x^{\frac{1}{n+1}}\frac{\ln x}{n(n+1)}$$
$$=\lim_{n\to\infty}\frac{n^2}{n(n+1)}\cdot\lim_{n\to\infty}x^{\frac{1}{n+1}}\cdot\lim_{n\to\infty}\ln x=1\cdot 1\cdot\ln x=\ln x.$$

4. 当 $x\to 0^+$ 时, 把下列无穷小按阶数从低到高的顺序排序:

$\alpha_1(x)=\tan x-\sin x$, $\alpha_2(x)=\ln(1+\sqrt{x}+x^2)$, $\alpha_3(x)=\cos x-\cos\sqrt{2x}$.

解 因为当 $x\to 0^+$ 时,

$$\alpha_1(x)=\tan x-\sin x=\tan x(1-\cos x)\sim x\cdot\frac{1}{2}x^2=\frac{1}{2}x^3,$$
$$\alpha_2(x)=\ln(1+\sqrt{x}+x^2)\sim\sqrt{x}+x^2\sim\sqrt{x},$$
$$\alpha_3(x)=\cos x-\cos\sqrt{2x}=-2\sin\frac{x+\sqrt{2x}}{2}\sin\frac{x-\sqrt{2x}}{2}$$
$$\sim(-2)\cdot\frac{x+\sqrt{2x}}{2}\cdot\frac{x-\sqrt{2x}}{2}=x-\frac{x^2}{2}\sim x,$$

所以当 $x\to 0^+$ 时, 三个无穷小按阶数从低到高的顺序是: $\alpha_2(x)$, $\alpha_3(x)$, $\alpha_1(x)$.

5. 当 $x\to 0$ 时, $e^{x\cos x^2}-e^x$ 与 mx^n 是等价无穷小, 求常数 m, n 的值.

解　由题意可知 $\lim\limits_{x\to0}\dfrac{\mathrm{e}^{x\cos x^2}-\mathrm{e}^x}{mx^n}=1$, 且

$$\lim_{x\to0}\frac{\mathrm{e}^{x\cos x^2}-\mathrm{e}^x}{mx^n}=\lim_{x\to0}\frac{\mathrm{e}^x(\mathrm{e}^{x\cos x^2-x}-1)}{mx^n}=\lim_{x\to0}\frac{x\cos x^2-x}{mx^n}$$
$$=\lim_{x\to0}\frac{\cos x^2-1}{mx^{n-1}}=\lim_{x\to0}\frac{-\dfrac{1}{2}x^4}{mx^{n-1}}.$$

所以 $n-1=4$, 即 $n=5$ 且 $m=-\dfrac{1}{2}$.

6. 已知当 $x\to0$ 时, $u(x)$ 与 $v(x)$ 是等价无穷小, $\alpha(t)$ 是当 $t\to t_0$ 时的无穷小且 $\alpha(t)\neq0$, 证明: 当 $t\to t_0$ 时, $u[\alpha(t)]$ 与 $v[\alpha(t)]$ 仍是等价无穷小.

证明　由题设可知, 极限 $\lim\limits_{x\to0}\dfrac{u(x)}{v(x)}=1$. 令 $\alpha(t)=x$, 则根据复合函数极限运算法则, $\lim\limits_{t\to t_0}\dfrac{u[\alpha(t)]}{v[\alpha(t)]}=\lim\limits_{x\to0}\dfrac{u(x)}{v(x)}=1$. 故当 $t\to t_0$ 时 $u[\alpha(t)]$ 与 $v[\alpha(t)]$ 是等价无穷小.

7. 设 $m,n\in\mathbf{N}_+$, 当 $x\to0$ 时, 证明高阶无穷小具有下列性质:

(1) $o(x^m)+o(x^n)=o(x^l)$, $l=\min\{m,n\}$;

(2) $o(x^m)\cdot o(x^n)=o(x^{m+n})$;

(3) $o(kx^n)=o(x^n)$(k 为非零常数).

证明　(1) 因为 $l=\min\{m,n\}$, 不妨设 $m>n$ (如果 $m<n$ 可类似证明), 则 $l=n$. 所以

$$\lim_{x\to0}\frac{o(x^m)+o(x^n)}{x^l}=\lim_{x\to0}\frac{o(x^m)+o(x^n)}{x^n}=\lim_{x\to0}\left[\frac{o(x^m)}{x^m}\cdot\frac{x^m}{x^n}+\frac{o(x^n)}{x^n}\right]$$
$$=\lim_{x\to0}\frac{o(x^m)}{x^m}\cdot\lim_{x\to0}\frac{x^m}{x^n}+\lim_{x\to0}\frac{o(x^n)}{x^n}=0\cdot0+0=0,$$

因此, 当 $x\to0$ 时, $o(x^m)+o(x^n)=o(x^l)$.

(2) 因为 $$\lim_{x\to0}\frac{o(x^m)\cdot o(x^n)}{x^{m+n}}=\lim_{x\to0}\left[\frac{o(x^m)}{x^m}\cdot\frac{o(x^n)}{x^n}\right]$$
$$=\lim_{x\to0}\frac{o(x^m)}{x^m}\cdot\lim_{x\to0}\frac{o(x^n)}{x^n}=0\cdot0=0,$$

因此, 当 $x\to0$ 时, $o(x^m)\cdot o(x^n)=o(x^{m+n})$.

(3) 因为

$$\lim_{x\to0}\frac{o(kx^n)}{x^n}=\lim_{x\to0}\left[\frac{o(kx^n)}{kx^n}\cdot k\right]=k\lim_{x\to0}\frac{o(kx^n)}{kx^n}=k\cdot0=0,$$

因此, 当 $x\to0$ 时, $o(kx^n)=o(x^n)$.

8. 证明等价无穷小具有下列性质:

(1) $\alpha\sim\alpha$ (自反性);

(2) 若 $\alpha\sim\beta$, 则 $\beta\sim\alpha$ (对称性);

(3) 若 $\alpha\sim\beta,\ \beta\sim\gamma$, 则 $\alpha\sim\gamma$ (传递性).

证明 设 α,β,γ 都是在同一个自变量的变化过程中的无穷小, 不妨设为 $x\to x_0$, 则

(1) 因为 $\lim\limits_{x\to x_0}\dfrac{\alpha}{\alpha}=1$, 所以 $\alpha\sim\alpha$.

(2) 因为 $\alpha\sim\beta$, 所以 $\lim\limits_{x\to x_0}\dfrac{\alpha}{\beta}=1$, 故 $\lim\limits_{x\to x_0}\dfrac{\beta}{\alpha}=\lim\limits_{x\to x_0}\dfrac{1}{\dfrac{\alpha}{\beta}}=\dfrac{1}{1}=1$, 因此 $\beta\sim\alpha$.

(3) 因为 $\alpha\sim\beta$, 所以 $\lim\limits_{x\to x_0}\dfrac{\alpha}{\beta}=1$, 又因为 $\beta\sim\gamma$, 所以 $\lim\limits_{x\to x_0}\dfrac{\beta}{\gamma}=1$. 因此

$$\lim_{x\to x_0}\frac{\alpha}{\gamma}=\lim_{x\to x_0}\left(\frac{\alpha}{\beta}\cdot\frac{\beta}{\gamma}\right)=\lim_{x\to x_0}\frac{\alpha}{\beta}\cdot\lim_{x\to x_0}\frac{\beta}{\gamma}=1\cdot 1=1,$$

故 $\alpha\sim\gamma$.

9. 验证函数 $f(x)=\dfrac{1}{x}\sin\dfrac{1}{x}$ 在 $x=0$ 的任一去心邻域内无界, 但 $x\to 0$ 时函数 $f(x)$ 不是无穷大.

证明 先证明函数 $f(x)=\dfrac{1}{x}\sin\dfrac{1}{x}$ 在 $x=0$ 的任一去心邻域内无界.

因为 $\forall M>0$, 总 $\exists x_0=\dfrac{1}{2k\pi+\dfrac{\pi}{2}}$, 其中 $k\in\mathbf{N}$ 且 $k\geqslant\dfrac{M}{2\pi}$, 使得

$$|f(x_0)|=\left|2k\pi+\frac{\pi}{2}\right|=2k\pi+\frac{\pi}{2}>2k\pi\geqslant 2\pi\cdot\frac{M}{2\pi}=M,$$

所以函数 $f(x)=\dfrac{1}{x}\sin\dfrac{1}{x}$ 在 $x=0$ 的任一去心邻域内无界.

下面证明 $x\to 0$ 时, 函数 $f(x)=\dfrac{1}{x}\sin\dfrac{1}{x}$ 不是无穷大.

取 $x_n=\dfrac{1}{2n\pi}$, 则 $\lim\limits_{n\to\infty}x_n=0$. 由于

$$\lim_{n\to\infty}f(x_n)=\lim_{n\to\infty}2n\pi\sin(2n\pi)=\lim_{n\to\infty}0=0,$$

故 $x\to 0$ 时, 函数 $f(x)=\dfrac{1}{x}\sin\dfrac{1}{x}$ 不是无穷大.

习题 1.6

1. 讨论下列函数的连续性, 并画出函数的图形:

(1) $f(x)=\begin{cases}-2x+1, & x\leqslant 0,\\ e^x, & x>0;\end{cases}$ (2) $f(x)=\begin{cases}2x+3, & |x|\leqslant 1,\\ 3x+2, & |x|>1.\end{cases}$

解 (1) 当 $x<0$ 时, $-2x+1$ 有意义, 函数 $f(x)$ 连续; 当 $x>0$ 时, e^x 有意义, 函数 $f(x)$ 连续. 要讨论函数 $f(x)$ 的连续性, 只需讨论 $f(x)$ 在 $x=0$ 处的连续性即可.

因为

$$\lim_{x\to 0^-} f(x)=\lim_{x\to 0^-}(-2x+1)=1,\quad \lim_{x\to 0^+} f(x)=\lim_{x\to 0^+}\mathrm{e}^x=1,$$

所以 $\lim\limits_{x\to 0} f(x)=1$. 又因为 $f(0)=1$, 所以 $\lim\limits_{x\to 0} f(x)=f(0)$, 因此 $f(x)$ 在 $x=0$ 处连续. 故 $f(x)$ 在 $(-\infty,+\infty)$ 上连续. 其图像如图 1.3 所示.

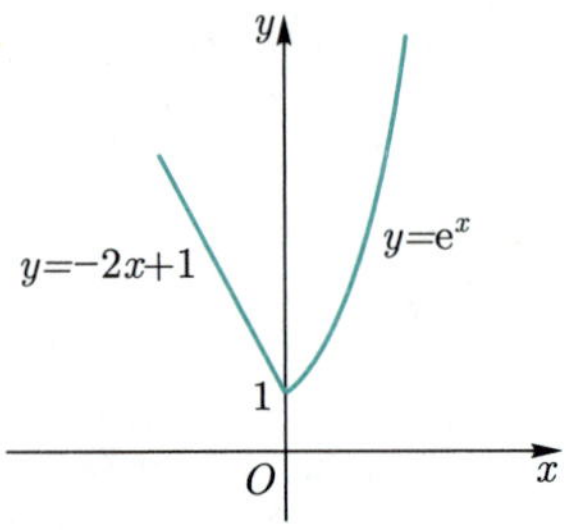

图 1.3

(2) $f(x)=\begin{cases}2x+3, & -1\leqslant x\leqslant 1,\\ 3x+2, & x<-1 \text{ 或 } x>1.\end{cases}$

当 $-1<x<1$ 时, $2x+3$ 有意义, 函数 $f(x)$ 连续; 当 $x>1$ 或 $x<-1$ 时, $3x+2$ 有意义, 函数 $f(x)$ 连续. 要讨论函数 $f(x)$ 的连续性, 只需讨论 $f(x)$ 在 $x=-1$ 和 $x=1$ 处的连续性即可. 在 $x=-1$ 处, 因为

$$\lim_{x\to -1^-} f(x)=\lim_{x\to -1^-}(3x+2)=-1,\quad \lim_{x\to -1^+} f(x)=\lim_{x\to -1^+}(2x+3)=1,$$

所以 $\lim\limits_{x\to -1} f(x)$ 不存在, 因此 $f(x)$ 在 $x=-1$ 处不连续. 注意到 $f(-1)=1$, 因此 $f(x)$ 在 $x=-1$ 处右连续.

在 $x=1$ 处, 因为

$$\lim_{x\to 1^-} f(x)=\lim_{x\to 1^-}(2x+3)=5,$$

$$\lim_{x\to 1^+} f(x)=\lim_{x\to 1^+}(3x+2)=5,$$

所以 $\lim\limits_{x\to 1} f(x)=5$. 又因为 $f(1)=5$, 所以 $\lim\limits_{x\to 1} f(x)=f(1)$, 因此 $f(x)$ 在 $x=1$ 处连续.

综上, $f(x)$ 在 $(-\infty,-1)$ 和 $[-1,+\infty)$ 上连续. 其图像如图 1.4 所示.

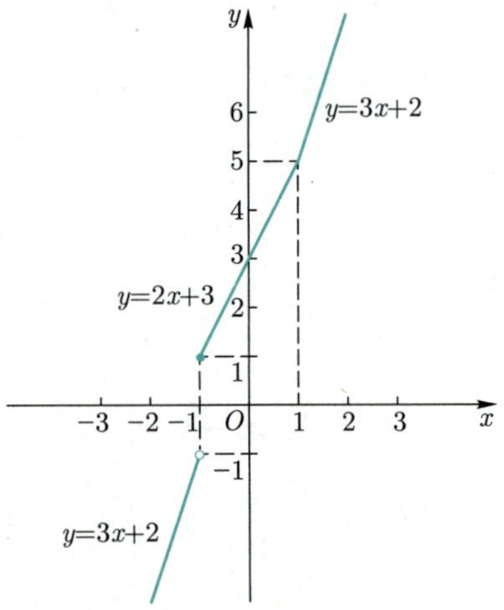

图 1.4

2. 试确定函数 $f(x)=\dfrac{1}{1+\mathrm{e}^{\frac{1}{x}}}$ 在 $x=0$ 处的间断点的类型.

解　令 $u=\dfrac{1}{x}$, 则 $f(u)=\dfrac{1}{1+\mathrm{e}^u}$.

由于 $\lim\limits_{x\to 0^+} u=\lim\limits_{x\to 0^+}\dfrac{1}{x}=+\infty$, 且 $\lim\limits_{u\to +\infty} f(u)=\lim\limits_{u\to +\infty}\dfrac{1}{1+\mathrm{e}^u}=0$, 所以 $\lim\limits_{x\to 0^+} f(x)=0$; 又因为 $\lim\limits_{x\to 0^-} u=\lim\limits_{x\to 0^-}\dfrac{1}{x}=-\infty$, 且 $\lim\limits_{u\to -\infty} f(u)=\lim\limits_{u\to -\infty}\dfrac{1}{1+\mathrm{e}^u}=1$, 所以 $\lim\limits_{x\to 0^-} f(x)=1$, 所以 $x=0$ 是 $f(x)$ 的跳跃间断点.

3. 下列函数在哪些点处间断, 说明这些间断点的类型, 若是可去间断点, 则改变或重新定义该点处的函数值, 使得函数在该点处连续:

(1) $f(x)=\dfrac{x^2-x-2}{x^2-2x-3}$;　　(2) $f(x)=\dfrac{x-x^2}{|x|(x^2-1)}$;

(3) $f(x)=\dfrac{x}{\sin(\pi x)}$;　　(4) $f(x)=\dfrac{1}{\mathrm{e}^{\frac{x}{x-1}}-1}$.

解 (1) 因为 $f(x)$ 的定义域为 $(-\infty,-1)\cup(-1,3)\cup(3,+\infty)$, 在 $x=-1$ 和 $x=3$ 处无定义, 所以 $f(x)$ 在 $x=-1$ 和 $x=3$ 处间断.

对 $x=-1$, 由于

$$\lim_{x\to-1}f(x)=\lim_{x\to-1}\frac{x^2-x-2}{x^2-2x-3}=\lim_{x\to-1}\frac{(x-2)(x+1)}{(x-3)(x+1)}=\lim_{x\to-1}\frac{x-2}{x-3}=\frac{3}{4},$$

所以 $x=-1$ 是 $f(x)$ 的可去间断点, 补充 $f(-1)=\dfrac{3}{4}$, 则 $f(x)$ 在 $x=-1$ 处连续.

对 $x=3$, 由于

$$\lim_{x\to3}f(x)=\lim_{x\to3}\frac{x^2-x-2}{x^2-2x-3}=\lim_{x\to3}\frac{x-2}{x-3}=\infty,$$

所以 $x=3$ 是 $f(x)$ 的无穷间断点.

(2) 因为 $f(x)$ 的定义域为 $\{x|x\in\mathbf{R},且\ x\neq0,x\neq-1,x\neq1\}$, 在 $x=0$, $x=-1$ 和 $x=1$ 处无定义, 所以 $f(x)$ 在 $x=0$, $x=-1$ 和 $x=1$ 处间断.

对 $x=0$, 由于

$$\lim_{x\to0}f(x)=\lim_{x\to0}\frac{x-x^2}{|x|(x^2-1)}=\lim_{x\to0}\frac{x(1-x)}{|x|(x-1)(x+1)}=\lim_{x\to0}\frac{-x}{|x|(x+1)},$$

因此

$$\lim_{x\to0^-}f(x)=\lim_{x\to0^-}\frac{-x}{|x|(x+1)}=\lim_{x\to0^-}\frac{-x}{-x(x+1)}=\lim_{x\to0^-}\frac{1}{x+1}=1,$$

$$\lim_{x\to0^+}f(x)=\lim_{x\to0^+}\frac{-x}{|x|(x+1)}=\lim_{x\to0^+}\frac{-x}{x(x+1)}=\lim_{x\to0^+}\frac{-1}{x+1}=-1,$$

所以 $x=0$ 是 $f(x)$ 的跳跃间断点.

对 $x=-1$, 由于

$$\lim_{x\to-1}f(x)=\lim_{x\to-1}\frac{-x}{|x|(x+1)}=\lim_{x\to-1}\frac{-x}{-x(x+1)}=\lim_{x\to-1}\frac{1}{x+1}=\infty,$$

所以 $x=-1$ 是 $f(x)$ 的无穷间断点.

对 $x=1$, 由于

$$\lim_{x\to1}f(x)=\lim_{x\to1}\frac{-x}{|x|(x+1)}=\lim_{x\to1}\frac{-x}{x(x+1)}=\lim_{x\to1}\frac{-1}{x+1}=-\frac{1}{2},$$

所以 $x=1$ 是 $f(x)$ 的可去间断点, 补充 $f(1)=-\dfrac{1}{2}$, 则 $f(x)$ 在 $x=1$ 处连续.

(3) $f(x)$ 除了 $\sin\pi x=0$ 的点 $x=n\ (n=0,\pm1,\pm2,\cdots)$ 外都连续.

由于 $\lim\limits_{x\to0}\dfrac{x}{\sin\pi x}=\dfrac{1}{\pi}\lim\limits_{x\to0}\dfrac{\pi x}{\sin\pi x}=\dfrac{1}{\pi}$, 故 $x=0$ 是函数 $f(x)$ 的可去间断点, 补充 $f(0)=\dfrac{1}{\pi}$, 则 $f(\pi)$ 在 $x=0$ 处连续;

由于 $\lim\limits_{x\to n}\dfrac{x}{\sin\pi x}=\infty\ (n=\pm1,\pm2,\pm3,\cdots)$, 故 $x=n\ (n=\pm1,\pm2,\pm3,\cdots)$ 是函数 $f(x)$ 的无穷间断点.

(4) 因为 $f(x)$ 的定义域为 $(-\infty,0)\cup(0,1)\cup(1,+\infty)$, 在 $x=0$ 和 $x=1$ 处无定义, 所以 $f(x)$ 在 $x=0$ 和 $x=1$ 处间断.

对 $x=0$, 由于 $\lim\limits_{x\to0}(\mathrm{e}^{\frac{x}{x-1}}-1)=0$, 所以 $\lim\limits_{x\to0}f(x)=\lim\limits_{x\to0}\dfrac{1}{\mathrm{e}^{\frac{x}{x-1}}-1}=\infty$. 因此 $x=0$ 是 $f(x)$ 的无穷间断点.

对 $x=1$, 由于 $\lim\limits_{x\to1^+}\dfrac{x}{x-1}=+\infty$, 所以 $\lim\limits_{x\to1^+}f(x)=\lim\limits_{x\to1^+}\dfrac{1}{\mathrm{e}^{\frac{x}{x-1}}-1}=0$; 又因为 $\lim\limits_{x\to1^-}\dfrac{x}{x-1}=-\infty$, 所以 $\lim\limits_{x\to1^-}f(x)=\lim\limits_{x\to1^-}\dfrac{1}{\mathrm{e}^{\frac{x}{x-1}}-1}=-1$, 因此 $x=1$ 是 $f(x)$ 的跳跃间断点.

4. 研究下列函数的连续性, 如有间断点, 说明间断点的类型:

(1) $f(x)=\lim\limits_{n\to\infty}\dfrac{\ln(x^n+\mathrm{e}^n)}{n}\ (x>0)$;　　(2) $f(x)=\lim\limits_{n\to\infty}\dfrac{\mathrm{e}^{nx}-1}{\mathrm{e}^{nx}+1}$.

解 (1) 先求出 $f(x)$ 的表达式.

当 $x>\mathrm{e}$ 时,
$$f(x)=\lim_{n\to\infty}\frac{\ln\left[x^n\left(1+\dfrac{\mathrm{e}^n}{x^n}\right)\right]}{n}=\lim_{n\to\infty}\frac{\ln x^n+\ln\left[1+\left(\dfrac{\mathrm{e}}{x}\right)^n\right]}{n}$$
$$=\lim_{n\to\infty}\frac{n\ln x}{n}+\lim_{n\to\infty}\frac{\ln\left[1+\left(\dfrac{\mathrm{e}}{x}\right)^n\right]}{n}=\ln x+\lim_{n\to\infty}\frac{\left(\dfrac{\mathrm{e}}{x}\right)^n}{n}$$
$$=\ln x+0=\ln x;$$

当 $0<x<\mathrm{e}$ 时,
$$f(x)=\lim_{n\to\infty}\frac{\ln\left[\mathrm{e}^n\left(\dfrac{x^n}{\mathrm{e}^n}+1\right)\right]}{n}=\lim_{n\to\infty}\frac{\ln\mathrm{e}^n+\ln\left[1+\left(\dfrac{x}{\mathrm{e}}\right)^n\right]}{n}$$
$$=\lim_{n\to\infty}\frac{n\ln\mathrm{e}}{n}+\lim_{n\to\infty}\frac{\ln\left[1+\left(\dfrac{x}{\mathrm{e}}\right)^n\right]}{n}=1+\lim_{n\to\infty}\frac{\left(\dfrac{x}{\mathrm{e}}\right)^n}{n}$$
$$=1+0=1;$$

当 $x=\mathrm{e}$ 时,
$$f(\mathrm{e})=\lim_{n\to\infty}\frac{\ln(\mathrm{e}^n+\mathrm{e}^n)}{n}=\lim_{n\to\infty}\frac{\ln(2\mathrm{e}^n)}{n}=\lim_{n\to\infty}\frac{\ln2+\ln\mathrm{e}^n}{n}$$
$$=\lim_{n\to\infty}\frac{\ln2}{n}+\lim_{n\to\infty}\frac{n\ln\mathrm{e}}{n}=0+1=1,$$

所以
$$f(x)=\begin{cases}\ln x, & x>\mathrm{e},\\ 1, & 0<x\leqslant\mathrm{e}.\end{cases}$$

下面讨论 $f(x)$ 的连续性, 只需讨论 $f(x)$ 在 $x=\mathrm{e}$ 处的连续性即可. 因为
$$\lim_{x\to\mathrm{e}^-}f(x)=\lim_{x\to\mathrm{e}^-}1=1,\quad \lim_{x\to\mathrm{e}^+}f(x)=\lim_{x\to\mathrm{e}^+}\ln x=\ln\mathrm{e}=1,$$
所以 $\lim\limits_{x\to\mathrm{e}}f(x)=1$. 又因为 $f(\mathrm{e})=1$, 所以 $\lim\limits_{x\to\mathrm{e}}f(x)=f(\mathrm{e})$, 因此 $f(x)$ 在 $x=\mathrm{e}$ 处连

续. 故 $f(x)$ 在 $(0,+\infty)$ 内连续.

(2) 先求出 $f(x)$ 的表达式.

当 $x>0$ 时, $\lim\limits_{n\to\infty}\mathrm{e}^{nx}=+\infty$, 所以 $f(x)=\lim\limits_{n\to\infty}\dfrac{1-\dfrac{1}{\mathrm{e}^{nx}}}{1+\dfrac{1}{\mathrm{e}^{nx}}}=\dfrac{1-0}{1+0}=1$;

当 $x<0$ 时, $\lim\limits_{n\to\infty}\mathrm{e}^{nx}=0$, 所以 $f(x)=\dfrac{0-1}{0+1}=-1$;

当 $x=0$ 时, $f(0)=\lim\limits_{n\to\infty}\dfrac{\mathrm{e}^0-1}{\mathrm{e}^0+1}=\dfrac{1-1}{1+1}=0$, 所以 $f(x)=\begin{cases}1, & x>0,\\ 0, & x=0,\\ -1, & x<0.\end{cases}$

下面讨论 $f(x)$ 的连续性.

显然, 当 $x\neq 0$ 时, 函数 $f(x)$ 都是连续的, 要讨论函数 $f(x)$ 的连续性, 只需讨论 $f(x)$ 在 $x=0$ 处的连续性即可. 因为

$$\lim_{x\to 0^-}f(x)=\lim_{x\to 0^-}(-1)=-1,\quad \lim_{x\to 0^+}f(x)=\lim_{x\to 0^+}1=1,$$

所以 $\lim\limits_{x\to 0}f(x)$ 不存在, 因此 $f(x)$ 在 $x=0$ 处不连续, 且 $x=0$ 为 $f(x)$ 的跳跃间断点. 故 $f(x)$ 在 $(-\infty,0)$ 和 $(0,+\infty)$ 内连续.

5. 求下列极限:

(1) $\lim\limits_{x\to 0}\dfrac{3x-5}{2x^2+1}$;　　(2) $\lim\limits_{x\to 0}(2+3x)^{\frac{4x+3}{2x+1}}$;

(3) $\lim\limits_{x\to+\infty}\left(\sqrt{4x^2+x-1}-2x+1\right)$;　　(4) $\lim\limits_{x\to\infty}\left(\dfrac{x^2}{x^2-2}\right)^{x^2}$;

(5) $\lim\limits_{x\to 4}\dfrac{\sqrt{1+2x}-3}{\sqrt{x}-2}$;　　(6) $\lim\limits_{x\to 0}\left(\dfrac{2+\mathrm{e}^{1/x}}{1+\mathrm{e}^{4/x}}+\dfrac{\sin x}{|x|}\right)$.

解 (1) $\lim\limits_{x\to 0}\dfrac{3x-5}{2x^2+1}=\dfrac{3\cdot 0-5}{2\cdot 0^2+1}=-5$.

(2) $\lim\limits_{x\to 0}(2+3x)^{\frac{4x+3}{2x+1}}=(2+3\cdot 0)^{\frac{4\cdot 0+3}{2\cdot 0+1}}=8$.

(3)
$$\begin{aligned}&\lim_{x\to+\infty}\left(\sqrt{4x^2+x-1}-2x+1\right)\\
=&\lim_{x\to+\infty}\frac{\left(\sqrt{4x^2+x-1}+1-2x\right)\left(\sqrt{4x^2+x-1}-1+2x\right)}{\sqrt{4x^2+x-1}-1+2x}\\
=&\lim_{x\to+\infty}\frac{5x-2}{\sqrt{4x^2+x-1}-1+2x}=\lim_{x\to+\infty}\frac{5-\dfrac{2}{x}}{\sqrt{4+\dfrac{1}{x}-\dfrac{1}{x^2}}-\dfrac{1}{x}+2}\\
=&\frac{\lim\limits_{x\to+\infty}\left(5-\dfrac{2}{x}\right)}{\lim\limits_{x\to+\infty}\left(\sqrt{4+\dfrac{1}{x}-\dfrac{1}{x^2}}-\dfrac{1}{x}+2\right)}=\frac{5-0}{2+2}=\frac{5}{4}.\end{aligned}$$

(4) $\lim\limits_{x\to\infty}\left(\dfrac{x^2}{x^2-2}\right)^{x^2}=\lim\limits_{x\to\infty}\left(1+\dfrac{2}{x^2-2}\right)^{\frac{x^2-2}{2}\cdot\frac{2}{x^2-2}\cdot x^2}=\mathrm{e}^{\lim\limits_{x\to\infty}\frac{2x^2}{x^2-2}}=\mathrm{e}^2.$

(5) $$\lim_{x\to4}\frac{\sqrt{1+2x}-3}{\sqrt{x}-2}=\lim_{x\to4}\frac{(\sqrt{1+2x}-3)(\sqrt{1+2x}+3)(\sqrt{x}+2)}{(\sqrt{x}-2)(\sqrt{x}+2)(\sqrt{1+2x}+3)}$$
$$=\lim_{x\to4}\frac{(1+2x-9)(\sqrt{x}+2)}{(x-4)(\sqrt{1+2x}+3)}=\lim_{x\to4}\frac{2(\sqrt{x}+2)}{\sqrt{1+2x}+3}$$
$$=\frac{2\lim\limits_{x\to4}(\sqrt{x}+2)}{\lim\limits_{x\to4}(\sqrt{1+2x}+3)}=\frac{2\cdot4}{3+3}=\frac{4}{3}.$$

(6) 因为 $\lim\limits_{x\to0^+}\left(\dfrac{2+\mathrm{e}^{\frac{1}{x}}}{1+\mathrm{e}^{\frac{4}{x}}}+\dfrac{\sin x}{|x|}\right)=\lim\limits_{x\to0^+}\left(\dfrac{2\mathrm{e}^{-\frac{4}{x}}+\mathrm{e}^{-\frac{3}{x}}}{\mathrm{e}^{-\frac{4}{x}}+1}+\dfrac{\sin x}{x}\right)$

$$=\lim_{x\to0^+}\frac{2\mathrm{e}^{-\frac{4}{x}}+\mathrm{e}^{-\frac{3}{x}}}{\mathrm{e}^{-\frac{4}{x}}+1}+\lim_{x\to0^+}\frac{\sin x}{x}=\frac{2\cdot0+0}{0+1}+1=1;$$

$$\lim_{x\to0^-}\left(\frac{2+\mathrm{e}^{\frac{1}{x}}}{1+\mathrm{e}^{\frac{4}{x}}}+\frac{\sin x}{|x|}\right)=\lim_{x\to0^-}\left(\frac{2+\mathrm{e}^{\frac{1}{x}}}{1+\mathrm{e}^{\frac{4}{x}}}-\frac{\sin x}{x}\right)$$
$$=\lim_{x\to0^-}\frac{2+\mathrm{e}^{\frac{1}{x}}}{1+\mathrm{e}^{\frac{4}{x}}}-\lim_{x\to0^-}\frac{\sin x}{x}=\frac{2+0}{1+0}-1=1,$$

所以 $\lim\limits_{x\to0}\left(\dfrac{2+\mathrm{e}^{\frac{1}{x}}}{1+\mathrm{e}^{\frac{4}{x}}}+\dfrac{\sin x}{|x|}\right)=1.$

6. 已知函数 $f(x)=\begin{cases}\dfrac{\ln(1+ax)-2x}{x}, & x<0,\\ b, & x=0,\\ \dfrac{x^2\cos\frac{1}{\sqrt{x}}}{\arcsin x}, & x>0\end{cases}$ 是连续函数, 求常数 a, b 的值.

解 因为 $f(x)$ 是连续函数, 所以 $f(x)$ 在 $x=0$ 处必连续, 因此

$$\lim_{x\to0^-}f(x)=\lim_{x\to0^+}f(x)=f(0).$$

因为 $\lim\limits_{x\to0^+}f(x)=\lim\limits_{x\to0^+}\dfrac{x^2\cos\frac{1}{\sqrt{x}}}{\arcsin x}=\lim\limits_{x\to0^+}\dfrac{x^2\cos\frac{1}{\sqrt{x}}}{x}=\lim\limits_{x\to0^+}x\cos\dfrac{1}{\sqrt{x}}=0$, 且 $f(0)=b$, 所以 $b=0$.

又因为 $\lim\limits_{x\to0^-}f(x)=\lim\limits_{x\to0^-}\dfrac{\ln(1+ax)-2x}{x}=\lim\limits_{x\to0^-}\left[\dfrac{\ln(1+ax)}{x}-2\right]=\lim\limits_{x\to0^-}\dfrac{ax}{x}-2=a-2$, 所以 $a-2=f(0)=0$, 因此 $a=2$.

综上, 常数 $a=2$, $b=0$.

7. 设 $f(x)$ 的定义域为 $(-\infty,+\infty)$, $f(x)$ 在 $x=0$ 处连续, 且对任意实数 x, y, 都有 $f(x+y)=f(x)+f(y)$ 成立, 试证明: $f(x)$ 为 $(-\infty,+\infty)$ 上的连续函数.

证明 由已知条件可知, 对任意的 $x\in(-\infty,+\infty)$, 都有 $f(x+0)=f(x)+f(0)$, 即 $f(x)=f(x)+f(0)$, 所以 $f(0)=0$.

又因为 $f(x)$ 在 $x=0$ 处连续, 所以 $\lim\limits_{\Delta x\to 0}f(\Delta x)=f(0)=0$. 因此, 对任意的 $x\in(-\infty,+\infty)$, 有

$$\lim_{\Delta x\to 0}f(x+\Delta x)=\lim_{\Delta x\to 0}[f(x)+f(\Delta x)]=\lim_{\Delta x\to 0}f(x)+\lim_{\Delta x\to 0}f(\Delta x)=f(x)+0=f(x),$$

故 $f(x)$ 在 x 处连续. 由 x 的任意性可知, $f(x)$ 为 $(-\infty,+\infty)$ 上的连续函数.

习题 1.7

1. 若 $f(x)$ 在 $(-\infty,b]$ 上连续, 且 $\lim\limits_{x\to-\infty}f(x)$ 存在, 证明: $f(x)$ 在 $(-\infty,b]$ 上有界.

证明 因为 $\lim\limits_{x\to-\infty}f(x)$ 存在, 不妨设 $\lim\limits_{x\to-\infty}f(x)=A$, 则 $\forall\varepsilon>0$, $\exists X>0$, 当 $x<-X$ 时, 总有 $|f(x)-A|<\varepsilon$.

取 $\varepsilon=1$, 则 $\exists X_1>0$, 当 $x<-X_1$ 时, 总有 $|f(x)-A|<1$, 即 $A-1<f(x)<A+1$.

又因为 $f(x)$ 在 $(-\infty,b]$ 上连续, 所以 $f(x)$ 在闭区间 $[-X_1,b]$ 上连续, 因此由闭区间上连续函数的最小值最大值存在定理可知, $f(x)$ 在闭区间 $[-X_1,b]$ 上必有最大值和最小值, 即存在常数 c 和 d, 使得 $c\leqslant f(x)\leqslant d$.

取 $m=\min\{A-1,c\}$, $M=\max\{A+1,d\}$, 则当 $x\in(-\infty,b]$ 时, 总有 $m\leqslant f(x)\leqslant M$, 即 $f(x)$ 在 $(-\infty,b]$ 上有界.

2. 证明: 方程 $x^3-9x-1=0$ 恰有 3 个实根.

证明 令 $f(x)=x^3-9x-1$, 则

$$f(-3)=-1<0,\quad f(-2)=9>0,\quad f(0)=-1<0,\quad f(4)=27>0.$$

又因为 $f(x)$ 在闭区间 $[-3,-2]$ 上连续, 且 $f(-3)\cdot f(-2)<0$, 所以由闭区间上连续函数的零点定理可知, $f(x)$ 在开区间 $(-3,-2)$ 内至少有一个零点, 即方程 $x^3-9x-1=0$ 在开区间 $(-3,-2)$ 内至少有一个实根.

同理, 由于 $f(x)$ 在闭区间 $[-2,0]$ 上连续, 且 $f(-2)\cdot f(0)<0$, 所以 $f(x)$ 在开区间 $(-2,0)$ 内至少有一个零点; $f(x)$ 在闭区间 $[0,4]$ 上连续, 且 $f(0)\cdot f(4)<0$, 所以 $f(x)$ 在开区间 $(0,4)$ 内至少有一个零点.

综上, 方程 $x^3-9x-1=0$ 至少有 3 个实根. 又因为该方程是一元三次方程, 由代数学的知识可知, 它至多有 3 个实根, 因此该方程恰有 3 个实根.

3. 若 $f(x)$ 在 $[a,b]$ 上连续, 且 $f(a)>a$, $f(b)<b$, 证明: 至少存在一点 $\xi\in(a,b)$, 使得 $f(\xi)=\xi$.

证明 令 $F(x)=f(x)-x$, 则 $F(x)$ 在闭区间 $[a,b]$ 上连续. 又因为

$$F(a)=f(a)-a>0,\quad F(b)=f(b)-b<0,$$

即 $F(a)\cdot F(b)<0$, 所以由闭区间上连续函数的零点定理可知, 至少存在一点 $\xi\in(a,b)$, 使得 $F(\xi)=0$, 即 $f(\xi)=\xi$.

4. 若 $f(x)$ 在 $(a,b]$ 内连续, 且 $\lim\limits_{x\to a^+}f(x)>0$, $f(b)<0$, 证明: 至少存在一点 $\xi\in(a,b]$, 使得 $f(\xi)=0$.

证明 因为 $\lim\limits_{x\to a^+}f(x)>0$, 不妨设 $\lim\limits_{x\to a^+}f(x)=A$, 其中 $A>0$, 则对 $\varepsilon=\dfrac{A}{2}>0$, $\exists\delta>0$, 当 $x\in(a,a+\delta)\subset(a,b]$ 时, 总有 $|f(x)-A|<\varepsilon$, 即 $\dfrac{A}{2}<f(x)<\dfrac{3}{2}A$, 故必存在一点 $x_1\in(a,a+\delta)$, 使得 $f(x_1)>0$.

由于 $f(x)$ 在 $(a,b]$ 内连续, 故 $f(x)$ 在闭区间 $[x_1,b]$ 上连续, 且 $f(x_1)>0$, $f(b)<0$, 所以由闭区间上连续函数的零点定理知, 至少存在一点 $\xi\in(x_1,b)\subset(a,b)$, 使得 $f(\xi)=0$.

5. 若 $f(x)$ 在 $[0,1]$ 上连续, 证明: 至少存在一点 $\xi\in(0,1]$, 使得 $\dfrac{1}{\xi}-f(\xi)$ 与 $\dfrac{1}{\xi}+f(\xi)$ 互为倒数.

证明 要证明至少存在一点 $\xi\in(0,1]$, 使得 $\dfrac{1}{\xi}-f(\xi)$ 与 $\dfrac{1}{\xi}+f(\xi)$ 互为倒数, 只需证明方程 $\left[\dfrac{1}{x}-f(x)\right]\cdot\left[\dfrac{1}{x}+f(x)\right]=1$, 即 $1-x^2f^2(x)=x^2$ 在区间 $(0,1]$ 内至少有一根.

构造辅助函数 $g(x)=1-x^2f^2(x)-x^2$, 则 $g(x)$ 在闭区间 $[0,1]$ 上连续, 且

$$g(0)=1>0,\quad g(1)=-f^2(1)\leqslant 0.$$

下面分情况讨论.

(i) 若 $g(1)=0$, 即 $f(1)=0$, 此时 $x=1$ 就是方程 $1-x^2f(x)=x^2$ 的一个根, 即存在 $\xi=1$, 使得 $\dfrac{1}{\xi}-f(\xi)$ 与 $\dfrac{1}{\xi}+f(\xi)$ 互为倒数.

(ii) 若 $g(1)<0$, 则 $g(0)\cdot g(1)<0$, 由闭区间上连续函数的零点定理知, 至少存在一点 $\xi\in(0,1)$, 使得 $g(\xi)=0$, 即 $1-\xi^2f(\xi)=\xi^2$, 故 $\left[\dfrac{1}{\xi}-f(\xi)\right]\cdot\left[\dfrac{1}{\xi}+f(\xi)\right]=1$.

综上可知, 至少存在一点 $\xi\in(0,1]$, 使得 $\dfrac{1}{\xi}-f(\xi)$ 与 $\dfrac{1}{\xi}+f(\xi)$ 互为倒数.

6. 若 $f(x)$ 在 $[0,1]$ 上连续, 且 $f(0)=f(1)$, 证明: 存在 $\xi\in[0,1]$, 使得 $f(\xi)=f\left(\xi+\dfrac{1}{2}\right)$.

证明 令 $g(x)=f(x)-f\left(x+\dfrac{1}{2}\right)$, 则 $g(x)$ 在闭区间 $\left[0,\dfrac{1}{2}\right]$ 上连续. 因为

$$g(0)=f(0)-f\left(\frac{1}{2}\right),\quad g\left(\frac{1}{2}\right)=f\left(\frac{1}{2}\right)-f(1),$$

所以 $g(0)+g\left(\frac{1}{2}\right)=f(0)-f(1)=0$.

又因为 $g(x)$ 在闭区间 $\left[0,\frac{1}{2}\right]$ 上连续, 所以 $g(x)$ 在闭区间 $\left[0,\frac{1}{2}\right]$ 上必存在最大值 M 和最小值 m. 因此 $m\leqslant g(0)\leqslant M$, $m\leqslant g\left(\frac{1}{2}\right)\leqslant M$, 所以

$$m\leqslant\frac{g(0)+g\left(\frac{1}{2}\right)}{2}\leqslant M.$$

注意到闭区间上的连续函数必能取到介于最大值与最小值的任何值,所以必存在一点 $\xi\in\left[0,\frac{1}{2}\right]\subset[0,1]$, 使得 $g(\xi)=\dfrac{g(0)+g\left(\frac{1}{2}\right)}{2}=0$, 即 $f(\xi)=f\left(\xi+\frac{1}{2}\right)$.

事实上, 还可以使用闭区间上连续函数的零点定理证明该结论, 请读者自行完成.

7. 对于函数 $f(x)$, 若存在一点 c, 使得 $f(c)=c$, 则称 $x=c$ 为 $f(x)$ 的**不动点**.

(1) 试作出一个定义域与值域均为 $[0,1]$ 的连续函数的图形, 并找出它的不动点;

(2) 利用介值定理证明: 定义域为 $[0,1]$, 值域包含于 $[0,1]$ 的连续函数必有不动点.

解 (1) 如图 1.5 所示, 对 (a) 中函数, 任意的 $x\in[0,1]$ 都是其不动点; 对 (b) 中函数, 其不动点是 $x=0$ 和 $x=1$.

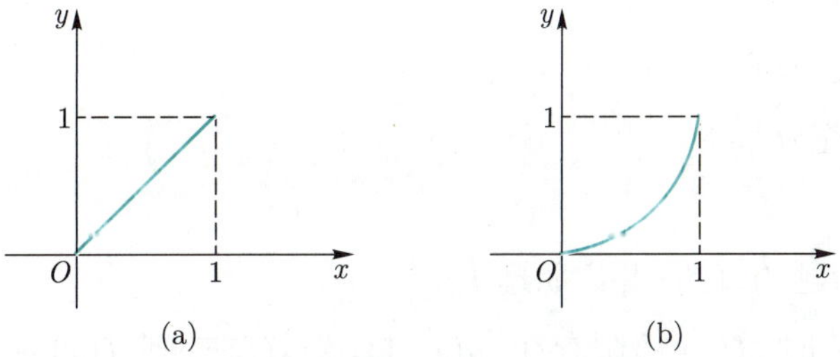

图 1.5

(2) 该命题的数学表述是: 设 $f(x)$ 在闭区间 $[0,1]$ 上连续, 且满足 $f([0,1])\subseteq[0,1]$, 则必存在一点 $c\in[0,1]$, 使得 $f(c)=c$.

该命题的证明过程如下:

由题目条件 $f([0,1])\subseteq[0,1]$ 知, 对任何 $x\in[0,1]$ 有 $0\leqslant f(x)\leqslant 1$, 特别地, 有

$$f(0)\geqslant 0,\quad f(1)\leqslant 1.$$

令 $F(x)=f(x)-x$, 则 $F(x)$ 在闭区间 $[0,1]$ 上连续. 又因为

$$F(0)=f(0)-0=f(0)\geqslant 0,\quad F(1)=f(1)-1\leqslant 0,$$

即 $F(0)\cdot F(1)\leqslant 0$. 下面分情况讨论.

(i) 若 $F(0)\cdot F(1)=0$, 则 $F(0)=0$ 或 $F(1)=0$, 取 $c=0$ 或 $c=1$, 可使得 $f(c)=c$ 成立.

(ii) 若 $F(0)\cdot F(1)<0$, 则由闭区间上连续函数的零点定理可知, 至少存在一点 $c\in(0,1)$, 使得 $F(c)=0$, 即 $f(c)=c$.

综上可知, 必存在一点 $c\in[0,1]$, 使得 $f(c)=c$.

总习题一

1. 在 "充分而非必要" "必要而非充分" "充要" 和 "既非充分也非必要" 四者中选择一个正确的填入下列空格中:

(1) 数列 $\{x_n\}$ 无界是 $\lim\limits_{n\to\infty}x_n=\infty$ 的__________ 条件;

(2) 数列 $\{x_n\}$ 有界是数列 $\{x_n\}$ 收敛的__________ 条件;

(3) 数列 $\{x_n\}$ 单调有界是数列 $\{x_n\}$ 收敛的__________ 条件;

(4) 函数 $f(x)$ 在 x_0 处有定义是 $\lim\limits_{x\to x_0}f(x)$ 存在的__________ 条件;

(5) $\lim\limits_{x\to x_0^-}f(x)$ 与 $\lim\limits_{x\to x_0^+}f(x)$ 都存在是 $\lim\limits_{x\to x_0}f(x)$ 存在的__________ 条件;

(6) 函数 $f(x)$ 在 x_0 处左连续且右连续是 $f(x)$ 在 x_0 处连续的__________ 条件.

解 (1) 必要而非充分

(2) 必要而非充分

(3) 充分而非必要

(4) 既非充分也非必要

(5) 必要而非充分

(6) 充要

2. 判断下列命题的真伪, 并说明理由:

(1) 当 $x\to x_0$ 时, $f(x)$ 极限存在, $g(x)$ 极限不存在, 则 $f(x)+g(x)$ 极限不存在;

(2) 当 $x\to x_0$ 时, $f(x)$ 极限存在, $g(x)$ 极限不存在, 则 $f(x)\cdot g(x)$ 极限不存在;

(3) $f(x)$ 在 x_0 处连续, $g(x)$ 在 x_0 处不连续, 则 $f[g(x)]$ 在 x_0 处不连续.

解 (1) 真命题. 利用反证法可以证明, 即假设 $\lim\limits_{x\to x_0}[f(x)+g(x)]$ 存在, 则由极限的四则运算法则可得,

$$\lim_{x\to x_0}g(x)=\lim_{x\to x_0}[f(x)+g(x)-f(x)]=\lim_{x\to x_0}[f(x)+g(x)]-\lim_{x\to x_0}f(x),$$

即 $\lim\limits_{x\to x_0}g(x)$ 存在. 这与已知条件矛盾, 所以假设不成立, 即 $\lim\limits_{x\to x_0}[f(x)+g(x)]$ 不存在.

(2) 假命题. 例如 $\lim\limits_{x\to 0}x^2=0$, $\lim\limits_{x\to 0}\sin\dfrac{1}{x}$ 不存在, 但由无穷小量与有界量的乘积仍是无穷小可知 $\lim\limits_{x\to 0}x^2\sin\dfrac{1}{x}=0$.

(3) 假命题. 例如 $f(x)=x^2$ 在 $x_0=0$ 处连续, $g(x)=\begin{cases}1, & x\geqslant 0,\\ -1, & x<0\end{cases}$ 在 $x_0=0$ 处不连续, 但 $f[g(x)]=1$ 在 $x_0=0$ 处连续.

3. 当 $x\to 0$ 时, 把下列无穷小按从低阶到高阶的顺序排列:

$$\alpha_1(x)=\sqrt{1-\tan x}-\sqrt{1+\sin x},$$

$$\alpha_2(x)=\sqrt{1+\sqrt[3]{x}}-1,$$

$$\alpha_3(x)=\mathrm{e}^{\tan x}-\mathrm{e}^{\sin x},$$

$$\alpha_4(x)=\ln(\arctan^2 x+\mathrm{e}^x)-x.$$

解　因为当 $x\to 0$ 时,

$$\alpha_1(x)=\sqrt{1-\tan x}-\sqrt{1+\sin x}=\frac{-(\tan x+\sin x)}{\sqrt{1-\tan x}+\sqrt{1+\sin x}}$$

$$=\frac{-\tan x(1+\cos x)}{\sqrt{1-\tan x}+\sqrt{1+\sin x}}\sim -x,$$

$$\alpha_2(x)=\sqrt{1+\sqrt[3]{x}}-1\sim\frac{1}{2}\sqrt[3]{x},$$

$$\alpha_3(x)=\mathrm{e}^{\tan x}-\mathrm{e}^{\sin x}=\mathrm{e}^{\sin x}(\mathrm{e}^{\tan x-\sin x}-1)\sim\tan x-\sin x=\tan x(1-\cos x)\sim\frac{1}{2}x^3,$$

$$\alpha_4(x)=\ln(\arctan^2 x+\mathrm{e}^x)-x=\ln(\arctan^2 x+\mathrm{e}^x)-\ln\mathrm{e}^x$$

$$=\ln\frac{\arctan^2 x+\mathrm{e}^x}{\mathrm{e}^x}=\ln\left(1+\frac{\arctan^2 x}{\mathrm{e}^x}\right)\sim\frac{\arctan^2 x}{\mathrm{e}^x}\sim x^2,$$

因此, 当 $x\to 0$ 时, 四个无穷小按从低阶到高阶的顺序排列是: $\alpha_2(x)$, $\alpha_1(x)$, $\alpha_4(x)$, $\alpha_3(x)$.

4. 求下列极限:

(1) $\lim\limits_{x\to 0}\dfrac{2^{x\tan 2x}-1}{x\arcsin 3x}$;　　(2) $\lim\limits_{x\to 0}\left[\tan\left(\dfrac{\pi}{4}-x\right)\right]^{2\cot x}$;

(3) $\lim\limits_{x\to+\infty}(\cos\sqrt{x+1}-\cos\sqrt{x})$;　　(4) $\lim\limits_{x\to a}\dfrac{x^a-a^x}{x^2-a^2}\ (a>0)$.

解　(1) $\lim\limits_{x\to 0}\dfrac{2^{x\tan 2x}-1}{x\arcsin 3x}=\lim\limits_{x\to 0}\dfrac{(x\tan 2x)\ln 2}{x\cdot 3x}=\lim\limits_{x\to 0}\dfrac{2x\ln 2}{3x}=\dfrac{2}{3}\ln 2.$

(2) 因为 $\tan\left(\dfrac{\pi}{4}-x\right)=\dfrac{\tan\dfrac{\pi}{4}-\tan x}{1+\tan\dfrac{\pi}{4}\cdot\tan x}=\dfrac{1-\tan x}{1+\tan x}$, 所以

$$\lim_{x\to 0}\left[\tan\left(\frac{\pi}{4}-x\right)\right]^{2\cot x}=\lim_{x\to 0}\left(\frac{1-\tan x}{1+\tan x}\right)^{\frac{2}{\tan x}}=\mathrm{e}^{\lim\limits_{x\to 0}\frac{2}{\tan x}\ln\frac{1-\tan x}{1+\tan x}}$$

$$=\mathrm{e}^{\lim\limits_{x\to 0}\frac{2}{\tan x}\ln\left(1-\frac{2\tan x}{1+\tan x}\right)}=\mathrm{e}^{\lim\limits_{x\to 0}\frac{2}{\tan x}\cdot\left(-\frac{2\tan x}{1+\tan x}\right)}$$

$$=\mathrm{e}^{\lim\limits_{x\to 0}\frac{-4}{1+\tan x}}=\mathrm{e}^{-4}.$$

(3) 由三角函数的和差化积公式, 可得

$$\cos\sqrt{x+1}-\cos\sqrt{x}=-2\sin\frac{\sqrt{x+1}+\sqrt{x}}{2}\cdot\sin\frac{\sqrt{x+1}-\sqrt{x}}{2}.$$

因为当 $x\to+\infty$ 时,

$$0\leqslant\left|\sin\frac{\sqrt{x+1}-\sqrt{x}}{2}\right|=\left|\sin\frac{1}{2\left(\sqrt{x+1}+\sqrt{x}\right)}\right|\leqslant\frac{1}{2\left(\sqrt{x+1}+\sqrt{x}\right)},$$

且 $\lim\limits_{x\to+\infty}\dfrac{1}{2\left(\sqrt{x+1}+\sqrt{x}\right)}=0$, 所以由夹逼准则可得, $\lim\limits_{x\to+\infty}\sin\dfrac{\sqrt{x+1}-\sqrt{x}}{2}=0$.

又因为 $\left|\sin\dfrac{\sqrt{x+1}+\sqrt{x}}{2}\right|\leqslant 1$, 所以由无穷小量与有界量的乘积仍是无穷小可得,

$$\lim_{x\to+\infty}\left(\sin\frac{\sqrt{x+1}-\sqrt{x}}{2}\sin\frac{\sqrt{x+1}+\sqrt{x}}{2}\right)=0,$$

故 $\lim\limits_{x\to+\infty}\left(\cos\sqrt{x+1}-\cos\sqrt{x}\right)=0$.

(4)
$$\begin{aligned}\lim_{x\to a}\frac{x^a-a^x}{x^2-a^2}&=\lim_{x\to a}\frac{\mathrm{e}^{a\ln x}-\mathrm{e}^{x\ln a}}{(x+a)(x-a)}=\lim_{x\to a}\frac{1}{x+a}\cdot\lim_{x\to a}\frac{\mathrm{e}^{x\ln a}(\mathrm{e}^{a\ln x-x\ln a}-1)}{x-a}\\
&=\frac{1}{2a}\cdot\mathrm{e}^{a\ln a}\lim_{x\to a}\frac{a\ln x-x\ln a}{x-a}\\
&=\frac{a^a}{2a}\lim_{x\to a}\frac{a\ln x-a\ln a+a\ln a-x\ln a}{x-a}\\
&=\frac{a^a}{2a}\lim_{x\to a}\frac{a\ln\frac{x}{a}+(a-x)\ln a}{x-a}\\
&=\frac{a^a}{2a}\lim_{x\to a}\frac{a\ln\left(1+\frac{x-a}{a}\right)+(a-x)\ln a}{x-a}\\
&=\frac{a^a}{2a}\left[\lim_{x\to a}\frac{a\ln\left(1+\frac{x-a}{a}\right)}{x-a}+\lim_{x\to a}\frac{(a-x)\ln a}{x-a}\right]\\
&=\frac{a^a}{2a}\left(\lim_{x\to a}\frac{a\cdot\frac{x-a}{a}}{x-a}-\ln a\right)\\
&=\frac{a^a}{2a}(1-\ln a)=\frac{a^a}{2a}\ln\frac{\mathrm{e}}{a}.\end{aligned}$$

5. 当 $x\to 0$ 时, $1-\cos(x\sqrt{\cos 2x})$ 与 mx^n 是等价无穷小, 求常数 m, n 的值.

解 由题意可知 $\lim\limits_{x\to 0}\dfrac{1-\cos(x\sqrt{\cos 2x})}{mx^n}=1$, 且

$$\lim_{x\to 0}\frac{1-\cos(x\sqrt{\cos 2x})}{mx^n}=\lim_{x\to 0}\frac{\frac{1}{2}\cdot x^2\cdot\cos 2x}{mx^n}=\lim_{x\to 0}\frac{\frac{1}{2}x^2}{mx^n},$$

所以 $n=2$, 故 $m=\dfrac{1}{2}$.

6. 若 $\lim\limits_{x\to\infty}\left(\dfrac{x^3+1}{x^2+1}-ax-b\right)=2$, 求常数 a, b 的值.

解 因为 $\lim\limits_{x\to\infty}\left(\dfrac{x^3+1}{x^2+1}-ax-b\right)=\lim\limits_{x\to\infty}\dfrac{(1-a)x^3-bx^2-ax+1-b}{x^2+1}=2$, 所以 $1-a=0$, 否则 $\lim\limits_{x\to\infty}\left(\dfrac{x^3+1}{x^2+1}-ax-b\right)=\infty$. 因此 $a=1$.

此时 $\lim\limits_{x\to\infty}\left(\dfrac{x^3+1}{x^2+1}-ax-b\right)=\lim\limits_{x\to\infty}\dfrac{-bx^2-x+1-b}{x^2+1}=\lim\limits_{x\to\infty}\dfrac{-b-\dfrac{1}{x}+\dfrac{1-b}{x^2}}{1+\dfrac{1}{x^2}}=-b=2$, 所以 $b=-2$.

综上可知 $a=1$, $b=-2$.

7. 设 $a_i>0\ (i=1,2,\cdots,m)$, 求 $\lim\limits_{n\to\infty}\sqrt[n]{a_1^n+a_2^n+\cdots+a_m^n}$ 的值.

解 令 $a=\max\{a_1,a_2,\cdots,a_m\}$, 则

$$a^n\leqslant a_1^n+a_2^n+\cdots+a_m^n\leqslant ma^n,$$

所以

$$a\leqslant\sqrt[n]{a_1^n+a_2^n+\cdots+a_m^n}\leqslant a\sqrt[n]{m}.$$

又因为 $\lim\limits_{n\to\infty}a\sqrt[n]{m}=a\cdot 1=a$, 所以由夹逼准则可得

$$\lim_{n\to\infty}\sqrt[n]{a_1^n+a_2^n+\cdots+a_m^n}=a.$$

8. 设 $x_1=\sqrt{2}$, $x_{n+1}=\sqrt{2}+\dfrac{x_n-1}{x_n+\sqrt{2}}\ (n=1,2,\cdots)$, 利用单调有界收敛准则证明该数列极限存在, 并求此极限值.

证明 先用数学归纳法证明有界性.

由于 $x_1=\sqrt{2}>1$, 所以 $x_2=\sqrt{2}+\dfrac{x_1-1}{x_1+\sqrt{2}}>\sqrt{2}$. 假设 $x_n>\sqrt{2}$ 成立, 则 $x_{n+1}=\sqrt{2}+\dfrac{x_n-1}{x_n+\sqrt{2}}>\sqrt{2}$, 所以由数学归纳法可知对所有的 $n>1$ 都有 $x_n>\sqrt{2}$ 成立.

又因为 $x_{n+1}=\sqrt{2}+\dfrac{x_n+\sqrt{2}-\sqrt{2}-1}{x_n+\sqrt{2}}=\sqrt{2}+1-\dfrac{\sqrt{2}+1}{x_n+\sqrt{2}}<\sqrt{2}+1$, 故对所有的 n 都有 $x_n<\sqrt{2}+1$ 成立.

综上可知, 数列 $\{x_n\}$ 有界.

下面用数学归纳法证明单调性.

由上面的推导过程知 $x_2>x_1$, 假设 $x_n>x_{n-1}\ (n\geqslant 2)$, 则

$$x_{n+1}-x_n=\sqrt{2}+\frac{x_n-1}{x_n+\sqrt{2}}-\sqrt{2}-\frac{x_{n-1}-1}{x_{n-1}+\sqrt{2}}=\frac{(\sqrt{2}+1)(x_n-x_{n-1})}{(x_n+\sqrt{2})(x_{n-1}+\sqrt{2})}>0.$$

即 $x_{n+1}>x_n$, 因此由数学归纳法可知, 数列 $\{x_n\}$ 是单调递增的.

综上, 根据单调有界收敛准则可知数列 $\{x_n\}$ 的极限存在. 下面求数列 $\{x_n\}$ 的极限.

设 $\lim\limits_{n\to\infty}x_n=a$, 则对等式 $x_{n+1}=\sqrt{2}+\dfrac{x_n-1}{x_n+\sqrt{2}}$ 两边同时取极限得,

$$\lim_{n\to\infty}x_{n+1}=\lim_{n\to\infty}\left(\sqrt{2}+\frac{x_n-1}{x_n+\sqrt{2}}\right),$$

即 $a=\sqrt{2}+\dfrac{a-1}{a+\sqrt{2}}$, 所以 $a^2-a-1=0$, 解得 $a=\dfrac{1+\sqrt{5}}{2}$ 或 $a=\dfrac{1-\sqrt{5}}{2}$. 由于 $x_n>0, n=1,2,\cdots$, 根据数列极限保号性的推论可知 $a=\dfrac{1+\sqrt{5}}{2}$, 即 $\lim\limits_{n\to\infty}x_n=\dfrac{1+\sqrt{5}}{2}$.

9. 设 $f(x)=\lim\limits_{n\to\infty}\dfrac{x^{2n-1}+ax^2+bx}{x^{2n}+1}$ 为连续函数, 求常数 a, b 的值.

解 先求出 $f(x)$ 的表达式.

当 $|x|<1$ 时, 因为 $\lim\limits_{n\to\infty}x^{2n}=0$, $\lim\limits_{n\to\infty}x^{2n-1}=0$, 所以 $f(x)=\dfrac{0+ax^2+bx}{0+1}=ax^2+bx$;

当 $|x|>1$ 时, 因为 $\lim\limits_{n\to\infty}x^{2n}=+\infty$, $\lim\limits_{n\to\infty}x^{2n-1}=+\infty$, 所以

$$f(x)=\lim_{n\to\infty}\frac{\dfrac{1}{x}+\dfrac{a}{x^{2n-2}}+\dfrac{b}{x^{2n-1}}}{1+\dfrac{1}{x^{2n}}}=\frac{\dfrac{1}{x}+0+0}{1+0}=\frac{1}{x};$$

当 $x=1$ 时, $f(1)=\lim\limits_{n\to\infty}\dfrac{1^{2n-1}+a\cdot 1+b\cdot 1}{1^{2n}+1}=\dfrac{a+b+1}{2}$;

当 $x=-1$ 时, $f(-1)=\lim\limits_{n\to\infty}\dfrac{(-1)^{2n-1}+a\cdot(-1)^2+b\cdot(-1)}{(-1)^{2n}+1}=\dfrac{a-b-1}{2}$, 所以

$$f(x)=\begin{cases}\dfrac{1}{x}, & x<-1,\\ \dfrac{a-b-1}{2}, & x=-1,\\ ax^2+bx, & -1<x<1,\\ \dfrac{a+b+1}{2}, & x=1,\\ \dfrac{1}{x}, & x>1.\end{cases}$$

因为 $f(x)$ 是连续函数, 所以 $f(x)$ 在 $x=-1$ 和 $x=1$ 处必连续, 因此

$$\begin{cases}\lim\limits_{x\to-1^-}f(x)=f(-1),\\ \lim\limits_{x\to1^+}f(x)=f(1),\end{cases}\quad 即\quad \begin{cases}\dfrac{a-b-1}{2}=-1,\\ \dfrac{a+b+1}{2}=1.\end{cases}$$

解上述方程组可得 $a=0$, $b=1$.

10. 设函数 $f(x)$ 对于闭区间 $[a,b]$ 上的任意两点 x, y, 恒有 $|f(x)-f(y)|\leqslant L|x-y|$, 其中 L 为正常数, 且 $f(a)f(b)<0$. 证明: 至少存在一点 $\xi\in(a,b)$, 使得 $f(\xi)=0$.

证明 本题只需证出 $f(x)$ 在闭区间 $[a,b]$ 上连续, 然后再利用零点定理即可. 下面利用函数连续的定义来证明.

任取 $x_0\in(a,b)$, 则 $\forall\varepsilon>0$, 取 $\delta=\min\left\{\dfrac{\varepsilon}{L},x_0-a,b-x_0\right\}$, 当 $|x-x_0|<\delta$ 时, 总有

$$|f(x)-f(x_0)|\leqslant L|x-x_0|<L\delta\leqslant\varepsilon,$$

所以 $f(x)$ 在 x_0 处连续. 由 x_0 的任意性可知, $f(x)$ 在开区间 (a,b) 内连续.

当 $x_0=a$ 或 $x_0=b$ 时, 取 $\delta=\dfrac{\varepsilon}{L}$, 并将 $|x-x_0|<\delta$ 换成 $x\in[a,a+\delta)$ 或 $x\in(b-\delta,b]$, 便可证得 $f(x)$ 在 $x=a$ 处右连续, 在 $x=b$ 处左连续, 从而 $f(x)$ 在闭区间 $[a,b]$ 上连续.

又因为 $f(a)\cdot f(b)<0$, 所以由闭区间上连续函数的零点定理可知, 至少存在一点 $\xi\in(a,b)$, 使得 $f(\xi)=0$.

11. 设函数 $f(x)$ 在闭区间 $[a,b]$ 上连续, 且 $a<c<d<b$. 证明: 对于任意的正常数 p, q, 至少存在一点 $\xi\in(a,b)$, 使得 $pf(c)+qf(d)=(p+q)f(\xi)$.

证明 因为 $f(x)$ 在闭区间 $[a,b]$ 上连续, 且 $a<c<d<b$, 所以 $f(x)$ 在闭区间 $[c,d]$ 上连续, 因此 $f(x)$ 在闭区间 $[c,d]$ 上必存在最大值 M 和最小值 m. 故 $m\leqslant f(c)\leqslant M$, $m\leqslant f(d)\leqslant M$. 又因为 p, q 为正常数, 所以 $pm\leqslant pf(c)\leqslant pM$, $qm\leqslant qf(d)\leqslant qM$, 因此

$$m\leqslant\frac{pf(c)+qf(d)}{p+q}\leqslant M.$$

注意到闭区间上的连续函数必能取到介于最大值与最小值的任何值, 所以必存在一点 $\xi\in[c,d]\subset(a,b)$, 使得 $f(\xi)=\dfrac{pf(c)+qf(d)}{p+q}$, 即 $pf(c)+qf(d)=(p+q)f(\xi)$.

12. 一登山运动员于早晨 7:00 开始攀登某座山峰, 当天晚上 7:00 到达山顶; 第二天早晨于 7:00 再从山顶开始沿上山的路线原路返回, 晚上 7:00 到达前一天的出发地. 试利用介值定理说明: 这个运动员在这两天的某一相同时刻经过登山路线上的同一地点.

证明 该实际问题的数学表述是: 设 $S_1(t)$, $t\in[0,12]$, 表示上山运动函数; $S_2(t)$, $t\in[0,12]$, 表示下山运动函数, S 表示出发地到山顶的距离, 则必存在一点 $t_0\in(0,12)$, 使得 $S_1(t_0)=S-S_2(t_0)$.

证明过程如下:

令 $S(t)=S_1(t)-S+S_2(t)$, 则 $S(t)$ 在闭区间 $[0,12]$ 上连续. 又因为

$$S(0)=S_1(0)-S+S_2(0)=0-S+0=-S<0,$$

$$S(12)=S_1(12)-S+S_2(12)=S-S+S=S>0,$$

所以由介值定理可知, 至少存在一点 $t_0\in(0,12)$, 使得 $S(t_0)=0$, 即 $S_1(t_0)=S-S_2(t_0)$.

13. 如果存在直线 $y=ax+b\ (a\neq 0)$, 使得当 $x\to+\infty$ (或 $x\to-\infty$) 时, 曲线 $y=f(x)$ 上的点 $M(x,y)$ 到该直线的距离趋于零, 则称直线 $y=ax+b\ (a\neq 0)$ 为曲线 $y=f(x)$ 的**斜渐近线**.

(1) 根据定义证明, 直线 $y=ax+b\ (a\neq 0)$ 为曲线 $y=f(x)$ 的斜渐近线 (当 $x\to+\infty$ 时) 的充要条件为 $\lim\limits_{x\to+\infty}\dfrac{f(x)}{x}=a,\ \lim\limits_{x\to+\infty}[f(x)-ax]=b$;

(2) 求曲线 $y=\sqrt{x^2+x}+x$ 的斜渐近线.

(1) **证明** 假设曲线 $y=f(x)$ 有斜渐近线 $y=ax+b$. 如图 1.6 所示, 过 M 作 x 轴的垂线, 交直线 $y=ax+b$ 于点 P, 则曲线上动点 M 到渐近线的距离为

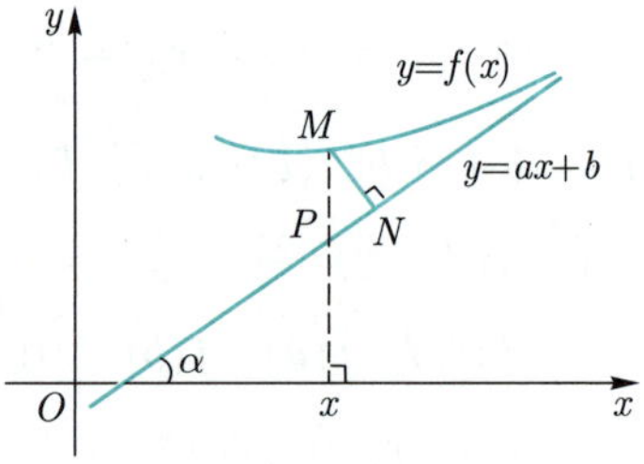

图 1.6

$$|MN|=|MP\cos\alpha|=|f(x)-(ax+b)|\frac{1}{\sqrt{1+a^2}}.$$

按渐近线的定义, 当 $x\to+\infty$ 时, $|MN|\to 0$, 即有

$$\lim_{x\to+\infty}[f(x)-(ax+b)]=0, \qquad ①$$

所以

$$\lim_{x\to+\infty}[f(x)-ax]=\lim_{x\to+\infty}[f(x)-(ax+b)+b]=0+b=b, \qquad ②$$

并且

$$\lim_{x\to+\infty}\frac{f(x)}{x}=\lim_{x\to+\infty}\frac{1}{x}\{[f(x)-ax]+ax\}=0\cdot b+a=a. \qquad ③$$

反之, 若由 ③, ② 两式求得 a 与 b, 则可知 ① 式成立, 即 $|MN|\to 0\ (x\to+\infty)$, 从而 $y=ax+b$ 为曲线 $y=f(x)$ 的斜渐近线.

(2) **解** 因为 $a=\lim\limits_{x\to+\infty}\dfrac{f(x)}{x}=\lim\limits_{x\to+\infty}\dfrac{\sqrt{x^2+x}+x}{x}=\lim\limits_{x\to+\infty}\left(\sqrt{1+\dfrac{1}{x}}+1\right)=2,$

$$b=\lim_{x\to+\infty}[f(x)-ax]=\lim_{x\to+\infty}\left(\sqrt{x^2+x}+x-2x\right)=\lim_{x\to+\infty}\left(\sqrt{x^2+x}-x\right)$$

$$=\lim_{x\to+\infty}\frac{x}{\sqrt{x^2+x}+x}=\lim_{x\to+\infty}\frac{1}{\sqrt{1+\dfrac{1}{x}}+1}=\frac{1}{2},$$

所以所求曲线的斜渐近线为 $y=2x+\dfrac{1}{2}$.

第二章　一元函数微分学

本章主要内容包括：一元函数的导数与微分、微分中值定理、函数的单调性与曲线的凹凸性、函数的极值与最值等.

一、知识导图

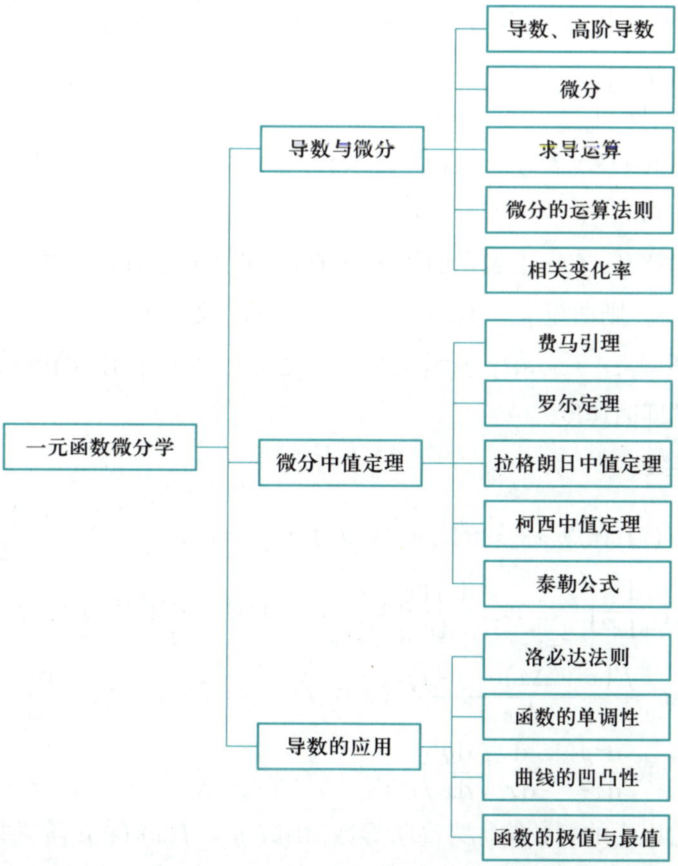

二、基本内容

1. 导数与微分

(1) 导数

设 $y=f(x)\colon U(x_0)\subseteq \mathbf{R}\to\mathbf{R}$, 则 $f(x)$ 在点 x_0 处的导数

$$f'(x_0)=\lim_{\Delta x\to 0}\frac{f\left(x_0+\Delta x\right)-f(x_0)}{\Delta x},$$

亦可记为 $y'|_{x=x_0}$, $\left.\dfrac{\mathrm{d}y}{\mathrm{d}x}\right|_{x=x_0}$ 或 $\left.\dfrac{\mathrm{d}f(x)}{\mathrm{d}x}\right|_{x=x_0}$. 类似地, 可定义函数 $f(x)$ 在点 x_0 处的左导数 $f'_-(x_0)=\displaystyle\lim_{\Delta x\to 0^-}\frac{f\left(x_0+\Delta x\right)-f(x_0)}{\Delta x}$, 右导数 $f'_+(x_0)=\displaystyle\lim_{\Delta x\to 0^+}\frac{f\left(x_0+\Delta x\right)-f(x_0)}{\Delta x}$. 很显然, $f(x)$ 在点 x_0 处可导的充要条件是左、右导数均存在, 且 $f'_-(x_0)=f'_+(x_0)$. 左、右导数统称为单侧导数.

若 $\forall x\in I$, $f'(x)=\displaystyle\lim_{\Delta x\to 0}\frac{\Delta y}{\Delta x}=\lim_{\Delta x\to 0}\frac{f(x+\Delta x)-f(x)}{\Delta x}$ 均存在, 则称 $f(x)$ 在区间 I 上可导, 并由此可定义 $f(x)$ 在区间 I 上的导函数, 记为 $y'(x)$, $\dfrac{\mathrm{d}y}{\mathrm{d}x}$ 或 $\dfrac{\mathrm{d}f(x)}{\mathrm{d}x}$. 特别地, $f'(x_0)=\left.\dfrac{\mathrm{d}f(x)}{\mathrm{d}x}\right|_{x=x_0}$.

可导与连续的关系: 若 $f(x)$ 在点 x_0 处可导, 则 $f(x)$ 在点 x_0 处连续; 反之不然, 如 $y=|x|$, $x_0=0$.

导数的几何意义: $f'(x_0)$ 表示曲线 $y=f(x)$ 在点 $(x_0,f(x_0))$ 处切线的斜率. 特别地, 若 $f'(x_0)=\infty$, 则曲线 $y=f(x)$ 在点 $(x_0,f(x_0))$ 处有垂直于 x 轴的切线 $x=x_0$.

导数的物理意义: $s=s(t)$ 表示变速直线运动的位移与时间的函数, 则 $s'(t)$ 表示物体在 t 时刻的即时速度.

(2) 高阶导数

函数 $y=f(x)$ 在点 x_0 处的二阶导数 $f''(x_0)=\displaystyle\lim_{\Delta x\to 0}\frac{f'\left(x_0+\Delta x\right)-f'(x_0)}{\Delta x}$, 亦可记为 $y''|_{x=x_0}$, $\left.\dfrac{\mathrm{d}^2y}{\mathrm{d}x^2}\right|_{x=x_0}$ 或 $\left.\dfrac{\mathrm{d}^2f(x)}{\mathrm{d}x^2}\right|_{x=x_0}$. 类似地, 可定义 $y=f(x)$ 的二阶导函数 $f''(x)=\displaystyle\lim_{\Delta x\to 0}\frac{f'(x+\Delta x)-f'(x)}{\Delta x}$ $(x\in I)$, 亦可记为 $y''(x)$, $\dfrac{\mathrm{d}^2y}{\mathrm{d}x^2}$ 或 $\dfrac{\mathrm{d}^2f(x)}{\mathrm{d}x^2}$, 即 $f''(x)=[f'(x)]'$ 或 $\dfrac{\mathrm{d}^2y}{\mathrm{d}x^2}=\dfrac{\mathrm{d}}{\mathrm{d}x}\left(\dfrac{\mathrm{d}y}{\mathrm{d}x}\right)$.

二阶及二阶以上的导数统称为高阶导数, 函数 $y=f(x)$ 的 n 阶导数通常记为 $y^{(n)}$ 或 $\dfrac{\mathrm{d}^ny}{\mathrm{d}x^n}$.

(3) 微分

函数 $y=f(x)$ 在点 x_0 处的微分 $\mathrm{d}y=f'(x_0)\Delta x$ 或 $\mathrm{d}y=f'(x_0)\mathrm{d}x$. 函数 $y=f(x)$ 在点 x_0 处可微当且仅当 $f(x)$ 在点 x_0 处可导.

微分与增量的关系: $\Delta y=\mathrm{d}y+o(\Delta x)$ 或 $\Delta y-\mathrm{d}y=o(\Delta x)$.

微分的几何意义: 函数 $y=f(x)$ 在点 x_0 处的微分 $f'(x_0)\mathrm{d}x$ 表示曲线 $y=f(x)$ 在点 $(x_0,f(x_0))$ 处切线 PT 上相应的纵坐标的增量 $|TN|$, 如图 2.1.

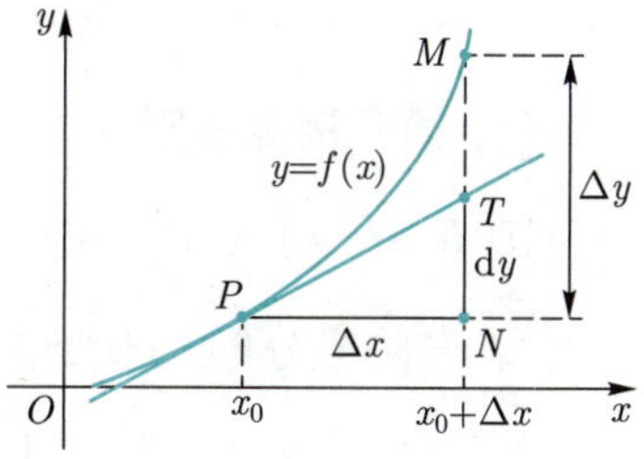

图 2.1

微分近似计算公式: 当 $|x-x_0|$ 很小时, $f(x)\approx f(x_0)+f'(x_0)(x-x_0)$. 特别地, 取 $x_0=0$, 当 $|x|$ 很小时, 常用的近似计算公式有:

$$(1+x)^\alpha\approx 1+\alpha x,\quad \mathrm{e}^x\approx 1+x,\quad \ln(1+x)\approx x,\quad \sin x\approx x,\quad \tan x\approx x.$$

(4) 求导运算

① 函数的和、差、积、商的求导法则: 设函数 $u(x),v(x)$ 在点 x 处可导, 则 $u(x)\pm v(x)$, $u(x)\cdot v(x)$, $\dfrac{u(x)}{v(x)}$ $(v(x)\neq 0)$ 在点 x 处也可导, 且

$$[u(x)\pm v(x)]'=u'(x)\pm v'(x);\quad [u(x)\cdot v(x)]'=u'(x)v(x)+u(x)v'(x);$$

$$\left[\frac{u(x)}{v(x)}\right]'=\frac{u'(x)v(x)-u(x)v'(x)}{v^2(x)}\ (v(x)\neq 0),\ \text{特别地},\ \left[\frac{1}{v(x)}\right]'=-\frac{v'(x)}{v^2(x)}\ (v(x)\neq 0).$$

② 反函数的求导法则: 若函数 $x=f(y)$ 在区间 I_y 内单调可导, 且 $f'(y)\neq 0$, 则其反函数 $y=f^{-1}(x)$ 在对应区间 $I_x=\{x\mid x=f(y),y\in I_y\}$ 内可导, 且有

$$[f^{-1}(x)]'=\frac{1}{f'(y)}\quad \text{或}\quad \frac{\mathrm{d}y}{\mathrm{d}x}=\frac{1}{\dfrac{\mathrm{d}x}{\mathrm{d}y}}.$$

③ 复合函数的求导法则 (链式法则): 若 $u=g(x)$ 在点 x 处可导, 而 $y=f(u)$ 在点 $u=g(x)$ 处可导, 则复合函数 $y=f[g(x)]$ 在点 x 处可导, 且

$$\frac{\mathrm{d}y}{\mathrm{d}x}=f'(u)\cdot g'(x)\quad \text{或}\quad \frac{\mathrm{d}y}{\mathrm{d}x}=\frac{\mathrm{d}y}{\mathrm{d}u}\cdot\frac{\mathrm{d}u}{\mathrm{d}x}.$$

④ 由方程 $F(x,y)=0$ 确定的隐函数 $y=y(x)$ 的导数: 方程 $F(x,y)=0$ 两端同时对 x 求导, 把 y 看作 x 的函数, 再从求导后的方程中解出 y'. 也可以利用一阶微分形式不变性, 对方程 $F(x,y)=0$ 两端同时微分, 解出 $\mathrm{d}y=G(x,y)\mathrm{d}x$, 此时, 方程 $F(x,y)=0$ 所确定隐函数的导数为 $\dfrac{\mathrm{d}y}{\mathrm{d}x}=G(x,y)$.

⑤ 由参数方程 $\begin{cases}x=\varphi(t),\\ y=\psi(t)\end{cases}$ 确定的隐函数 $y=y(x)$ 的导数:

$$\frac{\mathrm{d}y}{\mathrm{d}x}=\frac{\mathrm{d}y}{\mathrm{d}t}\cdot\frac{\mathrm{d}t}{\mathrm{d}x}=\frac{\psi'(t)}{\varphi'(t)},$$

$$\frac{\mathrm{d}^2y}{\mathrm{d}x^2}=\frac{\mathrm{d}}{\mathrm{d}x}\left(\frac{\mathrm{d}y}{\mathrm{d}x}\right)=\frac{\mathrm{d}}{\mathrm{d}t}\left(\frac{\psi'(t)}{\varphi'(t)}\right)\cdot\frac{\mathrm{d}t}{\mathrm{d}x}=\frac{\psi''(t)\varphi'(t)-\psi'(t)\varphi''(t)}{\varphi^3(t)}.$$

⑥ 高阶导数求导法则:

$$(u\pm v)^{(n)}=u^{(n)}\pm v^{(n)};$$

$$(\text{莱布尼茨公式})(uv)^{(n)}=\sum_{k=0}^{n}\mathrm{C}_n^k u^{(n-k)}v^{(k)},\ \text{其中}\ u^{(0)}=u,\ \ v^{(0)}=v.$$

(5) 微分运算法则

① $\mathrm{d}(u\pm v)=\mathrm{d}u\pm\mathrm{d}v$, $\mathrm{d}(uv)=v\mathrm{d}u+u\mathrm{d}v$, $\mathrm{d}\left(\frac{u}{v}\right)=\frac{v\mathrm{d}u-u\mathrm{d}v}{v^2}$.

② 一阶微分形式不变性: $y=f[\varphi(x)]$ 由 $y=f(u)$ 和 $u=\varphi(x)$ 复合而成, 则

$$\mathrm{d}y=f'[\varphi(x)]\varphi'(x)\mathrm{d}x=f'(u)\mathrm{d}u.$$

(6) 相关变化率

设 $x=x(t)$ 与 $y=y(t)$ 都是可导函数, 且 x 与 y 满足方程 $F(x,y)=0$, 则变化率 $\frac{\mathrm{d}x}{\mathrm{d}t}$ 与 $\frac{\mathrm{d}y}{\mathrm{d}t}$ 之间也存在一定关系, 这两个相互依赖的变化率称为相关变化率. 若已知其中一个变化率, 则可以由关系式 $F(x,y)=0$ 求出另一个变化率.

2. 微分中值定理

(1) 费马 (Fermat) 引理

设函数 $f(x)$ 在点 x_0 的某邻域 $U(x_0)$ 内有定义且在 x_0 处可导, 如果对任意的 $x\in U(x_0)$, 有 $f(x)\leqslant f(x_0)$ (或 $f(x)\geqslant f(x_0)$), 那么 $f'(x_0)=0$. 即可导函数 $f(x)$ 在极值点 x_0 处的切线是水平的.

(2) 罗尔 (Rolle) 定理

如果函数 $f(x)$ 在 $[a,b]$ 上连续, 在 (a,b) 内可导, 并且 $f(a)=f(b)$, 那么至少存在一点 $\xi\in(a,b)$, 使得 $f'(\xi)=0$. 即满足条件的曲线 $y=f(x)$ 在开区间 (a,b) 内至少有一条水平的切线.

(3) 拉格朗日 (Lagrange) 中值定理

如果函数 $f(x)$ 在 $[a,b]$ 上连续, 在 (a,b) 内可导, 那么至少存在一点 $\xi\in(a,b)$, 使得 $f(b)-f(a)=f'(\xi)(b-a)$. 即满足条件的曲线 $y=f(x)$ 在开区间 (a,b) 内至少有一条切线平行于弦 AB, 其中 $A(a,f(a))$, $B(b,f(b))$.

特别地, 在以 x 及 $x+\Delta x$ 为端点的区间上, 拉格朗日中值公式

$$\Delta y=f(x+\Delta x)-f(x)=f'(x+\theta\Delta x)\Delta x\quad(0<\theta<1)$$

也称为有限增量公式.

特别地, 对任意的 $x\in I$, 若 $f'(x)\equiv 0$, 则 $f(x)\equiv C$; 若 $f'(x)\equiv g'(x)$, 则 $g(x)=f(x)+C$.

(4) 柯西 (Cauchy) 中值定理

如果函数 $f(x)$ 及 $F(x)$ 在 $[a,b]$ 上连续, 在 (a,b) 内可导, 并且对任意的 $x\in(a,b)$, $F'(x)\neq 0$, 那么至少存在一点 $\xi\in(a,b)$, 使得 $\dfrac{f(b)-f(a)}{F(b)-F(a)}=\dfrac{f'(\xi)}{F'(\xi)}$.

(5) 泰勒 (Taylor) 公式

① 如果函数 $f(x)$ 在含有点 x_0 的某个开区间 (a,b) 内具有直到 $n+1$ 阶导数, 那么对于 (a,b) 内任一异于 x_0 的 x, 有

$$f(x)=f(x_0)+f'(x_0)(x-x_0)+\frac{f''(x_0)}{2!}(x-x_0)^2+\cdots+\frac{f^{(n)}(x_0)}{n!}(x-x_0)^n+R_n(x),\tag{2.1}$$

其中 $R_n(x)=\dfrac{f^{(n+1)}(\xi)}{(n+1)!}(x-x_0)^{n+1}$ (ξ 介于 x_0 与 x) 称为拉格朗日余项, 并称 (2.1) 式为 $f(x)$ 在 $x=x_0$ 处带有拉格朗日余项的 n 阶泰勒公式.

特别地, 在 (2.1) 式中, 若令 $n=0$, 则可得拉格朗日中值公式 $f(x)=f(x_0)+f'(\xi)(x-x_0)$.

若令 $x_0=0$, 则可得带有拉格朗日余项的 n 阶麦克劳林 (Maclaurin) 公式

$$f(x)=f(0)+f'(0)x+\frac{f''(0)}{2!}x^2+\cdots+\frac{f^{(n)}(0)}{n!}x^n+\frac{f^{(n+1)}(\theta x)}{(n+1)!}x^{n+1}\quad(0<\theta<1).\tag{2.2}$$

② 如果函数 $f(x)$ 在含有点 x_0 的某个开区间 (a,b) 内具有直到 $n+1$ 阶导数, 且 $f^{(n+1)}(x)$ 在 (a,b) 内有界, 那么对于 (a,b) 内任一异于 x_0 的 x, 有

$$f(x)=f(x_0)+f'(x_0)(x-x_0)+\frac{f''(x_0)}{2!}(x-x_0)^2+\cdots+\frac{f^{(n)}(x_0)}{n!}(x-x_0)^n+o(x-x_0)^n,\tag{2.3}$$

称 (2.3) 式为 $f(x)$ 在 $x=x_0$ 处带有佩亚诺 (Peano) 余项的 n 阶泰勒公式.

特别地, 在 (2.3) 式中, 若令 $x_0=0$, 可得带有佩亚诺余项的麦克劳林公式

$$f(x)=f(0)+f'(0)x+\frac{f''(0)}{2!}x^2+\cdots+\frac{f^{(n)}(0)}{n!}x^n+o(x^n).$$

③ 常见初等函数的麦克劳林公式 (带佩亚诺余项)

$$\mathrm{e}^x=1+x+\frac{x^2}{2!}+\cdots+\frac{x^n}{n!}+o(x^n);$$

$$\sin x=x-\frac{x^3}{3!}+\frac{x^5}{5!}-\cdots+(-1)^{m-1}\frac{x^{2m-1}}{(2m-1)!}+o(x^{2m});$$

$$\cos x=1-\frac{x^2}{2!}+\frac{x^4}{4!}-\cdots+(-1)^m\frac{x^{2m}}{(2m)!}+o(x^{2m+1});$$

$$\frac{1}{1+x}=1-x+x^2-\cdots+(-1)^nx^n+o(x^n);$$

$$\ln(1+x)=x-\frac{x^2}{2}+\frac{x^3}{3}-\cdots+(-1)^{n-1}\frac{x^n}{n}+o(x^n);$$
$$(1+x)^\alpha=1+\alpha x+\frac{\alpha(\alpha-1)}{2!}x^2+\cdots+\frac{\alpha(\alpha-1)\cdots(\alpha-n+1)}{n!}x^n+o(x^n).$$

特别地, 有下面常用的麦克劳林公式:

$$\sqrt{1+x}=1+\frac{1}{2}x-\frac{1}{8}x^2+o(x^2);\quad \frac{1}{\sqrt{1+x}}=1-\frac{1}{2}x+\frac{3}{8}x^2+o(x^2);$$
$$\tan x=x+\frac{1}{3}x^3+\frac{2}{15}x^5+o(x^6).$$

3. 导数的应用

(1) 洛必达 (L'Hospital) 法则 (以 $x\to x_0$ 为例)

设 $f(x)$ 和 $g(x)$ 在 $\mathring{U}(x_0)$ 内可导, $g'(x)\neq 0$, 若满足: (i) $\lim\limits_{x\to x_0}f(x)=0$, $\lim\limits_{x\to x_0}g(x)=0$ (或都趋于 ∞); (ii) 极限 $\lim\limits_{x\to x_0}\dfrac{f'(x)}{g'(x)}$ 存在 (或为 ∞), 则 $\lim\limits_{x\to x_0}\dfrac{f(x)}{g(x)}=\lim\limits_{x\to x_0}\dfrac{f'(x)}{g'(x)}$.

洛必达法则是解决 $\dfrac{0}{0}$ 型和 $\dfrac{\infty}{\infty}$ 型未定式极限的有效方法, 对于其他如 $\infty-\infty$ 型、$0\cdot\infty$ 型、0^0 型、1^∞ 型、∞^0 型未定式极限, 可考虑转化为 $\dfrac{0}{0}$ 型、$\dfrac{\infty}{\infty}$ 型未定式极限, 或者 1^∞ 型重要极限进行计算.

(2) 函数的单调性和曲线的凹凸性

函数单调性的判别法: 若在 (a,b) 内 $f'(x)>0$ $(f'(x)<0)$, 则 $f(x)$ 在 $[a,b]$ 上单调增加 (单调减少).

曲线凹凸性的判别法: 若在 (a,b) 内 $f''(x)>0$ $(f''(x)<0)$, 则曲线 $y=f(x)$ 在 $[a,b]$ 上是凹的 (凸的).

拐点的求法: 曲线凹凸性的分界点称为拐点. 若 $f''(x_0)=0$ 或 $f''(x_0)$ 不存在, 并且 $f''(x)$ 在 x_0 的左邻域 $(x_0-\delta,x_0)$ 与右邻域 $(x_0,x_0+\delta)$ 内异号, 则点 $(x_0,f(x_0))$ 是曲线 $y=f(x)$ 的拐点.

曲率: 已知曲线 $y=f(x)$, 其中 $f(x)$ 二阶可导, $f'(x)$ 连续, 则曲线 $y=f(x)$ 在点 $M(x,y)$ 处的曲率

$$K=\frac{|y''|}{(1+y'^2)^{\frac{3}{2}}},$$

曲率半径 (曲率圆的半径) $R=\dfrac{1}{K}$. 在点 $M(x,y)$ 处, 曲线 $y=f(x)$ 与其曲率圆切线相同、曲率相等, 且在点 $M(x,y)$ 附近有相同的凹凸性.

(3) 函数的极值与最值

① 函数的极值

函数 $f(x)$ 可能的极值点包括驻点以及不可导点, 判定函数的极值点常用的方法有:

(必要条件) 若 $f(x)$ 在点 x_0 处可导, 且在 x_0 处有极值, 则 $f'(x_0)=0$.

(第一充分条件) 设 $f(x)$ 在点 x_0 的某去心邻域 $\overset{\circ}{U}(x_0,\delta)$ 内可导, 若当 $x\in(x_0-\delta,x_0)$ 时 $f'(x)>0$, 而 $x\in(x_0,x_0+\delta)$ 时 $f'(x)<0$, 则 $f(x)$ 在点 x_0 处取得极大值; 当 $x\in(x_0-\delta,x_0)$ 时 $f'(x)<0$, 而 $x\in(x_0,x_0+\delta)$ 时 $f'(x)>0$, 则 $f(x)$ 在点 x_0 处取得极小值; 若 $f'(x)$ 在点 x_0 两侧 "符号不变", 则 $f(x)$ 在点 x_0 处不取得极值.

(第二充分条件) 设 $f(x)$ 在点 x_0 处具有二阶导数, 且 $f'(x_0)=0$, $f''(x_0)\neq 0$. 那么, 若 $f''(x_0)<0$, 则 $f(x)$ 在点 x_0 处取得极大值; 若 $f''(x_0)>0$, 则 $f(x)$ 在点 x_0 处取得极小值.

事实上, 更一般的结论是: 设函数 $f(x)$ 在点 x_0 处 n $(n\geqslant 2)$ 阶可导, 并且 $f'(x_0)=f''(x_0)=\cdots=f^{(n-1)}(x_0)=0$, 而 $f^{(n)}(x_0)\neq 0$.

(i) 当 n 为偶数时, x_0 必为极值点. 若 $f^{(n)}(x_0)>0$, 则 x_0 为极小值点; 若 $f^{(n)}(x_0)<0$, 则 x_0 为极大值点.

(ii) 当 n 为奇数时, x_0 不是极值点.

② 函数的最值

为求闭区间 $[a,b]$ 上连续函数 $f(x)$ 的最值, 需求出 $f(x)$ 在 (a,b) 内可能的极值点 (驻点、不可导点), 通过比较 $f(x)$ 在上述各点以及端点处的值, 可得 $f(x)$ 在 $[a,b]$ 上的最值. 特别地, 若 $f(x)$ 在 $[a,b]$ 上的最大值 (或最小值) 在 (a,b) 内某一点处取得, 则该最大值 (或最小值) 一定是其极大值 (或极小值).

三、常用方法

1. 用导数定义判定函数的可导性

一般情况下, 函数在一点处是否可导, 可用导数的定义直接判断. 对于分段函数在分段点处的可导性, 要先判断其左右导数是否存在.

例 1 求解下列问题:

(1) 若极限 $\lim\limits_{x\to 0}\dfrac{f(\sin x)}{x}=1$, 且 $f(0)=0$, 判断 $f(x)$ 在 $x=0$ 处是否可导? 若可导, 求其值;

(2) 已知 $f'(x_0)$ 存在, 求极限 $\lim\limits_{h\to 0}\dfrac{f(x_0-3h)-f(x_0+5h)}{h}$.

解 (1) 因为 $f(0)=0$, 由导数的定义, 可知

$$\begin{aligned}f'(0)&=\lim_{x\to 0}\frac{f(0+\sin x)-f(0)}{\sin x}\\&=\lim_{x\to 0}\frac{f(0+\sin x)-f(0)}{x}\cdot\frac{x}{\sin x}=\lim_{x\to 0}\frac{f(\sin x)}{x}\cdot\lim_{x\to 0}\frac{x}{\sin x}=1,\end{aligned}$$

所以 $f(x)$ 在 $x=0$ 处可导, 且 $f'(0)=1$.

(2)
$$\begin{aligned}&\lim_{h\to 0}\frac{f(x_0-3h)-f(x_0+5h)}{h}\\=&\lim_{h\to 0}\frac{f(x_0-3h)-f(x_0)}{h}-\lim_{h\to 0}\frac{f(x_0+5h)-f(x_0)}{h}\\=&-3\lim_{h\to 0}\frac{f(x_0-3h)-f(x_0)}{-3h}-5\lim_{h\to 0}\frac{f(x_0+5h)-f(x_0)}{5h}\\=&-3f'(x_0)-5f'(x_0)=-8f'(x_0).\end{aligned}$$

例 2 设 $f(x)=\begin{cases}a\sin x, & x<0,\\ b+\ln(1+x), & x\geqslant 0,\end{cases}$ 试确定 a,b, 使得 $f(x)$ 在 $x=0$ 处可导.

解 要使 $f(x)$ 在 $x=0$ 处可导, 需满足

$$\begin{cases}f(0^+)=f(0^-)=f(0),\\ f'_+(0)=f'_-(0).\end{cases}$$

而 $f(0^-)=\lim\limits_{x\to 0^-}a\sin x=0$, $f(0^+)=\lim\limits_{x\to 0^+}[b+\ln(1+x)]=b$, $f(0)=b$, 所以 $b=0$.

又因为

$$f'_+(0)=\lim_{x\to 0^+}\frac{f(x)-f(0)}{x-0}=\lim_{x\to 0^+}\frac{\ln(1+x)}{x}=1,$$
$$f'_-(0)=\lim_{x\to 0^-}\frac{f(x)-f(0)}{x-0}=\lim_{x\to 0^-}\frac{a\sin x}{x}=a,$$

由 $f'_+(0)=f'_-(0)$, 得 $a=1$. 故当 $a=1$, $b=0$ 时, $f(x)$ 在 $x=0$ 处可导.

2. 计算函数的导数与微分

计算函数 $f(x)$ 的导数, 可以根据基本初等函数的求导公式, 利用导数的四则运算法则、复合函数求导法则、反函数求导法则以及隐函数与参数方程求导法则等. 求函数 $f(x)$ 的微分, 一般可以先求出 $f(x)$ 的导数 $f'(x)$, 然后根据微分定义, 写出 $\mathrm{d}f(x)=f'(x)\mathrm{d}x$. 除此之外, 也可以利用微分运算法则和一阶微分形式不变性计算微分.

例 3 求下列函数的导数:

(1) $y=\sqrt{x\sqrt{x\sqrt{x}}}-\arctan x$;　　(2) $y=\mathrm{e}^{x^2}\sec x$;

(3) $y=\dfrac{\sin^2 x+x}{1+3x^4}$; (4) $y=\ln\ln\left(\mathrm{e}^x+\cos 3x\right)+\mathrm{e}^{\pi}$;

(5) $y=\arccos\sqrt{x^2+a^2}+\dfrac{1}{x^2}$; (6) $y=\left(\dfrac{a}{b}\right)^x\left(\dfrac{b}{x}\right)^a+\mathrm{e}^{\csc x}$, $(a>0,\ b>0)$.

解 (1) 先化简 $\sqrt{x\sqrt{x\sqrt{x}}}=x^{\frac{7}{8}}$, 于是

$$y'=\left(\sqrt{x\sqrt{x\sqrt{x}}}-\arctan x\right)'=\left(x^{\frac{7}{8}}\right)'-(\arctan x)'=\frac{7}{8}x^{-\frac{1}{8}}-\frac{1}{1+x^2}.$$

(2) $y'=\left(\mathrm{e}^{x^2}\sec x\right)'=\left(\mathrm{e}^{x^2}\right)'\sec x+\mathrm{e}^{x^2}(\sec x)'=2x\mathrm{e}^{x^2}\sec x+\mathrm{e}^{x^2}\sec x\tan x.$

(3) $$y'=\left(\frac{\sin^2 x+x}{1+3x^4}\right)'=\frac{\left(\sin^2 x+x\right)'\left(1+3x^4\right)-\left(\sin^2 x+x\right)\left(1+3x^4\right)'}{\left(1+3x^4\right)^2}$$
$$=\frac{(2\sin x\cos x+1)\left(1+3x^4\right)-12x^3\left(\sin^2 x+x\right)}{\left(1+3x^4\right)^2}$$
$$=\frac{\sin 2x+3x^4\sin 2x-9x^4-12x^3\sin^2 x+1}{\left(1+3x^4\right)^2}.$$

(4) $$y'=\left[\ln\ln\left(\mathrm{e}^x+\cos 3x\right)+\mathrm{e}^{\pi}\right]'=\frac{1}{\ln\left(\mathrm{e}^x+\cos 3x\right)}\cdot\frac{\mathrm{e}^x-3\sin 3x}{\mathrm{e}^x+\cos 3x}$$
$$=\frac{\mathrm{e}^x-3\sin 3x}{\left(\mathrm{e}^x+\cos 3x\right)\ln\left(\mathrm{e}^x+\cos 3x\right)}.$$

(5) $$y'=\left(\arccos\sqrt{x^2+a^2}+\frac{1}{x^2}\right)'=-\frac{1}{\sqrt{1-x^2-a^2}}\cdot\frac{2x}{2\sqrt{x^2+a^2}}-\frac{2x}{x^4}$$
$$=-\frac{x}{\sqrt{\left(1-x^2-a^2\right)\left(x^2+a^2\right)}}-\frac{2}{x^3}.$$

(6) $$y'=\left[\left(\frac{a}{b}\right)^x\left(\frac{b}{x}\right)^a\right]'+\left(\mathrm{e}^{\csc x}\right)'$$
$$=\left(\frac{a}{b}\right)^x\cdot\ln\left(\frac{a}{b}\right)\cdot\left(\frac{b}{x}\right)^a+\left(\frac{a}{b}\right)^x\cdot a\left(\frac{b}{x}\right)^{a-1}\cdot\left(-\frac{b}{x^2}\right)+\mathrm{e}^{\csc x}\cdot(-\csc x\cot x)$$
$$=\ln\left(\frac{a}{b}\right)\left(\frac{a}{b}\right)^x\left(\frac{b}{x}\right)^a-\frac{ab}{x^2}\left(\frac{a}{b}\right)^x\left(\frac{b}{x}\right)^{a-1}-\csc x\cot x\mathrm{e}^{\csc x}.$$

例 4 求解下列问题:

(1) 设函数 $y=f\left(\dfrac{3x-2}{3x+2}\right)$, $f'(x)=\arcsin x^2$, 求 $y'(0)$;

(2) 设 $(\cos x)^y=(\sin y)^x$, 求 $\mathrm{d}y$.

解 (1) 由复合函数求导法则得

$$y'=f'\left(\frac{3x-2}{3x+2}\right)\cdot\left(\frac{3x-2}{3x+2}\right)'=\arcsin\left(\frac{3x-2}{3x+2}\right)^2\cdot\frac{3(3x+2)-3(3x-2)}{(3x+2)^2}$$
$$=\frac{12}{(3x+2)^2}\arcsin\left(\frac{3x-2}{3x+2}\right)^2,$$

所以 $y'(0)=\left[\dfrac{12}{(3x+2)^2}\arcsin\left(\dfrac{3x-2}{3x+2}\right)^2\right]_{x=0}=3\arcsin 1=\dfrac{3}{2}\pi.$

(2) **解法 1** 对方程 $(\cos x)^y=(\sin y)^x$ 两边取对数, 可得

$$y\ln\cos x=x\ln\sin y.$$

上式两边对 x 求导得,

$$y'\ln\cos x+y\frac{-\sin x}{\cos x}=\ln\sin y+x\frac{\cos y}{\sin y}y',$$

所以 $y'=\dfrac{\ln\sin y+y\tan x}{\ln\cos x-x\cot y}$, 故 $\mathrm{d}y=y'\mathrm{d}x=\dfrac{\ln\sin y+y\tan x}{\ln\cos x-x\cot y}\mathrm{d}x.$

解法 2 对方程 $y\ln\cos x=x\ln\sin y$ 两边同时微分, 可得

$$\mathrm{d}y\ln\cos x+y\frac{-\sin x}{\cos x}\mathrm{d}x=\mathrm{d}x\ln\sin y+x\frac{\cos y}{\sin y}\mathrm{d}y,$$

解得 $\mathrm{d}y=\dfrac{\ln\sin y+y\tan x}{\ln\cos x-x\cot y}\mathrm{d}x.$

例 5 求解下列问题:

(1) 设 $y=y(x)$ 是由方程 $y-x\mathrm{e}^y=1$ 确定的隐函数, 求 $\left.\dfrac{\mathrm{d}^2y}{\mathrm{d}x^2}\right|_{x=0}$;

(2) (2021 年数学一) 设函数 $y=y(x)$ 由参数方程 $\begin{cases}x=2\mathrm{e}^t+t+1,\\ y=4(t-1)\mathrm{e}^t+t^2\end{cases}$ 确定, 求 $\left.\dfrac{\mathrm{d}^2y}{\mathrm{d}x^2}\right|_{t=0}$;

(3) 设 $x=g(y)$ 是 $f(x)=\ln x+\arctan x$ 的反函数, 求 $g'\left(\dfrac{\pi}{4}\right)$.

解 (1) 方程 $y-x\mathrm{e}^y=1$ 两边同时对 x 求导, 得

$$y'-\mathrm{e}^y-x\mathrm{e}^y y'=0, \qquad ①$$

① 式两边继续对 x 求导, 得

$$y''-\mathrm{e}^y y'-\mathrm{e}^y y'-x\mathrm{e}^y y'^2-x\mathrm{e}^y y''=0. \qquad ②$$

将 $x=0$ 代入原方程, 解得 $y(0)=1$; 将 $x=0, y(0)=1$, 代入 ① 式, 解得 $y'(0)=\mathrm{e}$; 再将 $x=0$, $y(0)=1$, $y'(0)=\mathrm{e}$ 代入 ② 式, 解得

$$\left.\frac{\mathrm{d}^2y}{\mathrm{d}x^2}\right|_{x=0}=y''(0)=2\mathrm{e}^2.$$

(2) 由参数方程求导法则,

$$\frac{\mathrm{d}y}{\mathrm{d}x}=\frac{y'(t)}{x'(t)}=\frac{2t\left(2\mathrm{e}^t+1\right)}{2\mathrm{e}^t+1}=2t,$$

$$\frac{\mathrm{d}^2y}{\mathrm{d}x^2}=\frac{\mathrm{d}\left(\dfrac{\mathrm{d}y}{\mathrm{d}x}\right)}{\mathrm{d}t}\cdot\frac{\mathrm{d}t}{\mathrm{d}x}=\frac{(2t)'}{x'(t)}=\frac{2}{2\mathrm{e}^t+1}.$$

将 $t=0$ 代入上式, 可得 $\left.\dfrac{\mathrm{d}^2y}{\mathrm{d}x^2}\right|_{t=0}=\left.\dfrac{2}{2\mathrm{e}^t+1}\right|_{t=0}=\dfrac{2}{3}$.

(3) 由反函数求导法则 $\dfrac{\mathrm{d}x}{\mathrm{d}y}=\dfrac{1}{\dfrac{\mathrm{d}y}{\mathrm{d}x}}$, $f'(x)=\dfrac{1}{x}+\dfrac{1}{1+x^2}=\dfrac{1+x+x^2}{x(1+x^2)}$, 故

$$g'(y)=\frac{1}{\dfrac{1+x+x^2}{x(1+x^2)}}=\frac{x(1+x^2)}{1+x+x^2}.$$

当 $y=\dfrac{\pi}{4}$ 时, $x=1$, 所以 $g'\left(\dfrac{\pi}{4}\right)=\left.\dfrac{x(1+x^2)}{1+x+x^2}\right|_{x=1}=\dfrac{2}{3}$.

例 6 求解下列问题:

(1) (2017 年数学一) 设 $f(x)=\dfrac{1}{1+x^2}$, 求 $f'''(0)$;

(2) 设 $f(x)=x^2\ln(1+x)$, 求 $f^{(n)}(0)$ $(n\geqslant 3)$.

解 (1) 因为函数 $f(x)=\dfrac{1}{1+x^2}$ 是偶函数, 其三阶导函数 $f'''(x)$ 是奇函数, 所以 $f'''(0)=0$.

(2) 根据莱布尼茨公式,

$$\begin{aligned}\left[x^2\ln(1+x)\right]^{(n)}&=[\ln(1+x)]^{(n)}x^2+n[\ln(1+x)]^{(n-1)}(x^2)'+\frac{n(n-1)}{2}[\ln(1+x)]^{(n-2)}(x^2)''\\&=\frac{(-1)^{n-1}(n-1)!}{(1+x)^n}x^2+2nx\frac{(-1)^{n-2}(n-2)!}{(1+x)^{n-1}}+n(n-1)\frac{(-1)^{n-3}(n-3)!}{(1+x)^{n-2}},\end{aligned}$$

所以 $f^{(n)}(0)=(-1)^{n-3}n(n-1)(n-3)!=\dfrac{(-1)^{n-1}n!}{n-2}$.

3. 用微分中值定理证明等式和不等式

用微分中值定理可以证明满足给定条件的“中值”的存在性和相关不等式问题, 其关键在于如何构造合适的辅助函数. 当已知条件同高阶导数相关时, 可考虑泰勒中值定理.

例 7 证明下列结论:

(1) 设函数 $f(x)$ 在区间 $[0,1]$ 上连续, $(0,1)$ 内可导, 且 $f(0)=0$, $f(1)=\dfrac{\pi}{4}$, 证明: $f'(x)-\dfrac{1}{1+x^2}=0$ 在 $(0,1)$ 内至少有一实根;

(2) 设函数 $f(x)$ 可导, 试证在 $f(x)$ 的两个相异零点之间存在 $f(x)+f'(x)$ 的零点.

证明 (1) 令 $F(x)=f(x)-\arctan x$, 则 $F(x)$ 在 $[0,1]$ 上连续, $(0,1)$ 内可导, 且 $F(0)=F(1)=0$, 由罗尔定理知, 至少存在一点 $\xi\in(0,1)$, 使得

$$F'(\xi)=f'(\xi)-\frac{1}{1+\xi^2}=0,$$

即 $f'(x)-\dfrac{1}{1+x^2}=0$ 在 $(0,1)$ 内至少有一实根.

(2) 不妨设 $f(x_1)=0$, $f(x_2)=0$, 且 $x_1<x_2$. 要证明存在 $\xi\in(x_1,x_2)$, 使得 $f(\xi)+f'(\xi)=0$, 这等价于证明存在 $\xi\in(x_1,x_2)$, 使得 $\mathrm{e}^{\xi}[f(\xi)+f'(\xi)]=0$. 由此可联想到作辅助函数 $F(x)=\mathrm{e}^{x}f(x)$, 则 $F(x)$ 在 $[x_1,x_2]$ 上连续, (x_1,x_2) 内可导, 并且 $F(x_1)=\mathrm{e}^{x_1}f(x_1)=0$, $F(x_2)=\mathrm{e}^{x_2}f(x_2)=0$. 由罗尔定理知, 至少存在一点 $\xi\in(x_1,x_2)$, 使得

$$F'(\xi)=\mathrm{e}^{\xi}f(\xi)+\mathrm{e}^{\xi}f'(\xi)=0,$$

即存在 $\xi\in(x_1,x_2)$, 使得 $f(\xi)+f'(\xi)=0$. 所以 $f(x)+f'(x)=0$ 在 (x_1,x_2) 内至少有一实根, 结论得证.

注 用罗尔定理证明一些问题时, 辅助函数构造可参考以下方法:

要证结论	辅助函数
$f(x)-f'(x)=0$	$F(x)=\mathrm{e}^{-x}f(x)$
$f'(x)+\lambda f(x)=0$	$F(x)=\mathrm{e}^{\lambda x}f(x)$
$\alpha f'(x)+\beta f(x)=0$	$F(x)=\mathrm{e}^{\frac{\beta}{\alpha}x}f(x),\ \alpha\neq 0$
$f'(x)+f(x)g'(x)=0$	$F(x)=\mathrm{e}^{g(x)}f(x)$
$f'(x)g(x)+f(x)g'(x)=0$	$F(x)=f(x)g(x)$
$f'(x)g(x)-f(x)g'(x)=0$	$F(x)=\dfrac{f(x)}{g(x)},\ g(x)\neq 0$

例 8 已知函数 $f(x)$ 在 $[a,b]$ 上连续, (a,b) 内可导 $(0<a<b)$, 证明: 至少存在一点 $\xi\in(a,b)$, 使得 $f(b)-f(a)=\xi(\ln b-\ln a)f'(\xi)$.

证明 因为函数 $f(x)$, $g(x)=\ln x$ 在 $[a,b]$ 上连续, (a,b) 内可导 $(0<a<b)$, 且 $x\in(a,b)$ 时, $g'(x)=\dfrac{1}{x}\neq 0$, 所以由柯西中值定理知, 至少存在一点 $\xi\in(a,b)$, 使得

$$\frac{f(b)-f(a)}{\ln b-\ln a}=\frac{f'(\xi)}{\dfrac{1}{\xi}},$$

即至少存在一点 $\xi\in(a,b)$, 使得 $f(b)-f(a)=\xi(\ln b-\ln a)f'(\xi)$.

例 9 已知函数 $f(x)$ 在 $[a,b]$ 上连续, (a,b) 内可导 $(0<a<b)$, 证明: 至少存在 $\xi,\eta\in(a,b)$, 使得 $f'(\xi)=\dfrac{a+b}{2\eta}f'(\eta)$.

证明 因为函数 $f(x)$, $g(x)=x^2$ 在 $[a,b]$ 上连续, (a,b) 内可导 $(0<a<b)$, 且 $x\in(a,b)$ 时, $g'(x)=2x\neq 0$, 所以由柯西中值定理知, 至少存在一点 $\eta\in(a,b)$, 使得

$$\frac{f(b)-f(a)}{b^2-a^2}=\frac{f'(\eta)}{2\eta},\quad 即\quad \frac{f(b)-f(a)}{b-a}=\frac{b+a}{2\eta}f'(\eta). \qquad ①$$

对于 $f(x)$, 由拉格朗日中值定理知, 至少存在一点 $\xi\in(a,b)$, 使得

$$\frac{f(b)-f(a)}{b-a}=f'(\xi). \qquad ②$$

联立 ① 式与 ② 式, 可知存在 $\xi,\eta\in(a,b)$, 使得 $f'(\xi)=\dfrac{a+b}{2\eta}f'(\eta)$. 结论得证.

例 10 设函数 $f(x)$ 在 $[0,1]$ 上二阶可导, 且 $f(0)=f(1)=0$, $\max\limits_{x\in[0,1]}f(x)=1$, 证明: 存在一点 $\xi\in(0,1)$, 使得 $f''(\xi)\leqslant -8$.

证明 因为函数 $f(x)$ 在 $[0,1]$ 上连续可导, 端点值 $f(0)=f(1)=0$, 且其最大值 $\max\limits_{x\in[0,1]}f(x)=1$, 所以 $f(x)$ 的最大值一定在 $(0,1)$ 内取得, 即存在 $c\in(0,1)$, 使得 $f(c)=1$. 此时, $x=c$ 也是 $f(x)$ 的一个极大值点, 且 $f'(c)=0$. 考虑 $f(x)$ 在 $x=c$ 处的泰勒公式

$$f(x)=f(c)+f'(c)(x-c)+\frac{1}{2!}f''(\xi)(x-c)^2=1+\frac{1}{2}f''(\xi)(x-c)^2\quad (\xi \text{ 介于 } \boldsymbol{c} \text{ 与 } x).$$

将 $x=0$ 以及 $x=1$ 分别代入上式, 有

$$0=f(0)=1+\frac{1}{2}f''(\xi_1)c^2,\quad 即\ f''(\xi_1)=-\frac{2}{c^2},\ 0<\xi_1<c,$$

$$0=f(1)=1+\frac{1}{2}f''(\xi_2)(1-c)^2,\quad 即\ f''(\xi_2)=-\frac{2}{(1-c)^2},\ c<\xi_2<1.$$

若 $c\in\left(0,\dfrac{1}{2}\right]$, 则 $f''(\xi_1)=-\dfrac{2}{c^2}\leqslant -8$, 取 $\xi=\xi_1$, 便满足 $f''(\xi)\leqslant -8$. 若 $c\in\left(\dfrac{1}{2},1\right)$, 则 $f''(\xi_2)=-\dfrac{2}{(1-c)^2}<-8$, 此时, 取 $\xi=\xi_2$, 便满足 $f''(\xi)<-8$. 所以一定存在一点 $\xi\in(0,1)$, 使得 $f''(\xi)\leqslant -8$.

4. 用洛必达法则求极限

洛必达法则是求解 $\dfrac{0}{0}$, $\dfrac{\infty}{\infty}$ 型未定式极限比较有效的方法之一, 其他特定类型的未定式极限可通过恒等变形化成 $\dfrac{0}{0}$ 或 $\dfrac{\infty}{\infty}$ 型未定式极限. 在使用洛必达法则时, 若能同时使用无穷小量等价代换, 则可使计算过程变得简单. 需要注意, 洛必达法则仅为充分条件. 如 $\dfrac{\infty}{\infty}$ 型未定式极限 $\lim\limits_{x\to\infty}\dfrac{x+\cos x}{x+\sin x}=1$, 但 $\lim\limits_{x\to\infty}\dfrac{1-\sin x}{1+\cos x}$ 不存在, 其不满足洛必达法则条件.

例 11 求下列极限:

(1) $\lim\limits_{x\to0}\dfrac{\mathrm{e}^x-\sin x-1}{1-\sqrt{1-x^2}}$; (2) $\lim\limits_{n\to\infty}n^2\mathrm{e}^{-0.01n}$;

(3) $\lim\limits_{x\to0^+}(\cos\sqrt{x})^{\frac{\pi}{x}}$;　　(4) (2008 年数学一) $\lim\limits_{x\to0}\dfrac{[\sin x-\sin(\sin x)]\sin x}{x^4}$.

解　(1) 该极限是 $\dfrac{0}{0}$ 型未定式, 先用等价无穷小量代换, 再应用洛必达法则.

$$\lim_{x\to0}\frac{e^x-\sin x-1}{1-\sqrt{1-x^2}}=\lim_{x\to0}\frac{e^x-\sin x-1}{\frac{1}{2}x^2}=\lim_{x\to0}\frac{e^x-\cos x}{x}=\lim_{x\to0}\frac{e^x+\sin x}{1}=1.$$

(2) 该极限为数列极限, 且为 $\infty\cdot0$ 型未定式. 先求函数极限 $\lim\limits_{x\to+\infty}x^2e^{-0.01x}$. 因为

$$\lim_{x\to+\infty}x^2e^{-0.01x}=\lim_{x\to+\infty}\frac{x^2}{e^{0.01x}}=\lim_{x\to+\infty}\frac{2x}{0.01e^{0.01x}}=\lim_{x\to+\infty}\frac{2}{0.01^2e^{0.01x}}=0,$$

所以由数列极限与函数极限之间的关系可知

$$\lim_{n\to\infty}n^2e^{-0.01n}=0.$$

(3) 该极限是 1^∞ 型未定式. 为使用洛必达法则, 需做恒等变形 $(\cos\sqrt{x})^{\frac{\pi}{x}}=e^{\frac{\pi\ln\cos\sqrt{x}}{x}}$, 于是

$$\lim_{x\to0^+}\left(\cos\sqrt{x}\right)^{\frac{\pi}{x}}=e^{\lim\limits_{x\to0^+}\frac{\pi\ln\cos\sqrt{x}}{x}}=e^{\lim\limits_{x\to0^+}\frac{-\pi\sin\sqrt{x}}{\cos\sqrt{x}}\cdot\frac{1}{2\sqrt{x}}}=e^{-\frac{\pi}{2}\lim\limits_{x\to0^+}\frac{\sin\sqrt{x}}{\sqrt{x}}\cdot\lim\limits_{x\to0^+}\frac{1}{\cos\sqrt{x}}}=e^{-\frac{\pi}{2}}.$$

事实上, 也可以用重要极限来计算.

$$\lim_{x\to0^+}\left(\cos\sqrt{x}\right)^{\frac{\pi}{x}}=\lim_{x\to0^+}\left(1+\cos\sqrt{x}-1\right)^{\frac{\pi}{x}}=\lim_{x\to0^+}\left(1+\cos\sqrt{x}-1\right)^{\frac{1}{\cos\sqrt{x}-1}\cdot\frac{\pi(\cos\sqrt{x}-1)}{x}}$$

$$=e^{\lim\limits_{x\to0^+}\frac{\pi(\cos\sqrt{x}-1)}{x}}=e^{\lim\limits_{x\to0^+}\pi\frac{-\frac{x}{2}}{x}}=e^{-\frac{\pi}{2}}.$$

(4) 该极限是 $\dfrac{0}{0}$ 型未定式, 先用等价无穷小量代换, 再应用洛必达法则.

$$\lim_{x\to0}\frac{[\sin x-\sin(\sin x)]\sin x}{x^4}=\lim_{x\to0}\frac{\sin x-\sin(\sin x)}{x^3}=\lim_{x\to0}\frac{\cos x-\cos(\sin x)\cos x}{3x^2}$$

$$=\lim_{x\to0}\cos x\cdot\lim_{x\to0}\frac{1-\cos(\sin x)}{3x^2}=\lim_{x\to0}\frac{\frac{1}{2}\sin^2x}{3x^2}=\frac{1}{6}.$$

5. 判断函数的单调性与极值, 讨论曲线的凹凸性与拐点

利用导数可以判断函数的单调性, 并由此得到函数的极值点. 一般步骤是: (i) 找出函数 $f(x)$ 在其定义域 D 上的所有驻点和不可导点; (ii) 用这些点将定义域 D 分成若干个子区间, 通过讨论 $f'(x)$ 在这些子区间上的符号来判断 $f(x)$ 的单调性; (iii) 根据 $f'(x)$ 的符号, 利用极值点的充分条件, 判断 $f(x)$ 的极值点类型.

利用 $f''(x)$ 可以判断曲线 $y=f(x)$ 的凹凸性, 并由此得到曲线 $y=f(x)$ 的拐点. 一般步骤是: (i) 找出 $f(x)$ 在定义域 D 上满足 $f''(x)=0$ 的点和二阶导数不存在的点;

(ii) 用这些点将定义域 D 分成若干个子区间, 通过讨论 $f''(x)$ 在这些子区间上的符号可得曲线 $y=f(x)$ 的凹凸性; (iii) 通过分析 $f''(x)$ 在上述点左右两侧的符号, 可判断上述点是否为曲线 $y=f(x)$ 的拐点.

例 12 求函数 $f(x)=(x-2)^2(x+1)^{\frac{2}{3}}$ 的单调区间与极值.

解 函数 $f(x)$ 的定义域为 $(-\infty,+\infty)$, 其导数为

$$f'(x)=2(x-2)(x+1)^{\frac{2}{3}}+\frac{2}{3}(x-2)^2(x+1)^{-\frac{1}{3}}=\frac{2(x-2)(4x+1)}{3(x+1)^{\frac{1}{3}}},$$

令 $f'(x)=0$, 解得 $f(x)$ 的驻点为 $x_1=-\dfrac{1}{4}$, $x_2=2$, 其不可导点为 $x_3=-1$. 列表讨论 $f(x)$ 的单调性:

x	$(-\infty,-1)$	-1	$\left(-1,-\frac{1}{4}\right)$	$-\frac{1}{4}$	$\left(-\frac{1}{4},2\right)$	2	$(2,+\infty)$
$f'(x)$	$-$	不存在	$+$	0	$-$	0	$+$
$f(x)$	↓	极小值	↑	极大值	↓	极小值	↑

因此, $f(x)$ 的单调增区间为 $\left[-1,-\dfrac{1}{4}\right]$ 及 $[2,+\infty)$, 单调减区间为 $(-\infty,-1]$ 及 $\left[-\dfrac{1}{4},2\right]$; $f(x)$ 的极小值点分别为 $x_2=2$ 和 $x_3=-1$, 极小值为 $f(-1)=f(2)=0$; $f(x)$ 的极大值点为 $x_1=-\dfrac{1}{4}$, 极大值为 $f\left(-\dfrac{1}{4}\right)=\dfrac{81}{16}\left(\dfrac{3}{4}\right)^{\frac{2}{3}}$.

例 13 求曲线 $f(x)=\mathrm{e}^{-x^2}$ 的凹凸区间以及拐点.

解 函数 $f(x)$ 的定义域为 $(-\infty,+\infty)$, $f'(x)=-2x\mathrm{e}^{-x^2}$, $f''(x)=(4x^2-2)\mathrm{e}^{-x^2}$.

令 $f''(x)=0$, 解得 $x_1=-\dfrac{\sqrt{2}}{2}$, $x_2=\dfrac{\sqrt{2}}{2}$. $f(x)$ 在 $(-\infty,+\infty)$ 上没有二阶不可导的点. 列表讨论曲线 $y=f(x)$ 的凹凸性:

x	$\left(-\infty,-\frac{\sqrt{2}}{2}\right)$	$-\frac{\sqrt{2}}{2}$	$\left(-\frac{\sqrt{2}}{2},\frac{\sqrt{2}}{2}\right)$	$\frac{\sqrt{2}}{2}$	$\left(\frac{\sqrt{2}}{2},+\infty\right)$
$f''(x)$	$+$	0	$-$	0	$+$
$f(x)$	曲线凹	拐点	曲线凸	拐点	曲线凹

因此, 曲线 $f(x)=\mathrm{e}^{-x^2}$ 的凹区间为 $\left(-\infty,-\dfrac{\sqrt{2}}{2}\right]$ 及 $\left[\dfrac{\sqrt{2}}{2},+\infty\right)$, 凸区间为 $\left[-\dfrac{\sqrt{2}}{2},\dfrac{\sqrt{2}}{2}\right]$, 拐点为 $\left(-\dfrac{\sqrt{2}}{2},\mathrm{e}^{-\frac{1}{2}}\right)$, $\left(\dfrac{\sqrt{2}}{2},\mathrm{e}^{-\frac{1}{2}}\right)$.

6. 求函数的最值

求连续函数在闭区间上的最值的步骤为: (i) 找出函数所有可能的极值点 (驻点、不可导点), 并求函数在这些点处的函数值; (ii) 求函数在端点处的值; (iii) 比较上述函数值的大小, 得到函数在闭区间上的最大值与最小值. 特别地, 若函数 $f(x)$ 在开区间 I 内可导, 且在 I 内有惟一的极大 (小) 值点 x_0, 则 x_0 必是 $f(x)$ 在开区间 I 上的最大 (小) 值点.

例 14 求函数 $f(x)=x^{\frac{2}{3}}-(x^2-1)^{\frac{1}{3}}$ 在 $[-2,2]$ 上的最值.

解 因为 $f(x)=x^{\frac{2}{3}}-(x^2-1)^{\frac{1}{3}}$ 在闭区间 $[-2,2]$ 上连续, 所以 $f(x)$ 在该区间上必取得最值.

(i) 求 $f(x)$ 的驻点以及不可导点. 由于 $f'(x)=\dfrac{2}{3}\cdot\dfrac{\sqrt[3]{(x^2-1)^2}-x\sqrt[3]{x}}{\sqrt[3]{x}\sqrt[3]{(x^2-1)^2}}$, 令 $f'(x)=0$, 得驻点 $x_1=-\dfrac{1}{\sqrt{2}}$, $x_2=\dfrac{1}{\sqrt{2}}$, 其不可导点 $x_3=0$, $x_4=1$, $x_5=-1$, 且

$$f\left(\pm\frac{1}{\sqrt{2}}\right)=\sqrt[3]{4},\quad f(\pm1)=1,\quad f(0)=1.$$

(ii) 求 $f(x)$ 在端点处的函数值: $f(\pm2)=\sqrt[3]{4}-\sqrt[3]{3}$.

(iii) 比较可知, $f(x)$ 在 $[-2,2]$ 上的最大值为 $f\left(\pm\dfrac{1}{\sqrt{2}}\right)=\sqrt[3]{4}$, 最小值为 $f(\pm2)=\sqrt[3]{4}-\sqrt[3]{3}$.

例 15 过椭圆 $\dfrac{x^2}{a^2}+\dfrac{y^2}{b^2}=1$ 上的点 $M(x,y)$ 作切线, 求此切线与坐标轴构成的三角形的面积最小值.

解 椭圆上点 $M(x,y)$ 处切线的斜率 $k=-\dfrac{b^2x}{a^2y}$, 切线方程为

$$Y-y=-\frac{b^2x}{a^2y}(X-x).$$

不妨假设点 $M(x,y)$ 位于第一象限, 则切线在两坐标轴上的截距分别为 $\dfrac{a^2}{x}$, $\dfrac{b^2}{y}$. 因此, 所构成三角形的面积为

$$S(x)=\frac{a^2b^2}{2xy}=\frac{a^3b}{2x\sqrt{a^2-x^2}},\quad x\in(0,a).$$

为方便计算, 若令 $f(x)=x^2(a^2-x^2), x\in(0,a)$, 则求面积函数 $S(x)$ 的最小值问题就转化为求 $f(x)$ 的最大值问题.

由于 $f'(x)=2a^2x-4x^3$, 令 $f'(x)=0$, 解得 $f(x)$ 在 $(0,a)$ 内的惟一驻点 $x=\dfrac{a}{\sqrt{2}}$, 此时 $y=\dfrac{a}{\sqrt{2}}$. 因为 $f''(x)=2a^2-12x^2$, 且 $f''\left(\dfrac{a}{\sqrt{2}}\right)=-4a^2<0$, 所以 $x=\dfrac{a}{\sqrt{2}}$ 为

$f(x)=x^2(a^2-x^2)$ 的极大值点. 又因为 $x=\dfrac{a}{\sqrt{2}}$ 是 $f(x)$ 在 $(0,a)$ 内惟一的极值点且为极大值点, 所以 $x=\dfrac{a}{\sqrt{2}}$ 也是 $f(x)$ 的最大值点. 因此, $x=\dfrac{a}{\sqrt{2}}$ 是三角形面积函数 $S(x)$ 的最小值点. 此时, 面积的最小值为

$$S\left(\frac{a}{\sqrt{2}}\right)=\frac{a^3b}{2\cdot\dfrac{a}{\sqrt{2}}\sqrt{a^2-\left(\dfrac{a}{\sqrt{2}}\right)^2}}=ab.$$

7. 用函数的单调性、曲线的凹凸性证明不等式

一般地, 要证明不等式 $f(x)>g(x)$ $(a<x<b)$, 可考虑作辅助函数 $F(x)=f(x)-g(x)$, 将问题转化为证明 $F(x)>0$ $(a<x<b)$, 可尝试用 $F(x)$ 的单调性证明该不等式. 当要证明的不等式中含有 $\dfrac{f(x)+f(y)}{2}$ 和 $f\left(\dfrac{x+y}{2}\right)$ 时, 可考虑利用曲线 $y=f(x)$ 的凹 (凸) 性来证明.

例 16 求解下列问题:

(1) 设 $b>a>\mathrm{e}$, 证明 $a^b>b^a$;

(2) 设 $x>0, y>0$, 证明 $\dfrac{1}{2}(x^x+y^y)\geqslant\left(\dfrac{x+y}{2}\right)^{\frac{x+y}{2}}$;

(3) 设函数 $f(x)$ 满足 $f''(x)\geqslant 0$, $g(x)=f(0)(1-x)+f(1)x$, 试比较 $f(x)$ 与 $g(x)$ 的大小.

解 (1) 为证 $a^b>b^a$, 需证 $b\ln a>a\ln b$, 即证 $\dfrac{\ln a}{a}>\dfrac{\ln b}{b}$. 因此, 作辅助函数 $f(x)=\dfrac{\ln x}{x}$, 问题就转化为讨论 $f(x)$ 在区间 $[a,b]$ 上的单调性. 因为

$$f'(x)=\frac{1-\ln x}{x^2},$$

当 $x>\mathrm{e}$ 时, $f'(x)<0$, 所以 $f(x)$ 在 $[\mathrm{e},+\infty)$ 上单调递减. 于是, 当 $b>a>\mathrm{e}$ 时,

$$f(b)<f(a),\quad \text{即}\quad \frac{\ln b}{b}<\frac{\ln a}{a}.$$

故 $b^a<a^b$.

注 若作辅助函数 $g(x)=x\ln a-a\ln x$, 即证明 $g(b)>g(a)=0$, 则问题就转化为讨论 $g(x)$ 的单调性, 请读者自行完成.

(2) 要证的不等式中, 变量均以函数 t^t 的形式出现, 因此, 可考虑作辅助函数 $f(t)=t^t$, 则 $f(t)$ 在 $(0,+\infty)$ 内任意阶可导, 并且

$$f'(t)=t^t(1+\ln t),\quad f''(t)=t^t\left[\frac{1}{t}+(1+\ln t)^2\right].$$

因为当 $t>0$ 时, $f''(t)>0$, 所以曲线 $y=f(t)$ 在 $(0,+\infty)$ 内是凹的, 从而

$$\frac{1}{2}[f(x)+f(y)] \geqslant f\left(\frac{x+y}{2}\right), \quad 即 \quad \frac{1}{2}(x^x+y^y) \geqslant \left(\frac{x+y}{2}\right)^{\frac{x+y}{2}}.$$

故结论成立.

(3) 因为

$$g(x)=f(0)(1-x)+f(1)x=\frac{f(1)-f(0)}{1-0}x+f(0)$$

表示连接曲线 $y=f(x)$ 上点 $(0,f(0))$ 和 $(1,f(1))$ 的弦的方程, 由 $f''(x)\geqslant 0$ 可知曲线 $y=f(x)$ 在 $[0,1]$ 上是凹的, 所以由曲线凹凸性的定义可知 $f(x)\leqslant g(x)$.

8. 判别方程实根的个数

利用函数 $f(x)$ 的单调性, 结合零点定理可判断方程 $f(x)=0$ 实根的个数.

例 17 讨论曲线 $y=4\ln x+k$ 与 $y=4x+\ln^4 x$ 的交点个数.

解 问题等价地转化为, 讨论方程 $\ln^4 x-4\ln x+4x-k=0$ 实根的个数. 设 $g(x)=\ln^4 x-4\ln x+4x-k\ (x>0)$, 则

$$g'(x)=\frac{4\left(\ln^3 x-1+x\right)}{x}.$$

令 $g'(x)=0$, 解得 $g(x)$ 的驻点 $x=1$, 由此可得函数 $g(x)$ 的单调递减区间为 $(0,1)$, 单调递增区间为 $(1,+\infty)$, $x=1$ 是函数 $g(x)$ 的极小值点且为最小值点, 最小值 $g(1)=4-k$. 下面进行讨论:

(i) 若 $g(1)=4-k>0$, 即 $k<4$ 时, 方程 $g(x)=0$ 无实根, 两条曲线无交点;

(ii) 若 $g(1)=4-k=0$, 即 $k=4$ 时, 方程 $g(x)=0$ 有惟一实根, 两条曲线仅有一个交点;

(iii) 若 $g(1)=4-k<0$, 即 $k>4$ 时, 由于 $\lim\limits_{x\to 0^+} g(x)=\lim\limits_{x\to 0^+}(\ln^4 x-4\ln x+4x-k)=+\infty$, $\lim\limits_{x\to+\infty} g(x)=\lim\limits_{x\to+\infty}(\ln^4 x-4\ln x+4x-k)=+\infty$, 故方程 $g(x)=0$ 在单调区间 $(0,1)$ 及 $(1,+\infty)$ 内各有一根, 两条曲线有两个交点.

四、典型例题

例 1 设 $f(x)=\varphi(a+bx)-\varphi(a-bx)$, 其中 $\varphi(x)$ 在 $x=a$ 处可导, 且 $b\neq 0$. 试讨论 $f(x)$ 在 $x=0$ 处的可导性.

分析 由于 $\varphi(x)$ 仅在 $x=a$ 处可导, 所以不能直接对 $f(x)$ 求导, 需用导数的定义判断 $f(x)$ 在 $x=0$ 处的可导性.

解 因为
$$\begin{aligned}\lim_{x\to 0}\frac{f(x)-f(0)}{x-0}&=\lim_{x\to 0}\frac{\varphi(a+bx)-\varphi(a-bx)}{x}\\&=b\lim_{x\to 0}\frac{\varphi(a+bx)-\varphi(a)}{bx}+b\lim_{x\to 0}\frac{\varphi(a-bx)-\varphi(a)}{-bx}\\&=b\varphi'(a)+b\varphi'(a)=2b\varphi'(a),\end{aligned}$$
所以函数 $f(x)$ 在 $x=0$ 处可导, 且 $f'(0)=2b\varphi'(a)$.

例 2 (2019 年数学一) 设 $f(x)=\begin{cases}x|x|, & x\leqslant 0,\\ x\ln x, & x>0,\end{cases}$ 讨论 $f(x)$ 在 $x=0$ 处是否可导, 是否取得极值?

分析 由于 $x=0$ 是 $f(x)$ 的分段点, 故需由 $f'_+(0)$ 和 $f'_-(0)$ 是否存在, 存在又是否相等来判定 $f(x)$ 在 $x=0$ 处是否可导. 至于 $x=0$ 是否为极值点可直接由定义判定.

解 因为
$$\lim_{x\to 0^+}\frac{f(x)-f(0)}{x}=\lim_{x\to 0^+}\frac{x\ln x}{x}=\lim_{x\to 0^+}\ln x$$
不存在, 所以 $f(x)$ 在 $x=0$ 处右导数不存在. 从而, $f(x)$ 在 $x=0$ 处不可导.

因为 $f(0)=0$, 且 $f(x)$ 在 $x=0$ 的左邻域 $(-\delta,0)$, 右邻域 $(0,\delta)$ 内分别满足
$$f(x)=x|x|<0,\quad f(x)=x\ln x<0,$$
所以 $x=0$ 是 $f(x)$ 的极大值点,$f(x)$ 的极大值为 $f(0)=0$.

例 3 求下列函数的导数:

(1) $y=x[\sec(\ln x)-\csc(\ln x)]$;

(2) $y=x\arcsin\sqrt{\dfrac{x}{1+x}}+\arctan\sqrt{x}-\sqrt{x}$;

(3) $y=\dfrac{x}{2}\sqrt{x^2+a^2}+\dfrac{a^2}{2}\ln\left(x+\sqrt{x^2+a^2}\right)$;

(4) $y=\left[\dfrac{1-x^2}{2}\sin x-\dfrac{(1+x)^2}{2}\cos x\right]\mathrm{e}^{-x}$.

解 (1)
$$\begin{aligned}y'&=\sec(\ln x)-\csc(\ln x)+x\left[\sec(\ln x)\tan(\ln x)\frac{1}{x}+\csc(\ln x)\cot(\ln x)\frac{1}{x}\right]\\&=\sec(\ln x)[1+\tan(\ln x)]-\csc(\ln x)[1-\cot(\ln x)].\end{aligned}$$

(2)
$$\begin{aligned}y'&=\arcsin\sqrt{\frac{x}{1+x}}+\frac{x}{\sqrt{1-\frac{x}{1+x}}}\cdot\frac{1}{2\sqrt{\frac{x}{1+x}}}\cdot\frac{1+x-x}{(1+x)^2}+\frac{1}{1+x}\cdot\frac{1}{2\sqrt{x}}-\frac{1}{2\sqrt{x}}\\&=\arcsin\sqrt{\frac{x}{1+x}}+\frac{x}{2\sqrt{\frac{1}{1+x}\cdot\frac{x}{1+x}}\cdot(1+x)^2}-\frac{x}{2\sqrt{x}(1+x)}\end{aligned}$$

$$
\begin{aligned}
&= \arcsin\sqrt{\frac{x}{1+x}} + \frac{x}{2\sqrt{x}(1+x)} - \frac{x}{2\sqrt{x}(1+x)} \\
&= \arcsin\sqrt{\frac{x}{1+x}}.
\end{aligned}
$$

(3) $y' = \frac{1}{2}\sqrt{x^2+a^2} + \frac{x}{2}\cdot\frac{2x}{2\sqrt{x^2+a^2}} + \frac{a^2}{2}\cdot\frac{1}{x+\sqrt{x^2+a^2}}\cdot\left(1+\frac{2x}{2\sqrt{x^2+a^2}}\right)$

$$
\begin{aligned}
&= \frac{1}{2}\sqrt{x^2+a^2} + \frac{x^2}{2\sqrt{x^2+a^2}} + \frac{a^2}{2\sqrt{x^2+a^2}} \\
&= \frac{1}{2}\sqrt{x^2+a^2} + \frac{x^2+a^2}{2\sqrt{x^2+a^2}} \\
&= \sqrt{x^2+a^2}.
\end{aligned}
$$

(4) $y' = -\mathrm{e}^{-x}\left[\frac{1-x^2}{2}\sin x - \frac{(1+x)^2}{2}\cos x\right] +$

$\mathrm{e}^{-x}\left[\frac{1-x^2}{2}\cos x - x\sin x + \frac{(1+x)^2}{2}\sin x - (1+x)\cos x\right] = x^2\mathrm{e}^{-x}\sin x.$

例 4　求解下列问题:

(1) 设 $y=(x-1)^2\sqrt[4]{\frac{(2x+3)^2\left(1-3x^2\right)^4}{\left(1+5x^2\right)^3}}$, 求 y';

(2) 设 $x=x(t)$ 由 $t\cos x+x=0$ 确定, $y=y(x)$ 由方程 $\mathrm{e}^{y-2}-xy=1$ 确定, 求复合函数 $y=y[x(t)]$ 的导数 $\left.\frac{\mathrm{d}y}{\mathrm{d}t}\right|_{t=0}$;

(3) 设函数 $y=y(x)$ 由参数方程 $\begin{cases} x=\lim\limits_{\lambda\to\infty} t\left(1+\frac{2t}{\lambda}\right)^{\lambda}, \\ 2y-ty^2+\mathrm{e}^t=5 \end{cases}$ 确定, 求 $\frac{\mathrm{d}y}{\mathrm{d}x}$;

(4) 设 $x=x(y)$ 是函数 $y=x+\ln x$ 的反函数, 求 $\frac{\mathrm{d}x}{\mathrm{d}y}$, $\frac{\mathrm{d}^2x}{\mathrm{d}y^2}$.

解　(1) 对 $y=(x-1)^2\sqrt[4]{\frac{(2x+3)^2\left(1-3x^2\right)^4}{\left(1+5x^2\right)^3}}$ 两边取对数, 得

$$\ln y = 2\ln|x-1| + \frac{1}{2}\ln|2x+3| + \ln\left|1-3x^2\right| - \frac{3}{4}\ln\left(1+5x^2\right).$$

上式两边对 x 求导, 得

$$\frac{y'}{y} = \frac{2}{x-1} + \frac{1}{2x+3} - \frac{6x}{1-3x^2} - \frac{15x}{2\left(1+5x^2\right)}.$$

所以

$$y' = (x-1)^2\sqrt[4]{\frac{(2x+3)^2\left(1-3x^2\right)^4}{\left(1+5x^2\right)^3}}\left[\frac{2}{x-1} + \frac{1}{2x+3} - \frac{6x}{1-3x^2} - \frac{15x}{2\left(1+5x^2\right)}\right].$$

(2) 方程 $t\cos x+x=0$ 两边关于 t 求导, 得

$$\cos x - t\sin x\frac{\mathrm{d}x}{\mathrm{d}t} + \frac{\mathrm{d}x}{\mathrm{d}t} = 0,$$

故 $\dfrac{\mathrm{d}x}{\mathrm{d}t}=\dfrac{\cos x}{t\sin x-1}$.

方程 $\mathrm{e}^{y-2}-xy=1$ 两边关于 x 求导, 得

$$\mathrm{e}^{y-2}\frac{\mathrm{d}y}{\mathrm{d}x}-y-x\frac{\mathrm{d}y}{\mathrm{d}x}=0,$$

故 $\dfrac{\mathrm{d}y}{\mathrm{d}x}=\dfrac{y}{\mathrm{e}^{y-2}-x}$.

当 $t=0$ 时, $x=0$; 当 $x=0$ 时, $y=2$. 所以

$$\left.\frac{\mathrm{d}y}{\mathrm{d}t}\right|_{t=0}=\left.\left(\frac{\mathrm{d}y}{\mathrm{d}x}\cdot\frac{\mathrm{d}x}{\mathrm{d}t}\right)\right|_{t=0}=\left.\left(\frac{y}{\mathrm{e}^{y-2}-x}\cdot\frac{\cos x}{t\sin x-1}\right)\right|_{t=0}=2\cdot(-1)=-2.$$

(3) $x=\lim\limits_{\lambda\to\infty}t\left(1+\dfrac{2t}{\lambda}\right)^{\lambda}=t\mathrm{e}^{2t}$, 且 $x'=\mathrm{e}^{2t}+2t\mathrm{e}^{2t}$. 方程 $2y-ty^2+\mathrm{e}^t=5$ 确定了隐函数 $y=y(t)$, 两端同时关于 t 求导, 可解得

$$\frac{\mathrm{d}y}{\mathrm{d}t}=\frac{y^2-\mathrm{e}^t}{2(1-ty)}.$$

由参数方程求导法则得

$$\frac{\mathrm{d}y}{\mathrm{d}x}=\frac{\dfrac{y^2-\mathrm{e}^t}{2(1-ty)}}{\mathrm{e}^{2t}+t\mathrm{e}^{2t}}=\frac{y^2-\mathrm{e}^t}{2\mathrm{e}^{2t}(1+t)(1-ty)}.$$

(4) 因为 $y'=1+\dfrac{1}{x}$, 所以

$$\frac{\mathrm{d}x}{\mathrm{d}y}=\frac{1}{1+\dfrac{1}{x}}=\frac{x}{1+x},$$

$$\frac{\mathrm{d}^2x}{\mathrm{d}y^2}=\frac{\mathrm{d}}{\mathrm{d}y}\left(\frac{\mathrm{d}x}{\mathrm{d}y}\right)=\frac{\mathrm{d}}{\mathrm{d}x}\left(\frac{\mathrm{d}x}{\mathrm{d}y}\right)\cdot\frac{\mathrm{d}x}{\mathrm{d}y}=\frac{1+x-x}{(1+x)^2}\cdot\frac{x}{1+x}=\frac{x}{(1+x)^3}.$$

例 5 (2013 年数学一) 设函数 $y=f(x)$ 由方程 $y-x=\mathrm{e}^{x(1-y)}$ 确定, 求极限 $\lim\limits_{n\to\infty}n\left[f\left(\dfrac{1}{n}\right)-1\right]$.

分析 由 $\lim\limits_{n\to\infty}n\left[f\left(\dfrac{1}{n}\right)-1\right]=\lim\limits_{n\to\infty}\dfrac{f\left(\dfrac{1}{n}\right)-1}{\dfrac{1}{n}}$ 可联想到需讨论 $f(x)$ 在 $x=0$ 处的导数, $f'(0)$ 可由已知条件得到.

解 将 $x=0$ 代入方程 $y-x=\mathrm{e}^{x(1-y)}$ 得 $y=1$, 即 $f(0)=1$. 对该方程两端关于 x 求导, 得

$$f'(x)-1=\mathrm{e}^{x[1-f(x)]}\left[1-f(x)-xf'(x)\right].$$

将 $x=0$, $f(0)=1$ 代入上式, 可得 $f'(0)=1$, 所以

$$\lim_{n\to\infty}n\left[f\left(\frac{1}{n}\right)-1\right]=\lim_{n\to\infty}\frac{f\left(0+\dfrac{1}{n}\right)-f(0)}{\dfrac{1}{n}-0}=f'(0)=1.$$

例 6 设 $f(x)=\lim\limits_{n\to\infty}\dfrac{x^2\mathrm{e}^{n(x-1)}+ax+b}{1+\mathrm{e}^{n(x-1)}}$, 讨论 $f(x)$ 的连续性与可导性.

分析 由于函数 $f(x)$ 是以极限形式给出的, 因此, 需先通过求极限, 得到 $f(x)$ 的表达式, 再讨论其连续性与可导性.

解 因为

$$f(x)=\lim_{n\to\infty}\frac{x^2\mathrm{e}^{n(x-1)}+ax+b}{1+\mathrm{e}^{n(x-1)}}=\begin{cases}x^2, & x>1,\\ \dfrac{a+b+1}{2}, & x=1,\\ ax+b, & x<1,\end{cases}$$

所以 $f(x)$ 在 $(-\infty,1)\bigcup(1,+\infty)$ 内连续且可导. 下面讨论 $f(x)$ 在分段点 $x=1$ 处的连续性与可导性. 因为

$$\lim_{x\to1^+}x^2=1,\quad \lim_{x\to1^-}(ax+b)=a+b,\quad f(1)=\frac{a+b+1}{2},$$

所以为使 $f(x)$ 在 $x=1$ 处连续, 需有 $a+b=1$.

又因为

$$f'_-(1)=\lim_{x\to1^-}\frac{f(x)-f(1)}{x-1}=\lim_{x\to1^-}\frac{ax+b-(a+b)}{x-1}=\lim_{x\to1^-}\frac{ax-a}{x-1}=a,$$

$$f'_+(1)=\lim_{x\to1^+}\frac{f(x)-f(1)}{x-1}=\lim_{x\to1^+}\frac{x^2-1}{x-1}=\lim_{x\to1^+}(x+1)=2,$$

所以当且仅当 $a=2$, $a+b=1$, 即 $a=2$, $b=-1$ 时, 函数 $f(x)$ 在 $x=1$ 处导数存在.

综上, 当 $a=2$, $b=-1$ 时, 函数 $f(x)$ 在 $(-\infty,+\infty)$ 上可导.

例 7 求极限 $\lim\limits_{x\to0}\dfrac{\sqrt{\dfrac{1+x}{1-x}}\sqrt[4]{\dfrac{1+2x}{1-2x}}\sqrt[6]{\dfrac{1+3x}{1-3x}}\cdots\sqrt[2n]{\dfrac{1+nx}{1-nx}}-1}{3\pi\arcsin x-(x^2+1)\arctan^3x}$.

分析 令函数 $f(x)=\sqrt{\dfrac{1+x}{1-x}}\sqrt[4]{\dfrac{1+2x}{1-2x}}\sqrt[6]{\dfrac{1+3x}{1-3x}}\cdots\sqrt[2n]{\dfrac{1+nx}{1-nx}}$, 显然有 $f(0)=1$. 于是, 所求极限可变形为 $\lim\limits_{x\to0}\dfrac{f(x)-f(0)}{3\pi\arcsin x-(x^2+1)\arctan^3x}$, 可考虑凑 $f'(0)$ 的定义式来计算该极限. 另外, 基于 $f(x)$ 为多个函数相乘的形式, 考虑取对数以简化运算.

解 令 $f(x)=\sqrt{\dfrac{1+x}{1-x}}\sqrt[4]{\dfrac{1+2x}{1-2x}}\sqrt[6]{\dfrac{1+3x}{1-3x}}\cdots\sqrt[2n]{\dfrac{1+nx}{1-nx}}$, 则 $f(0)=1$. 对 $f(x)$ 取对数, 得

$$\ln f(x)=\frac12\ln\frac{1+x}{1-x}+\frac14\ln\frac{1+2x}{1-2x}+\frac16\ln\frac{1+3x}{1-3x}+\cdots+\frac{1}{2n}\ln\frac{1+nx}{1-nx}. \qquad ①$$

对 ① 式两边关于 x 求导, 得

$$\frac{f'(x)}{f(x)}=\frac12\left(\frac{1}{1+x}+\frac{1}{1-x}\right)+\frac14\left(\frac{2}{1+2x}+\frac{2}{1-2x}\right)+\cdots+\frac{1}{2n}\left(\frac{n}{1+nx}+\frac{n}{1-nx}\right), \qquad ②$$

将 $x=0$, $f(0)=1$ 代入 ② 式, 可得 $f'(0)=n$, 所以

$$\begin{aligned}原式&=\lim_{x\to0}\frac{f(x)-f(0)}{3\pi\arcsin x-(x^2+1)\arctan^3 x}\\&=\lim_{x\to0}\frac{f(x)-f(0)}{x}\cdot\lim_{x\to0}\frac{x}{3\pi\arcsin x-(x^2+1)\arctan^3 x}\\&=f'(0)\lim_{x\to0}\frac{1}{3\pi\dfrac{\arcsin x}{x}-(x^2+1)\dfrac{\arctan^3 x}{x}}=n\cdot\frac{1}{3\pi-0}=\frac{n}{3\pi}.\end{aligned}$$

例 8 已知函数 $f(x)$ 在区间 $[0,1]$ 上连续, $(0,1)$ 内可导, 且 $f(0)=0$, $f(1)=1$.

(1) 证明: 存在两个不同的点 $\xi,\eta\in(0,1)$, 使得 $\dfrac{1}{f'(\xi)}+\dfrac{1}{f'(\eta)}=2$;

(2) 证明: 对任意给定的正数 a,b, 存在两个不同的点 $\xi,\eta\in(0,1)$, 使得

$$\frac{a}{f'(\xi)}+\frac{b}{f'(\eta)}=a+b.$$

分析 (1) 因为要找两个不同的点 $\xi,\eta\in(0,1)$, 自然想到要用某个特殊的 x_0 将区间 $[0,1]$ 分成 $[0,x_0]$ 和 $[x_0,1]$, 然后在每一个子区间上使用微分中值定理. 同时, 要证的结果可做如下变形:

$$\frac{1}{f'(\xi)}+\frac{1}{f'(\eta)}=2\Leftrightarrow\frac{\frac{1}{2}}{f'(\xi)}+\frac{\frac{1}{2}}{f'(\eta)}=1\Leftrightarrow\frac{\frac{1}{2}-0}{f'(\xi)}+\frac{1-\frac{1}{2}}{f'(\eta)}=1.$$

注意到条件 $f(0)=0$ 和 $f(1)=1$, 可联想到是否能找到一点 x_0, 使得 $f(x_0)=\dfrac{1}{2}$. (2) 可看作是 (1) 的推广, 方法类似.

证明 (1) 因为函数 $f(x)$ 在区间 $[0,1]$ 上连续, 且 $f(0)=0$, $f(1)=1$, 所以由介值定理知, 存在 $x_0\in(0,1)$, 使得 $f(x_0)=\dfrac{1}{2}$. 又因为 $f(x)$ 在区间 $[0,x_0]$, $[x_0,1]$ 上满足拉格朗日中值定理的条件, 所以存在 $\xi\in(0,x_0)$, $\eta\in(x_0,1)$, 使得

$$\frac{f(x_0)-f(0)}{x_0-0}=f'(\xi)\Leftrightarrow\frac{1}{f'(\xi)}=2x_0,$$

$$\frac{f(1)-f(x_0)}{1-x_0}=f'(\eta)\Leftrightarrow\frac{1}{f'(\eta)}=2(1-x_0).$$

将上两式相加即得 $\dfrac{1}{f'(\xi)}+\dfrac{1}{f'(\eta)}=2x_0+2(1-x_0)=2$.

(2) 对任意给定的正数 a,b, 可知 $0<\dfrac{a}{a+b}<1$, 类似于 (1), 由介值定理知, 存在 $x_0\in(0,1)$, 使得 $f(x_0)=\dfrac{a}{a+b}$.

因为函数 $f(x)$ 在区间 $[0,x_0]$, $[x_0,1]$ 上满足拉格朗日中值定理的条件, 所以存在 $\xi\in(0,x_0)$, $\eta\in(x_0,1)$, 使得

$$\frac{f(x_0)-f(0)}{x_0-0}=f'(\xi)\Leftrightarrow\frac{a}{f'(\xi)}=(a+b)x_0,$$

$$\frac{f(1)-f(x_0)}{1-x_0}=f'(\eta)\Leftrightarrow\frac{b}{f'(\eta)}=(a+b)(1-x_0).$$

将上两式相加即得 $\dfrac{a}{f'(\xi)}+\dfrac{b}{f'(\eta)}=(a+b)x_0+(a+b)(1-x_0)=a+b.$

注 一般地, 在上述条件的假设下, 对任意给定的正数 $a_1,a_2,\cdots,a_n$, 存在 n 个不同的点 $\xi_1,\xi_2,\cdots,\xi_n\in(0,1)$, 使得 $\dfrac{a_1}{f'(\xi_1)}+\dfrac{a_2}{f'(\xi_2)}+\cdots+\dfrac{a_n}{f'(\xi_n)}=a_1+a_2+\cdots+a_n$.

例 9 设函数 $f(x)$ 在 $[0,1]$ 上具有连续的三阶导数, 且 $f(0)=1$, $f(1)=2$, $f'\left(\dfrac{1}{2}\right)=0$. 证明: 存在一点 $\xi\in(0,1)$, 使得 $|f'''(\xi)|\geqslant 24$.

分析 要证结论中出现了三阶导数, 自然考虑用泰勒中值定理. 又已知 $f'\left(\dfrac{1}{2}\right)=0$, 故考虑用 $f(x)$ 在 $x=\dfrac{1}{2}$ 处的二阶泰勒公式.

证明 $\forall x\in[0,1]$, 有

$$f(x)=f\left(\frac{1}{2}\right)+f'\left(\frac{1}{2}\right)\left(x-\frac{1}{2}\right)+\frac{1}{2!}f''\left(\frac{1}{2}\right)\left(x-\frac{1}{2}\right)^2+\frac{1}{3!}f'''(\eta)\left(x-\frac{1}{2}\right)^3,$$

其中 η 介于 x 与 $\dfrac{1}{2}$. 分别将 $x=0$, $x=1$ 代入上式, 可得

$$1=f(0)=f\left(\frac{1}{2}\right)+\frac{1}{2}f''\left(\frac{1}{2}\right)\left(-\frac{1}{2}\right)^2+\frac{1}{6}f'''(\eta_1)\left(-\frac{1}{2}\right)^3,\quad 0<\eta_1<\frac{1}{2}, \tag{①}$$

$$2=f(1)=f\left(\frac{1}{2}\right)+\frac{1}{2}f''\left(\frac{1}{2}\right)\left(\frac{1}{2}\right)^2+\frac{1}{6}f'''(\eta_2)\left(\frac{1}{2}\right)^3,\quad \frac{1}{2}<\eta_2<1. \tag{②}$$

用 ② 式减去 ① 式,

$$1=\frac{1}{48}[f'''(\eta_2)+f'''(\eta_1)]\leqslant\frac{1}{48}(|f'''(\eta_2)|+|f'''(\eta_1)|)\leqslant\frac{1}{48}\cdot 2|f'''(\xi)|,$$

其中 $|f'''(\xi)|=\max\{|f'''(\eta_2)|,|f'''(\eta_1)|\}$. 于是存在一点 $\xi\in(0,1)$, 使得 $|f'''(\xi)|\geqslant 24$.

例 10 设 $0<a<1, x>0$, 证明 $x^a-ax\leqslant 1-a$.

分析 构造函数 $f(x)=x^a-ax$, 若能证明 $f(x)$ 在区间 $(0,+\infty)$ 内的最大值为 $1-a$, 则不等式成立.

证明 令 $f(x)=x^a-ax$, 则

$$f'(x)=ax^{a-1}-a=a(x^{a-1}-1).$$

令 $f'(x)=0$, 得到惟一驻点 $x=1$. 因为 $a-1<0$, 所以当 $0<x<1$ 时, $x^{a-1}-1>0$, 从而 $f'(x)=a(x^{a-1}-1)>0$; 当 $x>1$ 时, $x^{a-1}-1<0$, 从而 $f'(x)=a(x^{a-1}-1)<0$. 故 $f(1)$ 是 $f(x)$ 在 $(0,+\infty)$ 内的极大值, 同时也是最大值. 因此, 当 $x>0$ 时,

$$f(x)\leqslant f(1)=1-a,$$

即 $x^a-ax\leqslant 1-a$.

例 11 (2014 年数学一) 设函数 $y=f(x)$ 由方程 $y^3+xy^2+x^2y+6=0$ 确定，求 $f(x)$ 的极值.

分析 结合隐函数求导法则，求得函数 $f(x)$ 的驻点，用充分条件判定驻点是否为极值点.

解 对方程 $y^3+xy^2+x^2y+6=0$ 两端关于 x 求导，得

$$3y^2y'+y^2+2xyy'+2xy+x^2y'=0. \qquad ①$$

令 $y'=0$, 可得 $y(y+2x)=0$, 即 $y=-2x$ 或 $y=0$ (舍去). 将 $y=-2x$ 代入原方程，解得 $x=1$, 即知 $f(1)=-2$, $f'(1)=0$, $x=1$ 是函数 $f(x)$ 的一个驻点. 下面判定驻点 $x=1$ 是否为极值点.

对 ① 式两端关于 x 求导，得

$$\left(3y^2+2xy+x^2\right)y''+2(3y+x)y'^2+4(y+x)y'+2y=0, \qquad ②$$

将 $x=1$, $f(1)=-2$, $f'(1)=0$ 代入 ② 式，可得 $f''(1)=\dfrac{4}{9}>0$. 因此，$x=1$ 为函数 $f(x)$ 的极小值点，极小值为 $f(1)=-2$.

例 12 设函数 $y=f(x)$ 二阶可导，且 $f''(x)>0$, $f(0)=0$, $f'(0)=0$, 求极限 $\lim\limits_{x\to 0}\dfrac{x^3f(u)}{f(x)\sin^3 u}$, 其中 u 是曲线 $y=f(x)$ 上点 $P(x,f(x))$ 处切线在 x 轴上的截距.

分析 由已知条件，可考虑使用 $f(x)$ 在 $x=0$ 处的二阶泰勒公式，求得切线在 x 轴上的截距 u 后，再求 $\lim\limits_{x\to 0}\dfrac{x^3f(u)}{f(x)\sin^3 u}$.

解 $f(x)$ 在 $x=0$ 处的二阶泰勒公式为

$$f(x)=f(0)+f'(0)x+\frac{f''(0)}{2}x^2+o(x^2)=\frac{f''(0)}{2}x^2+o(x^2),$$

即 $f(x)=\dfrac{f''(0)}{2}x^2+o(x^2)$.

曲线 $y=f(x)$ 上点 $P(x,f(x))$ 处的切线方程为 $Y-f(x)=f'(x)(X-x)$, 令 $Y=0$, 得曲线在 x 轴上的截距 $u=x-\dfrac{f(x)}{f'(x)}$. 因为

$$\lim_{x\to 0}u=\lim_{x\to 0}\left[x-\frac{f(x)}{f'(x)}\right]=\lim_{x\to 0}\frac{xf'(x)-f(x)}{f'(x)}=\lim_{x\to 0}\frac{xf''(x)}{f''(x)}=0,$$

所以当 $x\to 0$ 时，$u\to 0$, 且 $\sin^3 u\sim u^3$. 又因为

$$\lim_{x\to 0}\frac{u}{x}=\lim_{x\to 0}\frac{x-\dfrac{f(x)}{f'(x)}}{x}=1-\lim_{x\to 0}\frac{f(x)}{xf'(x)}=1-\lim_{x\to 0}\frac{\dfrac{f''(0)}{2}x^2+o(x^2)}{xf'(x)}$$

$$=1-\lim_{x\to 0}\frac{\dfrac{f''(0)}{2}+\dfrac{o(x^2)}{x^2}}{\dfrac{f'(x)}{x}}=1-\lim_{x\to 0}\frac{\dfrac{f''(0)}{2}+\dfrac{o(x^2)}{x^2}}{\dfrac{f'(x)-f'(0)}{x}}=1-\frac{1}{2}\frac{f''(0)}{f''(0)}=\frac{1}{2},$$

所以 $\lim\limits_{x\to0}\dfrac{x^3f(u)}{f(x)\sin^3u}=\lim\limits_{x\to0}\dfrac{x^3f(u)}{u^3f(x)}=\lim\limits_{x\to0}\dfrac{x^3\left[\dfrac{f''(0)}{2}u^2+o(u^2)\right]}{u^3\left[\dfrac{f''(0)}{2}x^2+o(x^2)\right]}$

$$=\lim_{x\to0}\frac{x}{u}\cdot\lim_{x\to0}\frac{\dfrac{f''(0)}{2}u^2x^2+o(u^2)\cdot x^2}{\dfrac{f''(0)}{2}x^2u^2+o(x^2)\cdot u^2}$$

$$=\lim_{x\to0}\frac{x}{u}\cdot\lim_{x\to0}\frac{\dfrac{f''(0)}{2}+\dfrac{o(u^2)}{u^2}}{\dfrac{f''(0)}{2}+\dfrac{o(x^2)}{x^2}}=\lim_{x\to0}\frac{x}{u}=2.$$

五、习题解答

习题 2.1

1. 已知物体的自由落体规律为 $s=\dfrac{1}{2}gt^2$ $(g=9.8\ \mathrm{m/s^2})$, 求:

(1) 物体在前两秒的平均速度;

(2) 物体在第 2 秒末 $(t=2\mathrm{s})$ 的瞬时速度.

解 (1) $\overline{v}=\dfrac{s(2)-s(0)}{2-0}=\dfrac{\dfrac{1}{2}g\times4}{2}=9.8\ \mathrm{m/s}.$

(2) $v(2)=\left.\dfrac{\mathrm{d}s}{\mathrm{d}t}\right|_{t=2}=2g=19.6\ \mathrm{m/s}.$

2. 下列各题中均假定 $f'(x_0)$ 存在, 按照导数定义观察下列极限, 指出 A 表示什么:

(1) $\lim\limits_{\Delta x\to0}\dfrac{f(x_0+3\Delta x)-f(x_0)}{\Delta x}=A;$

(2) $\lim\limits_{h\to0}\dfrac{f(x_0)-f(x_0-2h)}{h}=A;$

(3) $\lim\limits_{t\to0}\dfrac{f(x_0+3t)-f(x_0-2t)}{t}=A.$

解 (1) 因为 $\lim\limits_{\Delta x\to0}\dfrac{f(x_0+3\Delta x)-f(x_0)}{\Delta x}=3\lim\limits_{\Delta x\to0}\dfrac{f(x_0+3\Delta x)-f(x_0)}{3\Delta x}=3f'(x_0)$, 所以 $A=3f'(x_0)$.

(2) 因为 $\lim\limits_{h\to0}\dfrac{f(x_0)-f(x_0-2h)}{h}=2\lim\limits_{h\to0}\dfrac{f(x_0-2h)-f(x_0)}{-2h}=2f'(x_0)$, 所以 $A=2f'(x_0)$.

(3) 因为

$$\lim_{t\to0}\frac{f(x_0+3t)-f(x_0-2t)}{t}$$
$$=3\lim_{t\to0}\frac{f(x_0+3t)-f(x_0)}{3t}+2\lim_{t\to0}\frac{f(x_0-2t)-f(x_0)}{-2t}=5f'(x_0),$$

所以 $A=5f'(x_0)$.

3. 已知函数 $f(x)$ 在 $x=0$ 处连续, 且 $\lim\limits_{x\to0}\dfrac{f(x)}{x}=A$, 证明: $f(x)$ 在 $x=0$ 处可导, 并求 $f'(0)$.

证明　因为 $\lim\limits_{x\to0}\dfrac{f(x)}{x}=A$, $f(x)$ 在 $x=0$ 处连续, 所以

$$\lim_{x\to0}f(x)=f(0)=0.$$

而 $\lim\limits_{x\to0}\dfrac{f(x)-f(0)}{x-0}=\lim\limits_{x\to0}\dfrac{f(x)}{x}=A=f'(0)$, 故 $f(x)$ 在 $x=0$ 处可导, 且 $f'(0)=A$.

4. 设 $f(x)=x(x+1)(x+2)\cdots(x+n)(n\in\mathbf{N}_+)$, 利用定义求 $f'(0)$.

解　因为
$$\lim_{x\to0}\frac{f(x)-f(0)}{x-0}=\lim_{x\to0}\frac{x(x+1)(x+2)\cdots(x+n)-0}{x-0}=\lim_{x\to0}[(x+1)(x+2)\cdots(x+n)]=n!,$$

所以 $f'(0)=n!$.

5. 设 $f(0)=0$ 且 $f'(0)=3$, 求 $\lim\limits_{x\to0}\dfrac{\tan2x}{f(3x)}$.

解　
$$\lim_{x\to0}\frac{\tan2x}{f(3x)}=\lim_{x\to0}\frac{2x}{f(3x)}=\lim_{x\to0}\left[\frac{1}{\dfrac{f(3x)-f(0)}{3x}\cdot3x}\cdot2x\right]$$
$$=\frac{1}{\lim\limits_{x\to0}\dfrac{f(3x)-f(0)}{3x}}\cdot\lim_{x\to0}\frac{2x}{3x}=\frac{1}{f'(0)}\cdot\frac{2}{3}=\frac{2}{9}.$$

6. 求下列函数的导数:

(1) $y=\sqrt[3]{x^2}$;　　(2) $y=\dfrac{1}{\sqrt{x}}$;

(3) $y=\sqrt{x\sqrt{x\sqrt{x}}}$;　　(4) $y=\mathrm{e}^{3x}$.

解　(1) $y'=(x^{\frac{2}{3}})'=\dfrac{2}{3}x^{-\frac{1}{3}}$.　　(2) $y'=(x^{-\frac{1}{2}})'=-\dfrac{1}{2}x^{-\frac{3}{2}}$.

(3) $y'=(x^{\frac{7}{8}})'=\dfrac{7}{8}x^{-\frac{1}{8}}$.　　(4) $y'=(\mathrm{e}^{3x})'=3\mathrm{e}^{3x}$.

7. 如果 $f(x)$ 为偶函数, 且 $f(x)$ 在 $x=0$ 处可导, 证明: $f'(0)=0$.

证明　因为 $f(x)$ 为偶函数, 所以 $f(-x)=f(x)$. 由于

$$f'(0)=\lim_{x\to0}\frac{f(x)-f(0)}{x-0}=\lim_{x\to0}\frac{f(-x)-f(0)}{x-0}=-\lim_{x\to0}\frac{f(-x)-f(0)}{-x-0}=-f'(0),$$

故 $f'(0)=0$.

8. 设函数 $f(x)$ 满足 $|f(x)|\leqslant x^2(x\in[-1,1])$, 证明: $f(x)$ 在 $x=0$ 处可导, 并求 $f'(0)$.

证明　因为 $|f(x)|\leqslant x^2$, 所以 $f(0)=0$, 从而

$$0\leqslant\left|\frac{f(x)-f(0)}{x-0}\right|\leqslant|x|.$$

因为 $\lim\limits_{x\to 0}|x|=0$, 由夹逼准则知 $\lim\limits_{x\to 0}\left|\dfrac{f(x)-f(0)}{x-0}\right|=0$, 从而 $\lim\limits_{x\to 0}\dfrac{f(x)-f(0)}{x-0}=0$, 故 $f(x)$ 在 $x=0$ 处可导, 且 $f'(0)=0$.

9. 求曲线 $y=\sin x$ 在点 $\left(\dfrac{\pi}{6},\dfrac{1}{2}\right)$ 处的切线方程和法线方程.

解 由导数的几何意义可知, 曲线在点 $\left(\dfrac{\pi}{6},\dfrac{1}{2}\right)$ 处切线的斜率为

$$y'|_{x=\frac{\pi}{6}}=\cos x|_{x=\frac{\pi}{6}}=\frac{\sqrt{3}}{2}.$$

故曲线 $y=\sin x$ 在点 $\left(\dfrac{\pi}{6},\dfrac{1}{2}\right)$ 处的切线方程为

$$y-\frac{1}{2}=\frac{\sqrt{3}}{2}\left(x-\frac{\pi}{6}\right),\ \text{即}\ \sqrt{3}x-2y-\frac{\sqrt{3}}{6}\pi+1=0,$$

该点的法线方程为

$$y-\frac{1}{2}=-\frac{2}{\sqrt{3}}\left(x-\frac{\pi}{6}\right),\ \text{即}\ \frac{2\sqrt{3}}{3}x+y-\frac{\sqrt{3}}{9}\pi-\frac{1}{2}=0.$$

10. 对于曲线 $f(x)=x^2$, $x\in[1,4]$, 试问曲线上是否存在某一点, 使得该点处的切线平行于曲线两端点连成的割线? 若有, 写出该点的坐标.

解 割线的斜率为 $k=\dfrac{4^2-1^2}{4-1}=5$.

设抛物线 $f(x)=x^2$ 上点 $M(x_0,x_0^2)$ 处的切线平行于该割线, 则该点处切线的斜率满足

$$k|_M=(x^2)'|_{x=x_0}=2x_0=5,$$

可得 $x_0=\dfrac{5}{2}$, 故曲线上存在这样的点, 坐标为 $M\left(\dfrac{5}{2},\dfrac{25}{4}\right)$.

11. 设 $f(x)=\begin{cases}-x, & x\leqslant 0,\\ \sin x, & x>0,\end{cases}$ 求 $f'_-(0)$ 及 $f'_+(0)$, 并问 $f'(0)$ 是否存在?

解 函数在 $x=0$ 处的左导数为

$$f'_-(0)=\lim_{x\to 0^-}\frac{f(x)-f(0)}{x-0}=\lim_{x\to 0^-}\frac{-x-0}{x-0}=-1,$$

函数在 $x=0$ 处的右导数为

$$f'_+(0)=\lim_{x\to 0^+}\frac{f(x)-f(0)}{x-0}=\lim_{x\to 0^+}\frac{\sin x-0}{x-0}=1.$$

因为 $f'_-(0)\neq f'_+(0)$, 所以 $f'(0)$ 不存在.

12. 讨论下列函数在 $x=0$ 处的连续性与可导性:

(1) $f(x)=|\sin x|$;

(2) $f(x)=\begin{cases} x^2\cos\dfrac{1}{x}, & x\neq 0,\\ 0, & x=0;\end{cases}$

(3) $f(x)=\begin{cases} x^2g(x), & x\leqslant 0,\\ \dfrac{1-\cos x}{\sqrt{x}}, & x>0,\end{cases}$ 其中 $g(x)$ 为有界函数.

解 (1) 因为 $\lim\limits_{x\to 0}f(x)=\lim\limits_{x\to 0}|\sin x|=0=f(0)$, 所以 $f(x)=|\sin x|$ 在 $x=0$ 处连续. 又

$$f'_-(0)=\lim_{x\to 0^-}\frac{f(x)-f(0)}{x-0}=\lim_{x\to 0^-}\frac{|\sin x|-0}{x-0}=\lim_{x\to 0^-}\frac{-\sin x-0}{x-0}=-1,$$
$$f'_+(0)=\lim_{x\to 0^+}\frac{f(x)-f(0)}{x-0}=\lim_{x\to 0^+}\frac{|\sin x|-0}{x-0}=\lim_{x\to 0^+}\frac{\sin x-0}{x-0}=1,$$

于是 $f'_-(0)\neq f'_+(0)$, $f'(0)$ 不存在, 所以 $f(x)=|\sin x|$ 在 $x=0$ 处不可导.

(2) **解法 1** 因为 $\lim\limits_{x\to 0}f(x)=\lim\limits_{x\to 0}x^2\cos\dfrac{1}{x}=0=f(0)$, 所以 $f(x)$ 在 $x=0$ 处连续. 又

$$f'(0)=\lim_{x\to 0}\frac{f(x)-f(0)}{x-0}=\lim_{x\to 0}\frac{x^2\cos\frac{1}{x}-0}{x-0}=\lim_{x\to 0}x\cos\frac{1}{x}=0,$$

故 $f(x)$ 在 $x=0$ 处可导, 且 $f'(0)=0$.

解法 2 因为 $f'(0)=\lim\limits_{x\to 0}\dfrac{f(x)-f(0)}{x-0}=\lim\limits_{x\to 0}\dfrac{x^2\cos\frac{1}{x}-0}{x-0}=\lim\limits_{x\to 0}x\cos\dfrac{1}{x}=0$, 所以 $f(x)$ 在 $x=0$ 处可导, 且 $f'(0)=0$. 由可导必连续知, 函数 $f(x)$ 在 $x=0$ 处连续.

(3) 因为 $\lim\limits_{x\to 0^-}f(x)=\lim\limits_{x\to 0^-}x^2g(x)=0$, $\lim\limits_{x\to 0^+}f(x)=\lim\limits_{x\to 0^+}\dfrac{1-\cos x}{\sqrt{x}}=\lim\limits_{x\to 0^+}\dfrac{\frac{1}{2}x^2}{\sqrt{x}}=0$, 而 $f(0)=0$, 所以 $f(x)$ 在 $x=0$ 处连续. 又

$$f'_-(0)=\lim_{x\to 0^-}\frac{f(x)-f(0)}{x-0}=\lim_{x\to 0^-}\frac{x^2g(x)-0}{x-0}=\lim_{x\to 0^-}xg(x)=0,$$

$$f'_+(0)=\lim_{x\to 0^+}\frac{f(x)-f(0)}{x-0}=\lim_{x\to 0^+}\frac{\frac{1-\cos x}{\sqrt{x}}-0}{x-0}=\lim_{x\to 0^+}\frac{1-\cos x}{x^{\frac{3}{2}}}=\lim_{x\to 0^+}\frac{\frac{1}{2}x^2}{x\sqrt{x}}=0,$$

于是 $f'_-(0)=f'_+(0)$, 故 $f(x)$ 在 $x=0$ 处可导, 且 $f'(0)=0$.

13. 已知函数 $f(x)=\begin{cases} \mathrm{e}^x, & x\leqslant 1,\\ ax+b, & x>1\end{cases}$ 在 $x=1$ 处可导, 求常数 a,b 的值.

解 因为 $f(x)$ 在 $x=1$ 处可导, 所以

$$\lim_{x\to 1}f(x)=f(1),\quad f'_+(1)=f'_-(1).$$

而 $\lim\limits_{x\to1^-}f(x)=\lim\limits_{x\to1^-}\mathrm{e}^x=\mathrm{e}$, $\lim\limits_{x\to1^+}f(x)=\lim\limits_{x\to1^+}(ax+b)=a+b$, 故 $a+b=\mathrm{e}$.

又因为 $f'_+(1)=\lim\limits_{x\to1^+}\dfrac{f(x)-f(1)}{x-1}=\lim\limits_{x\to1^+}\dfrac{ax+b-\mathrm{e}}{x-1}=\lim\limits_{x\to1^+}\dfrac{ax-a}{x-1}=a$,

$$f'_-(1)=\lim_{x\to1^-}\frac{f(x)-f(1)}{x-1}=\lim_{x\to1^-}\frac{\mathrm{e}^x-\mathrm{e}}{x-1}=\lim_{x\to1^-}\frac{\mathrm{e}(\mathrm{e}^{x-1}-1)}{x-1}=\mathrm{e},$$

于是 $a=\mathrm{e}$. 综上, 常数 $a=\mathrm{e}$, $b=0$.

14. 给某球形气球充气时, 气球的体积 $\left(V=\dfrac{4}{3}\pi R^3\right)$ 随着半径的变化而变化, 问:

(1) 当 $R=10$ cm 时, 体积关于半径的变化率是多少?

(2) 当半径从 10 cm 增加到 10.1 cm 时, 体积大概增加了多少?

解 (1) $\left.\dfrac{\mathrm{d}V}{\mathrm{d}R}\right|_{R=10}=\left.\left(\dfrac{4}{3}\pi R^3\right)'\right|_{R=10}=4\pi R^2|_{R=10}=400\pi\ \mathrm{cm}^2$.

(2) $\Delta V\approx\left.\dfrac{\mathrm{d}V}{\mathrm{d}R}\right|_{R=10}\cdot\Delta R=400\pi\cdot0.1=40\pi\ \mathrm{cm}^3$.

习题 2.2

1. 利用导数的四则运算法则证明下列结果:

(1) $(\cot x)'=-\csc^2 x$;

(2) $(\csc x)'=-\csc x\cot x$.

解 (1) $(\cot x)'=\left(\dfrac{\cos x}{\sin x}\right)'=\dfrac{-\sin x\sin x-\cos x\cos x}{\sin^2 x}=-\dfrac{1}{\sin^2 x}=-\csc^2 x$.

(2) $(\csc x)'=\left(\dfrac{1}{\sin x}\right)'=-\dfrac{\cos x}{\sin^2 x}=-\csc x\cot x$.

2. 求下列函数的导数:

(1) $y=x^3+3\sqrt{x}-\dfrac{2}{x}$;

(2) $y=2^x+x^2-\mathrm{e}^2$;

(3) $y=\ln 5x+3\lg\sqrt{x^3}$;

(4) $y=2\arctan x-3\tan x$;

(5) $y=(x^2+3)\ln x$;

(6) $y=3^x\cos x$;

(7) $y=\sec x\tan x$;

(8) $y=x\mathrm{e}^x\ln x$;

(9) $y=\dfrac{x}{\cos x}$;

(10) $y=\dfrac{\mathrm{e}^x}{x^2+1}$;

(11) $y=\dfrac{\tan x}{\ln x}$;

(12) $y=\dfrac{x+\tan x}{x-\tan x}$.

解 (1) $y'=3x^2+\dfrac{3}{2\sqrt{x}}+\dfrac{2}{x^2}$.

(2) $y'=2^x\ln 2+2x$.

(3) $y'=\dfrac{1}{x}+\dfrac{9}{2x\ln 10}$.

(4) $y'=\dfrac{2}{1+x^2}-3\sec^2 x$.

(5) $y'=2x\ln x+x+\dfrac{3}{x}$.

(6) $y'=3^x\ln 3\cos x-3^x\sin x$.

(7) $y'=\sec x\tan^2 x+\sec^3 x$.

(8) $y'=\mathrm{e}^x\ln x+x\mathrm{e}^x\ln x+\mathrm{e}^x$.

(9) $y'=\sec x+x\tan x\sec x$.

(10) $y'=\dfrac{e^x(x^2+1)-2xe^x}{(x^2+1)^2}=\dfrac{e^x(x-1)^2}{(x^2+1)^2}$.

(11) $y'=\dfrac{\sec^2 x\ln x-\dfrac{\tan x}{x}}{(\ln x)^2}=\dfrac{x\sec^2 x\ln x-\tan x}{x(\ln x)^2}$.

(12) $y'=\dfrac{(1+\sec^2 x)(x-\tan x)-(x+\tan x)(1-\sec^2 x)}{(x-\tan x)^2}=\dfrac{2x\sec^2 x-2\tan x}{(x-\tan x)^2}$.

3. 给定曲线 $y=x-2\sqrt{x}$, 问:

(1) 曲线是否有水平切线? 若有, 求出切点的坐标;

(2) 试求该曲线的切线斜率所在范围.

解 (1) 设曲线在点 M 处有水平切线, 即该点切线斜率为 0, 则由导数的几何意义可得

$$k=y'=1-\frac{1}{\sqrt{x}}.$$

令 $y'=0$, 可得 $x=1$, 故曲线有水平切线, 切点为 $M(1,-1)$.

(2) 由于函数定义域为 $[0,+\infty)$, 而 $1-\dfrac{1}{\sqrt{x}}<1$, 故切线斜率所在范围为 $(-\infty,1)$.

4. 求下列函数在给定点处的导数:

(1) $y=x\sin x+\cos x$, 求 $y'|_{x=\frac{\pi}{4}}$ 和 $y'|_{x=\frac{\pi}{3}}$;

(2) $s=t-\arctan t$, 求 $\left.\dfrac{ds}{dt}\right|_{t=1}$;

(3) $\rho=\theta\sin\theta+\dfrac{1}{2}\cos\theta$, 求 $\left.\dfrac{d\rho}{d\theta}\right|_{\theta=\frac{\pi}{4}}$.

解 (1) 因为 $y'=\sin x+x\cos x-\sin x=x\cos x$, 所以

$$y'|_{x=\frac{\pi}{4}}=(x\cos x)|_{x=\frac{\pi}{4}}=\frac{\sqrt{2}}{8}\pi,\quad y'|_{x=\frac{\pi}{3}}=(x\cos x)|_{x=\frac{\pi}{3}}=\frac{\pi}{6}.$$

(2) 因为 $\dfrac{ds}{dt}=1-\dfrac{1}{1+t^2}=\dfrac{t^2}{1+t^2}$, 所以

$$\left.\frac{ds}{dt}\right|_{t=1}=\left.\frac{t^2}{1+t^2}\right|_{t=1}=\frac{1}{2}.$$

(3) 因为 $\dfrac{d\rho}{d\theta}=\sin\theta+\theta\cos\theta-\dfrac{1}{2}\sin\theta=\theta\cos\theta+\dfrac{1}{2}\sin\theta$, 所以

$$\left.\frac{d\rho}{d\theta}\right|_{\theta=\frac{\pi}{4}}=\left.\left(\theta\cos\theta+\frac{1}{2}\sin\theta\right)\right|_{\theta=\frac{\pi}{4}}=\frac{\sqrt{2}}{4}\left(\frac{\pi}{2}+1\right).$$

5. 求下列函数的导数:

(1) $y=(2x^3-5)^4$;

(2) $y=\left(\dfrac{x-1}{x+1}\right)^2$;

(3) $y=e^{x-\frac{1}{x}}$;

(4) $y=\ln(5x^3-2x+1)$;

(5) $y=\sin^5(2x+1)$; (6) $y=\sec^3(2x^2+1)$;

(7) $y=x^2\sin^4 x+\dfrac{x}{\cos^2 x}$; (8) $y=(\arcsin\sqrt{x})^2$;

(9) $y=\log_2(x^2+1)$; (10) $y=\ln\ln(2x+1)$;

(11) $y=\sqrt{a^2-x^2}$; (12) $y=\arctan\dfrac{1}{x}$;

(13) $y=\ln\left(x+\sqrt{x^2-a^2}\right)$; (14) $y=\ln(\csc x-\cot x)$;

(15) $y=\sin\dfrac{x}{\sqrt{1+x}}$; (16) $y=\mathrm{e}^{ax}(a\cos bx+b\sin bx)$;

(17) $y=\arcsin\sqrt{\dfrac{1-x}{1+x}}$; (18) $y=\sin^n x\cos(nx)(n\in\mathbf{Z}_+)$;

(19) $y=\arcsin\ln\sqrt{3x+1}$; (20) $y=\arctan\left(2\tan\dfrac{x}{2}\right)$.

解 (1) $y'=4(2x^3-5)^3\cdot 6x^2=24x^2(2x^3-5)^3$.

(2) $y'=2\left(\dfrac{x-1}{x+1}\right)\cdot\dfrac{x+1-x+1}{(x+1)^2}=\dfrac{4(x-1)}{(x+1)^3}$.

(3) $y'=\left(1+\dfrac{1}{x^2}\right)\mathrm{e}^{x-\frac{1}{x}}$.

(4) $y'=\dfrac{15x^2-2}{5x^3-2x+1}$.

(5) $y'=10\sin^4(2x+1)\cos(2x+1)$.

(6) $y'=3\sec^2(2x^2+1)\sec(2x^2+1)\tan(2x^2+1)\cdot 4x=12x\sec^3(2x^2+1)\tan(2x^2+1)$.

(7) $$y'=2x\sin^4 x+4x^2\sin^3 x\cos x+\frac{\cos^2 x+2x\cos x\sin x}{\cos^4 x}$$
$$=2x\sin^3 x(\sin x+2x\cos x)+\sec^2 x(1+2x\tan x).$$

(8) $y'=2\arcsin\sqrt{x}\cdot\dfrac{1}{\sqrt{1-x}}\cdot\dfrac{1}{2\sqrt{x}}=\dfrac{\arcsin\sqrt{x}}{\sqrt{x(1-x)}}$.

(9) $y'=\dfrac{2x}{(x^2+1)\ln 2}$.

(10) $y'=\dfrac{1}{\ln(2x+1)}\cdot\dfrac{2}{2x+1}=\dfrac{2}{(2x+1)\ln(2x+1)}$.

(11) $y'=\dfrac{-2x}{2\sqrt{a^2-x^2}}=-\dfrac{x}{\sqrt{a^2-x^2}}$.

(12) $y'=\dfrac{-\dfrac{1}{x^2}}{1+\dfrac{1}{x^2}}=-\dfrac{1}{1+x^2}$.

(13) $$y'=\frac{1}{x+\sqrt{x^2-a^2}}\cdot\left(1+\frac{2x}{2\sqrt{x^2-a^2}}\right)=\frac{1}{x+\sqrt{x^2-a^2}}\cdot\frac{x+\sqrt{x^2-a^2}}{\sqrt{x^2-a^2}}$$
$$=\frac{1}{\sqrt{x^2-a^2}}.$$

(14) $y' = \dfrac{1}{\csc x - \cot x} \cdot (-\csc x \cot x + \csc^2 x) = \dfrac{\csc x(\csc x - \cot x)}{\csc x - \cot x} = \csc x.$

(15) $y' = \cos \dfrac{x}{\sqrt{1+x}} \cdot \dfrac{\sqrt{1+x} - x\dfrac{1}{2\sqrt{1+x}}}{1+x} = \dfrac{2+x}{2(1+x)^{\frac{3}{2}}} \cos \dfrac{x}{\sqrt{1+x}}.$

(16) $y' = a\mathrm{e}^{ax}(a\cos bx + b\sin bx) + \mathrm{e}^{ax}(-ab\sin bx + b^2\cos bx) = (a^2+b^2)\mathrm{e}^{ax}\cos bx.$

(17) $y' = \dfrac{1}{\sqrt{1-\dfrac{1-x}{1+x}}} \cdot \dfrac{1}{2\sqrt{\dfrac{1-x}{1+x}}} \cdot \dfrac{-(1+x)-(1-x)}{(1+x)^2} = -\dfrac{1}{(1+x)\sqrt{2x(1-x)}}.$

(18) $y' = n\sin^{n-1}x \cdot \cos x \cdot \cos(nx) + n\sin^n x \cdot (-\sin nx)$

$= n\sin^{n-1}x(\cos x\cos nx - \sin x \sin nx) = n\sin^{n-1}x\cos(n+1)x.$

(19) $y' = \dfrac{1}{\sqrt{1-(\ln\sqrt{3x+1})^2}} \cdot \dfrac{1}{\sqrt{3x+1}} \cdot \dfrac{3}{2\sqrt{3x+1}} = \dfrac{3}{(3x+1)\sqrt{4-\ln^2(3x+1)}}.$

(20) $y' = \dfrac{1}{1+4\tan^2\dfrac{x}{2}} \cdot 2\sec^2\dfrac{x}{2} \cdot \dfrac{1}{2} = \dfrac{\sec^2\dfrac{x}{2}}{1+4\tan^2\dfrac{x}{2}}.$

6. 已知曲线 $y = x^2 + ax + b$ 和 $y = cx - x^2$ 在 $(1,0)$ 处有公共切线, 求常数 a,b,c 的值.

解 由题意两条曲线均过点 $(1,0)$, 且函数在该点导数相等, 可得

$$\begin{cases} a+b+1=0, \\ c-1=0, \\ (2x+a)|_{x=1} = (c-2x)|_{x=1}, \end{cases}$$

解得 $a=-3,\ b=2,\ c=1$.

7. 设可导函数 $f(x)$ 满足 $f(x) + 2f\left(\dfrac{1}{x}\right) = \dfrac{3}{x}$, 求 $f'(x)$.

解 先求解 $f(x)$ 的表达式, 令 $x = \dfrac{1}{t}$, 代入原方程可得 $f\left(\dfrac{1}{t}\right) + 2f(t) = 3t$, 即 $f\left(\dfrac{1}{x}\right) + 2f(x) = 3x$. 与原方程联立, 有

$$\begin{cases} f\left(\dfrac{1}{x}\right) + 2f(x) = 3x, \\ f(x) + 2f\left(\dfrac{1}{x}\right) = \dfrac{3}{x}. \end{cases}$$

求解上述方程组得 $f(x) = 2x - \dfrac{1}{x}$, 于是 $f'(x) = 2 + \dfrac{1}{x^2}$.

8. 设 $f'(x)$ 存在, 求下列导数:

(1) $f'(x) = \arctan x^2$, $y = f\left(\dfrac{3x-2}{3x+2}\right)$, 求 $\left.\dfrac{\mathrm{d}y}{\mathrm{d}x}\right|_{x=0}$;

(2) $y=f(\tan^2 x)+\tan f^2(x)$, 求 $\dfrac{\mathrm{d}y}{\mathrm{d}x}$.

解 (1) $$\frac{\mathrm{d}y}{\mathrm{d}x}=f'\left(\frac{3x-2}{3x+2}\right)\cdot\frac{3(3x+2)-3(3x-2)}{(3x+2)^2}$$
$$=f'\left(\frac{3x-2}{3x+2}\right)\cdot\frac{12}{(3x+2)^2}=\arctan\left(\frac{3x-2}{3x+2}\right)^2\cdot\frac{12}{(3x+2)^2},$$

于是 $\left.\dfrac{\mathrm{d}y}{\mathrm{d}x}\right|_{x=0}=\dfrac{3}{4}\pi$.

(2) $$\frac{\mathrm{d}y}{\mathrm{d}x}=f'(\tan^2 x)\cdot 2\tan x\cdot\sec^2 x+\sec^2\left[f^2(x)\right]\cdot 2f(x)\cdot f'(x)$$
$$=2\tan x\sec^2 x f'(\tan^2 x)+2f(x)f'(x)\sec^2\left[f^2(x)\right].$$

习题 2.3

1. 求下列函数的二阶导数:

(1) $y=\sin 2x+\mathrm{e}^{3x+1}-5x^3+1$; (2) $y=x\ln x$;

(3) $y=\sqrt{a^2-x^2}$; (4) $y=\ln\sqrt{\dfrac{1-x}{1+x^2}}$;

(5) $y=\mathrm{e}^{2x}\ln x$; (6) $y=\dfrac{\mathrm{e}^x}{x}$.

解 (1) $y'=2\cos 2x+3\mathrm{e}^{3x+1}-15x^2$, $y''=-4\sin 2x+9\mathrm{e}^{3x+1}-30x$.

(2) $y'=\ln x+1$, $y''=\dfrac{1}{x}$.

(3) $$y'=\frac{-2x}{2\sqrt{a^2-x^2}}=-\frac{x}{\sqrt{a^2-x^2}},$$
$$y''=-\frac{\sqrt{a^2-x^2}-x\cdot\dfrac{-2x}{2\sqrt{a^2-x^2}}}{a^2-x^2}=-\frac{a^2}{\sqrt{(a^2-x^2)^3}}.$$

(4) $$y'=\frac{1}{2}\left[\ln(1-x)-\ln(1+x^2)\right]'=\frac{1}{2}\left(\frac{1}{x-1}-\frac{2x}{1+x^2}\right),$$
$$y''=\frac{x^4-4x^3-2x^2+4x-3}{2(1-x)^2(1+x^2)^2}.$$

(5) $$y'=2\mathrm{e}^{2x}\ln x+\frac{\mathrm{e}^{2x}}{x},\ y''=4\mathrm{e}^{2x}\ln x+\frac{2\mathrm{e}^{2x}}{x}+\frac{2x\mathrm{e}^{2x}-\mathrm{e}^{2x}}{x^2}=4\mathrm{e}^{2x}\ln x+\frac{4\mathrm{e}^{2x}}{x}-\frac{\mathrm{e}^{2x}}{x^2}.$$

(6) $$y'=\frac{x\mathrm{e}^x-\mathrm{e}^x}{x^2},\ y''=\frac{x^3\mathrm{e}^x-2x^2\mathrm{e}^x+2x\mathrm{e}^x}{x^4}=\mathrm{e}^x\left(\frac{1}{x}-\frac{2}{x^2}+\frac{2}{x^3}\right).$$

2. 设 $f(x)=\begin{cases}x^3\cos\dfrac{1}{x}, & x\neq 0,\\ 0, & x=0,\end{cases}$ 求 $f''(x)$.

解 先求函数 $f(x)$ 的一阶导函数.

当 $x \neq 0$ 时,

$$f'(x)=3x^2\cos\frac{1}{x}+x^3\left(-\sin\frac{1}{x}\right)\left(-\frac{1}{x^2}\right)=3x^2\cos\frac{1}{x}+x\sin\frac{1}{x};$$

当 $x=0$ 时,

$$\lim_{x\to 0}\frac{f(x)-f(0)}{x-0}=\lim_{x\to 0}\frac{x^3\cos\frac{1}{x}-0}{x-0}=\lim_{x\to 0}x^2\cos\frac{1}{x}=0,$$

所以可得函数 $f(x)$ 的一阶导函数为

$$f'(x)=\begin{cases}3x^2\cos\frac{1}{x}+x\sin\frac{1}{x}, & x\neq 0,\\ 0, & x=0.\end{cases}$$

再求函数 $f(x)$ 的二阶导函数.

当 $x \neq 0$ 时,

$$f''(x)=6x\cos\frac{1}{x}-\frac{1}{x}\cos\frac{1}{x}+4\sin\frac{1}{x};$$

当 $x=0$ 时,

$$\lim_{x\to 0}\frac{f'(x)-f'(0)}{x-0}=\lim_{x\to 0}\frac{3x^2\cos\frac{1}{x}+x\sin\frac{1}{x}-0}{x-0}=\lim_{x\to 0}\left(3x\cos\frac{1}{x}+\sin\frac{1}{x}\right)$$

不存在, 所以 $f''(x)=6x\cos\frac{1}{x}-\frac{1}{x}\cos\frac{1}{x}+4\sin\frac{1}{x}\ (x\neq 0)$, $f''(0)$ 不存在.

3. 设 $f''(x)$ 存在, 求下列函数的二阶导数 $\frac{\mathrm{d}^2y}{\mathrm{d}x^2}$:

(1) $y=f(\ln x)$; (2) $y=\sin[f(x^2)]$.

解 (1) $\frac{\mathrm{d}y}{\mathrm{d}x}=\frac{1}{x}f'(\ln x)$,

$$\frac{\mathrm{d}^2y}{\mathrm{d}x^2}=-\frac{1}{x^2}f'(\ln x)+\frac{1}{x^2}f''(\ln x)=\frac{1}{x^2}[f''(\ln x)-f'(\ln x)].$$

(2) $\frac{\mathrm{d}y}{\mathrm{d}x}=2xf'(x^2)\cos[f(x^2)]$,

$$\frac{\mathrm{d}^2y}{\mathrm{d}x^2}=2f'(x^2)\cos[f(x^2)]+4x^2f''(x^2)\cos[f(x^2)]-4x^2[f'(x^2)]^2\sin[f(x^2)].$$

4. 求下列函数指定阶的导数:

(1) $y=\mathrm{e}^{2x}\sin x$, 求 y'''; (2) $y=\mathrm{e}^{3x}(x^2+2)$, 求 $y^{(100)}$.

解 (1) 解法 1 逐阶求导法.

$$y'=2\mathrm{e}^{2x}\sin x+\mathrm{e}^{2x}\cos x=\mathrm{e}^{2x}(2\sin x+\cos x),$$

$$y''=2\mathrm{e}^{2x}(2\sin x+\cos x)+\mathrm{e}^{2x}(2\cos x-\sin x)=\mathrm{e}^{2x}(3\sin x+4\cos x),$$

$$y'''=2\mathrm{e}^{2x}(3\sin x+4\cos x)+\mathrm{e}^{2x}(3\cos x-4\sin x)=\mathrm{e}^{2x}(2\sin x+11\cos x).$$

解法 2 采用莱布尼茨公式.

$$y''' = (e^{2x})''' \sin x + 3(e^{2x})'' \cos x - 3(e^{2x})' \sin x - e^{2x} \cos x$$

$$= 8e^{2x} \sin x + 12e^{2x} \cos x - 6e^{2x} \sin x - e^{2x} \cos x = e^{2x}(2 \sin x + 11 \cos x).$$

(2) 阶数较高, 采用莱布尼茨公式. 根据函数的特点, 令 $u = e^{3x}, v = x^2 + 2$, 则

$$y^{(100)} = (e^{3x})^{(100)}(x^2+2) + C_{100}^1(e^{3x})^{(99)}(x^2+2)' + C_{100}^2(e^{3x})^{(98)}(x^2+2)''$$

$$= 3^{100}e^{3x}(x^2+2) + 100 \cdot 3^{99}e^{3x} \cdot 2x + 100 \cdot 99 \cdot 3^{98}e^{3x}$$

$$= 3^{98}e^{3x}(9x^2 + 600x + 9\,918).$$

5. 求下列函数 n 阶导数的一般表达式:

(1) $y = \dfrac{1-x}{1+2x}$;

(2) $y = \ln(x^2 - 3x + 2)$;

(3) $y = \sin^4 x + \cos^4 x$.

解 (1) $y' = \dfrac{-(1+2x) - 2(1-x)}{(1+2x)^2} = -3(1+2x)^{-2}, \quad y'' = 3 \cdot 2(1+2x)^{-3} \cdot 2,$

$$y''' = -3 \cdot 2 \cdot 3(1+2x)^{-4} \cdot 2^2, \quad y^{(4)} = 3 \cdot 2 \cdot 3 \cdot 4(1+2x)^{-5} \cdot 2^3, \cdots,$$

$$y^{(n)} = 3(-1)^n 2^{n-1} \frac{n!}{(1+2x)^{n+1}} = \frac{3}{2} \cdot \frac{(-2)^n n!}{(1+2x)^{n+1}}.$$

(2) $y' = \dfrac{2x-3}{x^2-3x+2} = \dfrac{1}{x-1} + \dfrac{1}{x-2}, \quad y'' = -\dfrac{1}{(x-1)^2} - \dfrac{1}{(x-2)^2},$

$$y''' = \frac{2}{(x-1)^3} + \frac{2}{(x-2)^3}, \quad y^{(4)} = -\frac{2 \cdot 3}{(x-1)^4} - \frac{2 \cdot 3}{(x-2)^4}, \cdots,$$

$$y^{(n)} = (-1)^{n-1}(n-1)! \left[\frac{1}{(x-1)^n} + \frac{1}{(x-2)^n}\right].$$

(3) **解法 1** 因为 $y' = 4\sin^3 x \cos x - 4\cos^3 x \sin x = -\sin 4x$, 而 $\sin(kx)^{(n)} = k^n \sin\left(kx + \dfrac{n\pi}{2}\right)$, 所以 $y^{(n)} = -4^{n-1} \sin\left(4x + \dfrac{n-1}{2}\pi\right) = 4^{n-1} \cos\left(4x + \dfrac{n}{2}\pi\right)$.

解法 2 因为 $y = \sin^4 x + \cos^4 x = (\sin^2 x + \cos^2 x)^2 - 2\sin^2 x \cos^2 x = 1 - \dfrac{1}{2}\sin^2 2x = \dfrac{3}{4} + \dfrac{1}{4}\cos 4x$, 所以 $y^{(n)} = \dfrac{1}{4} \cdot 4^n \cos\left(4x + \dfrac{n}{2}\pi\right) = 4^{n-1} \cos\left(4x + \dfrac{n}{2}\pi\right)$.

习题 2.4

1. 已知 $y = (x+1)^2$, 计算在 $x = 3$ 处当 Δx 分别等于 0.1, 0.01 时的 Δy 及 dy.

解 令 $y = f(x) = (x+1)^2$, 则函数的增量为

$$\Delta y = f(x + \Delta x) - f(x) = (x + \Delta x + 1)^2 - (x+1)^2 = 2(x+1)\Delta x + (\Delta x)^2,$$

函数的微分为 $dy = y'\Delta x = 2(x+1)\Delta x$.

因此，$\Delta y\Big|_{\substack{x=3\\ \Delta x=0.1}}=2\times4\times0.1+0.1^2=0.81$，$\mathrm{d}y\Big|_{\substack{x=3\\ \Delta x=0.1}}=2\times4\times0.1=0.8$；

$\Delta y\Big|_{\substack{x=3\\ \Delta x=0.01}}=2\times4\times0.01+0.01^2=0.080\,1$，$\mathrm{d}y\Big|_{\substack{x=3\\ \Delta x=0.01}}=2\times4\times0.01=0.08$.

2. 计算下列函数的微分:

(1) $y=\sqrt{x}+\dfrac{1}{x}+\sin 2$；　　(2) $y=\ln\sqrt{x^2+1}$；

(3) $y=x\sin x+\cos x$；　　(4) $y=\mathrm{e}^{\arctan(1-x)}$.

解 (1) $\mathrm{d}y=y'\mathrm{d}x=\left(\dfrac{1}{2\sqrt{x}}-\dfrac{1}{x^2}\right)\mathrm{d}x$.

(2) $\mathrm{d}y=y'\mathrm{d}x=\left[\dfrac{1}{2}\ln(x^2+1)\right]'\mathrm{d}x=\dfrac{x}{x^2+1}\mathrm{d}x$.

(3) $\mathrm{d}y=y'\mathrm{d}x=(\sin x+x\cos x-\sin x)\mathrm{d}x=x\cos x\mathrm{d}x$.

(4) $\mathrm{d}y=y'\mathrm{d}x=\mathrm{e}^{\arctan(1-x)}\cdot\dfrac{-1}{1+(1-x)^2}\mathrm{d}x=-\dfrac{\mathrm{e}^{\arctan(1-x)}}{x^2-2x+2}\mathrm{d}x$.

3. 设 $f(x)$ 可微, 求函数 $y=f(\ln x)\mathrm{e}^{f(x)}$ 的微分.

解 因为 $y'=\dfrac{f'(\ln x)}{x}\mathrm{e}^{f(x)}+f(\ln x)\mathrm{e}^{f(x)}f'(x)$, 所以

$$\mathrm{d}y=y'\mathrm{d}x=\mathrm{e}^{f(x)}\left[\frac{f'(\ln x)}{x}+f(\ln x)f'(x)\right]\mathrm{d}x.$$

4. 将适当的函数填入下列括号内, 使等号成立:

(1) $\mathrm{d}(\qquad)=5\mathrm{d}x$；　　(2) $\mathrm{d}(\qquad)=(2x+1)\mathrm{d}x$；

(3) $\mathrm{d}(\qquad)=\cos(ax+b)\mathrm{d}x(a\neq0)$；　　(4) $\mathrm{d}(\qquad)=\mathrm{e}^{-3x}\mathrm{d}x$；

(5) $\mathrm{d}(\qquad)=\dfrac{2}{3x-1}\mathrm{d}x$；　　(6) $\mathrm{d}(\qquad)=\dfrac{3}{\sqrt{2x+1}}\mathrm{d}x$；

(7) $\mathrm{d}(\qquad)=x\mathrm{e}^x\mathrm{d}x$；　　(8) $\mathrm{d}(\qquad)=\ln x\mathrm{d}x$.

解 (1) $\mathrm{d}(5x+C)=5\mathrm{d}x$.　　(2) $\mathrm{d}(x^2+x+C)=(2x+1)\mathrm{d}x$.

(3) $\mathrm{d}\left[\dfrac{1}{a}\sin(ax+b)+C\right]=\cos(ax+b)\mathrm{d}x\ (a\neq0)$.

(4) $\mathrm{d}\left(-\dfrac{1}{3}\mathrm{e}^{-3x}+C\right)=\mathrm{e}^{-3x}\mathrm{d}x$.　　(5) $\mathrm{d}\left(\dfrac{2}{3}\ln|3x-1|+C\right)=\dfrac{2}{3x-1}\mathrm{d}x$.

(6) $\mathrm{d}\left(3\sqrt{2x+1}+C\right)=\dfrac{3}{\sqrt{2x+1}}\mathrm{d}x$.　　(7) $\mathrm{d}(x\mathrm{e}^x-\mathrm{e}^x+C)=x\mathrm{e}^x\mathrm{d}x$.

(8) $\mathrm{d}(x\ln x-x+C)=\ln x\mathrm{d}x$.

5. 求下列函数在指定点处的一次近似式:

(1) $f(x)=\arctan x$, $x=0$；　　(2) $f(x)=\arcsin\dfrac{1}{\sqrt{x}}$, $x=2$；

(3) $f(x)=\dfrac{\cos x}{1+\sin x}$, $x=0$；　　(4) $f(x)=\mathrm{e}^{-x}\cos(3-x)$, $x=0$.

解 函数 $f(x)$ 在 x_0 处的一次近似式即为

$$f(x) \approx f(x_0) + f'(x_0)(x - x_0).$$

(1) 因为 $f'(x) = \dfrac{1}{x^2+1}$, 所以

$$\arctan x \approx \arctan 0 + \frac{1}{0^2+1}(x-0) = x,$$

即 $\arctan x \approx x$.

(2) 因为 $f'(x) = \dfrac{1}{\sqrt{1-\dfrac{1}{x}}} \cdot \left(-\dfrac{1}{2}\right) \cdot \dfrac{1}{\sqrt{x^3}} = -\dfrac{1}{2x\sqrt{x-1}}$, 所以

$$\arcsin \frac{1}{\sqrt{x}} \approx \arcsin \frac{1}{\sqrt{2}} - \frac{1}{2 \times 2 \times \sqrt{2-1}}(x-2) = \frac{\pi}{4} - \frac{1}{4}(x-2),$$

即 $\arcsin \dfrac{1}{\sqrt{x}} \approx \dfrac{\pi}{4} - \dfrac{1}{4}(x-2)$.

(3) 因为 $f'(x) = \dfrac{-\sin x(1+\sin x) - \cos^2 x}{(1+\sin x)^2} = -\dfrac{1}{1+\sin x}$, 所以

$$\frac{\cos x}{1+\sin x} \approx \frac{\cos 0}{1+\sin 0} - \frac{1}{1+\sin 0}(x-0) = 1-x,$$

即 $\dfrac{\cos x}{1+\sin x} \approx 1-x$.

(4) 因为 $f'(x) = \mathrm{e}^{-x}[\sin(3-x) - \cos(3-x)]$, 所以

$$\mathrm{e}^{-x}\cos(3-x) \approx \mathrm{e}^{-0}\cos(3-0) + \mathrm{e}^{-0}[\sin(3-0) - \cos(3-0)] \cdot (x-0),$$

即 $\mathrm{e}^{-x}\cos(3-x) \approx \cos 3 + (\sin 3 - \cos 3)x$.

6. 扩音器的插头为圆柱形, 截面半径 r 为 0.15 cm, 长度 l 为 4 cm, 为了提高它的导电性, 要在圆柱形插头表面镀上一层厚为 0.001 cm 的纯铜, 每个插头大约需要多少克铜 (铜的密度为 8.9 g/cm^3)?

解 由题意可知, 镀层的体积等于两个同底面的圆柱体体积之差, 用微分的方法来估计.

$$\Delta V \approx \mathrm{d}V = (\pi r^2 l)' \cdot \Delta r = 2\pi r l \cdot \Delta r = 2 \times 3.14 \times 0.15 \times 4 \times 0.001 \approx 0.0038\ (\mathrm{cm}^3),$$

所以每个插头大约需要 $m = 0.0038 \times 8.9 = 0.03382$ g 铜.

7. 有一圆锥形水箱, 其高为 3 m, 半径为 2 m, 水箱尖端朝下放置, 现从水箱顶端以 1 m^3/min 的速度向水箱注水, 当水箱内水深为 1.5 m 时水位上升有多快?

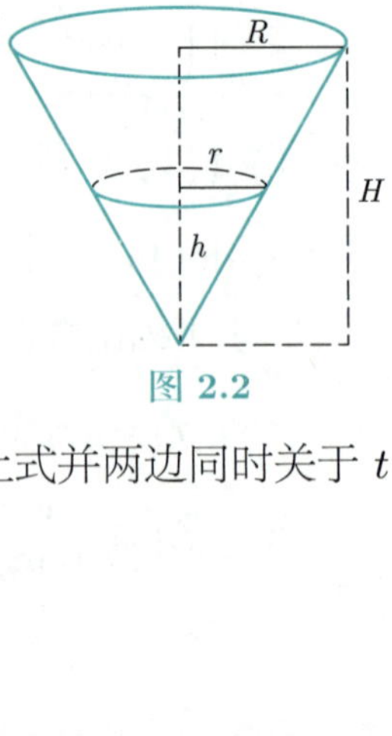

图 2.2

解 如图 2.2, 设 t 时刻水箱内水深为 h, 则水的体积为

$$V = \frac{1}{3}\pi r^2 h.$$

因为 $\dfrac{R}{H} = \dfrac{r}{h}$, 所以 $r = \dfrac{Rh}{H}$, 且 $R=2$, $H=3$, 即 $r = \dfrac{2}{3}h$, 代入上式并两边同时关于 t 求导, 得

$$\frac{\mathrm{d}V}{\mathrm{d}t} = \frac{4}{9}\pi h^2 \frac{\mathrm{d}h}{\mathrm{d}t},$$

将 $\dfrac{\mathrm{d}V}{\mathrm{d}t}=1\ \mathrm{m}^3/\mathrm{min}$, $h=1.5\ \mathrm{m}$ 代入上式得 $\dfrac{\mathrm{d}h}{\mathrm{d}t}=\dfrac{1}{\pi}\ \mathrm{m/min}$.

习题 2.5

1. 求由下列方程所确定的隐函数 $y=y(x)$ 的导数 $\dfrac{\mathrm{d}y}{\mathrm{d}x}$:

(1) $y^2=x^2+\sin xy$;　　(2) $\mathrm{e}^{xy}+y^2=\cos x$;

(3) $y^x=x^y$;　　(4) $xy^2=\mathrm{e}^x+\sin(x^2+y^2)$.

解 (1) 方程 $y^2=x^2+\sin xy$ 两边同时对 x 求导, 得

$$2y\frac{\mathrm{d}y}{\mathrm{d}x}=2x+\cos xy\left(y+x\frac{\mathrm{d}y}{\mathrm{d}x}\right),$$

从而

$$\frac{\mathrm{d}y}{\mathrm{d}x}=\frac{2x+y\cos xy}{2y-x\cos xy},$$

其中 $y=y(x)$ 是由 $y^2=x^2+\sin xy$ 确定的隐函数.

(2) 方程 $\mathrm{e}^{xy}+y^2=\cos x$ 两边同时对 x 求导, 得

$$\mathrm{e}^{xy}\left(y+x\frac{\mathrm{d}y}{\mathrm{d}x}\right)+2y\frac{\mathrm{d}y}{\mathrm{d}x}=-\sin x,$$

从而

$$\frac{\mathrm{d}y}{\mathrm{d}x}=-\frac{\sin x+y\mathrm{e}^{xy}}{x\mathrm{e}^{xy}+2y},$$

其中 $y=y(x)$ 是由 $\mathrm{e}^{xy}+y^2=\cos x$ 确定的隐函数.

(3) 方程 $y^x=x^y$ 两边取对数后同时对 x 求导, 得

$$\ln y+\frac{x}{y}\frac{\mathrm{d}y}{\mathrm{d}x}=\frac{\mathrm{d}y}{\mathrm{d}x}\ln x+\frac{y}{x},$$

从而

$$\frac{\mathrm{d}y}{\mathrm{d}x}=\frac{y^2-xy\ln y}{x^2-xy\ln x},$$

其中 $y=y(x)$ 是由 $y^x=x^y$ 确定的隐函数.

(4) 方程 $xy^2=\mathrm{e}^x+\sin(x^2+y^2)$ 两边同时对 x 求导, 得

$$y^2+2xy\frac{\mathrm{d}y}{\mathrm{d}x}=\mathrm{e}^x+\cos(x^2+y^2)\left(2x+2y\frac{\mathrm{d}y}{\mathrm{d}x}\right),$$

从而

$$\frac{\mathrm{d}y}{\mathrm{d}x}=\frac{\mathrm{e}^x+2x\cos(x^2+y^2)-y^2}{2xy-2y\cos(x^2+y^2)},$$

其中 $y=y(x)$ 是由 $xy^2=\mathrm{e}^x+\sin(x^2+y^2)$ 确定的隐函数.

2. 求曲线 $x^3+y^3=9xy$ 在点 $(2,4)$ 处的切线方程与法线方程.

解 曲线方程 $x^3+y^3=9xy$ 两边同时对 x 求导, 得

$$3x^2+3y^2y'=9y+9xy',$$

从而 $y'=\dfrac{3y-x^2}{y^2-3x}$. 由导数的几何意义可知, 所求切线斜率为 $y'\Big|_{(2,4)}=\dfrac{4}{5}$. 故所求切线方程为

$$y-4=\frac{4}{5}(x-2),\quad 即\ 4x-5y+12=0.$$

法线方程为

$$y-4=-\frac{5}{4}(x-2),\quad 即\ 5x+4y-26=0.$$

3. 求由下列方程所确定的隐函数 $y=y(x)$ 的二阶导数 $\dfrac{\mathrm{d}^2y}{\mathrm{d}x^2}$:

(1) $2x^3-3y^2=8$; (2) $xy+\mathrm{e}^y=x+1$;

(3) $\arctan\dfrac{y}{x}=\ln\sqrt{x^2+y^2}$.

解 (1) 方程 $2x^3-3y^2=8$ 两边同时对 x 求导, 得

$$x^2-y\frac{\mathrm{d}y}{\mathrm{d}x}=0, \tag{①}$$

即

$$\frac{\mathrm{d}y}{\mathrm{d}x}=\frac{x^2}{y}. \tag{②}$$

求隐函数二阶导数时, 可采用两种方法.

解法 1 方程①两边同时对 x 求导, 得

$$2x-\left(\frac{\mathrm{d}y}{\mathrm{d}x}\right)^2-y\frac{\mathrm{d}^2y}{\mathrm{d}x^2}=0,$$

从而 $\dfrac{\mathrm{d}^2y}{\mathrm{d}x^2}=\dfrac{2x-\left(\dfrac{\mathrm{d}y}{\mathrm{d}x}\right)^2}{y}$, 将②式代入可得 $\dfrac{\mathrm{d}^2y}{\mathrm{d}x^2}=\dfrac{2xy^2-x^4}{y^3}$.

解法 2 ②式两边同时对 x 求导, 得

$$\frac{\mathrm{d}^2y}{\mathrm{d}x^2}=\frac{2xy-x^2\dfrac{\mathrm{d}y}{\mathrm{d}x}}{y^2},$$

再将②式代入可得 $\dfrac{\mathrm{d}^2y}{\mathrm{d}x^2}=\dfrac{2xy^2-x^4}{y^3}$.

(2) 方程 $xy+\mathrm{e}^y=x+1$ 两边同时对 x 求导, 得

$$y+x\frac{\mathrm{d}y}{\mathrm{d}x}+\mathrm{e}^y\frac{\mathrm{d}y}{\mathrm{d}x}=1,$$

从而 $\dfrac{\mathrm{d}y}{\mathrm{d}x}=\dfrac{1-y}{x+\mathrm{e}^y}$, 该式两边同时对 x 继续求导得

$$\frac{\mathrm{d}^2y}{\mathrm{d}x^2}=\frac{-\dfrac{\mathrm{d}y}{\mathrm{d}x}(x+\mathrm{e}^y)-(1-y)\left(1+\mathrm{e}^y\dfrac{\mathrm{d}y}{\mathrm{d}x}\right)}{(x+\mathrm{e}^y)^2},$$

将 $\dfrac{\mathrm{d}y}{\mathrm{d}x}=\dfrac{1-y}{x+\mathrm{e}^y}$ 代入上式可得隐函数的二阶导数为

$$\frac{\mathrm{d}^2y}{\mathrm{d}x^2}=\frac{(y-1)(2x+3\mathrm{e}^y-y\mathrm{e}^y)}{(x+\mathrm{e}^y)^3}.$$

(3) 方程 $\arctan\dfrac{y}{x}=\ln\sqrt{x^2+y^2}$ 两边同时对 x 求导, 得

$$\frac{1}{1+\dfrac{y^2}{x^2}}\cdot\frac{x\dfrac{\mathrm{d}y}{\mathrm{d}x}-y}{x^2}=\frac{x+y\dfrac{\mathrm{d}y}{\mathrm{d}x}}{x^2+y^2},$$

从而 $\dfrac{\mathrm{d}y}{\mathrm{d}x}=\dfrac{x+y}{x-y}$, 该式两边同时对 x 继续求导得 $\dfrac{\mathrm{d}^2y}{\mathrm{d}x^2}=\dfrac{2x\dfrac{\mathrm{d}y}{\mathrm{d}x}-2y}{(x-y)^2}$, 将 $\dfrac{\mathrm{d}y}{\mathrm{d}x}=\dfrac{x+y}{x-y}$ 代入上式可得隐函数的二阶导数为

$$\frac{\mathrm{d}^2y}{\mathrm{d}x^2}=\frac{2(x^2+y^2)}{(x-y)^3}.$$

4. 已知函数 $y=y(x)$ 由方程 $\mathrm{e}^y+6xy+x^2=1$ 所确定, 求 $\left.\dfrac{\mathrm{d}y}{\mathrm{d}x}\right|_{x=0}$, $\left.\dfrac{\mathrm{d}^2y}{\mathrm{d}x^2}\right|_{x=0}$.

解 方程 $\mathrm{e}^y+6xy+x^2=1$ 两边同时对 x 求导, 可得

$$\mathrm{e}^y\frac{\mathrm{d}y}{\mathrm{d}x}+6y+6x\frac{\mathrm{d}y}{\mathrm{d}x}+2x=0. \qquad ①$$

①式两边继续对 x 求导得

$$\mathrm{e}^y\left(\frac{\mathrm{d}y}{\mathrm{d}x}\right)^2+\mathrm{e}^y\frac{\mathrm{d}^2y}{\mathrm{d}x^2}+12\frac{\mathrm{d}y}{\mathrm{d}x}+6x\frac{\mathrm{d}^2y}{\mathrm{d}x^2}+2=0. \qquad ②$$

将 $x=0$ 代入原方程得 $y=0$, 将 $x=0, y=0$ 代入①式得 $\left.\dfrac{\mathrm{d}y}{\mathrm{d}x}\right|_{x=0}=0$; 将 $x=0$, $y=0$, $\left.\dfrac{\mathrm{d}y}{\mathrm{d}x}\right|_{x=0}=0$ 代入②式得 $\left.\dfrac{\mathrm{d}^2y}{\mathrm{d}x^2}\right|_{x=0}=-2$.

5. 求由下列参数方程所确定的函数的导数 $\dfrac{\mathrm{d}y}{\mathrm{d}x}$ 及 $\dfrac{\mathrm{d}^2y}{\mathrm{d}x^2}$:

(1) $\begin{cases}x=t^3,\\ y=t^2;\end{cases}$ (2) $\begin{cases}x=t-\cos t,\\ y=1+\sin t;\end{cases}$

(3) $\begin{cases}x=t-\ln(1+t),\\ y=t^3+t^2.\end{cases}$

解 (1) $\dfrac{\mathrm{d}y}{\mathrm{d}x}=\dfrac{\frac{\mathrm{d}y}{\mathrm{d}t}}{\frac{\mathrm{d}x}{\mathrm{d}t}}=\dfrac{2t}{3t^2}=\dfrac{2}{3t}$, $\dfrac{\mathrm{d}^2y}{\mathrm{d}x^2}=\dfrac{\frac{\mathrm{d}}{\mathrm{d}t}\left(\frac{\mathrm{d}y}{\mathrm{d}x}\right)}{\frac{\mathrm{d}x}{\mathrm{d}t}}=\dfrac{-\frac{2}{3t^2}}{3t^2}=-\dfrac{2}{9t^4}$.

(2) $\dfrac{\mathrm{d}y}{\mathrm{d}x}=\dfrac{\frac{\mathrm{d}y}{\mathrm{d}t}}{\frac{\mathrm{d}x}{\mathrm{d}t}}=\dfrac{\cos t}{1+\sin t}$,

$$\frac{\mathrm{d}^2y}{\mathrm{d}x^2}=\frac{\frac{\mathrm{d}}{\mathrm{d}t}\left(\frac{\mathrm{d}y}{\mathrm{d}x}\right)}{\frac{\mathrm{d}x}{\mathrm{d}t}}=\frac{\frac{-\sin t(1+\sin t)-\cos^2 t}{(1+\sin t)^2}}{1+\sin t}=-\frac{1}{(1+\sin t)^2}.$$

(3) $\dfrac{\mathrm{d}y}{\mathrm{d}x}=\dfrac{\frac{\mathrm{d}y}{\mathrm{d}t}}{\frac{\mathrm{d}x}{\mathrm{d}t}}=\dfrac{3t^2+2t}{1-\frac{1}{1+t}}=(t+1)(3t+2)$,

$$\frac{\mathrm{d}^2y}{\mathrm{d}x^2}=\frac{\frac{\mathrm{d}}{\mathrm{d}t}\left(\frac{\mathrm{d}y}{\mathrm{d}x}\right)}{\frac{\mathrm{d}x}{\mathrm{d}t}}=[(3t+2)+3(t+1)]\frac{1+t}{t}=\frac{(6t+5)(t+1)}{t}.$$

6. 求下列曲线在相应点处的切线方程与法线方程:

(1) 参数方程 $\begin{cases}x=\mathrm{e}^t\sin 2t,\\ y=\mathrm{e}^t\cos t,\end{cases}$ 在 $t=0$ 处;

(2) 极坐标方程 $\rho=a(1+\cos\theta)\ (a>0)$, 在 $\theta=\dfrac{\pi}{2}$ 处.

解 (1) $\dfrac{\mathrm{d}y}{\mathrm{d}x}=\dfrac{\frac{\mathrm{d}y}{\mathrm{d}t}}{\frac{\mathrm{d}x}{\mathrm{d}t}}=\dfrac{\mathrm{e}^t(\cos t-\sin t)}{\mathrm{e}^t(\sin 2t+2\cos 2t)}=\dfrac{\cos t-\sin t}{\sin 2t+2\cos 2t}$, 所求切线斜率为 $\left.\dfrac{\mathrm{d}y}{\mathrm{d}x}\right|_{t=0}=\dfrac{1}{2}$, 参数 $t=0$ 对应的点为 $(0,1)$, 故所求切线方程为

$$y-1=\frac{1}{2}(x-0),\quad 即\ x-2y+2=0.$$

法线方程为

$$y-1=-2(x-0),\quad 即\ 2x+y-1=0.$$

(2) 由直角坐标系和极坐标系间的转换关系, 得曲线的参数方程为

$$\begin{cases}x=\rho\cos\theta=a(1+\cos\theta)\cos\theta,\\ y=\rho\sin\theta=a(1+\cos\theta)\sin\theta.\end{cases}$$

从而 $\dfrac{\mathrm{d}y}{\mathrm{d}x}=\dfrac{\frac{\mathrm{d}y}{\mathrm{d}\theta}}{\frac{\mathrm{d}x}{\mathrm{d}\theta}}=\dfrac{-a\sin^2\theta+a(1+\cos\theta)\cos\theta}{-a\sin\theta\cos\theta-a(1+\cos\theta)\sin\theta}=-\dfrac{\cos 2\theta+\cos\theta}{\sin 2\theta+\sin\theta}$, 于是所求

切线斜率为 $\left.\dfrac{\mathrm{d}y}{\mathrm{d}x}\right|_{\theta=\frac{\pi}{2}}=1$. 又 $\theta=\dfrac{\pi}{2}$ 对应的点为 $(0,a)$, 则所求的切线方程为

$$y-a=x-0,\quad 即\ y=x+a.$$

法线方程为

$$y-a=-x,\quad 即\ y=-x+a.$$

7. 用对数求导法求下列函数的导数:

(1) $y=(1+2x)^x$; (2) $y=\dfrac{\sqrt[3]{(x+1)(1-2x)}}{(3x+4)^2}$;

(3) $y=\sqrt{\mathrm{e}^{\frac{1}{x}}\sqrt{x\sqrt{\sin x}}}$.

解 (1) 方程 $y=(1+2x)^x$ 两边同时取对数, 可得

$$\ln y=x\ln(1+2x),$$

上式两边同时对 x 求导, 并注意到 $y=y(x)$, 得

$$\frac{y'}{y}=\ln(1+2x)+\frac{2x}{1+2x},$$

所以 $y'=(1+2x)^x\left[\ln(1+2x)+\dfrac{2x}{1+2x}\right]$.

(2) 方程 $y=\dfrac{\sqrt[3]{(x+1)(1-2x)}}{(3x+4)^2}$ 两边同时取对数, 可得

$$\ln y=\frac{1}{3}[\ln(x+1)+\ln(1-2x)]-2\ln(3x+4),$$

上式两边同时对 x 求导, 并注意到 $y=y(x)$, 得

$$\frac{y'}{y}=\frac{1}{3}\left(\frac{1}{x+1}-\frac{2}{1-2x}\right)-\frac{6}{3x+4},$$

所以 $y'=\dfrac{\sqrt[3]{(x+1)(1-2x)}}{3(3x+4)^2}\left(\dfrac{1}{x+1}-\dfrac{2}{1-2x}-\dfrac{18}{3x+4}\right)$.

(3) 方程 $y=\sqrt{\mathrm{e}^{\frac{1}{x}}\sqrt{x\sqrt{\sin x}}}$ 两边同时取对数, 可得

$$\ln y=\frac{1}{2}\left(\frac{1}{x}+\frac{1}{2}\ln x+\frac{1}{4}\ln\sin x\right),$$

上式两边同时对 x 求导, 并注意到 $y=y(x)$, 得

$$\frac{y'}{y}=\frac{1}{2}\left(-\frac{1}{x^2}+\frac{1}{2x}+\frac{1}{4}\cot x\right),$$

所以 $y'=\dfrac{\sqrt{\mathrm{e}^{\frac{1}{x}}\sqrt{x\sqrt{\sin x}}}}{2}\left(-\dfrac{1}{x^2}+\dfrac{1}{2x}+\dfrac{1}{4}\cot x\right)$.

8. 已知函数 $y=y(x)$ 由方程 $x\mathrm{e}^{f(y)}=\mathrm{e}^y$ 所确定, 其中 $f(y)$ 具有二阶导数, 且 $f'(y)\neq 1$, 求 $\dfrac{\mathrm{d}^2y}{\mathrm{d}x^2}$.

解 方程 $x\mathrm{e}^{f(y)}=\mathrm{e}^y$ 两边取对数后对 x 求导, 可得

$$\frac{1}{x}+f'(y)\frac{\mathrm{d}y}{\mathrm{d}x}=\frac{\mathrm{d}y}{\mathrm{d}x},$$

从而 $\dfrac{\mathrm{d}y}{\mathrm{d}x}=\dfrac{1}{x\left[1-f'(y)\right]}$, 该式两边同时对 x 继续求导, 得

$$\frac{\mathrm{d}^2y}{\mathrm{d}x^2}=\frac{xf''(y)\dfrac{\mathrm{d}y}{\mathrm{d}x}-1+f'(y)}{x^2\left[1-f'(y)\right]^2},$$

将 $\dfrac{\mathrm{d}y}{\mathrm{d}x}=\dfrac{1}{x\left[1-f'(y)\right]}$ 代入上式, 可得

$$\frac{\mathrm{d}^2y}{\mathrm{d}x^2}=\frac{f''(y)-\left[1-f'(y)\right]^2}{x^2\left[1-f'(y)\right]^3}.$$

9. 一气球在距离观察员水平距离 500 m 处离开地面垂直上升, 上升速度为 140 m/min. 当气球高度为 500 m 时, 观察员视线的仰角的增加率是多少?

解 设气球离开地面 t min 后高度为 h, 仰角为 α, 则 $\tan\alpha=\dfrac{h}{500}$, 该式两边对 t 求导, 可得

$$\sec^2\alpha\frac{\mathrm{d}\alpha}{\mathrm{d}t}=\frac{1}{500}\frac{\mathrm{d}h}{\mathrm{d}t},$$

从而 $\dfrac{\mathrm{d}\alpha}{\mathrm{d}t}=\dfrac{1}{500\sec^2\alpha}\cdot\dfrac{\mathrm{d}h}{\mathrm{d}t}$, 其中 $\dfrac{\mathrm{d}h}{\mathrm{d}t}=140$ m/min. 当气球高度 $h=500$ m 时, $\sec^2\alpha=2$, 代入得 $\dfrac{\mathrm{d}\alpha}{\mathrm{d}t}=\dfrac{7}{50}$ rad/min.

10. 一架巡逻直升机在距离地面 3 km 的高度以 120 km/h 的速度沿着一条水平笔直的高速公路向前飞行. 飞行员观察到迎面驶来一辆汽车, 通过雷达测出直升机与汽车的距离为 5 km, 同时此距离以 160 km/h 的速率在减少. 试求此时汽车行进的速度.

解 设飞机与汽车水平距离为 x km, 直线距离为 y km, 则

$$y^2=x^2+9,$$

方程两边同时对 t 求导, 得 $y\dfrac{\mathrm{d}y}{\mathrm{d}t}=x\dfrac{\mathrm{d}x}{\mathrm{d}t}$. 将 $x=4$, $y=5$, $\dfrac{\mathrm{d}y}{\mathrm{d}t}=160$ 代入可得汽车行进的速度为

$$\frac{\mathrm{d}x}{\mathrm{d}t}=200\ \mathrm{km/h}.$$

习题 2.6

1. 不求出函数 $f(x)=(x^2-1)(x^2-4)$ 的导数, 说明方程 $f'(x)=0$ 有几个实根, 并指出它们所在的区间.

解 $f(x)=(x+1)(x-1)(x+2)(x-2)$, 函数 $f(x)$ 分别在 $[-2,-1]$, $[-1,1]$, $[1,2]$ 上连续, 在 $(-2,-1)$, $(-1,1)$, $(1,2)$ 内可导, 且 $f(-2)=f(-1)=f(1)=f(2)=0$. 由罗尔定理知存在 $\xi_1\in(-2,-1)$, $\xi_2\in(-1,1)$, $\xi_3\in(1,2)$, 使得 $f'(\xi_1)=f'(\xi_2)=f'(\xi_3)=0$, 即 $f'(x)=0$ 至少有三个实根.

又因为 $f'(x)=0$ 为一元三次方程, 所以其至多有三个实根. 因此方程 $f'(x)=0$ 有且仅有三个实根, 分别处于区间 $(-2,-1)$, $(-1,1)$, $(1,2)$ 内.

2. 证明: 方程 $x^5+x-1=0$ 只有一个正根.

证明 先证存在性. 令 $f(x)=x^5+x-1$, 则 $f(x)$ 在 $[0,1]$ 上连续, 且

$$f(0)=-1<0,\quad f(1)=1>0.$$

由零点定理可知, 至少存在一点 $x_1\in(0,1)$, 使得 $f(x_1)=0$, 即方程 $x^5+x-1=0$ 在 $(0,1)$ 内至少有一根.

再证惟一性, 用反证法. 若方程 $x^5+x-1=0$ 还有一正根 x_2, 即 $f(x_2)=0$, 且 $x_2\neq x_1$, 则 $f(x)$ 在以 x_1, x_2 为端点的区间上满足罗尔定理的条件. 故至少存在介于 x_1,x_2 的一点 ξ, 使得 $f'(\xi)=0$. 但这与 $f'(\xi)=5\xi^4+1>0$ 矛盾. 故方程 $x^5+x-1=0$ 只有一个正根.

3. 设 $a_0,a_1,\cdots,a_n$ 是满足 $a_0+\dfrac{a_1}{2}+\dfrac{a_2}{3}+\cdots+\dfrac{a_n}{n+1}=0$ 的实数, 证明: 多项式

$$f(x)=a_0+a_1x+a_2x^2+\cdots+a_nx^n$$

在 $(0,1)$ 内至少有一个零点.

证明 令 $F(x)=a_0x+\dfrac{a_1}{2}x^2+\dfrac{a_2}{3}x^3+\cdots+\dfrac{a_n}{n+1}x^{n+1}$, 则 $F(x)$ 在 $[0,1]$ 上连续, 在 $(0,1)$ 内可导, 且

$$F(0)=0,\quad F(1)=a_0+\frac{a_1}{2}+\frac{a_2}{3}+\cdots+\frac{a_n}{n+1}=0.$$

由罗尔定理可知, 至少存在一点 $\xi\in(0,1)$, 使得 $F'(\xi)=0$, 即 $a_0+a_1\xi+a_2\xi^2+\cdots+a_n\xi^n=0$. 故多项式 $a_0+a_1x+a_2x^2+\cdots+a_nx^n$ 在 $(0,1)$ 内至少有一个零点.

4. 设 $f(x)$, $g(x)$ 在 $[a,b]$ 上连续, 在 (a,b) 内可导, 并且对 (a,b) 内任意 x, 有 $f'(x)=g'(x)$. 证明: 在 $[a,b]$ 上 $f(x)=g(x)+C$ (C 为常数).

证明 令 $F(x)=f(x)-g(x)$, 则对任意的 $x_1,x_2\in[a,b]$, 由拉格朗日中值定理知,

$$F(x_1)-F(x_2)=F'(\xi)(x_1-x_2)=[f'(\xi)-g'(\xi)](x_1-x_2)=0.$$

故 $F(x)$ 为常值函数, 即 $f(x)-g(x)=C$, 从而结论成立.

5. 设函数 $f(x)$ 在 $[0,1]$ 上连续, 在 $(0,1)$ 内可导, 且 $f(1)=0$, 证明: 至少存在一点 $\xi\in(0,1)$, 使得 $f'(\xi)=-\dfrac{2f(\xi)}{\xi}$.

证明　令 $F(x)=x^2f(x)$, 则 $F(x)$ 在 $[0,1]$ 上连续, 在 $(0,1)$ 内可导, 且

$$F(0)=0,\quad F(1)=f(1)=0.$$

由罗尔定理可知, 至少存在一点 $\xi\in(0,1)$, 使得 $F'(\xi)=0$, 即 $2\xi f(\xi)+\xi^2f'(\xi)=0$. 又 $\xi\neq0$, 即至少存在一点 $\xi\in(0,1)$, 使得 $2f(\xi)+\xi f'(\xi)=0$, 即 $f'(\xi)=-\dfrac{2f(\xi)}{\xi}$.

6. 若函数 $f(x)$ 在 (a,b) 内二阶可导, 且 $f(x_1)=f(x_2)=f(x_3)$, 其中 $a<x_1<x_2<x_3<b$, 证明: 至少存在一点 $\xi\in(x_1,x_3)$, 使得 $f''(\xi)=0$.

证明　因为 $f(x)$ 在 $[x_1,x_2]$, $[x_2,x_3]$ 上满足罗尔定理条件, 所以至少存在 $\xi_1\in(x_1,x_2)$, $\xi_2\in(x_2,x_3)$, 使得

$$f'(\xi_1)=0,\quad f'(\xi_2)=0,\quad 且\ \xi_1<\xi_2.$$

又因为 $f'(x)$ 在 $[\xi_1,\xi_2]$ 上连续, 在 (ξ_1,ξ_2) 内可导, 所以由罗尔定理可知, 至少存在一点 $\xi\in(\xi_1,\xi_2)\subset(x_1,x_3)$, 使得 $f''(\xi)=0$.

7. 证明下列恒等式:

(1) $\arctan x+\arctan\dfrac{1}{x}=\dfrac{\pi}{2}\ (x>0)$;

(2) $\arctan x-\arcsin\dfrac{x}{\sqrt{1+x^2}}=0$.

证明　(1) 令 $f(x)=\arctan x+\arctan\dfrac{1}{x}$, $x>0$, 因为

$$f'(x)=\frac{1}{1+x^2}+\frac{1}{1+\dfrac{1}{x^2}}\cdot\left(-\frac{1}{x^2}\right)=\frac{1}{1+x^2}-\frac{1}{1+x^2}=0,$$

所以 $f(x)\equiv C$ (C 为常数). 取 $x=1$, 得 $f(1)=\dfrac{\pi}{4}+\dfrac{\pi}{4}=\dfrac{\pi}{2}$, 故 $\arctan x+\arctan\dfrac{1}{x}=\dfrac{\pi}{2}$.

(2) 令 $f(x)=\arctan x-\arcsin\dfrac{x}{\sqrt{1+x^2}}$, 因为

$$\begin{aligned}f'(x)&=\frac{1}{1+x^2}-\frac{1}{\sqrt{1-\dfrac{x^2}{1+x^2}}}\cdot\frac{\sqrt{1+x^2}-x\cdot\dfrac{x}{\sqrt{1+x^2}}}{1+x^2}\\&=\frac{1}{1+x^2}-\frac{1}{(1+x^2)^{-\frac{1}{2}}}\cdot\frac{1}{(1+x^2)^{\frac{3}{2}}}=0,\end{aligned}$$

所以 $f(x)\equiv C$ (C 为常数). 取 $x=0$, 得 $f(0)=0$, 故 $\arctan x-\arcsin\dfrac{x}{\sqrt{1+x^2}}=0$.

8. 证明下列不等式:

(1) $-x<\sin x<x\ (0<x<\pi)$;

(2) $\dfrac{b-a}{b} < \ln\dfrac{b}{a} < \dfrac{b-a}{a}$ $(0 < a < b)$.

证明 (1) 令 $f(t) = \sin t$, 则 $f(t)$ 在 $[0, x]$ 上连续, 在 $(0, x)$ 内可导, 由拉格朗日中值定理可知, 至少存在一点 $\xi \in (0, x)$, 使得

$$\frac{\sin x - \sin 0}{x - 0} = \cos\xi, \quad 0 < \xi < x < \pi.$$

由于 $-1 < \cos\xi < 1$, 故 $-1 < \dfrac{\sin x}{x} < 1$, 即当 $0 < x < \pi$ 时, $-x < \sin x < x$.

(2) 令 $f(x) = \ln x$, 则 $f(x)$ 在 $[a, b]$ 上连续, 在 (a, b) 内可导, 由拉格朗日中值定理可知, 至少存在一点 $\xi \in (a, b)$, 使得

$$\frac{\ln b - \ln a}{b - a} = \frac{1}{\xi}, \quad a < \xi < b.$$

由于 $\dfrac{1}{b} < \dfrac{1}{\xi} < \dfrac{1}{a}$, 故 $\dfrac{1}{b} < \dfrac{\ln b - \ln a}{b - a} < \dfrac{1}{a}$, 即 $\dfrac{b-a}{b} < \ln\dfrac{b}{a} < \dfrac{b-a}{a}$.

9. 已知 $0 < a < b$, 证明: 至少存在一点 $\xi \in (a, b)$, 使得 $a\mathrm{e}^b - b\mathrm{e}^a = (1-\xi)\mathrm{e}^\xi(a-b)$.

证明 令 $f(x) = \dfrac{\mathrm{e}^x}{x}$, $g(x) = \dfrac{1}{x}$, 则 $f(x)$, $g(x)$ 分别在 $[a, b]$ 上连续, 在 (a, b) 内可导. 由柯西中值定理可知, 至少存在一点 $\xi \in (a, b)$, 使得

$$\frac{\dfrac{\mathrm{e}^b}{b} - \dfrac{\mathrm{e}^a}{a}}{\dfrac{1}{b} - \dfrac{1}{a}} = \frac{\dfrac{\xi\mathrm{e}^\xi - \mathrm{e}^\xi}{\xi^2}}{-\dfrac{1}{\xi^2}}, \quad a < \xi < b,$$

化简可得 $\dfrac{a\mathrm{e}^b - b\mathrm{e}^a}{a - b} = (1-\xi)\mathrm{e}^\xi$. 因此, 存在 $\xi \in (a, b)$, 使得 $a\mathrm{e}^b - b\mathrm{e}^a = (1-\xi)\mathrm{e}^\xi(a-b)$.

10. 若函数 $f(x)$ 在 $[-1, 2]$ 上二阶可导, 且 $f(-1) = \dfrac{1}{3}$, $f(0) = \dfrac{1}{6}$, $f(2) = \dfrac{17}{6}$, 证明: 至少存在一点 $\xi \in (-1, 2)$, 使得 $f''(\xi) = 1$.

证明 假设 $P(x) = a_1x^2 + a_2x + a_3$ 满足 $P(-1) = \dfrac{1}{3}$, $P(0) = \dfrac{1}{6}$, $P(2) = \dfrac{17}{6}$, 则可得 $P(x) = \dfrac{1}{2}x^2 + \dfrac{1}{3}x + \dfrac{1}{6}$.

令 $\varphi(x) = f(x) - P(x)$, 则 $\varphi(-1) = \varphi(0) = \varphi(2) = 0$, 且 $\varphi(x)$ 在区间 $[-1, 0]$, $[0, 2]$ 上满足罗尔定理条件, 从而存在 $\xi_1 \in (-1, 0)$, $\xi_2 \in (0, 2)$, 使得 $\varphi'(\xi_1) = \varphi'(\xi_2) = 0$.

又 $\varphi'(x) = f'(x) - P'(x)$ 在 $[\xi_1, \xi_2]$ 上满足罗尔定理条件, 从而至少存在一点 $\xi \in (\xi_1, \xi_2)$, 使得 $\varphi''(\xi) = 0$, 而 $\varphi''(x) = f''(x) - P''(x) = f''(x) - 1$, 所以至少存在一点 $\xi \in (\xi_1, \xi_2) \subset (-1, 2)$, 使得 $f''(\xi) = 1$.

习题 2.7

1. 写出下列函数在指定点 x_0 处的带有佩亚诺余项的三阶泰勒公式:

(1) $f(x) = \tan x$, $x_0 = 0$; (2) $f(x) = \arctan x$, $x_0 = 0$;

(3) $f(x)=\arcsin x$, $x_0=0$;　　　　(4) $f(x)=\dfrac{1}{1+x}$, $x_0=1$.

解　(1) $f(x)=\tan x$, $f'(x)=\sec^2 x$, $f''(x)=2\sec^2 x\tan x$, $f'''(x)=4\sec^2 x\tan^2 x+2\sec^4 x$, 代入 $x=0$, 得

$$f(0)=0,\quad f'(0)=1,\quad f''(0)=0,\quad f'''(0)=2.$$

代入函数 $f(x)$ 的三阶泰勒公式 $f(x)=f(0)+f'(0)x+\dfrac{f''(0)}{2!}x^2+\dfrac{f'''(0)}{3!}x^3+o(x^3)$, 可得

$$\tan x=x+\frac{1}{3}x^3+o(x^3).$$

(2) $f(x)=\arctan x$, $f'(x)=\dfrac{1}{1+x^2}$, $f''(x)=-\dfrac{2x}{(1+x^2)^2}$, $f'''(x)=\dfrac{6x^2-2}{(1+x^2)^3}$, 代入 $x=0$, 得

$$f(0)=0,\quad f'(0)=1,\quad f''(0)=0,\quad f'''(0)=-2.$$

代入函数 $f(x)$ 的三阶泰勒公式 $f(x)=f(0)+f'(0)x+\dfrac{f''(0)}{2!}x^2+\dfrac{f'''(0)}{3!}x^3+o(x^3)$, 可得

$$\arctan x=x-\frac{1}{3}x^3+o(x^3).$$

(3) $f(x)=\arcsin x$, $f'(x)=\dfrac{1}{\sqrt{1-x^2}}$, $f''(x)=\dfrac{x}{(1-x^2)^{\frac{3}{2}}}$, $f'''(x)=(1+x^2)^{-\frac{3}{2}}+3x^2(1+x^2)^{-\frac{5}{2}}$, 代入 $x=0$, 得

$$f(0)=0,\quad f'(0)=1,\quad f''(0)=0,\quad f'''(0)=1.$$

代入函数 $f(x)$ 的三阶泰勒公式 $f(x)=f(0)+f'(0)x+\dfrac{f''(0)}{2!}x^2+\dfrac{f'''(0)}{3!}x^3+o(x^3)$, 可得

$$\arcsin x=x+\frac{1}{6}x^3+o(x^3).$$

(4) $f(x)=\dfrac{1}{1+x}$, $f'(x)=-\dfrac{1}{(1+x)^2}$, $f''(x)=\dfrac{2}{(1+x)^3}$, $f'''(x)=-\dfrac{6}{(1+x)^4}$, 代入 $x=1$, 得

$$f(1)=\frac{1}{2},\quad f'(1)=-\frac{1}{4},\quad f''(1)=\frac{1}{4},\quad f'''(1)=-\frac{3}{8}.$$

代入函数 $f(x)$ 的三阶泰勒公式 $f(x)=f(1)+f'(1)(x-1)+\dfrac{f''(1)}{2!}(x-1)^2+\dfrac{f'''(1)}{3!}(x-1)^3+o(x-1)^3$, 可得

$$\frac{1}{1+x}=\frac{1}{2}-\frac{1}{4}(x-1)+\frac{1}{8}(x-1)^2-\frac{1}{16}(x-1)^3+o(x-1)^3.$$

2. 写出下列函数的带拉格朗日余项的 n 阶麦克劳林公式:

(1) $f(x)=\dfrac{1-x}{1+x}$;　　　　(2) $f(x)=xe^x$.

解 (1) $f(x)=\dfrac{1-x}{1+x}$, $f'(x)=-2\dfrac{1!}{(1+x)^2}$, $f''(x)=2\dfrac{2!}{(1+x)^3}$, $f'''(x)=-2\dfrac{3!}{(1+x)^4},\cdots,f^{(n)}(x)=2\dfrac{(-1)^n n!}{(1+x)^{n+1}}$. 代入 $x=0$, 得

$$f(0)=1,f'(0)=-2,f''(0)=2\cdot 2!,f'''(0)=-2\cdot 3!,\cdots,f^{(n)}(0)=2(-1)^n n!.$$

代入函数 $f(x)$ 的 n 阶泰勒公式 $f(x)=f(0)+f'(0)x+\dfrac{f''(0)}{2!}x^2+\dfrac{f'''(0)}{3!}x^3+\cdots+\dfrac{f^{(n)}(0)}{n!}x^n+R_n(x)$, 可得

$$\frac{1-x}{1+x}=1-2x+2x^2-\cdots+(-1)^n 2\cdot x^n+\frac{2\cdot(-1)^{n+1}}{(1+\xi)^{n+1}}x^{n+1},\quad \xi\text{ 介于 }0\text{和 }x.$$

(2) $f(x)=xe^x$, $f'(x)=e^x+xe^x=(1+x)e^x$, $f''(x)=e^x+(1+x)e^x=(2+x)e^x$, 可得 $f^{(n)}(x)=(n+x)e^x$. 代入 $x=0$, 得 $f(0)=0$, $f^{(n)}(0)=n$, 代入函数 $f(x)$ 的 n 阶泰勒公式

$$f(x)=f(0)+f'(0)x+\frac{f''(0)}{2!}x^2+\frac{f'''(0)}{3!}x^3+\cdots+\frac{f^{(n)}(0)}{n!}x^n+R_n(x),$$

可得

$$xe^x=x+x^2+\frac{x^3}{2!}+\cdots+\frac{x^n}{(n-1)!}+\frac{(n+1+\xi)e^{\xi}}{(n+1)!}x^{n+1},\quad \xi\text{ 介于}0\text{ 和 }x.$$

3. 应用三阶泰勒公式求下列各数的近似值, 并估计误差:

(1) $\sqrt[3]{30}$;　　　　(2) $\ln 1.2$.

解 (1) $\sqrt[3]{30}=\sqrt[3]{27+3}=3\sqrt[3]{1+\dfrac{1}{9}}$, 令 $f(x)=(1+x)^{\frac{1}{3}}$, 选取 $f(x)$ 的三阶带有拉格朗日余项的麦克劳林公式计算该近似值.

$$f(x)=(1+x)^{\frac{1}{3}}=1+\frac{1}{3}x+\frac{\frac{1}{3}\left(\frac{1}{3}-1\right)}{2!}x^2+\frac{\frac{1}{3}\left(\frac{1}{3}-1\right)\left(\frac{1}{3}-2\right)}{3!}x^3+R_3(x),$$

其中 $R_3(x)=\dfrac{\frac{1}{3}\left(\frac{1}{3}-1\right)\left(\frac{1}{3}-2\right)\left(\frac{1}{3}-3\right)}{4!}(1+\xi)^{\frac{1}{3}-4}x^4$, ξ 介于 0 和 x. 于是,

$$\sqrt[3]{30}=3\left(1+\frac{1}{9}\right)^{\frac{1}{3}}\approx 3\left(1+\frac{1}{3}\cdot\frac{1}{9}-\frac{1}{9}\cdot\frac{1}{9^2}+\frac{5}{81}\cdot\frac{1}{9^3}\right)\approx 3.107\,2,$$

其中误差 $|R_3(x)|=3\left|\dfrac{\frac{1}{3}\left(\frac{1}{3}-1\right)\left(\frac{1}{3}-2\right)\left(\frac{1}{3}-3\right)}{4!}(1+\xi)^{\frac{1}{3}-4}\left(\dfrac{1}{9}\right)^4\right|<\left|\dfrac{80}{4!3^{11}}\right|\approx 1.88\times 10^{-5}$.

(2) $\ln 1.2=\ln(1+0.2)$, 令 $f(x)=\ln(1+x)$, 选取 $f(x)$ 的三阶带有拉格朗日余项的麦克劳林公式计算该近似值.

$$f(x)=\ln(1+x)=x-\frac{1}{2}x^2+\frac{1}{3}x^3+R_3(x),$$

其中 $R_3(x)=\dfrac{-1}{4(1+\xi)^4}x^4$, ξ 介于 0 和 x. 于是,

$$\ln 1.2=\ln(1+0.2)\approx 0.2-\frac{1}{2}\cdot 0.2^2+\frac{1}{3}\cdot 0.2^3\approx 0.1827,$$

其中误差 $|R_3(x)|=\left|\dfrac{-1}{4(1+\xi)^4}0.2^4\right|<0.4\times 10^{-3}$.

4. 应用带有佩亚诺余项的麦克劳林公式计算下列极限:

(1) $\lim\limits_{x\to 0}\dfrac{\cos x-\mathrm{e}^{-\frac{x^2}{2}}}{x^4}$; (2) $\lim\limits_{x\to 0}\dfrac{x-\tan x}{\sin x-\ln(1+x)}$.

解 (1) 因为 $\cos x=1-\dfrac{x^2}{2!}+\dfrac{x^4}{4!}+o(x^4)$, $\mathrm{e}^{-\frac{x^2}{2}}=1-\dfrac{x^2}{2}+\dfrac{1}{2!}\left(-\dfrac{x^2}{2}\right)^2+o(x^4)=1-\dfrac{x^2}{2}+\dfrac{1}{8}x^4+o(x^4)$, 所以

$$\lim_{x\to 0}\frac{\cos x-\mathrm{e}^{-\frac{x^2}{2}}}{x^4}=\lim_{x\to 0}\frac{\left(\frac{1}{24}-\frac{1}{8}\right)x^4+o(x^4)}{x^4}=-\frac{1}{12}.$$

(2) 因为 $\tan x=x+\dfrac{1}{3}x^3+o(x^3)$, $\sin x=x-\dfrac{1}{6}x^3+o(x^3)$, $\ln(1+x)=x-\dfrac{1}{2}x^2+\dfrac{1}{3}x^3+o(x^3)$, 所以

$$\begin{aligned}\lim_{x\to 0}\frac{x-\tan x}{\sin x-\ln(1+x)}&=\lim_{x\to 0}\frac{x-x-\frac{1}{3}x^3+o(x^3)}{x-\frac{1}{6}x^3-x+\frac{1}{2}x^2-\frac{1}{3}x^3+o(x^3)}\\&=\lim_{x\to 0}\frac{-\frac{1}{3}x^3+o(x^3)}{\frac{1}{2}x^2-\frac{1}{2}x^3+o(x^3)}=\lim_{x\to 0}\frac{-\frac{1}{3}x+\frac{o(x^3)}{x^2}}{\frac{1}{2}-\frac{1}{2}x+\frac{o(x^3)}{x^2}}=0.\end{aligned}$$

5. 设函数 $f(x)$ 有连续的三阶导数, 且 $f(-1)=0$, $f(1)=1$, $f'(0)=0$, 证明: 至少存在一点 $\xi\in(-1,1)$, 使得 $f'''(\xi)=3$.

证明 因为 $f(x)$ 有连续的三阶导数, 所以可将 $f(x)$ 在 $x=0$ 处进行二阶泰勒展开, 即

$$f(x)=f(0)+f'(0)x+\frac{f''(0)}{2}x^2+\frac{f'''(\eta)}{6}x^3,\quad \eta \text{ 介于 } 0 \text{ 与 } x.$$

将 $x=-1$, $x=1$ 分别代入上式, 并由已知条件 $f(-1)=0$, $f(1)=1$, $f'(0)=0$, 可得

$$f(-1)=f(0)+\frac{f''(0)}{2}-\frac{f'''(\xi_1)}{6}=0,\quad -1<\xi_1<0, \qquad ①$$

$$f(1)=f(0)+\frac{f''(0)}{2}+\frac{f'''(\xi_2)}{6}=1,\quad 0<\xi_2<1, \tag{②}$$

用②式减①式, 可得 $\dfrac{f'''(\xi_1)+f'''(\xi_2)}{6}=1$, 即 $\dfrac{f'''(\xi_1)+f'''(\xi_2)}{2}=3$.

而函数 $f'''(x)$ 连续, 由闭区间上连续函数的最小值最大值存在定理知, 存在 m,M, 当 $x\in[\xi_1,\xi_2]$ 时, 满足 $m\leqslant f'''(x)\leqslant M$, 从而 $m\leqslant\dfrac{f'''(\xi_1)+f'''(\xi_2)}{2}\leqslant M$. 由介值定理知, 至少存在一点 $\xi\in[\xi_1,\xi_2]\subset(-1,1)$, 使得

$$f'''(\xi)=\frac{f'''(\xi_1)+f'''(\xi_2)}{2}=3.$$

6. 设函数 $f(x)$ 二阶可导, 且 $f(0)=f(1)=0$, $f(x)$ 在 $[0,1]$ 上的最小值为 -1, 证明: 至少存在一点 $\xi\in(0,1)$, 使得 $f''(\xi)\geqslant 8$.

证明 因为 $f(x)$ 在 $[0,1]$ 上二阶可导, 所以 $f(x)$ 在 $[0,1]$ 上必可导, 因而 $f(x)$ 在 $[0,1]$ 上连续. 由最小值最大值存在定理, 必存在 $c\in(0,1)$, 使得 $f(c)=-1$, 并且 $f'(c)=0$. 于是将函数 $f(x)$ 在 $x=c$ 处进行一阶泰勒展开, 即

$$f(x)=f(c)+f'(c)(x-c)+\frac{f''(\eta)}{2}(x-c)^2=-1+\frac{f''(\eta)}{2}(x-c)^2, \eta \text{ 介于 } x \text{ 与 } c.$$

将 $x=0$, $x=1$ 分别代入上式, 并由已知条件 $f(0)=0$, $f(1)=0$, 可得

$$f(0)=-1+\frac{f''(\xi_1)}{2}c^2=0,\ \text{即}\ f''(\xi_1)=\frac{2}{c^2},\quad 0<\xi_1<c,$$

$$f(1)=-1+\frac{f''(\xi_2)}{2}(1-c)^2=0,\ \text{即}\ f''(\xi_2)=\frac{2}{(1-c)^2},\quad c<\xi_2<1.$$

当 $c\in\left(0,\dfrac{1}{2}\right]$ 时, $f''(\xi_1)=\dfrac{2}{c^2}\geqslant 8$; 当 $c\in\left(\dfrac{1}{2},1\right)$ 时, $f''(\xi_2)=\dfrac{2}{(1-c)^2}>8$, 所以存在 $\xi\in(0,1)$ (这里的 ξ 取 ξ_1 或者 ξ_2), 使得 $f''(\xi)\geqslant 8$.

习题 2.8

1. 利用洛必达法则求下列极限:

(1) $\displaystyle\lim_{x\to0}\frac{e^x-e^{-x}}{\tan x}$;

(2) $\displaystyle\lim_{x\to0}\frac{\arctan 2x}{\ln(1-3x)}$;

(3) $\displaystyle\lim_{x\to1}\frac{\sqrt[m]{x}-1}{\sqrt[n]{x}-1}(m,n\in\mathbf{N}_+)$;

(4) $\displaystyle\lim_{x\to\frac{\pi}{3}}\frac{2\cos x-1}{2\sin x-\sqrt{3}}$;

(5) $\displaystyle\lim_{x\to0}\frac{2-\sqrt{1-x}-\sqrt{1+x}}{\ln(1+3x)\cdot\arcsin x}$;

(6) $\displaystyle\lim_{x\to0}\frac{\arctan x-x}{x-\sin x}$;

(7) $\displaystyle\lim_{x\to\frac{\pi}{2}}\frac{\tan 3x}{\tan x}$;

(8) $\displaystyle\lim_{x\to+\infty}\frac{\ln(x\ln x)}{\sqrt[3]{2x+1}}$;

(9) $\displaystyle\lim_{x\to1}\left(\frac{x}{x-1}-\frac{1}{\ln x}\right)$;

(10) $\displaystyle\lim_{x\to0}\left(\frac{1}{x\tan x}-\frac{1}{x^2}\right)$;

(11) $\lim\limits_{x\to 1^-}[\ln x\cdot\ln(1-x)]$; (12) $\lim\limits_{x\to+\infty}\left(\cos\dfrac{1}{x}+2\sin\dfrac{1}{x}\right)^x$;

(13) $\lim\limits_{x\to 0}\left(\dfrac{2^x+3^x}{2}\right)^{\frac{3}{x}}$; (14) $\lim\limits_{n\to\infty}\left(n\tan\dfrac{1}{n}\right)^{n^2}$.

解 (1) $\lim\limits_{x\to 0}\dfrac{\mathrm{e}^x-\mathrm{e}^{-x}}{\tan x}=\lim\limits_{x\to 0}\dfrac{\mathrm{e}^x-\mathrm{e}^{-x}}{x}=\lim\limits_{x\to 0}\dfrac{\mathrm{e}^x+\mathrm{e}^{-x}}{1}=2.$

(2) $\lim\limits_{x\to 0}\dfrac{\arctan 2x}{\ln(1-3x)}=\lim\limits_{x\to 0}\dfrac{\dfrac{2}{1+4x^2}}{\dfrac{-3}{1-3x}}=\lim\limits_{x\to 0}\dfrac{2}{1+4x^2}\cdot\dfrac{1-3x}{-3}=-\dfrac{2}{3}.$

(3) $\lim\limits_{x\to 1}\dfrac{\sqrt[m]{x}-1}{\sqrt[n]{x}-1}=\lim\limits_{x\to 1}\dfrac{\dfrac{1}{m}x^{\frac{1-m}{m}}}{\dfrac{1}{n}x^{\frac{1-n}{n}}}=\lim\limits_{x\to 1}\dfrac{n}{m}x^{\frac{n-m}{mn}}=\dfrac{n}{m}.$

(4) $\lim\limits_{x\to\frac{\pi}{3}}\dfrac{2\cos x-1}{2\sin x-\sqrt{3}}=\lim\limits_{x\to\frac{\pi}{3}}\dfrac{-2\sin x}{2\cos x}=-\sqrt{3}.$

(5)
$$
\begin{aligned}
\lim_{x\to 0}\frac{2-\sqrt{1-x}-\sqrt{1+x}}{\ln(1+3x)\cdot\arcsin x}&=\lim_{x\to 0}\frac{2-\sqrt{1-x}-\sqrt{1+x}}{3x^2}\\
&=\lim_{x\to 0}\frac{-\dfrac{-1}{2\sqrt{1-x}}-\dfrac{1}{2\sqrt{1+x}}}{6x}\\
&=\lim_{x\to 0}\frac{\dfrac{1}{\sqrt{1-x}}-\dfrac{1}{\sqrt{1+x}}}{12x}\\
&=\lim_{x\to 0}\frac{\dfrac{1}{2}(1-x)^{-\frac{3}{2}}+\dfrac{1}{2}(1+x)^{-\frac{3}{2}}}{12}=\frac{1}{12}.
\end{aligned}
$$

(6) $\lim\limits_{x\to 0}\dfrac{\arctan x-x}{x-\sin x}=\lim\limits_{x\to 0}\dfrac{\dfrac{1}{1+x^2}-1}{1-\cos x}=\lim\limits_{x\to 0}\dfrac{\dfrac{-x^2}{1+x^2}}{\dfrac{1}{2}x^2}=-2.$

(7) $\lim\limits_{x\to\frac{\pi}{2}}\dfrac{\tan 3x}{\tan x}=\lim\limits_{x\to\frac{\pi}{2}}\left(\dfrac{\sin 3x}{\cos 3x}\cdot\dfrac{\cos x}{\sin x}\right)=-\lim\limits_{x\to\frac{\pi}{2}}\dfrac{\cos x}{\cos 3x}=-\lim\limits_{x\to\frac{\pi}{2}}\dfrac{\sin x}{3\sin 3x}=\dfrac{1}{3}.$

(8)
$$
\begin{aligned}
\lim_{x\to+\infty}\frac{\ln(x\ln x)}{\sqrt[3]{2x+1}}&=\lim_{x\to+\infty}\frac{\dfrac{\ln x+1}{x\ln x}}{\dfrac{2}{3}(1+2x)^{-\frac{2}{3}}}=\lim_{x\to+\infty}\frac{3}{2}\frac{(\ln x+1)(1+2x)^{\frac{2}{3}}}{x\ln x}\\
&=\lim_{x\to+\infty}\frac{3}{2}\frac{\dfrac{1}{x}(1+2x)^{\frac{2}{3}}+(\ln x+1)\cdot\dfrac{4}{3}(1+2x)^{-\frac{1}{3}}}{\ln x+1}\\
&=\lim_{x\to+\infty}\frac{3}{2}\frac{(1+2x)^{\frac{2}{3}}}{x(\ln x+1)}+\lim_{x\to+\infty}\frac{2}{(1+2x)^{\frac{1}{3}}}\\
&=\lim_{x\to+\infty}\frac{3}{2}\frac{\dfrac{2}{3}(1+2x)^{-\frac{1}{3}}\cdot 2}{\ln x+1+x\cdot\dfrac{1}{x}}+0
\end{aligned}
$$

$$= \lim_{x\to+\infty}\frac{2}{(\ln x+2)(1+2x)^{\frac{1}{3}}}=0.$$

(9) $\lim\limits_{x\to1}\left(\dfrac{x}{x-1}-\dfrac{1}{\ln x}\right)=\lim\limits_{x\to1}\dfrac{x\ln x-(x-1)}{(x-1)\ln x}=\lim\limits_{x\to1}\dfrac{\ln x}{\ln x+\dfrac{x-1}{x}}$

$$=\lim_{x\to1}\frac{x\ln x}{x\ln x+x-1}=\lim_{x\to1}\frac{\ln x+1}{\ln x+2}=\frac{1}{2}.$$

(10) $\lim\limits_{x\to0}\left(\dfrac{1}{x\tan x}-\dfrac{1}{x^2}\right)=\lim\limits_{x\to0}\dfrac{x-\tan x}{x^2\tan x}=\lim\limits_{x\to0}\dfrac{x-\tan x}{x^3}=\lim\limits_{x\to0}\dfrac{1-\sec^2 x}{3x^2}$

$$=\lim_{x\to0}\left(-\frac{\tan^2 x}{3x^2}\right)=-\frac{1}{3}.$$

(11) $\lim\limits_{x\to1^-}\ln x\cdot\ln(1-x)=\lim\limits_{x\to1^-}\ln(1+x-1)\cdot\ln(1-x)=\lim\limits_{x\to1^-}(x-1)\cdot\ln(1-x)$

$$=\lim_{x\to1^-}\frac{\ln(1-x)}{\dfrac{1}{x-1}}=\lim_{x\to1^-}\frac{\dfrac{-1}{1-x}}{-\dfrac{1}{(x-1)^2}}=0.$$

(12) $\lim\limits_{x\to+\infty}\left(\cos\dfrac{1}{x}+2\sin\dfrac{1}{x}\right)^x=\lim\limits_{x\to+\infty}\left(1+\cos\dfrac{1}{x}+2\sin\dfrac{1}{x}-1\right)^x$

$$=\mathrm{e}^{\lim\limits_{x\to+\infty}\left(\cos\frac{1}{x}+2\sin\frac{1}{x}-1\right)x}=\mathrm{e}^{\lim\limits_{t\to0^+}\frac{\cos t+2\sin t-1}{t}}$$

$$=\mathrm{e}^{\lim\limits_{t\to0^+}\frac{-\sin t+2\cos t}{1}}=\mathrm{e}^2.$$

(13) $\lim\limits_{x\to0}\left(\dfrac{2^x+3^x}{2}\right)^{\frac{3}{x}}=\lim\limits_{x\to0}\left(1+\dfrac{2^x+3^x-2}{2}\right)^{\frac{3}{x}}=\mathrm{e}^{\lim\limits_{x\to0}\frac{3(2^x+3^x-2)}{2x}}$

$$=\mathrm{e}^{\lim\limits_{x\to0}\frac{3(2^x\ln2+3^x\ln3)}{2}}=6\sqrt{6}.$$

(14) 因为 $\lim\limits_{x\to+\infty}\left(x\tan\dfrac{1}{x}\right)^{x^2}=\mathrm{e}^{\lim\limits_{x\to+\infty}x^2\ln\left(x\tan\frac{1}{x}\right)}=\mathrm{e}^{\lim\limits_{t\to0^+}\frac{\ln\left(\frac{1}{t}\tan t\right)}{t^2}}$

$$=\mathrm{e}^{\lim\limits_{t\to0^+}\frac{t\sec^2 t-\tan t}{2t^3}}=\mathrm{e}^{\lim\limits_{t\to0^+}\frac{\sec^2 t+2t\sec^2 t\tan t-\sec^2 t}{6t^2}}$$

$$=\mathrm{e}^{\lim\limits_{t\to0^+}\frac{2t^2\sec^2 t}{6t^2}}=\mathrm{e}^{\frac{1}{3}}，\text{所以}\lim_{n\to\infty}\left(n\tan\frac{1}{n}\right)^{n^2}=\mathrm{e}^{\frac{1}{3}}.$$

2. 设函数 $f(x)$ 在点 x_0 处二阶可导, 证明:

$$\lim_{h\to0}\frac{f(x_0+h)+f(x_0-h)-2f(x_0)}{h^2}=f''(x_0).$$

证明 因为函数 $f(x)$ 在点 x_0 处二阶可导, 所以 $f'(x)$ 在点 x_0 邻域内存在, 则

$$\lim_{h\to0}\frac{f(x_0+h)+f(x_0-h)-2f(x_0)}{h^2}$$

$$=\lim_{h\to0}\frac{f'(x_0+h)-f'(x_0-h)}{2h}\quad\text{(洛必达法则)}$$

$$=\frac{1}{2}\lim_{h\to0}\frac{f'(x_0+h)-f'(x_0)}{h}+\frac{1}{2}\lim_{h\to0}\frac{f'(x_0-h)-f'(x_0)}{-h}\quad\text{(导数定义)}$$

$$= \frac{1}{2}f''(x_0) + \frac{1}{2}f''(x_0) = f''(x_0).$$

3. 验证极限 $\lim\limits_{x\to\infty}\dfrac{2x+\sin x}{3x-\cos x}$ 存在, 但不能用洛必达法则得出.

解 先尝试使用洛必达法则求该极限,

$$\lim_{x\to\infty}\frac{2x+\sin x}{3x-\cos x} = \lim_{x\to\infty}\frac{(2x+\sin x)'}{(3x-\cos x)'} = \lim_{x\to\infty}\frac{2+\cos x}{3+\sin x},$$

由于 $\lim\limits_{x\to\infty}\dfrac{2+\cos x}{3+\sin x}$ 不存在, 故不可使用洛必达法则求该极限, 但可使用下列方法求得此极限:

$$\lim_{x\to\infty}\frac{2x+\sin x}{3x-\cos x} = \lim_{x\to\infty}\frac{2+\dfrac{\sin x}{x}}{3-\dfrac{\cos x}{x}} = \frac{2+\lim\limits_{x\to\infty}\dfrac{\sin x}{x}}{3-\lim\limits_{x\to\infty}\dfrac{\cos x}{x}} = \frac{2}{3}.$$

4. 已知函数 $f(x)=\begin{cases}(\cos x)^{\frac{1}{\ln(1+x^2)}}, & x\neq 0,\\ a, & x=0\end{cases}$ 在 $x=0$ 处连续, 求常数 a 的值.

解 因为 $f(x)$ 在 $x=0$ 处连续, 所以 $\lim\limits_{x\to 0}f(x)=f(0)=a$, 而

$$\begin{aligned}\lim_{x\to 0}(\cos x)^{\frac{1}{\ln(1+x^2)}} &= \lim_{x\to 0}(1+\cos x-1)^{\frac{1}{\ln(1+x^2)}}\\ &= \mathrm{e}^{\lim\limits_{x\to 0}\frac{\cos x-1}{\ln(1+x^2)}} = \mathrm{e}^{\lim\limits_{x\to 0}\frac{\cos x-1}{x^2}} = \mathrm{e}^{\lim\limits_{x\to 0}\frac{-\sin x}{2x}} = \mathrm{e}^{-\frac{1}{2}},\end{aligned}$$

所以 $a=\mathrm{e}^{-\frac{1}{2}}$.

5. 试确定常数 a, b, 使极限 $\lim\limits_{x\to 0}\dfrac{1+a\cos 2x+b\cos 4x}{x^4}$ 存在, 并求出该极限.

解法 1 设 $\lim\limits_{x\to 0}\dfrac{1+a\cos 2x+b\cos 4x}{x^4}=A$, 可得 $1+a+b=0$.

由于
$$\begin{aligned}\lim_{x\to 0}\frac{1+a\cos 2x+b\cos 4x}{x^4} &= \lim_{x\to 0}\frac{-2a\sin 2x-4b\sin 4x}{4x^3}\\ &= \lim_{x\to 0}\frac{-4a\cos 2x-16b\cos 4x}{12x^2},\end{aligned}$$

所以 $-4a-16b=0$. 联立 $1+a+b=0$, 解得 $a=-\dfrac{4}{3}$, $b=\dfrac{1}{3}$.

故原极限
$$\begin{aligned}A=\lim_{x\to 0}\frac{\dfrac{16}{3}\cos 2x-\dfrac{16}{3}\cos 4x}{12x^2} &= \lim_{x\to 0}\frac{-\dfrac{32}{3}\sin 2x+\dfrac{64}{3}\sin 4x}{24x}\\ &= \frac{1}{24}\left(-\frac{32}{3}\cdot 2+\frac{64}{3}\cdot 4\right)=\frac{8}{3}.\end{aligned}$$

解法 2 因为 $\cos 2x = 1-\dfrac{(2x)^2}{2!}+\dfrac{(2x)^4}{4!}+o(x^4)=1-2x^2+\dfrac{2}{3}x^4+o(x^4)$,

$$\cos 4x = 1-\frac{(4x)^2}{2!}+\frac{(4x)^4}{4!}+o(x^4) = 1-8x^2+\frac{32}{3}x^4+o(x^4),$$

所以原极限
$$=\lim_{x\to 0}\frac{1+a\left(1-2x^2+\dfrac{2}{3}x^4\right)+b\left(1-8x^2+\dfrac{32}{3}x^4\right)+o(x^4)}{x^4}$$

$$= \lim_{x\to 0} \frac{(1+a+b)-2(a+4b)x^2+\frac{2}{3}(a+16b)x^4+o(x^4)}{x^4},$$

可得 $1+a+b=0$, $a+4b=0$. 于是 $a=-\frac{4}{3}$, $b=\frac{1}{3}$, 且

$$\lim_{x\to 0} \frac{1+a\cos 2x+b\cos 4x}{x^4} = \lim_{x\to 0} \frac{\frac{2}{3}\left(-\frac{4}{3}+16\cdot\frac{1}{3}\right)x^4+o(x^4)}{x^4} = \frac{8}{3}.$$

习题 2.9

1. 研究下列函数的单调性:

(1) $f(x)=x-\tan x$; (2) $f(x)=(1+x)\ln(1+x)-x-\frac{x^2}{2}(x>0)$.

解 (1) 函数 $f(x)$ 的定义域为 $\left\{x \mid x\neq k\pi+\frac{\pi}{2}\right\}$, 在定义域内连续、可导, 且

$$f'(x)=1-\sec^2 x=-\tan^2 x\leqslant 0,$$

其中等号在任何有限区间内只有有限个点成立, 因此 $f(x)$ 在定义域内单调减少.

(2) 函数 $f(x)$ 在 $(0,+\infty)$ 内连续、可导, 且

$$f'(x)=\ln(1+x)-x,\quad f''(x)=\frac{1}{1+x}-1=-\frac{x}{1+x}<0,$$

即当 $x>0$ 时, $f'(x)$ 单调减少, 所以 $f'(x)<f'(0)=0$, 从而 $f(x)$ 在 $(0,+\infty)$ 内单调减少.

2. 确定下列函数的单调区间:

(1) $y=2x^3-14x^2+22x-5$; (2) $y=\frac{x}{1+x^2}$; (3) $y=\frac{\sqrt{x}}{\mathrm{e}^x}$.

解 (1) 函数定义域为 $(-\infty,+\infty)$, 在 $(-\infty,+\infty)$ 上连续、可导, 且

$$y'=6x^2-28x+22=2(3x-11)(x-1).$$

令 $y'=0$, 得驻点 $x_1=1$, $x_2=\frac{11}{3}$. 于是, 驻点将定义域分成三个区间 $(-\infty,1)$, $\left(1,\frac{11}{3}\right)$, $\left(\frac{11}{3},+\infty\right)$.

当 $-\infty<x<1$ 及 $\frac{11}{3}<x<+\infty$ 时, $y'>0$, 于是函数 y 在 $(-\infty,1]$ 和 $\left[\frac{11}{3},+\infty\right)$ 上单调增加; 当 $1<x<\frac{11}{3}$ 时, $y'<0$, 于是函数 y 在 $\left[1,\frac{11}{3}\right]$ 上单调减少.

(2) 函数定义域为 $(-\infty,+\infty)$, 在 $(-\infty,+\infty)$ 上连续、可导, 且

$$y'=\frac{1-x^2}{(1+x^2)^2}=\frac{(1-x)(1+x)}{(1+x^2)^2}.$$

令 $y'=0$, 得驻点 $x_1=-1$, $x_2=1$. 于是, 驻点将定义域分成三个区间 $(-\infty,-1)$, $(-1,1)$, $(1,+\infty)$.

当 $-\infty < x < -1$ 及 $1 < x < +\infty$ 时, $y' < 0$, 于是函数 y 在 $(-\infty, -1]$ 和 $[1, +\infty)$ 上单调减少; 当 $-1 < x < 1$ 时, $y' > 0$, 于是函数 y 在 $[-1, 1]$ 上单调增加.

(3) 函数定义域为 $[0, +\infty)$, 在 $(0, +\infty)$ 内连续、可导, 且

$$y' = \frac{1-2x}{2\sqrt{x}\mathrm{e}^x}.$$

令 $y' = 0$, 得驻点 $x = \frac{1}{2}$. 于是, 驻点将定义域分成两个区间 $\left(0, \frac{1}{2}\right)$, $\left(\frac{1}{2}, +\infty\right)$.

当 $0 < x < \frac{1}{2}$ 时, $y' > 0$, 于是函数 y 在 $\left[0, \frac{1}{2}\right]$ 上单调增加; 当 $\frac{1}{2} < x < +\infty$ 时, $y' < 0$, 于是函数 y 在 $\left[\frac{1}{2}, +\infty\right)$ 上单调减少.

3. 设函数 $f(x)$ 的定义域是 D, 区间 $I \subset D$. 如果对任意的 $x_1, x_2 \in I$, 当 $x_1 \leqslant x_2$ 时总有 $f(x_1) \leqslant f(x_2)$, 就称函数 $f(x)$ 在区间 I 上**单调不减**; 当 $x_1 \leqslant x_2$ 时总有 $f(x_1) \geqslant f(x_2)$, 就称函数 $f(x)$ 在区间 I 上**单调不增**. 如果在区间 (a, b) 内 $f'(x) \leqslant 0$(或 $f'(x) \geqslant 0$), 试证明: 函数 $f(x)$ 在区间 (a, b) 内单调不增 (单调不减).

证明 假设函数 $f(x)$ 在区间 (a, b) 内 $f'(x) \leqslant 0$, 任取 $x_1, x_2 \in (a, b)$, 不妨设 $x_1 \leqslant x_2$, 那么 $f(x)$ 在区间 $[x_1, x_2]$ 上满足拉格朗日中值定理条件, 所以存在一点 $\xi \in (x_1, x_2)$, 使得

$$f(x_2) - f(x_1) = f'(\xi)(x_2 - x_1).$$

因为 $f(x)$ 在区间 (a, b) 内 $f'(x) \leqslant 0$, 从而有 $f'(\xi) \leqslant 0$, 而 $x_2 - x_1 \geqslant 0$, 所以

$$f(x_2) - f(x_1) = f'(\xi)(x_2 - x_1) \leqslant 0,$$

即当 $x_1 \leqslant x_2$ 时, $f(x_1) \leqslant f(x_2)$. 由于 x_1, x_2 的任意性, 可得函数 $f(x)$ 在区间 (a, b) 内单调不增 (类似可证明单调不减).

4. 设 $f(x)$, $g(x)$ 在区间 $[a, b]$ 上为恒正的可导函数, 且 $f'(x)g(x) - f(x)g'(x) < 0$, 证明: 对于任意的 $x \in (a, b)$, 有 $f(x)g(b) > f(b)g(x)$.

证明 令 $F(x) = \frac{f(x)}{g(x)}$, 由题意知 $F(x)$ 在 $[a, b]$ 上可导, 且

$$F'(x) = \frac{f'(x)g(x) - f(x)g'(x)}{g^2(x)} < 0,$$

因此, 当 $x \in [a, b]$ 时, 函数 $F(x)$ 单调减少. 于是当 $x < b$ 时, $F(x) > F(b)$, 即

$$\frac{f(x)}{g(x)} > \frac{f(b)}{g(b)}.$$

又因为 $f(x)$, $g(x)$ 在区间 $[a, b]$ 上恒正, 所以 $f(x)g(b) > f(b)g(x)$.

5. 证明下列不等式:

(1) 当 $0 < x < \frac{\pi}{2}$ 时, $\tan x > x + \frac{1}{3}x^3$;

(2) 当 $x > 0$ 时, $(x^2-1)\ln x \geqslant (x-1)^2$.

证明 (1) 令 $f(x) = \tan x - x - \frac{1}{3}x^3$, $x \in \left[0, \frac{\pi}{2}\right)$, 则 $f(x)$ 可导, 且

$$f'(x) = \sec^2 x - 1 - x^2 = \tan^2 x - x^2 = (\tan x + x)(\tan x - x).$$

令 $g(x) = \tan x - x$, 则 $g'(x) = \sec^2 x - 1 = \tan^2 x$. 当 $x \in \left(0, \frac{\pi}{2}\right)$ 时, $g'(x) > 0$, 所以 $g(x)$ 在 $\left[0, \frac{\pi}{2}\right)$ 内单调增加, 故

$$g(x) > g(0) = 0.$$

从而 $f'(x) = (\tan x + x)(\tan x - x) > 0$, 故 $f(x)$ 在 $\left[0, \frac{\pi}{2}\right)$ 内单调增加, 即 $f(x) > f(0) = 0$. 故当 $0 < x < \frac{\pi}{2}$ 时, $\tan x > x + \frac{1}{3}x^3$.

(2) 令 $f(x) = (x^2-1)\ln x - (x-1)^2$, 则 $f(1) = 0$. 由于

$$f'(x) = 2x\ln x - x + 2 - \frac{1}{x}, \quad f'(1) = 0,$$

$$f''(x) = 2\ln x + 1 + \frac{1}{x^2}, \quad f''(1) = 2 > 0,$$

$$f'''(x) = \frac{2(x^2-1)}{x^3},$$

故当 $0 < x < 1$ 时, $f'''(x) < 0$, 可得 $f''(x)$ 单调减少; 当 $1 < x < +\infty$ 时, $f'''(x) > 0$, 可得 $f''(x)$ 单调增加. 因此, $f''(x)$ 在 $x = 1$ 处取得极小值, 同时也是最小值 $f''(1) = 2$.

由于 $f''(x) > f''(1) = 2$, 故 $f'(x)$ 单调增加, 可知当 $0 < x < 1$ 时, $f'(x) < f'(1) = 0$; 当 $1 < x < +\infty$ 时, $f'(x) > f'(1) = 0$, 所以 $f(x)$ 在 $x = 1$ 处取得极小值, 同时也是最小值 $f(1) = 0$.

从而, 当 $x > 0$ 时, $f(x) = (x^2-1)\ln x - (x-1)^2 \geqslant f(1) = 0$, 即成立 $(x^2-1)\ln x \geqslant (x-1)^2$.

6. 讨论下列函数的零点个数:

(1) $f(x) = 2x^3 - 9x^2 + 12x - 4$;

(2) $f(x) = k\arctan x - x$, 其中 k 为实常数.

解 (1) 函数 $f(x) = 2x^3 - 9x^2 + 12x - 4$ 的定义域为 $(-\infty, +\infty)$, 且 $f(x)$ 在定义域内可导,

$$f'(x) = 6x^2 - 18x + 12 = 6(x-1)(x-2).$$

令 $f'(x) = 0$, 得驻点 $x_1 = 1$, $x_2 = 2$.

当 $-\infty < x < 1$ 时, $f'(x) > 0$, $f(x)$ 单调增加, 并且 $f(0) = -4 < 0$, $f(1) = 1 > 0$, 函数在该区间内有惟一零点; 当 $1 < x < 2$ 时, $f'(x) < 0$, $f(x)$ 单调减少, 并且 $f(1) =$

$1>0$, $f(2)=0$, 函数有惟一零点 $x=2$; 当 $2<x<+\infty$ 时, $f'(x)>0$, $f(x)$ 单调增加, 并且 $f(2)=0$, $\lim\limits_{x\to+\infty} f(x)=+\infty$, 函数有惟一零点 $x=2$.

综上, 函数 $f(x)=2x^3-9x^2+12x-4$ 在定义域内共有两个零点.

(2) 函数 $f(x)=k\arctan x-x$ 的定义域为 $(-\infty,+\infty)$, 且 $f(x)$ 在定义域内可导,

$$f'(x)=\frac{k}{1+x^2}-1=\frac{k-1-x^2}{1+x^2}.$$

若 $k<1$, 则 $f'(x)<0$, $f(x)$ 在定义域内单调减少, 并且

$$\lim_{x\to-\infty} f(x)=\lim_{x\to-\infty}(k\arctan x-x)=+\infty,$$

$$\lim_{x\to+\infty} f(x)=\lim_{x\to+\infty}(k\arctan x-x)=-\infty.$$

函数 $f(x)=k\arctan x-x$ 在定义域 $(-\infty,+\infty)$ 内有惟一零点.

若 $k=1$, 则 $f'(x)=\dfrac{-x^2}{1+x^2}\leqslant 0$, 且当 $x=0$ 时, $f'(x)=0$, 由此得函数的驻点 $x=0$. 此时函数 $f(x)$ 在定义域内单调减少, 通过判定可知, 函数有惟一零点 $x=0$.

若 $k>1$, 令 $f'(x)=0$ 得函数的驻点 $x_1=\sqrt{k-1}$, $x_2=-\sqrt{k-1}$, 进一步得函数的单调区间 $\left(-\infty,-\sqrt{k-1}\right)$, $\left(-\sqrt{k-1},\sqrt{k-1}\right)$, $\left(\sqrt{k-1},+\infty\right)$, 经判定知, 函数在各区间内分别有惟一零点. 故当 $k>1$ 时, 函数在定义域内有三个零点.

7. 求下列函数图形的凹凸区间及拐点:

(1) $f(x)=x^3-x^2$; (2) $f(x)=\ln(1+x^2)$;

(3) 函数 $y=y(x)$ 由参数方程 $f(x)=\begin{cases}x=t^3+3t+1,\\ y=t^3-3t+1\end{cases}$ 所确定.

解 (1) 函数 $f(x)$ 的定义域为 $(-\infty,+\infty)$, 且二阶可导. $f'(x)=3x^2-2x$, $f''(x)=6x-2$, 令 $f''(x)=0$, 得 $x=\dfrac{1}{3}$.

当 $-\infty<x<\dfrac{1}{3}$ 时, $f''(x)<0$, 故函数 $f(x)$ 图形在 $\left(-\infty,\dfrac{1}{3}\right]$ 上是凸的; 当 $\dfrac{1}{3}<x<+\infty$ 时, $f''(x)>0$, 故函数 $f(x)$ 图形在 $\left[\dfrac{1}{3},+\infty\right)$ 上是凹的, 拐点为 $\left(\dfrac{1}{3},-\dfrac{2}{27}\right)$.

(2) 函数 $f(x)$ 的定义域为 $(-\infty,+\infty)$, 且二阶可导. $f'(x)=\dfrac{2x}{1+x^2}$, $f''(x)=\dfrac{2(1+x)(1-x)}{(1+x^2)^2}$, 令 $f''(x)=0$, 得 $x_1=-1$, $x_2=1$.

当 $-\infty<x<-1$ 时, $f''(x)<0$, 故函数 $f(x)$ 图形在 $(-\infty,-1]$ 上是凸的; 当 $-1<x<1$ 时, $f''(x)>0$, 故函数 $f(x)$ 图形在 $[-1,1]$ 上是凹的; 当 $1<x<+\infty$ 时, $f''(x)<0$, 故函数 $f(x)$ 图形在 $[1,+\infty)$ 上是凸的. 曲线有两个拐点, 分别为 $(-1,\ln 2)$, $(1,\ln 2)$.

(3) $\dfrac{\mathrm{d}y}{\mathrm{d}x}=\dfrac{\frac{\mathrm{d}y}{\mathrm{d}t}}{\frac{\mathrm{d}x}{\mathrm{d}t}}=\dfrac{3t^2-3}{3t^2+3}=\dfrac{t^2-1}{t^2+1}$, $\dfrac{\mathrm{d}^2y}{\mathrm{d}x^2}=\dfrac{\frac{\mathrm{d}}{\mathrm{d}t}\left(\frac{\mathrm{d}y}{\mathrm{d}x}\right)}{\frac{\mathrm{d}x}{\mathrm{d}t}}=\dfrac{\frac{4t}{(t^2+1)^2}}{3(t^2+1)}=\dfrac{4t}{3(t^2+1)^3}$.

令 $\dfrac{\mathrm{d}^2y}{\mathrm{d}x^2}=0$, 得 $t=0$, 从而 $x=1$.

当 $-\infty<x<1$ 时, $\dfrac{\mathrm{d}^2y}{\mathrm{d}x^2}<0$, 故函数 $f(x)$ 图形在 $(-\infty,1]$ 上是凸的; 当 $1<x<+\infty$ 时, $\dfrac{\mathrm{d}^2y}{\mathrm{d}x^2}>0$, 故函数 $f(x)$ 图形在 $[1,+\infty)$ 上是凹的, 拐点为 $(1,1)$.

8. 利用凹凸性证明下列不等式:

(1) 当 $x\neq y$ 时, $\dfrac{\mathrm{e}^x+\mathrm{e}^y}{2}>\mathrm{e}^{\frac{x+y}{2}}$;

(2) 当 $x>0,\ y>0$ 时, $(x+y)\ln\dfrac{x+y}{2}\leqslant x\ln x+y\ln y$.

证明 (1) 令函数 $f(t)=\mathrm{e}^t,\ t\in(-\infty,+\infty)$, 则 $f'(t)=\mathrm{e}^t,\ f''(t)=\mathrm{e}^t>0$. 故函数 $f(x)$ 的图形在 $(-\infty,+\infty)$ 上是凹的. 所以对任何的 $x,y\in(-\infty,+\infty),\ x\neq y$, 恒有 $\dfrac{1}{2}[f(x)+f(y)]>f\left(\dfrac{x+y}{2}\right)$, 即

$$\frac{\mathrm{e}^x+\mathrm{e}^y}{2}>\mathrm{e}^{\frac{x+y}{2}}.$$

(2) 令函数 $f(t)=t\ln t,\ t\in(0,+\infty)$, 则 $f'(t)=1+\ln t,\ f''(t)=\dfrac{1}{t}>0$. 故函数 $f(x)$ 的图形在 $(0,+\infty)$ 内是凹的. 所以对任何的 $x,y\in(0,+\infty),\ x\neq y$, 恒有 $\dfrac{1}{2}[f(x)+f(y)]>f\left(\dfrac{x+y}{2}\right)$, 即

$$\frac{1}{2}(x\ln x+y\ln y)>\frac{x+y}{2}\ln\left(\frac{x+y}{2}\right),$$

亦即 $\forall x,y\in(0,+\infty),\ (x+y)\ln\left(\dfrac{x+y}{2}\right)\leqslant x\ln x+y\ln y$, 当 $x=y$ 时, 等号成立.

9. 描绘下列函数的图形:

(1) $y=(x+6)\mathrm{e}^{\frac{1}{x}}$; (2) $y=\dfrac{x}{1+x^2}$.

解 (1) 函数的定义域为 $\{x|\,x\in\mathbf{R},x\neq0\}$, 函数的零点为 $x=-6$. 由于

$$\lim_{x\to0^-}f(x)=0,\ \lim_{x\to0^+}f(x)=+\infty,$$

故 $x=0$ 为函数的无穷间断点.

$y'=\mathrm{e}^{\frac{1}{x}}\left(\dfrac{x^2-x-6}{x^2}\right)$, 令 $y'=0$, 求得其驻点 $x_1=-2,\ x_2=3$. 当 $-2<x<0$ 及 $0<x<3$ 时, $f'(x)<0$, $f(x)$ 单调减少; 当 $x<-2$ 及 $x>3$ 时, $f'(x)>0$, $f(x)$ 单调增加. 故当 $x=-2$ 时函数取得极大值 $y(-2)=4\mathrm{e}^{-\frac{1}{2}}\approx2.43$; 当 $x=3$ 时函数取得极小值 $y(3)=9\mathrm{e}^{\frac{1}{3}}\approx12.52$.

$y''=\mathrm{e}^{\frac{1}{x}}\left(\dfrac{13x+6}{x^4}\right)$, 令 $y''=0$, 得 $x_3=-\dfrac{6}{13}$. 当 $x<-\dfrac{6}{13}$ 时, $f''(x)<0$, 函数 $f(x)$ 的图形是凸的; 当 $x>-\dfrac{6}{13}$ 时, $f''(x)>0(x\neq 0)$, 函数 $f(x)$ 的图形是凹的. 故该点是拐点, 此时 $y=\dfrac{72}{13}\mathrm{e}^{-\frac{13}{6}}\approx 0.63$.

将上述信息列表如下:

x	$(-\infty,-2)$	-2	$\left(-2,-\frac{6}{13}\right)$	$-\frac{6}{13}$	$\left(-\frac{6}{13},0\right)$	0	$(0,3)$	3	$(3,+\infty)$
y'	$+$	0	$-$		$-$		$-$	0	$+$
y''	$-$		$-$	0	$+$		$+$		$+$
$y=f(x)$ 图形	增、凸		减、凸		减、凹		减、凹		增、凹

求曲线的渐近线. 设曲线的斜渐近线为 $y=kx+b$, 则

$$k=\lim_{x\to\infty}\frac{(x+6)\mathrm{e}^{\frac{1}{x}}}{x}=\lim_{x\to\infty}\frac{x+6}{x}=1,$$

$$\begin{aligned}b&=\lim_{x\to\infty}\left[(x+6)\,\mathrm{e}^{\frac{1}{x}}-x\right]=\lim_{t\to 0}\left[\left(\frac{1}{t}+6\right)\mathrm{e}^{t}-\frac{1}{t}\right]\\&=\lim_{t\to 0}\frac{\mathrm{e}^{t}\,(1+6t)-1}{t}=\lim_{t\to 0}\frac{\mathrm{e}^{t}\,(1+6t)+6\mathrm{e}^{t}}{1}=7,\end{aligned}$$

所以曲线的斜渐近线为 $y=x+7$, 曲线无水平渐近线和铅直渐近线.

函数图像如图 2.3 所示, 图中各点的位置分别为 $A(-6,0)$, $B(-2,2.43)$, $C(-0.46,0.63)$, $D(3,12.52)$.

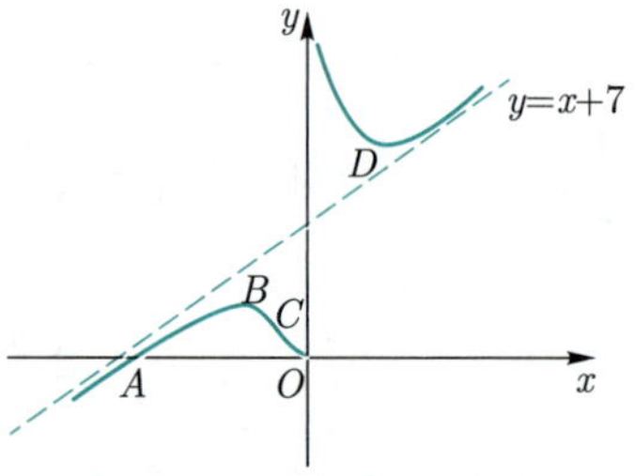

图 2.3

(2) 函数的定义域为 $(-\infty,+\infty)$, 且为奇函数, 图形关于原点对称, 只讨论 $(0,+\infty)$ 内该函数的图形.

求出函数的一阶导数 $y'=\dfrac{1-x^2}{(1+x^2)^2}$, 二阶导数 $y''=\dfrac{2x(x^2-3)}{(1+x^2)^3}$. 在 $(0,+\infty)$ 内, 函数 y',y'' 的零点分别为 $x_1=1$, $x_2=\sqrt{3}$. 这两点将 $(0,+\infty)$ 分成三个区间 $(0,1)$, $(1,\sqrt{3})$, $(\sqrt{3},+\infty)$, 在各区间内函数的单调性, 曲线凹凸性等性质列表如下:

x	0	$(0,1)$	1	$(1,\sqrt{3})$	$\sqrt{3}$	$(\sqrt{3},+\infty)$
y'		$+$	0	$-$		$-$
y''	0	$-$		$-$	0	$+$
$y=f(x)$ 图形		增、凸		减、凸		减、凹

曲线的水平渐近线为 $y=0$.

图中各点的位置分别为 $A(0,0), B\left(1,\dfrac{1}{2}\right), C\left(\sqrt{3},\dfrac{\sqrt{3}}{4}\right)$, 利用图形对称性可得函数图像如图 2.4 所示.

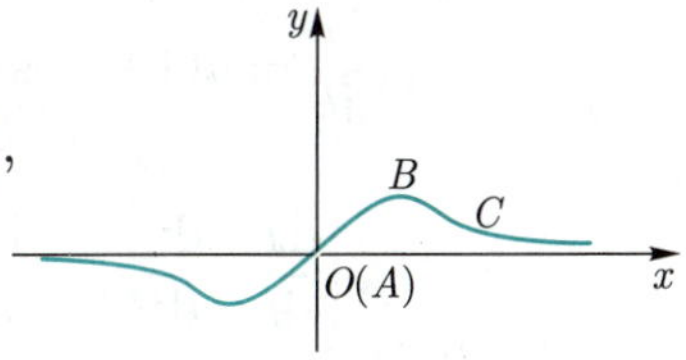

图 2.4

10. 求下列曲线在指定点处的曲率及曲率半径:

(1) 抛物线 $y=x^2+x$ 在点 $(-1,0)$ 处;

(2) 椭圆 $\begin{cases} x=\cos t, \\ y=\sqrt{2}\sin t \end{cases}$ 在对应 $t=\dfrac{\pi}{4}$ 的点处;

(3) 阿基米德螺线 $\rho=a\theta(a>0)$ 在对应 $\theta=\pi$ 的点处.

解 (1) 由于 $y'=2x+1$, $y''=2$, 故抛物线 $y=x^2+x$ 在点 $(-1,0)$ 处的曲率为

$$K=\left.\frac{|y''|}{(1+y'^2)^{\frac{3}{2}}}\right|_{x=-1}=\frac{\sqrt{2}}{2},$$

曲率半径为 $\rho=\dfrac{1}{K}=\sqrt{2}$.

(2) 由于 $\dfrac{\mathrm{d}x}{\mathrm{d}t}=-\sin t$, $\dfrac{\mathrm{d}^2x}{\mathrm{d}t^2}=-\cos t$, $\dfrac{\mathrm{d}y}{\mathrm{d}t}=\sqrt{2}\cos t$, $\dfrac{\mathrm{d}^2y}{\mathrm{d}t^2}=-\sqrt{2}\sin t$, 可得

$$K=\frac{\left|\dfrac{\mathrm{d}x}{\mathrm{d}t}\cdot\dfrac{\mathrm{d}^2y}{\mathrm{d}t^2}-\dfrac{\mathrm{d}^2x}{\mathrm{d}t^2}\cdot\dfrac{\mathrm{d}y}{\mathrm{d}t}\right|}{\left[\left(\dfrac{\mathrm{d}x}{\mathrm{d}t}\right)^2+\left(\dfrac{\mathrm{d}y}{\mathrm{d}t}\right)^2\right]^{\frac{3}{2}}}=\frac{\sqrt{2}}{(\sin^2 t+2\cos^2 t)^{\frac{3}{2}}},$$

故椭圆在 $t=\dfrac{\pi}{4}$ 处对应点的曲率为 $K=\dfrac{4\sqrt{3}}{9}$, 曲率半径为 $\rho=\dfrac{1}{K}=\dfrac{3\sqrt{3}}{4}$.

(3) 由题意可得曲线的参数方程为 $\begin{cases} x=a\theta\cos\theta, \\ y=a\theta\sin\theta. \end{cases}$ 由 $\dfrac{\mathrm{d}x}{\mathrm{d}\theta}=a\cos\theta-a\theta\sin\theta$, $\dfrac{\mathrm{d}^2x}{\mathrm{d}\theta^2}=-2a\sin\theta-a\theta\cos\theta$, $\dfrac{\mathrm{d}y}{\mathrm{d}\theta}=a\sin\theta+a\theta\cos\theta$, $\dfrac{\mathrm{d}^2y}{\mathrm{d}\theta^2}=2a\cos\theta-a\theta\sin\theta$, 可得

$$\frac{\mathrm{d}x}{\mathrm{d}\theta}\frac{\mathrm{d}^2y}{\mathrm{d}\theta^2}-\frac{\mathrm{d}^2x}{\mathrm{d}\theta^2}\frac{\mathrm{d}y}{\mathrm{d}\theta}=2a^2+a^2\theta^2,\quad \left(\frac{\mathrm{d}x}{\mathrm{d}\theta}\right)^2+\left(\frac{\mathrm{d}y}{\mathrm{d}\theta}\right)^2=a^2+a^2\theta^2.$$

于是阿基米德螺线在 $\theta=\pi$ 处曲率为 $K=\left.\dfrac{|2a^2+a^2\theta^2|}{(a^2+a^2\theta^2)^{\frac{3}{2}}}\right|_{\theta=\pi}=\dfrac{2+\pi^2}{a(1+\pi^2)^{\frac{3}{2}}}$, 曲率半径为 $\rho=\dfrac{1}{K}=\dfrac{a(1+\pi^2)^{\frac{3}{2}}}{2+\pi^2}$.

11. 已知摆线 $\begin{cases} x=a(t-\sin t), \\ y=a(1-\cos t) \end{cases}$ $(a>0)$, $t\in[0,2\pi]$. 问参数 t 取何值时, 其对应点处的曲率最小, 并求出最小的曲率及该点处的曲率半径.

解 由 $\dfrac{\mathrm{d}x}{\mathrm{d}t}=a(1-\cos t)$, $\dfrac{\mathrm{d}^2x}{\mathrm{d}t^2}=a\sin t$, $\dfrac{\mathrm{d}y}{\mathrm{d}t}=a\sin t$, $\dfrac{\mathrm{d}^2y}{\mathrm{d}t^2}=a\cos t$, 可得曲率

$$K=\frac{\left|\dfrac{\mathrm{d}x}{\mathrm{d}t}\cdot\dfrac{\mathrm{d}^2y}{\mathrm{d}t^2}-\dfrac{\mathrm{d}^2x}{\mathrm{d}t^2}\cdot\dfrac{\mathrm{d}y}{\mathrm{d}t}\right|}{\left[\left(\dfrac{\mathrm{d}x}{\mathrm{d}t}\right)^2+\left(\dfrac{\mathrm{d}y}{\mathrm{d}t}\right)^2\right]^{\frac{3}{2}}}=\frac{|a^2(\cos t-1)|}{2\sqrt{2}a^3(1-\cos t)^{\frac{3}{2}}}=\frac{1}{2\sqrt{2}a\sqrt{1-\cos t}}.$$

故当 $t\in[0,2\pi]$ 时, 摆线在 $t=\pi$ 处对应点的曲率最小, 且在该点曲率为 $K=\dfrac{1}{4a}$, 曲率半径为 $\rho=\dfrac{1}{K}=4a$.

习题 2.10

1. 求下列函数的极值:

(1) $y=x^3-3x+4$;　　(2) $y=x-\ln(1+x)$;

(3) $y=\dfrac{1}{\sqrt{4-x^2}}$;　　(4) $y=\dfrac{\ln^2 x}{x}$.

解 (1) $y'=3x^2-3$, $y''=6x$, 令 $y'=0$, 得驻点 $x_1=-1$, $x_2=1$.

由 $y''|_{x=-1}=-6<0$ 知, $y|_{x=-1}=6$ 为其极大值; 由 $y''|_{x=1}=6>0$ 知, $y|_{x=1}=2$ 为其极小值.

(2) 函数定义域为 $(-1,+\infty)$, 在 $(-1,+\infty)$ 内可导, 且 $y'=\dfrac{x}{1+x}$, $y''=\dfrac{1}{(1+x)^2}$, 令 $y'=0$ 得驻点 $x=0$.

由 $y''|_{x=0}=1>0$ 知, $y|_{x=0}=0$ 为其极小值.

(3) 函数定义域为 $(-2,2)$, 在 $(-2,2)$ 内可导, 且 $y'=\dfrac{x}{(4-x^2)^{\frac{3}{2}}}$, $y''=\dfrac{4+2x^2}{(4-x^2)^{\frac{5}{2}}}$, 令 $y'=0$ 得驻点 $x=0$.

由 $y''|_{x=0}=\dfrac{1}{4^{\frac{3}{2}}}>0$ 知, $y|_{x=0}=\dfrac{1}{2}$ 为其极小值.

(4) 函数定义域为 $(0,+\infty)$, 在 $(0,+\infty)$ 内可导, 且 $y'=\dfrac{\ln x(2-\ln x)}{x^2}$, $y''=\dfrac{2+2\ln^2 x-6\ln x}{x^3}$, 令 $y'=0$ 得驻点 $x_1=\mathrm{e}^2$, $x_2=1$.

由 $y''|_{x=\mathrm{e}^2}=\dfrac{-2}{\mathrm{e}^6}<0$ 知, $y|_{x=\mathrm{e}^2}=\dfrac{4}{\mathrm{e}^2}$ 为其极大值. 由 $y''|_{x=1}=2>0$ 知, $y|_{x=1}=0$ 为其极小值.

2. 设函数 $f(x)=\begin{cases}x^{2x}, & x>0,\\ x+2, & x\leqslant 0,\end{cases}$ 求 $f(x)$ 的极值.

解 当 $x>0$ 时, $f'(x)=x^{2x}(2\ln x+2)$, 令 $f'(x)=0$ 得驻点 $x=\dfrac{1}{\mathrm{e}}$. 当 $0<x<\dfrac{1}{\mathrm{e}}$ 时, $f'(x)<0$; 当 $x>\dfrac{1}{\mathrm{e}}$ 时, $f'(x)>0$, 则 $x=\dfrac{1}{\mathrm{e}}$ 为函数的极小值点, 极小值为 $\left(\dfrac{1}{\mathrm{e}}\right)^{\frac{2}{\mathrm{e}}}$.

当 $x<0$ 时, $f'(x)=1$, 函数在该区间内单调增加, 无极值点.

由题意可知 $x=0$ 为函数的不可导点, 并且当 $x<0$ 时, $f'(x)>0$, 此时 $f(x)$ 有最大值 $f(0)=2$; 当 $0<x<\dfrac{1}{\mathrm{e}}$ 时, $f'(x)<0$, 并且 $\lim\limits_{x\to0^+}f(x)=\lim\limits_{x\to0^+}x^{2x}=\mathrm{e}^{\lim\limits_{x\to0^+}2x\ln x}=\mathrm{e}^{\lim\limits_{t\to+\infty}\frac{2}{t}\ln\frac{1}{t}}=1$, 则 $x=0$ 为函数的极大值点, 极大值为 2.

3. 设函数 $y=y(x)$ 由参数方程 $\begin{cases}x=\dfrac{1}{3}t^3+t+\dfrac{1}{3},\\ y=\dfrac{1}{3}t^3-t+\dfrac{1}{3}\end{cases}$ 所确定, 求 $y=y(x)$ 的极值.

解 $\dfrac{\mathrm{d}y}{\mathrm{d}x}=\dfrac{t^2-1}{t^2+1}$, 令 $\dfrac{\mathrm{d}y}{\mathrm{d}x}=0$, 得驻点 $t_1=-1$, $t_2=1$, 对应曲线上的点分别为 $(-1,1)$, $\left(\dfrac{5}{3},-\dfrac{1}{3}\right)$.

当 $t<-1$ 时, $\dfrac{\mathrm{d}y}{\mathrm{d}x}>0$; 当 $-1<t<1$ 时, $\dfrac{\mathrm{d}y}{\mathrm{d}x}<0$, 故 $t_1=-1$ 对应函数的极大值点 $x=-1$, 极大值为 $y(-1)=1$.

当 $t>1$ 时, $\dfrac{\mathrm{d}y}{\mathrm{d}x}>0$; 当 $-1<t<1$ 时, $\dfrac{\mathrm{d}y}{\mathrm{d}x}<0$, 故 $t_2=1$ 对应函数的极小值点 $x=\dfrac{5}{3}$, 极小值为 $y\left(\dfrac{5}{3}\right)=-\dfrac{1}{3}$.

4. 求下列函数在指定区间上的最大值、最小值:

(1) $y=x^3+x^2-8x+5$, $x\in[-2,2]$;

(2) $y=x+\sqrt{1-x}$, $x\in[-5,1]$;

(3) $y=\begin{cases}-x^2-2x+4, & -2\leqslant x\leqslant 1,\\ -x^2+6x-4, & 1<x\leqslant 4.\end{cases}$

解 (1) 函数在 $(-2,2)$ 内可导, 且 $y'=3x^2+2x-8$, 令 $y'=0$, 得区间内驻点为 $x=\dfrac{4}{3}$.

比较 $y|_{x=-2}=17$, $y|_{x=2}=1$, $y|_{x=\frac{4}{3}}=-\dfrac{41}{27}$, 可得函数的最大值为 $y|_{x=-2}=17$, 最小值为 $y|_{x=\frac{4}{3}}=-\dfrac{41}{27}$.

(2) 函数在 $(-5,1)$ 内可导, 且 $y'=\dfrac{2\sqrt{1-x}-1}{2\sqrt{1-x}}$, 令 $y'=0$, 得驻点 $x=\dfrac{3}{4}$.

比较 $y|_{x=-5}=-5+\sqrt{6}$, $y|_{x=1}=1$, $y|_{x=\frac{3}{4}}=\dfrac{5}{4}$, 可得函数的最大值为 $y|_{x=\frac{3}{4}}=\dfrac{5}{4}$, 最小值为 $y|_{x=-5}=-5+\sqrt{6}$.

(3) 当 $-2 < x < 1$ 时, $y' = -2x - 2$, 令 $y' = 0$ 得驻点 $x = -1$. 当 $1 < x < 4$ 时, $y' = -2x + 6$, 令 $y' = 0$ 得驻点 $x = 3$.

比较 $y|_{x=-1} = 5$, $y|_{x=3} = 5$, $y|_{x=1} = 1$, $y|_{x=-2} = 4$, $y|_{x=4} = 4$, 可得函数的最大值为 $y|_{x=-1} = y|_{x=3} = 5$, 最小值为 $y|_{x=1} = 1$.

5. 下列函数在指定区间上是否存在最大值和最小值? 如果存在, 求出它的值:

(1) $y = x^2 - \dfrac{54}{x}$, $x \in (-\infty, 0)$;　　(2) $y = \dfrac{x}{x^2+1}$, $x \in (0, +\infty)$.

解　(1) 函数在 $(-\infty, 0)$ 内可导, 且 $y' = \dfrac{2(x^3+27)}{x^2}$, $y'' = 2 - \dfrac{108}{x^3}$, 令 $y' = 0$, 得驻点 $x = -3$.

因为 $y''|_{x=-3} = 6 > 0$, 所以 $x = -3$ 为函数的极小值点. 又因为函数在 $(-\infty, 0)$ 内驻点惟一, 故极小值点就是最小值点, 即 $x = -3$ 为最小值点, 且最小值为 $y|_{x=-3} = 27$.

(2) 函数在 $(0, +\infty)$ 内可导, 且 $y' = \dfrac{1-x^2}{(1+x^2)^2}$, $y'' = -\dfrac{2x(3-x^2)}{(1+x^2)^3}$, 令 $y' = 0$, 得区间内驻点 $x = 1$.

因为 $y''|_{x=1} = -\dfrac{1}{2} < 0$, 所以 $x = 1$ 为函数的极大值点. 又因为函数在 $(0, +\infty)$ 内驻点惟一, 故极大值点就是最大值点, 即 $x = 1$ 为最大值点, 且最大值为 $y|_{x=1} = \dfrac{1}{2}$.

6. 在数列 $1, \sqrt{2}, \sqrt[3]{3}, \cdots, \sqrt[n]{n}, \cdots$ 中求出最大的一个数.

解　令函数 $f(x) = x^{\frac{1}{x}}$, 则其定义域为 $(0, +\infty)$, 且函数在定义域内可导,

$$f'(x) = x^{\frac{1}{x}-2}(1 - \ln x).$$

令 $f'(x) = 0$, 得驻点 $x = \mathrm{e}$.

当 $0 < x < \mathrm{e}$ 时, $f'(x) > 0$, $f(x)$ 单调增加; 当 $\mathrm{e} < x < +\infty$ 时, $f'(x) < 0$, $f(x)$ 单调减少. 因此 $x = \mathrm{e}$ 为函数 $f(x)$ 的极大值点, 由于驻点惟一, 极大值点也是最大值点, 且最大值为 $f(\mathrm{e}) = \mathrm{e}^{\frac{1}{\mathrm{e}}}$.

因为 $1 < \sqrt{2}$, 且 $\sqrt[3]{3} > \sqrt[4]{4} > \cdots > \sqrt[n]{n} > \cdots$, 而 $\sqrt{2} < \sqrt[3]{3}$, 所以数列 $\{\sqrt[n]{n}\}$ 的最大项为 $\sqrt[3]{3}$.

7. 设 $a > 1$, 函数 $f(x) = a^x - ax$ 在 $(-\infty, +\infty)$ 上的驻点为 $x(a)$. 问 a 取何值时, $x(a)$ 最小? 并求出最小值.

解　令 $f'(x) = a^x \ln a - a = 0$, 得惟一驻点 $x(a) = 1 - \dfrac{\ln\ln a}{\ln a}$.

考察函数 $x(a) = 1 - \dfrac{\ln\ln a}{\ln a}$ $(a > 1)$ 的最值. 令 $x'(a) = \dfrac{\ln\ln a - 1}{a(\ln a)^2} = 0$, 得惟一驻点 $a = \mathrm{e}^{\mathrm{e}}$.

当 $a > \mathrm{e}^{\mathrm{e}}$ 时, $x'(a) > 0$, $x(a)$ 单调增加; 当 $a < \mathrm{e}^{\mathrm{e}}$ 时, $x'(a) < 0$, $x(a)$ 单调减少. 因此 $a = \mathrm{e}^{\mathrm{e}}$ 为函数 $x(a)$ 的极小值点, 由于驻点惟一, 极小值点也是最小值点. 故 $a = \mathrm{e}^{\mathrm{e}}$

时, $x(a)$ 取得最小值, 且最小值为 $x(\mathrm{e}^{\mathrm{e}}) = 1 - \dfrac{1}{\mathrm{e}}$.

8. 设两个正数 x_1 与 x_2 的乘积是定数 a, 求 $x_1^m + x_2^n(m, n \in \mathbf{N}_+)$ 的最小值.

解 设其中一个正数为 x, 由题意即求函数 $f(x) = x^m + \left(\dfrac{a}{x}\right)^n$, $0 < x < +\infty$ 的最小值.

$f'(x) = \dfrac{mx^{m+n} - na^n}{x^{n+1}}$, 令 $f'(x) = 0$, 得惟一驻点 $x = \left(\dfrac{n}{m}\right)^{\frac{1}{m+n}} a^{\frac{n}{m+n}}$.

当 $0 < x < \left(\dfrac{n}{m}\right)^{\frac{1}{m+n}} a^{\frac{n}{m+n}}$ 时, $f'(x) < 0$, $f(x)$ 单调减少; 当 $\left(\dfrac{n}{m}\right)^{\frac{1}{m+n}} a^{\frac{n}{m+n}} < x < +\infty$ 时, $f'(x) > 0$, $f(x)$ 单调增加. 因此 $x = \left(\dfrac{n}{m}\right)^{\frac{1}{m+n}} a^{\frac{n}{m+n}}$ 为函数 $f(x)$ 的极小值点, 由于驻点惟一, 极小值点也是最小值点, 且最小值为 $f\left[\left(\dfrac{n}{m}\right)^{\frac{1}{m+n}} a^{\frac{n}{m+n}}\right] = (m+n)\left(\dfrac{a^{mn}}{m^m n^n}\right)^{\frac{1}{m+n}}$.

9. 求点 $(0, a)$ 到曲线 $x^2 = 4y$ 的最近距离.

解 由题意, 只需求函数 $f(y) = (x-0)^2 + (y-a)^2 = 4y + y^2 - 2ay + a^2$ 的最小值, 而

$$f'(y) = 4 + 2y - 2a,\ f''(y) = 2$$

令 $f'(y) = 0$, 得惟一驻点 $y = a - 2$, 同时也为其最小值点, 此时 $x = \pm 2\sqrt{a-2}\ (a \geqslant 2)$.

于是, 当 $a \geqslant 2$ 时, 点 $(0, a)$ 到曲线的最短距离为

$$\sqrt{f(a-2)} = \sqrt{4a - 8 + (-2)^2} = 2\sqrt{a-1},$$

此时对应抛物线上有两个点 $(\pm 2\sqrt{a-2}, a-2)$; 当 $a < 2$ 时, 点 $(0, a)$ 到抛物线顶点 $(0, 0)$ 的距离最短, 最短距离为 $|a|$.

10. 要建造一个顶部与地面齐平、底是边长为 x m 的正方形、深为 y m, 容量为 $1\,125\ \mathrm{m}^3$ 的收集雨水的无盖水池. 其成本和建筑材料及开挖成本有关, 如果总成本 (单位: 元) 为 $c = 5x^2 + 30xy$, 选择何种方案能使总成本最小?

解 由题意, 有 $x^2 y = 1\,125$, 故总成本为

$$c(x) = 5x^2 + 30xy = 5x^2 + 30 \cdot \frac{1\,125}{x}.$$

令 $c'(x) = 0$, 得惟一驻点 $x = 15$, 此时 $y = 5$. 经判定知, 当 $x = 15$ m, $y = 5$ m 时, 总成本最小, 最小成本为 $c = 3\,375$ 元.

11. 烟囱向其周围地区散落烟尘而污染环境. 已知落在地面某处的烟尘浓度与该处至烟囱距离的平方成反比, 而与该烟囱喷出的烟尘量成正比. 现有两座烟囱相距 20 km, 其中一座烟囱喷出的烟尘量是另一座的 8 倍, 试求出两座烟囱连线上的一点, 使该点的烟尘浓度最小.

解 以喷出烟尘量较少的烟囱为原点, 两座烟囱连线为 x 轴正向建立直角坐标系. 设 M 点在两座烟囱连线上, 且离原点距离为 x km, 则 M 点的烟尘浓度为

$$f(x)=kQ\left[\frac{1}{x^2}+\frac{8}{(20-x)^2}\right],$$

其中 k 为比例系数, Q 为烟囱喷出的烟尘量.

令 $f'(x)=0$, 得惟一驻点 $x=\frac{20}{3}$. 经判定知, 当将点 M 选在离原点 $\frac{20}{3}$ km 的位置时, 烟尘浓度最小.

12. 甲、乙两地相距 s km, 汽车从甲地匀速地行驶到乙地, 已知汽车每小时的运输成本 (单位: 元) 由可变部分与固定部分组成: 可变部分与速度 (单位: km/h) 的平方成正比, 比例系数为 b; 固定部分为 a 元. 试问为使全程运输成本最小, 汽车应以多大速度行驶?

解 设航行的速度为 v km/h, 则运输成本为 $Q=(a+bv^2)\frac{s}{v}$; 其导数为

$$\frac{\mathrm{d}Q}{\mathrm{d}v}=\frac{bsv^2-as}{v^2}$$

令 $\frac{\mathrm{d}Q}{\mathrm{d}v}=0$, 得惟一驻点 $v=\sqrt{\frac{a}{b}}$. 经判定知, 当 $v=\sqrt{\frac{a}{b}}$ km/h 时, 全程运输成本最小, 最小成本为 $2s\sqrt{ab}$ 元.

总习题二

1. 在 “充分而非必要” “必要而非充分” 和 “充要” 三者中选择一个正确的填入下列空格中:

(1) 函数 $f(x)$ 在点 x_0 连续是 $f(x)$ 在点 x_0 可导的 __________ 条件;

(2) 函数 $f(x)$ 在点 x_0 的左导数 $f'_-(x_0)$ 及右导数 $f'_+(x_0)$ 都存在且相等是 $f(x)$ 在点 x_0 可导的 __________ 条件;

(3) 函数 $f(x)$ 在点 x_0 可导是 $f(x)$ 在点 x_0 可微的 __________ 条件;

(4) 对可导函数 $f(x)$ 而言, x_0 为 $f(x)$ 的驻点是 x_0 为 $f(x)$ 的极值点的 __________ 条件;

(5) $f'(x)$ 在 $[a,b]$ 上恒大于零是 $f(x)$ 在 $[a,b]$ 上单调增加的 __________ 条件;

(6) 对于 $\frac{0}{0}$ 型的未定式 $\lim\limits_{x\to x_0}\frac{f(x)}{g(x)}$, 极限 $\lim\limits_{x\to x_0}\frac{f'(x)}{g'(x)}$ 存在是极限 $\lim\limits_{x\to x_0}\frac{f(x)}{g(x)}$ 存在的 __________ 条件.

解 (1) 必要而非充分; (2) 充要;

(3) 充要; (4) 必要而非充分;

(5) 充分而非必要; (6) 充分而非必要.

2. 设函数 $f(x)$ 在 $[a,b]$ 上可导, 且 $f'_+(a)>0$, $f'_-(b)<0$, 则下列结论中错误的是 (　　).

(A) 至少存在一点 $x_0\in(a,b)$, 使得 $f(x_0)>f(a)$

(B) 至少存在一点 $x_0\in(a,b)$, 使得 $f(x_0)>f(b)$

(C) 至少存在一点 $x_0\in(a,b)$, 使得 $f(x_0)=0$

(D) 至少存在一点 $x_0\in(a,b)$, 使得 $f'(x_0)=0$

解　令 $f(x)=\sin x+3$, $x\in[0,\pi]$, 可知 (C) 错误, 本题选 (C).

(A) $f'_+(a)>0$, 即 $f'_+(a)=\lim\limits_{x\to a^+}\dfrac{f(x)-f(a)}{x-a}>0$, 由于 $x-a>0$, 由极限的局部保号性知存在 $\delta>0$, $x_0\in(a,a+\delta)\subset(a,b)$, 满足 $f(x_0)>f(a)$, 正确.

(B) $f'_-(b)<0$, 即 $f'_-(b)=\lim\limits_{x\to b^-}\dfrac{f(x)-f(b)}{x-b}<0$, 由于 $x-b<0$, 由极限的局部保号性知存在 $\delta>0$, $x_0\in(b-\delta,b)\subset(a,b)$, 满足 $f(x_0)>f(b)$, 正确.

(D) 此即导函数的介值性质, 证明详见 15 题, 正确.

3. 设函数 $f(x)=x^2(x^2-3x+2)$, 则其导函数 $f'(x)$ 的零点的个数为 (　　).

(A) 0　　(B) 1　　(C) 2　　(D) 3

解　$f(x)=x^2(x-1)(x-2)$, 函数 $f(x)$ 分别在 $[0,1]$, $[1,2]$ 上连续, 分别在 $(0,1)$, $(1,2)$ 内可导, 且 $f(0)=f(1)=f(2)=0$. 由罗尔定理知至少存在 $\xi_1\in(0,1)$, $\xi_2\in(1,2)$, 使得 $f'(\xi_1)=f'(\xi_2)=0$. 另外, 容易得到 $x=0$ 也为 $f'(x)$ 的零点, 又因为 $f'(x)$ 为三次多项式函数, 从而导函数 $f'(x)$ 的零点的个数为 3, 故选 (D).

4. 下列命题中, 正确的是 (　　).

(A) 若 $f'(x)$ 在 $(0,1)$ 内连续, 则 $f(x)$ 在 $(0,1)$ 内有界

(B) 若 $f(x)$ 在 $(0,1)$ 内连续, 则 $f'(x)$ 在 $(0,1)$ 内有界

(C) 若 $f'(x)$ 在 $(0,1)$ 内有界, 则 $f(x)$ 在 $(0,1)$ 内有界

(D) 若 $f(x)$ 在 $(0,1)$ 内有界, 则 $f'(x)$ 在 $(0,1)$ 内有界

解　令 $f(x)=\dfrac{1}{x}$, 则 $f'(x)=-\dfrac{1}{x^2}$, 可知 (A)(B) 错误;

令 $f(x)=\sqrt{x}$, 则 $f'(x)=\dfrac{1}{2\sqrt{x}}$, 可知 (D) 错误;

由拉格朗日中值定理可知: $f(x)-f(x_0)=f'(\xi)(x-x_0)$, $x,x_0\in(0,1)$, ξ 介于 x 和 x_0. 从而若 $f'(x)$ 在 $(0,1)$ 内有界, 则 $f(x)$ 在 $(0,1)$ 内有界, 故选 (C).

5. 求下列函数的导数:

(1) 设 $f(x)=(x^2+3)^{1-x^2}$, 求 $f'(1)$;

(2) 设 $f(x)=\begin{cases}\ln\sqrt{x}, & x\geqslant 1,\\ 2x-2, & x<1,\end{cases}$ $y=f[f(x)]$, 求 $\left.\dfrac{\mathrm{d}y}{\mathrm{d}x}\right|_{x=\mathrm{e}}$;

(3) 设 $\sqrt{x^2+y^2}=5\mathrm{e}^{\arctan\frac{y}{x}}$, 求 $\dfrac{\mathrm{d}x}{\mathrm{d}y}$, $\dfrac{\mathrm{d}^2x}{\mathrm{d}y^2}$;

(4) 设 $\begin{cases}x=2t^3+1,\\ y=\mathrm{e}^{3t},\end{cases}$ 求 $\dfrac{\mathrm{d}y}{\mathrm{d}x}$, $\dfrac{\mathrm{d}^2y}{\mathrm{d}x^2}$.

解 (1) 对 $f(x)=(x^2+3)^{1-x^2}$ 两边取对数, 得 $\ln f(x)=(1-x^2)\ln(x^2+3)$. 上式两端同时对 x 求导, 得

$$\frac{f'(x)}{f(x)}=-2x\ln(x^2+3)+\frac{2x(1-x^2)}{x^2+3}.$$

于是 $f'(x)=(x^2+3)^{1-x^2}\left[-2x\ln(x^2+3)+\dfrac{2x(1-x^2)}{x^2+3}\right]$, 故 $f'(1)=-2\ln 4$.

(2) $y=f[f(x)]=\begin{cases}4x-6, & x<1,\\ \ln x-2, & 1\leqslant x<\mathrm{e}^2,\\ \dfrac{1}{2}(\ln\ln x-\ln 2), & x\geqslant \mathrm{e}^2,\end{cases}$ 当 $1<x<\mathrm{e}^2$ 时, $\dfrac{\mathrm{d}y}{\mathrm{d}x}=\dfrac{1}{x}$, 从而 $\left.\dfrac{\mathrm{d}y}{\mathrm{d}x}\right|_{x=\mathrm{e}}=\dfrac{1}{\mathrm{e}}$.

(3) 对 $\sqrt{x^2+y^2}=5\mathrm{e}^{\arctan\frac{y}{x}}$ 两边取对数, 得 $\dfrac{1}{2}\ln(x^2+y^2)=\ln 5+\arctan\dfrac{y}{x}$. 上式两端同时对 y 求导, 并注意到 $x=x(y)$, 得

$$\frac{1}{2}\cdot\frac{2x\dfrac{\mathrm{d}x}{\mathrm{d}y}+2y}{x^2+y^2}=\frac{1}{1+\dfrac{y^2}{x^2}}\cdot\frac{x-y\dfrac{\mathrm{d}x}{\mathrm{d}y}}{x^2}.$$

于是 $\dfrac{\mathrm{d}x}{\mathrm{d}y}=\dfrac{x-y}{x+y}$, 对该式两端继续对 y 求导, 得

$$\frac{\mathrm{d}^2x}{\mathrm{d}y^2}=\frac{\left(\dfrac{\mathrm{d}x}{\mathrm{d}y}-1\right)(x+y)-(x-y)\left(\dfrac{\mathrm{d}x}{\mathrm{d}y}+1\right)}{(x+y)^2}=\frac{2\dfrac{\mathrm{d}x}{\mathrm{d}y}y-2x}{(x+y)^2}=-\frac{2(x^2+y^2)}{(x+y)^3}.$$

从而 $\dfrac{\mathrm{d}x}{\mathrm{d}y}=\dfrac{x-y}{x+y}$, $\dfrac{\mathrm{d}^2x}{\mathrm{d}y^2}=-\dfrac{2(x^2+y^2)}{(x+y)^3}$.

(4) $\dfrac{\mathrm{d}y}{\mathrm{d}x}=\dfrac{\dfrac{\mathrm{d}y}{\mathrm{d}t}}{\dfrac{\mathrm{d}x}{\mathrm{d}t}}=\dfrac{3\mathrm{e}^{3t}}{6t^2}=\dfrac{\mathrm{e}^{3t}}{2t^2}$, $\dfrac{\mathrm{d}^2y}{\mathrm{d}x^2}=\dfrac{\dfrac{\mathrm{d}}{\mathrm{d}t}\left(\dfrac{\mathrm{d}y}{\mathrm{d}x}\right)}{\dfrac{\mathrm{d}x}{\mathrm{d}t}}=\dfrac{\dfrac{3t\mathrm{e}^{3t}-2\mathrm{e}^{3t}}{2t^3}}{6t^2}=\dfrac{\mathrm{e}^{3t}(3t-2)}{12t^5}$.

6. 设函数 $f(x)=(x^3-1)^n$, 求 $f^{(n+1)}(1)(n\in\mathbf{N}_+)$.

解 因为 $f(x)=(x-1)^n(x^2+x+1)^n$, 所以由莱布尼茨公式得

$$\begin{aligned}f^{(n+1)}(x)=&\left[(x-1)^n(x^2+x+1)^n\right]^{(n+1)}\\=&\left[(x-1)^n\right]^{(n+1)}(x^2+x+1)^n+\mathrm{C}_{n+1}^1\left[(x-1)^n\right]^{(n)}\left[(x^2+x+1)^n\right]'+\cdots+\\&(x-1)^n\left[(x^2+x+1)^n\right]^{(n+1)}.\end{aligned}$$

因此, $f^{(n+1)}(x)\big|_{x=1}=\left\{\mathrm{C}_{n+1}^1\left[(x-1)^n\right]^{(n)}\left[(x^2+x+1)^n\right]'\right\}\Big|_{x=1}=(n+1)!n3^n.$

7. 已知 $f(x)$ 是周期为 5 的连续函数, 它在 $x=0$ 的某个邻域内满足关系式

$$f(1+\sin x)-3f(1-\sin x)=8x+\alpha(x),$$

其中 $\alpha(x)$ 是当 $x\to 0$ 时比 x 高阶的无穷小, 且 $f(x)$ 在 $x=1$ 处可导, 求曲线 $y=f(x)$ 在点 $(6,f(6))$ 处的切线方程.

解 因为 $f(x)$ 为连续函数, 在所给关系式两端令 $x\to 0$, 取极限, 得 $f(1)=0$. 而

$$\lim_{x\to 0}\frac{f(1+\sin x)-3f(1-\sin x)}{x}=8,$$

对其进行整理变形为

$$\lim_{x\to 0}\left[\frac{f(1+\sin x)-f(1)}{\sin x}\cdot\frac{\sin x}{x}\right]+3\lim_{x\to 0}\left[\frac{f(1-\sin x)-f(1)}{-\sin x}\cdot\frac{-\sin x}{-x}\right]=8,$$

由导数的定义, 可得 $4f'(1)=8$, 即 $f'(1)=2$.

又由于 $f(x)$ 周期为 5, 即 $f(x+5)=f(x)$, 故

$$f'(6)=\lim_{x\to 0}\frac{f(6+x)-f(6)}{x}=\lim_{x\to 0}\frac{f(1+x)-f(1)}{x}=f'(1)=2.$$

因此, 曲线 $y=f(x)$ 在点 $(6,f(6))$(即点 $(6,0)$) 处的切线方程为 $y-0=2(x-6)$, 即 $2x-y-12=0$.

8. 设函数 $f(x)$ 具有连续的一阶导数, 且在 $x=0$ 处二阶导数存在, $f(0)=0$, 证明:

$$F(x)=\begin{cases}\dfrac{f(x)}{x}, & x\neq 0,\\ f'(0), & x=0\end{cases}$$

是连续函数, 且具有连续的一阶导数.

证明 因为 $\lim\limits_{x\to 0}F(x)=\lim\limits_{x\to 0}\dfrac{f(x)}{x}=\lim\limits_{x\to 0}\dfrac{f(x)-f(0)}{x-0}=f'(0)=F(0)$, 所以 $F(x)$ 在 $x=0$ 处连续, 从而 $F(x)$ 为连续函数.

当 $x\neq 0$ 时, $F'(x)=\dfrac{xf'(x)-f(x)}{x^2}$; 当 $x=0$ 时, $\lim\limits_{x\to 0}\dfrac{F(x)-F(0)}{x-0}=\lim\limits_{x\to 0}\dfrac{\dfrac{f(x)}{x}-f'(0)}{x}=\lim\limits_{x\to 0}\dfrac{f(x)-xf'(0)}{x^2}=\lim\limits_{x\to 0}\dfrac{f'(x)-f'(0)}{2x}=\dfrac{1}{2}f''(0)$ (导数的定义).

因此, 可得 $F(x)$ 的导函数为

$$F'(x)=\begin{cases}\dfrac{xf'(x)-f(x)}{x^2}, & x\neq 0,\\ \dfrac{1}{2}f''(0), & x=0.\end{cases}$$

下面讨论 $F'(x)$ 的连续性.

$$\begin{aligned}\lim_{x\to 0}F'(x)&=\lim_{x\to 0}\frac{xf'(x)-f(x)}{x^2}=\lim_{x\to 0}\frac{xf'(x)-xf'(0)+xf'(0)-f(x)}{x^2}\\&=\lim_{x\to 0}\frac{xf'(x)-xf'(0)}{x^2}+\lim_{x\to 0}\frac{xf'(0)-f(x)}{x^2}\\&=\lim_{x\to 0}\frac{f'(x)-f'(0)}{x-0}+\lim_{x\to 0}\frac{f'(0)-f'(x)}{2x}\\&=f''(0)-\frac{1}{2}f''(0)=\frac{1}{2}f''(0)=F'(0).\end{aligned}$$

因此, $F'(x)$ 在 $x=0$ 处连续, 从而 $F(x)$ 具有连续的一阶导数.

9. 求下列极限:

(1) $\lim\limits_{x\to 0}\dfrac{(1-\cos x)[x-\ln(1+\tan x)]}{\arcsin^4 x}$; (2) $\lim\limits_{x\to 0}\left(\dfrac{1}{x}+\dfrac{1+x}{\mathrm{e}^{-x}-1}\right)$;

(3) $\lim\limits_{x\to 0}\left[\dfrac{\ln(1+x)}{x}\right]^{\frac{1}{\mathrm{e}^x-1}}$;

(4) $\lim\limits_{x\to\infty}\left(\dfrac{a_1^{\frac{1}{x}}+a_2^{\frac{1}{x}}+\cdots+a_n^{\frac{1}{x}}}{n}\right)^{nx}$ $(a_1,a_2,\cdots,a_n>0, n\in\mathbf{N}_+)$.

解 (1)
$$\begin{aligned}\lim_{x\to 0}\frac{(1-\cos x)[x-\ln(1+\tan x)]}{\arcsin^4 x}&=\lim_{x\to 0}\frac{\frac{1}{2}x^2[x-\ln(1+\tan x)]}{x^4}\\&=\frac{1}{2}\lim_{x\to 0}\frac{x-\ln(1+\tan x)}{x^2}\\&=\frac{1}{2}\lim_{x\to 0}\frac{1-\dfrac{\sec^2 x}{1+\tan x}}{2x}\\&=\frac{1}{2}\lim_{x\to 0}\frac{1+\tan x-\sec^2 x}{2x(1+\tan x)}\\&=\frac{1}{4}\lim_{x\to 0}\frac{1+\tan x-\sec^2 x}{x}\\&=\frac{1}{4}\lim_{x\to 0}\frac{\sec^2 x-2\sec^2 x\tan x}{1}=\frac{1}{4}.\end{aligned}$$

(2)
$$\begin{aligned}\lim_{x\to 0}\left(\frac{1}{x}+\frac{1+x}{\mathrm{e}^{-x}-1}\right)&=\lim_{x\to 0}\frac{\mathrm{e}^{-x}-1+x+x^2}{x(\mathrm{e}^{-x}-1)}=\lim_{x\to 0}\frac{\mathrm{e}^{-x}-1+x+x^2}{-x^2}\\&=\lim_{x\to 0}\frac{-\mathrm{e}^{-x}+1+2x}{-2x}=\lim_{x\to 0}\frac{\mathrm{e}^{-x}+2}{-2}=-\frac{3}{2}.\end{aligned}$$

(3) $\lim\limits_{x\to 0}\left[\dfrac{\ln(1+x)}{x}\right]^{\frac{1}{e^x-1}}=\lim\limits_{x\to 0}\left[1+\dfrac{\ln(1+x)-x}{x}\right]^{\frac{1}{e^x-1}}=e^{\lim\limits_{x\to 0}\frac{\ln(1+x)-x}{x(e^x-1)}}$

$$=e^{\lim\limits_{x\to 0}\frac{\ln(1+x)-x}{x^2}}=e^{\lim\limits_{x\to 0}\frac{\frac{1}{1+x}-1}{2x}}=e^{\lim\limits_{x\to 0}\frac{\frac{-x}{1+x}}{2x}}$$

$$=e^{\lim\limits_{x\to 0}\frac{-1}{2(1+x)}}=e^{-\frac{1}{2}}.$$

(4) $\lim\limits_{x\to\infty}\left(\dfrac{a_1^{\frac{1}{x}}+a_2^{\frac{1}{x}}+\cdots+a_n^{\frac{1}{x}}}{n}\right)^{nx}=\lim\limits_{x\to\infty}\left(1+\dfrac{a_1^{\frac{1}{x}}+a_2^{\frac{1}{x}}+\cdots+a_n^{\frac{1}{x}}-n}{n}\right)^{nx}$

$$=e^{\lim\limits_{x\to\infty}\left(\frac{a_1^{\frac{1}{x}}+a_2^{\frac{1}{x}}+\cdots+a_n^{\frac{1}{x}}-n}{n}\right)\cdot nx}$$

$$=e^{\lim\limits_{t\to 0}\frac{a_1^t+a_2^t+\cdots+a_n^t-n}{t}}$$

$$=e^{\lim\limits_{t\to 0}\frac{a_1^t\ln a_1+a_2^t\ln a_2+\cdots+a_n^t\ln a_n}{1}}=a_1a_2\cdots a_n.$$

10. 证明下列不等式:

(1) 当 $0<x<1$ 时, $\sqrt{\dfrac{1-x}{1+x}}<\dfrac{\ln(1+x)}{\arcsin x}$;

(2) 当 $-1<x<1$ 时, $x\ln\dfrac{1+x}{1-x}+\cos x\geqslant 1+\dfrac{x^2}{2}$.

证明 (1) 要证 $0<x<1$ 时, $\sqrt{\dfrac{1-x}{1+x}}<\dfrac{\ln(1+x)}{\arcsin x}$, 即证 $\sqrt{1-x^2}\arcsin x-(1+x)\ln(1+x)<0$.

令 $f(x)=\sqrt{1-x^2}\arcsin x-(1+x)\ln(1+x)$, 则

$$f'(x)=-\frac{x}{\sqrt{1-x^2}}\arcsin x-\ln(1+x)<0,\quad x\in(0,1).$$

因此, 函数 $f(x)$ 在 $[0,1]$ 上单调减少, 从而当 $0<x<1$ 时, $f(x)<f(0)=0$, 即成立不等式

$$\sqrt{1-x^2}\arcsin x-(1+x)\ln(1+x)<0.$$

故 $\sqrt{\dfrac{1-x}{1+x}}<\dfrac{\ln(1+x)}{\arcsin x}$ 成立.

(2) **解法 1** 当 $-1<x<1$ 时, $\ln\dfrac{1+x}{1-x}=\ln(1+x)-\ln(1-x)$, 而

$$\ln(1+x)=x-\frac{1}{2}x^2+o(x^2),\quad \ln(1-x)=-x-\frac{1}{2}x^2+o(x^2),\quad \cos x=1-\frac{1}{2}x^2+o(x^2).$$

因此,

$$\begin{aligned}x\ln\frac{1+x}{1-x}+\cos x&=x\left[\ln(1+x)-\ln(1-x)\right]+\cos x\\&=x\left[x-\frac{1}{2}x^2+x+\frac{1}{2}x^2+o(x^2)\right]+1-\frac{1}{2}x^2+o(x^2)\\&=1+\frac{3}{2}x^2+o(x^2)\geqslant 1+\frac{1}{2}x^2+o(x^2).\end{aligned}$$

故当 $-1<x<1$ 时, $x\ln\dfrac{1+x}{1-x}+\cos x\geqslant 1+\dfrac{x^2}{2}$.

解法 2 令 $f(x)=x\ln\dfrac{1+x}{1-x}+\cos x-1-\dfrac{x^2}{2}$, 则

$$\begin{aligned}f'(x)&=\ln\frac{1+x}{1-x}+x\cdot\frac{1-x}{1+x}\cdot\frac{2}{1-x^2}-\sin x-x\\&=\ln\frac{1+x}{1-x}+x\cdot\frac{1+x^2}{1-x^2}-\sin x.\end{aligned}$$

当 $0<x<1$ 时, 有 $\ln\dfrac{1+x}{1-x}>0$, $\dfrac{1+x^2}{1-x^2}>1$, 可得 $f'(x)=\ln\dfrac{1+x}{1-x}+x\cdot\dfrac{1+x^2}{1-x^2}-\sin x>0$, $f(x)$ 单调增加; 当 $-1<x<0$ 时, 有 $\ln\dfrac{1+x}{1-x}<0$, $\dfrac{1+x^2}{1-x^2}>1$, 可得 $f'(x)=\ln\dfrac{1+x}{1-x}+x\cdot\dfrac{1+x^2}{1-x^2}-\sin x<0$, $f(x)$ 单调减少. 故 $x=0$ 为函数在 $(-1,1)$ 内的一个极小值点, 进而可得

$$f(x)=x\ln\frac{1+x}{1-x}+\cos x-1-\frac{x^2}{2}\geqslant f(0)=0.$$

因此, 当 $-1<x<1$ 时, $x\ln\dfrac{1+x}{1-x}+\cos x\geqslant 1+\dfrac{x^2}{2}$.

11. 设函数 $f(x)$ 在 $[a,b]$ 上具有连续的二阶导数, 试证明

$$\left|\frac{f(x+h)-f(x)}{h}-f'(x)\right|<\frac{1}{2}|h|M,$$

其中 M 为 $|f''(x)|$ 在 $[a,b]$ 上的最大值①.

证明 由于 $f(x)$ 具有二阶导数, 根据泰勒公式得

$$f(x+h)=f(x)+f'(x)h+\frac{f''(\xi)}{2}h^2,$$

其中 ξ 介于 x 和 $x+h$, 因此

$$\left|\frac{f(x+h)-f(x)}{h}-f'(x)\right|=\frac{|f''(\xi)|}{2}|h|\leqslant\frac{M}{2}|h|.$$

12. (1) 设曲线 $y=f(x)$ 在区间 I 内是凹的, 试用数学归纳法证明: 若 $x_1,x_2,\cdots,x_n$ 是 I 内不完全相同的 n 个点, 正数 $\lambda_1,\lambda_2,\cdots,\lambda_n$ 满足 $\lambda_1+\lambda_2+\cdots+\lambda_n=1$, 则

$$f(\lambda_1x_1+\lambda_2x_2+\cdots+\lambda_nx_n)<\lambda_1f(x_1)+\lambda_2f(x_2)+\cdots+\lambda_nf(x_n);$$

(2) 利用 (1) 证明 n 个正数的几何平均值不超过它们的算术平均值, 即

$$(a_1a_2\cdots a_n)^{\frac{1}{n}}\leqslant\frac{1}{n}(a_1+a_2+\cdots+a_n)\quad(a_1,a_2,\cdots,a_n>0).$$

证明 (1) 当 $n=2$ 时, 命题显然成立.

假设 $n=k$ 时命题成立, 下面证明 $n=k+1$ 时命题成立. 设 $x_1,x_2,\cdots,x_k,x_{k+1}$ 是 I 内不完全相同的 $k+1$ 个点, 正数$\lambda_1,\lambda_2,\cdots,\lambda_k,\lambda_{k+1}$ 满足 $\lambda_1+\lambda_2+\cdots+\lambda_k+\lambda_{k+1}=1$.

---

① $f(x+h)-f(x)$ 称为差分, 在实际计算中常用差分计算相应的导数, 本题给出了相应的误差估计.

令 $\beta_i=\dfrac{\lambda_i}{1-\lambda_{k+1}}, i=1,2,\cdots,k$, 则 $\beta_1+\beta_2+\cdots+\beta_k=1$,

$$\begin{aligned}
&f(\lambda_1x_1+\lambda_2x_2+\cdots+\lambda_kx_k+\lambda_{k+1}x_{k+1})\\
=&f\left((1-\lambda_{k+1})\frac{\lambda_1x_1+\lambda_2x_2+\cdots+\lambda_kx_k}{1-\lambda_{k+1}}+\lambda_{k+1}x_{k+1}\right)\\
<&(1-\lambda_{k+1})f(\beta_1x_1+\beta_2x_2+\cdots+\beta_kx_k)+\lambda_{k+1}f(x_{k+1})\\
<&(1-\lambda_{k+1})[\beta_1f(x_1)+\beta_2f(x_2)+\cdots+\beta_kf(x_k)]+\lambda_{k+1}f(x_{k+1})\\
=&(1-\lambda_{k+1})\left[\frac{\lambda_1}{1-\lambda_{k+1}}f(x_1)+\frac{\lambda_2}{1-\lambda_{k+1}}f(x_2)+\cdots+\frac{\lambda_k}{1-\lambda_{k+1}}f(x_k)\right]+\lambda_{k+1}f(x_{k+1})\\
=&\lambda_1f(x_1)+\lambda_2f(x_2)+\cdots+\lambda_kf(x_k)+\lambda_{k+1}f(x_{k+1}).
\end{aligned}$$

这就证明了对任何正整数 $n\geqslant 2$, 总有结论成立.

(2) 若题设中条件换为: 函数在区间 I 上满足 $f''(x)<0$, 即曲线在区间 I 上图形是凸的, 可证明

$$\lambda_1f(x_1)+\lambda_2f(x_2)+\cdots+\lambda_nf(x_n)\leqslant f(\lambda_1x_1+\lambda_2x_2+\cdots+\lambda_nx_n).$$

取 $f(x)=\ln x$, 且 $f''(x)=-\dfrac{1}{x^2}<0$, 并令 $\lambda_i=\dfrac{1}{n}\ (i=1,2,\cdots,n)$, 且 $a_1,a_2,\cdots,a_n$ 为函数定义域内 n 个正数, 则

$$\frac{1}{n}(\ln a_1+\ln a_2+\cdots+\ln a_n)\leqslant \ln\frac{a_1+a_2+\cdots+a_n}{n},$$

即

$$(a_1a_2\cdots a_n)^{\frac{1}{n}}\leqslant\frac{a_1+a_2+\cdots+a_n}{n}\quad(a_1,a_2,\cdots,a_n>0).$$

13. 设函数 $f(x)$ 为区间 $[-1,1]$ 上二阶可导的奇函数, 且 $f(1)=1$, 证明:

(1) 存在 $\xi\in(0,1)$, 使得 $f'(\xi)=1$;

(2) 存在 $\eta\in(-1,1)$, 使得 $f''(\eta)+f'(\eta)=1$.

证明 (1) 因为 $f(x)$ 在区间 $[-1,1]$ 上为奇函数, 所以 $f(0)=0$.

令 $F(x)=f(x)-x$, 由条件可知 $F(x)$ 在 $[0,1]$ 上连续, 在 $(0,1)$ 内可导, 且 $F(0)=F(1)=0$. 由罗尔定理知, 存在 $\xi\in(0,1)$, 使得

$$F'(\xi)=f'(\xi)-1=0,$$

即存在 $\xi\in(0,1)$, 使得 $f'(\xi)=1$.

(2) 因为 $f(x)$ 在区间 $[-1,1]$ 上为奇函数, 所以 $f(1)=-f(-1)$, 且 $f'(1)=f'(-1)$.

令 $G(x)=f'(x)+f(x)-x$, 由条件可知 $G(x)$ 在 $[-1,1]$ 上连续, 在 $(-1,1)$ 内可导, 且 $G(1)=f'(1)$, $G(-1)=f'(-1)$. 由罗尔定理知, 存在 $\eta\in(-1,1)$, 使得

$$G'(\eta)=f''(\eta)+f'(\eta)-1=0,$$

即存在 $\eta\in(-1,1)$, 使得 $f''(\eta)+f'(\eta)=1$.

14. 设函数 $y=f(x)$ 在 $x=x_0$ 的某个邻域内有连续的三阶导数, 如果 $f'(x_0)=0$, $f''(x_0)=0$, 而 $f'''(x_0)\neq 0$, 问 $x=x_0$ 是否为极值点? $(x_0,f(x_0))$ 是否为拐点? 为什么?

解　若 $f(x)$ 满足 $f'(x_0)=0$, $f''(x_0)=0$, $f'''(x_0)\neq 0$, 则 $x=x_0$ 不为函数的极值点, 但 $(x_0,f(x_0))$ 定为曲线的拐点.

因为 $f'''(x_0)\neq 0$, 无妨假设 $f'''(x_0)=A>0$ ($A<0$ 可类似说明), 而

$$f'''(x_0)=\lim_{x\to x_0}\frac{f''(x)-f''(x_0)}{x-x_0}=A>0,$$

由极限的局部保号性知, 存在 $\delta>0$, 当 $x\in(x_0-\delta,x_0)$ 时, $f''(x)-f''(x_0)<0$, 即 $f''(x)<0$; 当 $x\in(x_0,x_0+\delta)$ 时, $f''(x)-f''(x_0)>0$, 即 $f''(x)>0$. 因此, 曲线 $f(x)$ 在 $(x_0-\delta,x_0)$ 内图形是凸的, 在 $(x_0,x_0+\delta)$ 内图形是凹的, 即 $(x_0,f(x_0))$ 是曲线的拐点.

因为当 $x\in(x_0-\delta,x_0)$ 时, $f''(x)<0$, 即在 $(x_0-\delta,x_0)$ 内, $f'(x)$ 为单减函数, 所以 $f'(x)>f'(x_0)=0$, 进而可得 $f(x)$ 为单增函数; 当 $x\in(x_0,x_0+\delta)$ 时, $f''(x)>0$, 即在 $(x_0,x_0+\delta)$ 内, $f'(x)$ 为单增函数, 所以 $f'(x)>f'(x_0)=0$, 可得 $f(x)$ 为单增函数, 在 $x=x_0$ 两侧, 函数的单调性没有发生改变, 所以 $x=x_0$ 不为函数的极值点.

15. 设函数 $f(x)$ 在 $[a,b]$ 上可导 (不必要求 $f'(x)$ 连续), 证明关于导函数介值性质的达布定理:

(1) 如果 $f'_+(a)\cdot f'_-(b)<0$, 那么至少存在一点 $\xi\in(a,b)$, 满足 $f'(\xi)=0$;

(2) 如果 $f'_+(a)\neq f'_-(b)$, 那么对于任一介于 $f'_+(a)$ 与 $f'_-(b)$ 的常数 C, 至少存在一点 $\eta\in(a,b)$, 使得 $f'(\eta)=C$.

证明　(1) 由于 $f'_+(a)\cdot f'_-(b)<0$, 不妨假设 $f'_+(a)<0$, $f'_-(b)>0$ (对 $f'_+(a)>0$, $f'_-(b)<0$ 可类似证明).

(i) 如果 $f(a)=f(b)$, 则由罗尔定理可知存在一点 $\xi\in(a,b)$, 满足 $f'(\xi)=0$.

(ii) 如果 $f(a)\neq f(b)$, 假设 $f(a)>f(b)$, 由 $f'_-(b)=\lim\limits_{x\to b^-}\dfrac{f(x)-f(b)}{x-b}>0$ 知, 存在 $\delta>0$, 使 $x\in(b-\delta,b)$ 时, 此时 $b-\delta\in(a,b)$, 成立

$$\frac{f(x)-f(b)}{x-b}>0,$$

可得 $f(x)-f(b)<0$. 取 $x_0\in(b-\delta,b)$, 使得 $f(x_0)<f(b)<f(a)$, 由介值定理可知, 存在一点 $c\in(a,x_0)$, 使得 $f(c)=f(b)$. 此时在 $[c,b]$ 应用罗尔定理, 可得存在一点 $\xi\in(c,b)\subset(a,b)$, 满足 $f'(\xi)=0$.

(2) 由于 $f'_+(a)\neq f'_-(b)$, 不妨假设 $f'_+(a)<f'_-(b)$.

令 $g(x)=f(x)-Cx$, 则 $g'(x)=f'(x)-C$, 此时 $g'_+(a)=f'_+(a)-C$, $g'_-(b)=$

$f'_-(b)-C$, 并且满足

$$g'_+(a)\cdot g'_-(b)=[f'_-(b)-C]\cdot[f'_+(a)-C]<0.$$

由 (1) 可知, 存在一点 $\eta\in(a,b)$, 使得 $g'(\eta)=0$, 即 $g'(\eta)=f'(\eta)-C=0$, 亦即 $f'(\eta)=C$.

16. 设函数 $f(x)$ 在 $x=0$ 处可导, 且对任意的实数 x,y, 满足方程 $f(x+y)=f(x)+f(y)$, 证明: $f(x)=f'(0)x$.

证明　由任意的实数 x,y 都满足方程 $f(x+y)=f(x)+f(y)$, 可得 $f(0)=0$.

由于 $f(x)$ 在 $x=0$ 处可导, 有

$$\lim_{x\to 0}\frac{f(x)}{x}=f'(0).$$

而

$$f'(x)=\lim_{\Delta x\to 0}\frac{f(x+\Delta x)-f(x)}{\Delta x}=\lim_{\Delta x\to 0}\frac{f(x)+f(\Delta x)-f(x)}{\Delta x}=\lim_{\Delta x\to 0}\frac{f(\Delta x)}{\Delta x}=f'(0),$$

所以 $f(x)=f'(0)x+C$, 代入 $f(0)=0$, 得 $C=0$. 故 $f(x)=f'(0)x$.

第三章 一元函数积分学

本章主要内容包括: 不定积分、定积分、反常积分的概念、性质、计算及定积分的应用等.

一、知识导图

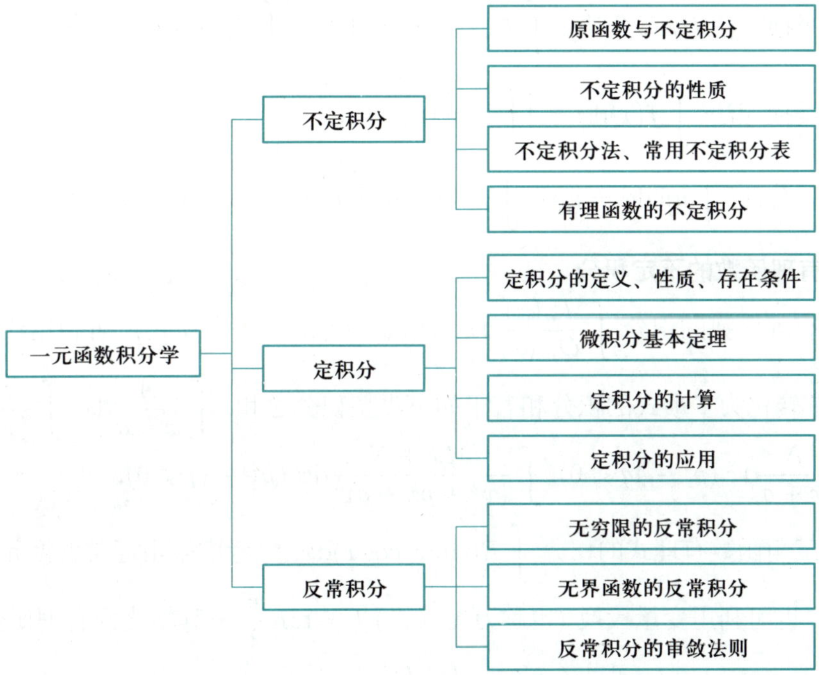

二、基本内容

1. 不定积分

(1) 原函数与不定积分

若 $\forall x \in I$, $F'(x)=f(x)$, 则称 $F(x)$ 是 $f(x)$ 在 I 内的原函数. 如果 $f(x)$ 在区间 I 内连续, 那么在区间 I 内, $f(x)$ 必存在原函数 $F(x)$.

$f(x)$ 的所有原函数的一般表达式称为 $f(x)$ 的不定积分, 记为 $\int f(x)\mathrm{d}x = F(x)+C$.

(2) 不定积分的性质

性质 1: $\dfrac{\mathrm{d}}{\mathrm{d}x}\left[\int f(x)\mathrm{d}x\right]=f(x)$, $\int f'(x)\mathrm{d}x=f(x)+C$.

性质 2: $\int[\alpha f(x)\pm\beta g(x)]\mathrm{d}x=\alpha\int f(x)\mathrm{d}x\pm\beta\int g(x)\mathrm{d}x, \quad \alpha,\beta\in\mathbf{R}$.

(3) 不定积分法

第一类换元法 (凑微分法): $\int f[\varphi(x)]\varphi'(x)\mathrm{d}x=\left[\int f(u)\mathrm{d}u\right]_{u=\varphi(x)}$.

第二类换元法: $\int f(x)\mathrm{d}x=\left[\int f[\varphi(t)]\varphi'(t)\mathrm{d}t\right]_{t=\varphi^{-1}(x)}$.

分部积分法: $\int uv'\mathrm{d}x=uv-\int vu'\mathrm{d}x$ 或 $\int u\mathrm{d}v=uv-\int v\mathrm{d}u$.

(4) 有理函数的不定积分

对于有理函数的积分 $\int\dfrac{P_n(x)}{Q_m(x)}\mathrm{d}x$ ($P_n(x)$, $Q_m(x)$ 是多项式), 可利用代数学基本定理, 将其转化为多项式的积分和若干如下类型积分之和: $\int\dfrac{A}{x-a}\mathrm{d}x$, $\int\dfrac{A}{(x-a)^n}\mathrm{d}x$, $\int\dfrac{Mx+N}{x^2+px+q}\mathrm{d}x$ $(p^2-4q<0)$, $\int\dfrac{Mx+N}{(x^2+px+q)^n}\mathrm{d}x$ $(p^2-4q<0)$.

对于三角函数有理式的积分 $\int R(\sin x,\cos x)\mathrm{d}x$, 除考虑采用通常的换元法、分部积分法外, 也可利用变量代换 (也称万能代换) $t=\tan\dfrac{x}{2}$ 将其转化为有理函数的积分, 即 $\int R(\sin x,\cos x)\mathrm{d}x=\int R\left(\dfrac{2t}{1+t^2},\dfrac{1-t^2}{1+t^2}\right)\dfrac{2}{1+t^2}\mathrm{d}t$.

对于简单无理函数 $R\left(x,\sqrt[n]{ax+b}\right)$ 和 $R\left(x,\sqrt[n]{\dfrac{ax+b}{cx+d}}\right)$ 的积分, 也可考虑利用变量代换 $ax+b=t^n$ 或 $\dfrac{ax+b}{cx+d}=t^n$ 将其转化为有理函数的积分.

然而, 也有一些看似简单的函数, 尽管它们的原函数是存在的, 但无法用初等函数直接表示, 通常称为 "积不出" 的积分, 如: $\int \mathrm{e}^{x^2}\mathrm{d}x$, $\int \frac{\sin x}{x}\mathrm{d}x$ 等.

(5) 常用不定积分公式

① $\int k\mathrm{d}x = kx + C$ (k 为常数);

② $\int x^{\mu}\mathrm{d}x = \frac{x^{\mu+1}}{\mu+1}+C, \mu \neq -1$, 特别地, $\int \frac{1}{\sqrt{x}}\mathrm{d}x = 2\sqrt{x}+C$, $\int \frac{1}{x^2}\mathrm{d}x = -\frac{1}{x}+C$;

③ $\int a^x\mathrm{d}x = \frac{a^x}{\ln a} + C\ (a > 0, a \neq 1)$, 特别地, $\int \mathrm{e}^x\mathrm{d}x = \mathrm{e}^x + C$;

④ $\int \frac{1}{x}\mathrm{d}x = \ln|x| + C$;

⑤ $\int \cos x\mathrm{d}x = \sin x + C$, $\int \sin x\mathrm{d}x = -\cos x + C$;

⑥ $\int \sec^2 x\mathrm{d}x = \tan x + C$, $\int \csc^2 x\mathrm{d}x = -\cot x + C$;

⑦ $\int \sec x\tan x\mathrm{d}x = \sec x + C$, $\int \csc x\cot x\mathrm{d}x = -\csc x + C$;

⑧ $\int \frac{1}{\sqrt{1-x^2}}\mathrm{d}x = \arcsin x + C$, $\int \frac{1}{\sqrt{1-x^2}}\mathrm{d}x = -\arccos x + C$;

⑨ $\int \frac{1}{1+x^2}\mathrm{d}x = \arctan x + C$, $\int \frac{1}{1+x^2}\mathrm{d}x = -\mathrm{arccot} x + C$;

⑩ $\int \tan x\mathrm{d}x = -\ln|\cos x| + C$, $\int \cot x\mathrm{d}x = \ln|\sin x| + C$;

⑪ $\int \sec x\mathrm{d}x = \ln|\sec x + \tan x| + C$, $\int \csc x\mathrm{d}x = \ln|\csc x - \cot x| + C$;

⑫ $\int \frac{1}{a^2+x^2}\mathrm{d}x = \frac{1}{a}\arctan\frac{x}{a} + C$, 特别地, $\int \frac{1}{1+x^2}\mathrm{d}x = \arctan x + C$;

⑬ $\int \frac{1}{\sqrt{a^2-x^2}}\mathrm{d}x = \arcsin\frac{x}{a} + C$, 特别地, $\int \frac{1}{\sqrt{1-x^2}}\mathrm{d}x = \arcsin x + C$;

⑭ $\int \frac{1}{\sqrt{x^2+a^2}}\mathrm{d}x = \ln\left(x+\sqrt{x^2+a^2}\right)+C$, $\int \frac{1}{\sqrt{x^2-a^2}}\mathrm{d}x = \ln\left|x+\sqrt{x^2-a^2}\right|+C$;

⑮ $\int \frac{1}{x^2-a^2}\mathrm{d}x = \frac{1}{2a}\ln\left|\frac{x-a}{x+a}\right| + C$.

2. 定积分

(1) 定积分的定义

$\int_a^b f(x)\mathrm{d}x = \lim\limits_{\lambda\to 0}\sum\limits_{i=1}^{n} f(\xi_i)\Delta x_i$, 其中 $\lambda = \max\limits_{1\leqslant i\leqslant n}\{\Delta x_i\}$, $f(x)$ 称为被积函数, $f(x)\mathrm{d}x$ 称为被积表达式, x 称为积分变量, a 与 b 分别称为积分下限和上限, $[a,b]$ 称为积分

区间.

$\int_a^b f(x)\mathrm{d}x$ 的几何意义: 表示由曲线 $y=f(x)$, 直线 $x=a$, $x=b$ 及 x 轴所围成的曲边梯形面积的代数和 $(a<b)$.

(2) 定积分存在的条件

① 充分条件: 若 $f(x)$ 在 $[a,b]$ 上连续, 则 $f(x)$ 在 $[a,b]$ 上可积;

② 充分条件: 若 $f(x)$ 在 $[a,b]$ 上有界, 且只有有限个间断点, 则 $f(x)$ 在 $[a,b]$ 上可积;

③ 必要条件: 若 $f(x)$ 在 $[a,b]$ 上可积, 则 $f(x)$ 在 $[a,b]$ 上有界.

(3) 定积分的性质

① 线性性质: $\int_a^b[\alpha f(x)\pm\beta g(x)]\mathrm{d}x=\alpha\int_a^b f(x)\mathrm{d}x\pm\beta\int_a^b g(x)\mathrm{d}x,\ \alpha,\beta\in\mathbf{R}$.

② 积分区间可加性: $\int_a^b f(x)\mathrm{d}x=\int_a^c f(x)\mathrm{d}x+\int_c^b f(x)\mathrm{d}x$.

③ 不等式: 在 $[a,b]$ 上, 若 $f(x)\geqslant 0$, 则 $\int_a^b f(x)\mathrm{d}x\geqslant 0$, 且 $\left|\int_a^b f(x)\mathrm{d}x\right|\leqslant\int_a^b|f(x)|\mathrm{d}x$.

特别地, 若 $f(x)$, $g(x)$ 在 $[a,b]$ 上有 $f(x)\leqslant g(x)$, 则 $\int_a^b f(x)\mathrm{d}x\leqslant\int_a^b g(x)\mathrm{d}x$; 若 $m\leqslant f(x)\leqslant M$, $\forall x\in[a,b]$, 则 $m(b-a)\leqslant\int_a^b f(x)\mathrm{d}x\leqslant M(b-a)$.

④ 积分中值定理: 若函数 $f(x)$ 在 $[a,b]$ 上连续, 则在 $[a,b]$ 上至少存在一点 ξ, 使得 $\int_a^b f(x)\mathrm{d}x=f(\xi)(b-a)\ (a\leqslant\xi\leqslant b)$.

(4) 微积分基本定理

① 原函数存在定理: 若函数 $f(x)$ 在 $[a,b]$ 上连续, 则积分上限函数 $\varPhi(x)=\int_a^x f(t)\mathrm{d}t$ 是 $f(x)$ 在 $[a,b]$ 上的一个原函数.

② 牛顿–莱布尼茨公式 (微积分基本定理): 设函数 $f(x)$ 在 $[a,b]$ 上连续, $F(x)$ 是 $f(x)$ 在 $[a,b]$ 上的一个原函数, 则 $\int_a^b f(x)\mathrm{d}x=F(b)-F(a)$.

积分变限函数的求导运算 (假设下列函数均可导):

(i) 设 $\varPhi(x)=\int_a^x f(t)\mathrm{d}t$, 则 $\varPhi'(x)=\left(\int_a^x f(t)\mathrm{d}t\right)'=f(x)$.

(ii) 设 $\psi(x)=\int_x^b f(t)\mathrm{d}t$, 则 $\psi'(x)=\left(-\int_b^x f(t)\mathrm{d}t\right)'=-f(x)$.

(iii) 设 $G(x)=\int_a^{\varphi(x)}f(t)\mathrm{d}t$, 则 $G'(x)=\left(\int_a^{\varphi(x)}f(t)\mathrm{d}t\right)'=f[\varphi(x)]\varphi'(x)$.

(iv) 设 $H(x)=\int_{\psi(x)}^{\varphi(x)}f(t)\mathrm{d}t$, 则 $H'(x)=f[\varphi(x)]\varphi'(x)-f[\psi(x)]\psi'(x)$.

(5) 定积分的计算

① 换元积分法: $\int_a^b f(x)\mathrm{d}x=\int_\alpha^\beta f[\varphi(t)]\varphi'(t)\mathrm{d}t$, 其中 $x=\varphi(t)$ 在 $[\alpha,\beta]$ (或 $[\beta,\alpha]$) 上具有连续导数, 且 $\varphi(\alpha)=a$, $\varphi(\beta)=b$.

② 分部积分法: $\int_a^b uv'\mathrm{d}x=[uv]_a^b-\int_a^b u'v\mathrm{d}x$ 或 $\int_a^b u\mathrm{d}v=[uv]_a^b-\int_a^b v\mathrm{d}u$.

③ 一些常用的特殊结论:

(i) $\int_{-a}^a f(x)\mathrm{d}x=\begin{cases}0, & f(x)\text{ 是奇函数},\\ 2\int_0^a f(x)\mathrm{d}x, & f(x)\text{ 是偶函数}.\end{cases}$

(ii) 设 $f(x)$ 是以 T 为周期的周期函数, n 为正整数, 则

$$\int_a^{a+T}f(x)\mathrm{d}x=\int_0^T f(x)\mathrm{d}x,\quad \int_a^{a+nT}f(x)\mathrm{d}x=n\int_0^T f(x)\mathrm{d}x.$$

(iii) 三角函数有关结论:

$$\int_0^{\frac{\pi}{2}}f(\sin x)\mathrm{d}x=\int_0^{\frac{\pi}{2}}f(\cos x)\mathrm{d}x,\quad \int_0^\pi xf(\sin x)\mathrm{d}x=\frac{\pi}{2}\int_0^\pi f(\sin x)\mathrm{d}x,$$

$$\int_0^{\frac{\pi}{2}}\sin^n x\mathrm{d}x=\int_0^{\frac{\pi}{2}}\cos^n x\mathrm{d}x=\begin{cases}\frac{n-1}{n}\cdot\frac{n-3}{n-2}\cdot\cdots\cdot\frac{1}{2}\cdot\frac{\pi}{2}, & n=2,4,6,\cdots,\\ \frac{n-1}{n}\cdot\frac{n-3}{n-2}\cdot\cdots\cdot\frac{2}{3}, & n=3,5,7,\cdots.\end{cases}$$

(6) 定积分的应用

① 定积分在几何上的应用: 可求平面图形的面积、平行截面面积已知的立体的体积、平面曲线的弧长、旋转体的侧面积等.

(i) 面积: 由曲线 $y=f_1(x)$, $y=f_2(x)$ 及直线 $x=a$, $x=b$ $(a<b)$ 所围成平面图形的面积为

$$A=\int_a^b|f_1(x)-f_2(x)|\mathrm{d}x.$$

由曲线 $\rho=\rho(\theta)$ 及射线 $\theta=\alpha$, $\theta=\beta$ $(\alpha<\beta)$ 所围成曲边扇形的面积为

$$A=\frac{1}{2}\int_\alpha^\beta\rho^2(\theta)\mathrm{d}\theta.$$

(ii) 体积: 若已知垂直于 x 轴 (垂直于 y 轴类似) 的截面的面积为 $A(x)$ $(a\leqslant x\leqslant b)$, 则立体的体积为

$$V=\int_a^b A(x)\mathrm{d}x.$$

特别地, 平面图形 $0 \leqslant y \leqslant f(x)$ $(a \leqslant x \leqslant b)$ 绕 x 轴, y 轴旋转而成的旋转体的体积分别为

$$V_x = \pi \int_a^b f^2(x)\mathrm{d}x, \quad V_y = 2\pi \int_a^b x f(x)\mathrm{d}x.$$

类似地, 平面图形 $0 \leqslant x \leqslant g(y)$ $(c \leqslant y \leqslant d)$ 绕 y 轴, x 轴旋转而成的旋转体的体积分别为

$$V_y = \pi \int_c^d g^2(y)\mathrm{d}y, \quad V_x = 2\pi \int_c^d y g(y)\mathrm{d}y.$$

(iii) 弧长: 设曲线 L 的方程为 $y = y(x)$ $(a \leqslant x \leqslant b)$, 则其弧长 $s = \displaystyle\int_a^b \sqrt{1 + y'^2}\mathrm{d}x$;

若曲线 L 的参数方程为 $\begin{cases} x = \varphi(t), \\ y = \psi(t) \end{cases}$ $(t_1 \leqslant t \leqslant t_2)$, 则其弧长 $s = \displaystyle\int_{t_1}^{t_2} \sqrt{\varphi'^2(t) + \psi'^2(t)}\mathrm{d}t$;

若曲线 L 的极坐标方程为 $\rho = \rho(\theta)$ $(\alpha \leqslant \theta \leqslant \beta)$, 则其弧长 $s = \displaystyle\int_\alpha^\beta \sqrt{\rho^2(\theta) + \rho'^2(\theta)}\mathrm{d}\theta$.

(iv) 侧面积: 由平面图形 $0 \leqslant y \leqslant f(x)$ $(a \leqslant x \leqslant b)$ 绕 x 轴旋转一周所形成的旋转体的侧面积为

$$S = 2\pi \int_a^b f(x)\mathrm{d}s = 2\pi \int_a^b f(x)\sqrt{1 + f'^2(x)}\mathrm{d}x.$$

② 定积分在物理上的应用: 可求变力沿直线做功、液体压力和物体间引力等.

3. 反常积分

(1) 无穷限的反常积分

① 定义: 设 $f(x) \in R[a,b]$, 其中 $[a,b] \subset [a,+\infty)$. 如果极限 $\displaystyle\lim_{b\to+\infty}\int_a^b f(x)\mathrm{d}x$ 存在, 则称反常积分 $\displaystyle\int_a^{+\infty} f(x)\mathrm{d}x$ 收敛, 且 $\displaystyle\int_a^{+\infty} f(x)\mathrm{d}x = \lim_{b\to+\infty}\int_a^b f(x)\mathrm{d}x$; 若极限 $\displaystyle\lim_{b\to+\infty}\int_a^b f(x)\mathrm{d}x$ 不存在, 则称反常积分 $\displaystyle\int_a^{+\infty} f(x)\mathrm{d}x$ 发散.

类似地, 可定义反常积分 $\displaystyle\int_{-\infty}^b f(x)\mathrm{d}x$, $\displaystyle\int_{-\infty}^{+\infty} f(x)\mathrm{d}x$ 的敛散性.要注意: 反常积分 $\displaystyle\int_{-\infty}^{+\infty} f(x)\mathrm{d}x$ 收敛, 当且仅当 $\forall c \in (-\infty,+\infty)$, 反常积分 $\displaystyle\int_c^{+\infty} f(x)\mathrm{d}x$ 与 $\displaystyle\int_{-\infty}^c f(x)\mathrm{d}x$ 同时收敛.

② 计算: $\displaystyle\int_a^{+\infty} f(x)\mathrm{d}x = \lim_{b\to+\infty}\int_a^b f(x)\mathrm{d}x = \lim_{b\to+\infty} F(b) - F(a)$, 也简记为

$$\int_a^{+\infty} f(x)\mathrm{d}x = [F(x)]_a^{+\infty} = F(+\infty) - F(a).$$

(2) 无界函数的反常积分

① 定义: 设函数 $f(x)$ 在 $(a,b]$ 上连续, a 为 $f(x)$ 的瑕点.如果极限 $\lim\limits_{t\to a^+}\int_t^b f(x)\mathrm{d}x$ 存在, 那么称反常积分 $\int_a^b f(x)\mathrm{d}x$ 收敛, 且 $\int_a^b f(x)\mathrm{d}x = \lim\limits_{t\to a^+}\int_t^b f(x)\mathrm{d}x$; 如果极限 $\lim\limits_{t\to a^+}\int_t^b f(x)\mathrm{d}x$ 不存在, 那么称反常积分 $\int_a^b f(x)\mathrm{d}x$ 发散.

类似地, 可定义反常积分 $\int_a^b f(x)\mathrm{d}x$ (b 为瑕点), $\int_a^b f(x)\mathrm{d}x$ (a, b 为瑕点), $\int_a^b f(x)\mathrm{d}x$ (c 为瑕点, $a<c<b$) 的敛散性.

注 反常积分 $\int_a^b f(x)\mathrm{d}x$ (a, b 为瑕点) 收敛, 当且仅当 $\forall d\in(a,b)$, 反常积分 $\int_d^b f(x)\mathrm{d}x$ 与 $\int_a^d f(x)\mathrm{d}x$ 同时收敛; 反常积分 $\int_a^b f(x)\mathrm{d}x$ (c 为瑕点, $a<c<b$) 收敛, 当且仅当反常积分 $\int_c^b f(x)\mathrm{d}x$ 与 $\int_a^c f(x)\mathrm{d}x$ 同时收敛.

② 计算: 若 a 为瑕点, 则 $\int_a^b f(x)\mathrm{d}x = \lim\limits_{t\to a^+}\int_t^b f(x)\mathrm{d}x = F(b) - \lim\limits_{t\to a^+}F(t)$, 也可简记为

$$\int_a^b f(x)\mathrm{d}x = [F(x)]_a^b = F(b) - F(a^+).$$

(3) 反常积分的审敛法则

① 充要条件: 设函数 $f(x)$ 在 $[a,+\infty)$ 上连续, 且 $f(x)\geqslant 0$, 则反常积分 $\int_a^{+\infty} f(x)\mathrm{d}x$ 收敛的充要条件是积分上限的函数 $\int_a^t f(x)\mathrm{d}x$ 在 $[a,+\infty)$ 上有上界.

② 比较审敛法: 设 $f(x)$ 和 $g(x)$ 在 $[a,+\infty)$ 上连续, 且 $0\leqslant f(x)\leqslant g(x)$, 则

(i) 若反常积分 $\int_a^{+\infty} g(x)\mathrm{d}x$ 收敛, 则反常积分 $\int_a^{+\infty} f(x)\mathrm{d}x$ 也收敛;

(ii) 若反常积分 $\int_a^{+\infty} f(x)\mathrm{d}x$ 发散, 则反常积分 $\int_a^{+\infty} g(x)\mathrm{d}x$ 也发散.

③ 比值审敛法: 如果 $f(x)$ 和 $g(x)$ 都是 $[a,+\infty)$ 上的非负连续函数, 且 $g(x)>0$, $\lim\limits_{x\to+\infty}\dfrac{f(x)}{g(x)} = L$ (L 有限或为 $+\infty$), 那么

(i) 当 $0<L<+\infty$ 时, 反常积分 $\int_a^{+\infty} f(x)\mathrm{d}x$ 与 $\int_a^{+\infty} g(x)\mathrm{d}x$ 有相同的敛散性;

(ii) 当 $L=0$ 时, 若反常积分 $\int_a^{+\infty} g(x)\mathrm{d}x$ 收敛, 则反常积分 $\int_a^{+\infty} f(x)\mathrm{d}x$ 也收敛;

(iii) 当 $L=+\infty$ 时, 若反常积分 $\int_a^{+\infty} g(x)\mathrm{d}x$ 发散, 则反常积分 $\int_a^{+\infty} f(x)\mathrm{d}x$ 也发散.

注 上述对于无穷限反常积分的审敛法对于无界函数的反常积分也类似成立.

(4) 常用结论

① $\displaystyle\int_a^{+\infty}\frac{1}{x^p}\mathrm{d}x=\begin{cases}\dfrac{a^{1-p}}{p-1}, & p>1,\\ +\infty, & p\leqslant 1.\end{cases}$

② $\displaystyle\int_a^b\frac{1}{(x-a)^q}\mathrm{d}x=\int_a^b\frac{1}{(b-x)^q}\mathrm{d}x=\begin{cases}\dfrac{(b-a)^{1-q}}{1-q}, & q<1,\\ +\infty, & q\geqslant 1\end{cases}\quad (a<b).$

(5) Γ 函数

① 定义: $\Gamma(s)=\displaystyle\int_0^{+\infty}\mathrm{e}^{-x}x^{s-1}\mathrm{d}x\ (s>0)$.

② 性质: 当 $s>0$ 时, 反常积分 $\displaystyle\int_0^{+\infty}\mathrm{e}^{-x}x^{s-1}\mathrm{d}x$ 收敛, 且

$$\Gamma(s+1)=s\Gamma(s)\quad (s>0).$$

特别地, $\Gamma(n+1)=n!$; $\Gamma(s)\Gamma(1-s)=\dfrac{\pi}{\sin(s\pi)}\ (0<s<1)$; $\Gamma\left(\dfrac{1}{2}\right)=\displaystyle\int_0^{+\infty}\mathrm{e}^{-x}x^{-\frac{1}{2}}\mathrm{d}x=\sqrt{\pi}$.

三、常用方法

1. 基于不定积分的定义和性质进行积分运算

不定积分运算与微分运算可以简单地理解为“方向互逆”的运算, 但又不是互为逆运算. 因为若 $\mathrm{d}F(x)=f(x)\mathrm{d}x$, 则有 $\displaystyle\int f(x)\mathrm{d}x=F(x)+C$, 显然有一个积分常数的差别, 利用此关系可以进行一些简单的积分运算和推理.

例 1 求解下列问题:

(1) 计算不定积分: $I_1=\displaystyle\int\frac{(x-1)^3}{x^2}\mathrm{d}x$, $I_2=\displaystyle\int\frac{1}{\sin^2\frac{x}{2}\cos^2\frac{x}{2}}\mathrm{d}x$;

(2) 已知 $\displaystyle\int f'(x^3)\mathrm{d}x=x^3+C$, 求 $f(x)$.

解 (1) $I_1=\displaystyle\int\frac{x^3-3x^2+3x-1}{x^2}\mathrm{d}x=\int\left(x-3+\frac{3}{x}-\frac{1}{x^2}\right)\mathrm{d}x=\frac{x^2}{2}-3x+3\ln|x|+\frac{1}{x}+C$; $I_2=\displaystyle\int\frac{1}{\frac{1}{4}\sin^2x}\mathrm{d}x=4\int\csc^2x\mathrm{d}x=-4\cot x+C$.

(2) 因为 $\left[\displaystyle\int f'(x^3)\mathrm{d}x\right]'=3x^2$, 即 $f'(x^3)=3x^2$. 令 $t=x^3$, 则 $f'(t)=3t^{\frac{2}{3}}$, 所以

$f(t)=\frac{9}{5}t^{\frac{5}{3}}+C$, 即 $f(x)=\frac{9}{5}x^{\frac{5}{3}}+C$.

2. 用换元积分法、分部积分法等计算不定积分

除了可以用不定积分的概念、性质和查积分表等方法计算一些简单的不定积分外，计算不定积分的主要方法还有换元法和分部积分法.

第一类换元法 $\int f[\varphi(x)]\varphi'(x)\mathrm{d}x=\left[\int f(u)\mathrm{d}u\right]_{u=\varphi(x)}$ 和第二类换元法 $\int f(x)\mathrm{d}x=\left[\int f[\varphi(t)]\varphi'(t)\mathrm{d}t\right]_{t=\varphi^{-1}(x)}$ 的表现形式"酷似"互逆的过程, 但其数学运算的核心思想是不一致的. 第一类换元法也称凑微分法, 关键在于"发现"被积函数的某个因子是另外"一部分"的导数; 第二类换元法主要是通过变量代换, 比如: 三角代换、倒数代换、根式代换、指数代换等, 将被积函数变得容易积分或者将被积函数有理化.

分部积分法 $\int u\mathrm{d}v=uv-\int v\mathrm{d}u$ 一般适用于不同类型的函数乘积的不定积分, 实质上是将不定积分 $\int u\mathrm{d}v$ 转化为相对简单的积分 $uv-\int v\mathrm{d}u$ 进行计算. 在实际运算中, 可能要多次使用分部积分法.

例 2 求下列不定积分:

(1) $\int x(2+x^2)^{100}\mathrm{d}x$;　　(2) $\int \frac{1}{\sin^2(x+2)}\cos(x+2)\mathrm{d}x$;

(3) $\int \frac{1}{x}(3+2\ln x)\mathrm{d}x$;　　(4) $\int \mathrm{e}^x\tan(\mathrm{e}^x+1)\mathrm{d}x$;

(5) $\int \frac{x^2+1}{x^4+1}\mathrm{d}x$;　　(6) $\int \left[\frac{f(x)}{f'(x)}-\frac{f^2(x)f''(x)}{f'^3(x)}\right]\mathrm{d}x$.

解 (1) 由于

$$\int x(2+x^2)^{100}\mathrm{d}x=\frac{1}{2}\int (2+x^2)^{100}\mathrm{d}(2+x^2),$$

因此, 令 $u=2+x^2$, 则

$$\int x(2+x^2)^{100}\mathrm{d}x=\frac{1}{2}\int u^{100}\mathrm{d}u=\frac{1}{202}u^{101}+C=\frac{1}{202}(2+x^2)^{101}+C.$$

(2) $\int \frac{1}{\sin^2(x+2)}\cos(x+2)\mathrm{d}x=\int \frac{1}{\sin^2(x+2)}\mathrm{d}[\sin(x+2)]=-\frac{1}{\sin(x+2)}+C.$

(3) $\int \frac{1}{x}(3+2\ln x)\mathrm{d}x=\int (3+2\ln x)\mathrm{d}(\ln x)=3\ln x+\ln^2 x+C.$

(4) $\int \mathrm{e}^x\tan(\mathrm{e}^x+1)\mathrm{d}x=\int \tan(\mathrm{e}^x+1)\mathrm{d}(\mathrm{e}^x+1)=-\ln|\cos(\mathrm{e}^x+1)|+C.$

(5) 分子分母同除以 x^2, 再凑微分.

$$\int \frac{x^2+1}{x^4+1}\mathrm{d}x=\int \frac{\frac{1}{x^2}+1}{x^2+\frac{1}{x^2}}\mathrm{d}x=\int \frac{1}{\left(x-\frac{1}{x}\right)^2+2}\mathrm{d}\left(x-\frac{1}{x}\right)\ \left(令\ u=x-\frac{1}{x}\right)$$

$$=\int \frac{1}{u^2+2}\mathrm{d}u=\frac{1}{\sqrt{2}}\arctan\frac{u}{\sqrt{2}}+C=\frac{1}{\sqrt{2}}\arctan\frac{x-\frac{1}{x}}{\sqrt{2}}+C.$$

(6)
$$\int\left[\frac{f(x)}{f'(x)}-\frac{f^2(x)f''(x)}{f'^3(x)}\right]\mathrm{d}x=\int \frac{f(x)}{f'(x)}\left[1-\frac{f(x)f''(x)}{f'^2(x)}\right]\mathrm{d}x$$
$$=\int \frac{f(x)}{f'(x)}\cdot\frac{f'^2(x)-f(x)f''(x)}{f'^2(x)}\mathrm{d}x$$
$$=\int \frac{f(x)}{f'(x)}\cdot\left[\frac{f(x)}{f'(x)}\right]'\mathrm{d}x$$
$$=\int \frac{f(x)}{f'(x)}\mathrm{d}\left[\frac{f(x)}{f'(x)}\right]=\frac{1}{2}\left[\frac{f(x)}{f'(x)}\right]^2+C.$$

例 3 求下列不定积分:

(1) $\int \frac{1}{1+\sqrt{1-x^2}}\mathrm{d}x$;　　(2) $\int \frac{1}{x^8(1+x^2)}\mathrm{d}x$;

(3) $\int \frac{x+1}{x\sqrt{x-2}}\mathrm{d}x$;　　(4) $\int \frac{1}{\mathrm{e}^x(1+\mathrm{e}^{2x})}\mathrm{d}x$.

解 (1) 作三角代换. 令 $x=\sin t$, 则 $\mathrm{d}x=\cos t\mathrm{d}t$, 于是

$$\int \frac{1}{1+\sqrt{1-x^2}}\mathrm{d}x=\int \frac{\cos t}{1+\cos t}\mathrm{d}t=\int \frac{\cos t(1-\cos t)}{\sin^2 t}\mathrm{d}t=\int \frac{\mathrm{d}(\sin t)}{\sin^2 t}-\int \frac{1-\sin^2 t}{\sin^2 t}\mathrm{d}t$$
$$=-\frac{1}{\sin t}+\cot t+t+C=-\frac{1}{x}+\frac{\sqrt{1-x^2}}{x}+\arcsin x+C.$$

注 使用三角代换求解不定积分时, 借助辅助三角形回代变量会比较方便 (如图 3.1).

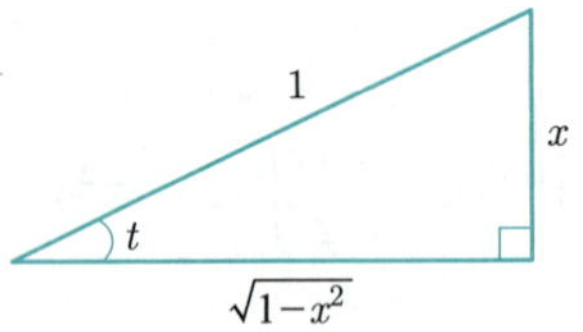

图 3.1

(2) 作倒数代换. 令 $x=\frac{1}{t}$, 则 $\mathrm{d}x=-\frac{1}{t^2}\mathrm{d}t$, 于是

$$\int \frac{1}{x^8(1+x^2)}\mathrm{d}x=\int \frac{1}{\frac{1}{t^8}\left(1+\frac{1}{t^2}\right)}\cdot\left(-\frac{1}{t^2}\right)\mathrm{d}t=-\int \frac{t^8}{1+t^2}\mathrm{d}t$$
$$=-\int\left(t^6-t^4+t^2-1+\frac{1}{1+t^2}\right)\mathrm{d}t$$
$$=-\frac{1}{7}t^7+\frac{1}{5}t^5-\frac{1}{3}t^3+t-\arctan t+C$$

$$= -\frac{1}{7x^7} + \frac{1}{5x^5} - \frac{1}{3x^3} + \frac{1}{x} - \arctan\frac{1}{x} + C.$$

(3) 作根式代换. 令 $t = \sqrt{x-2}$, 则 $x = t^2 + 2$, $\mathrm{d}x = 2t\mathrm{d}t$, 于是

$$\int \frac{x+1}{x\sqrt{x-2}}\mathrm{d}x = \int \frac{t^2+2+1}{(t^2+2)t}\cdot 2t\mathrm{d}t = 2\int \frac{t^2+3}{t^2+2}\mathrm{d}t = 2\int \left(1+\frac{1}{t^2+2}\right)\mathrm{d}t$$

$$= 2t + 2\cdot\frac{1}{\sqrt{2}}\arctan\frac{t}{\sqrt{2}} + C = 2\sqrt{x-2} + \sqrt{2}\arctan\sqrt{\frac{x-2}{2}} + C.$$

(4) 作指数代换. 令 $t = \mathrm{e}^x$, 则 $x = \ln t$, $\mathrm{d}x = \frac{\mathrm{d}t}{t}$, 于是

$$\int \frac{1}{\mathrm{e}^x(1+\mathrm{e}^{2x})}\mathrm{d}x = \int \frac{1}{t(1+t^2)}\cdot\frac{\mathrm{d}t}{t} = \int\left(\frac{1}{t^2} - \frac{1}{1+t^2}\right)\mathrm{d}t$$

$$= -\frac{1}{t} - \arctan t + C = -\mathrm{e}^{-x} - \arctan \mathrm{e}^x + C.$$

注 在求积分 $\int \frac{1}{\mathrm{e}^x(1+\mathrm{e}^{2x})}\mathrm{d}x$ 时, 还可先变形为 $\int \frac{\mathrm{e}^x}{\mathrm{e}^{2x}(1+\mathrm{e}^{2x})}\mathrm{d}x$, 然后使用凑微分法, 请读者自己完成.

例 4 求下列不定积分:

(1) $\int x\arctan x\mathrm{d}x$;　　(2) $\int \mathrm{e}^x\sin^2\frac{x}{2}\mathrm{d}x$;

(3) $\int x^3\ln x\mathrm{d}x$;　　(4) $\int \cot^2 x\csc x\mathrm{d}x$.

解 (1) $\int x\arctan x\mathrm{d}x = \int \arctan x\mathrm{d}\left(\frac{x^2}{2}\right) = \frac{x^2}{2}\arctan x - \int \frac{x^2}{2}\cdot\frac{1}{1+x^2}\mathrm{d}x$

$$= \frac{x^2}{2}\arctan x - \frac{1}{2}\int \frac{x^2+1-1}{1+x^2}\mathrm{d}x$$

$$= \frac{x^2}{2}\arctan x - \frac{1}{2}\int\left(1 - \frac{1}{1+x^2}\right)\mathrm{d}x$$

$$= \frac{x^2}{2}\arctan x - \frac{1}{2}x + \frac{1}{2}\arctan x + C.$$

(2) 由半角公式可得

$$\int \mathrm{e}^x\sin^2\frac{x}{2}\mathrm{d}x = \int \mathrm{e}^x\frac{1-\cos x}{2}\mathrm{d}x = \frac{1}{2}\mathrm{e}^x - \frac{1}{2}\int \mathrm{e}^x\cos x\mathrm{d}x.$$

对于不定积分 $\int \mathrm{e}^x\cos x\mathrm{d}x$, 可使用分部积分法求解, 即

$$\int \mathrm{e}^x\cos x\mathrm{d}x = \int \cos x\mathrm{d}(\mathrm{e}^x) = \mathrm{e}^x\cos x - \int \mathrm{e}^x\cdot(-\sin x)\mathrm{d}x,$$

$$= \mathrm{e}^x\cos x + \int \mathrm{e}^x\sin x\mathrm{d}x = \mathrm{e}^x\cos x + \int \sin x\mathrm{d}(\mathrm{e}^x) \text{ (继续使用分部积分法)}$$

$$= \mathrm{e}^x\cos x + \mathrm{e}^x\sin x - \int \mathrm{e}^x\cos x\mathrm{d}x,$$

因此, $\int \mathrm{e}^x\cos x\mathrm{d}x = \frac{1}{2}\mathrm{e}^x(\cos x + \sin x) + C$, 从而

$$\int \mathrm{e}^x\sin^2\frac{x}{2}\mathrm{d}x = \frac{1}{2}\mathrm{e}^x - \frac{1}{4}\mathrm{e}^x(\cos x + \sin x) + C.$$

注 求积分 $\int \mathrm{e}^x \cos x \mathrm{d}x$ 时, 也可以写成 $\int \mathrm{e}^x \mathrm{d}(\sin x)$, 连续两次分部积分, 请读者自己完成.

$$(3)\int x^3 \ln x \mathrm{d}x = \int \ln x \mathrm{d}\left(\frac{x^4}{4}\right) = \frac{x^4}{4}\ln x - \int \frac{x^4}{4}\cdot\frac{1}{x}\mathrm{d}x$$
$$= \frac{x^4}{4}\ln x - \frac{1}{4}\int x^3 \mathrm{d}x = \frac{x^4}{4}\ln x - \frac{1}{16}x^4 + C.$$

$$(4)\int \cot^2 x \csc x \mathrm{d}x = \int \cot x \mathrm{d}(-\csc x) = -\csc x \cot x - \int (-\csc x)\cdot(-\csc^2 x)\mathrm{d}x$$
$$= -\csc x \cot x - \int \csc^3 x \mathrm{d}x = -\csc x \cot x - \int \csc x(1+\cot^2 x)\mathrm{d}x$$
$$= -\csc x \cot x - \int \csc x \mathrm{d}x - \int \cot^2 x \csc x \mathrm{d}x$$
$$= -\csc x \cot x - \ln|\csc x - \cot x| - \int \cot^2 x \csc x \mathrm{d}x,$$

因此, $\int \cot^2 x \csc x \mathrm{d}x = -\frac{1}{2}(\csc x \cot x + \ln|\csc x - \cot x|) + C.$

3. 有理函数或可化为有理函数的不定积分

一般地, 对于有理函数 $\frac{P(x)}{Q(x)}$ ($P(x)$, $Q(x)$ 是多项式函数) 的不定积分, 可通过代数学基本定理转化为多项式的积分和若干形如 $\int \frac{A}{x-a}\mathrm{d}x$, $\int \frac{A}{(x-a)^n}\mathrm{d}x$, $\int \frac{Mx+N}{x^2+px+q}\mathrm{d}x$ $(p^2-4q<0)$, $\int \frac{Mx+N}{(x^2+px+q)^n}\mathrm{d}x$ $(p^2-4q<0)$ 的积分. 对于三角函数有理式 $R(\sin x, \cos x)$ 和简单无理函数 $R(x, \sqrt[n]{ax+b})$, $R\left(x, \sqrt[n]{\frac{ax+b}{cx+e}}\right)$ 的积分, 可利用变量代换将其转化为有理函数的积分, 再按有理函数积分的方法求解. 要注意的是, 在上述类型积分的计算过程中, 要充分利用换元积分法、分部积分法以及三角函数恒等变形等方法简化计算过程.

例 5 求下列不定积分:

(1) $\int \frac{x^4}{x^3+1}\mathrm{d}x$;　　(2) $\int \frac{4\sin x}{\sin x + \cos x}\mathrm{d}x$;　　(3) $\int \frac{1}{(1-x)^3}\sqrt{\frac{1-x}{1+x}}\mathrm{d}x$.

解 (1) 由多项式除法, $\frac{x^4}{x^3+1} = x - \frac{x}{x^3+1}$. 再由代数学基本定理,

$$\frac{x}{x^3+1} = \frac{x}{(x+1)(x^2-x+1)} = \frac{A}{x+1} + \frac{Bx+C}{x^2-x+1}.$$

通分后, 经比较系数可得 $A = -\frac{1}{3}$, $B = \frac{1}{3}$, $C = \frac{1}{3}$, 于是

$$\frac{x^4}{x^3+1} = x + \frac{1}{3(x+1)} - \frac{x+1}{3(x^2-x+1)}.$$

故 $\int \frac{x^4}{x^3+1}\mathrm{d}x = \int x\mathrm{d}x + \frac{1}{3}\int \frac{1}{x+1}\mathrm{d}x - \frac{1}{3}\int \frac{x+1}{x^2-x+1}\mathrm{d}x$

$$= \frac{1}{2}x^2 + \frac{1}{3}\ln|x+1| - \frac{1}{6}\int \frac{2x+2}{x^2-x+1}\mathrm{d}x$$

$$= \frac{1}{2}x^2 + \frac{1}{3}\ln|x+1| - \frac{1}{6}\int \frac{2x-1}{x^2-x+1}\mathrm{d}x - \frac{1}{2}\int \frac{1}{x^2-x+1}\mathrm{d}x$$

$$= \frac{1}{2}x^2 + \frac{1}{3}\ln|x+1| - \frac{1}{6}\int \frac{1}{x^2-x+1}\mathrm{d}(x^2-x+1) - \frac{1}{2}\int \frac{1}{\left(x-\frac{1}{2}\right)^2+\frac{3}{4}}\mathrm{d}x$$

$$= \frac{1}{2}x^2 + \frac{1}{3}\ln|x+1| - \frac{1}{6}\ln(x^2-x+1) - \frac{1}{\sqrt{3}}\arctan\frac{2}{\sqrt{3}}\left(x-\frac{1}{2}\right) + C.$$

(2) 该积分为三角函数有理式的积分, 可采用两种方法求解.

解法 1 万能代换. 令 $t=\tan\frac{x}{2}$, 则 $\sin x = \frac{2t}{1+t^2}$, $\cos x = \frac{1-t^2}{1+t^2}$, $\mathrm{d}x = \frac{2\mathrm{d}t}{1+t^2}$, 于是

$$\int \frac{4\sin x}{\sin x+\cos x}\mathrm{d}x = \int \frac{4\cdot\frac{2t}{1+t^2}}{\frac{2t}{1+t^2}+\frac{1-t^2}{1+t^2}}\cdot\frac{2}{1+t^2}\mathrm{d}t = \int \frac{16t}{(1+t^2)(1+2t-t^2)}\mathrm{d}t$$

$$= \int \left(\frac{4+4t}{1+t^2} + \frac{4t-4}{1+2t-t^2}\right)\mathrm{d}t$$

$$= 4\int \frac{1}{1+t^2}\mathrm{d}t + 2\int \frac{2t}{1+t^2}\mathrm{d}t - 2\int \frac{2-2t}{1+2t-t^2}\mathrm{d}t$$

$$= 4\arctan t + 2\ln(1+t^2) - 2\ln|1+2t-t^2| + C$$

$$= 4\arctan t + 2\ln\left|\frac{1+t^2}{1+2t-t^2}\right| + C$$

$$= 2x + 2\ln\left|\frac{1+\tan^2\frac{x}{2}}{1+2\tan\frac{x}{2}-\tan^2\frac{x}{2}}\right| + C$$

$$= 2x - 2\ln|\sin x+\cos x| + C.$$

解法 2 经恒等变形后凑微分,

$$\int \frac{4\sin x}{\sin x+\cos x}\mathrm{d}x = 2\int \frac{2\sin x}{\sin x+\cos x}\mathrm{d}x$$

$$= 2\left(\int \frac{\sin x+\cos x}{\sin x+\cos x}\mathrm{d}x + \int \frac{\sin x-\cos x}{\sin x+\cos x}\mathrm{d}x\right)$$

$$= 2\left[x - \int \frac{\mathrm{d}(\sin x+\cos x)}{\sin x+\cos x}\right] = 2(x-\ln|\sin x+\cos x|) + C.$$

(3) 令 $t=\sqrt{\frac{1-x}{1+x}}$, 则 $x=\frac{1-t^2}{1+t^2}$, $\mathrm{d}x = -\frac{4t}{(1+t^2)^2}\mathrm{d}t$, 于是

$$\int \frac{1}{(1-x)^3}\sqrt{\frac{1-x}{1+x}}\mathrm{d}x = \int \frac{1}{\left(1-\frac{1-t^2}{1+t^2}\right)^3}t\cdot\left[-\frac{4t}{(1+t^2)^2}\right]\mathrm{d}t$$

$$=-\frac{1}{2}\int\frac{1+t^2}{t^4}\mathrm{d}t=-\frac{1}{2}\int\left(\frac{1}{t^4}+\frac{1}{t^2}\right)\mathrm{d}t=\frac{1}{6t^3}+\frac{1}{2t}+C$$

$$=\frac{1}{6\left(\sqrt{\frac{1-x}{1+x}}\right)^3}+\frac{1}{2\sqrt{\frac{1-x}{1+x}}}+C=\frac{2-x}{3(1-x)^2}\sqrt{1-x^2}+C.$$

4. 用定积分定义计算极限

若待求极限的和式可看成是某个函数 $f(x)$ 在区间 $[a,b]$ 上的积分和, 则可将此极限转化为定积分 $\int_a^b f(x)\mathrm{d}x$ 来计算. 该方法的关键是确定被积函数 $f(x)$ 与积分区间 $[a,b]$.

例 6 求下列极限:

(1) $\lim\limits_{n\to\infty}\left(\frac{1}{n^2+1}+\frac{2}{n^2+2^2}+\frac{3}{n^2+3^2}+\cdots+\frac{n}{n^2+n^2}\right)$;

(2) $\lim\limits_{n\to\infty}\frac{1}{n}\sqrt[n]{n(n+1)(n+2)\cdots(2n-1)}$.

解 (1) 原式 $=\lim\limits_{n\to\infty}\frac{1}{n}\left(\frac{1}{n+\frac{1}{n}}+\frac{2}{n+\frac{2^2}{n}}+\frac{3}{n+\frac{3^2}{n}}+\cdots+\frac{n}{n+\frac{n^2}{n}}\right)$

$$=\lim_{n\to\infty}\frac{1}{n}\left[\frac{\frac{1}{n}}{1+\frac{1}{n^2}}+\frac{\frac{2}{n}}{1+\left(\frac{2}{n}\right)^2}+\frac{\frac{3}{n}}{1+\left(\frac{3}{n}\right)^2}+\cdots+\frac{\frac{n}{n}}{1+\left(\frac{n}{n}\right)^2}\right].$$

设函数 $f(x)=\frac{x}{1+x^2}$, 上述和式即为 $\sum\limits_{i=1}^{n}f\left(\frac{i}{n}\right)\frac{1}{n}$, 此表达式可理解为函数 $f(x)$ 在区间 $[0,1]$ 上实施 n 等分后的积分和. 因为 $f(x)=\frac{x}{1+x^2}$ 在 $[0,1]$ 上连续, 所以 $\int_0^1\frac{x}{1+x^2}\mathrm{d}x$ 存在, 故

$$\text{原式}=\int_0^1\frac{x}{1+x^2}\mathrm{d}x=\frac{1}{2}\left[\ln(1+x^2)\right]_0^1=\frac{1}{2}\ln 2.$$

(2) 待求极限的表达式为 n 项乘积形式, 取对数后可变为 n 项相加形式, 即

$$\sqrt[n]{\frac{n(n+1)(n+2)\cdots(2n-1)}{n^n}}=\mathrm{e}^{\ln\sqrt[n]{\frac{n(n+1)(n+2)\cdots(2n-1)}{n^n}}}$$

$$=\mathrm{e}^{\frac{1}{n}\left[\ln\frac{n}{n}\left(1+\frac{1}{n}\right)\left(1+\frac{2}{n}\right)\cdots\left(1+\frac{n-1}{n}\right)\right]}=\mathrm{e}^{\sum\limits_{i=0}^{n-1}\ln\left(1+\frac{i}{n}\right)\frac{1}{n}}.$$

因为

$$\lim_{n\to\infty}\sum_{i=0}^{n-1}\ln\left(1+\frac{i}{n}\right)\frac{1}{n}=\int_0^1\ln(1+x)\mathrm{d}x=[x\ln(1+x)]_0^1-\int_0^1 x\cdot\frac{1}{1+x}\mathrm{d}x$$

$$= \ln 2 - \int_0^1 \left(1 - \frac{1}{1+x}\right) dx$$

$$= \ln 2 - [x - \ln(1+x)]_0^1 = 2\ln 2 - 1,$$

所以原式 $= \lim\limits_{n\to\infty} e^{\sum\limits_{i=0}^{n-1} \ln\left(1+\frac{i}{n}\right)\frac{1}{n}} = e^{\lim\limits_{n\to\infty}\sum\limits_{i=0}^{n-1} \ln\left(1+\frac{i}{n}\right)\frac{1}{n}} = e^{\int_0^1 \ln(1+x)dx} = e^{2\ln 2 - 1} = \frac{4}{e}$.

5. 利用被积函数的性质 (奇偶性、周期性、中值定理等) 计算定积分

若待求定积分的积分区间是对称的, 则可考虑利用被积函数是否具有奇偶性, 或者被积函数的部分和式是否具有奇偶性来简化积分的计算过程. 若被积函数是周期函数, 则可考虑利用周期性的特征来简化积分计算.

例 7 求解下列问题:

(1) $\int_{-\frac{\pi}{2}}^{\frac{\pi}{2}} \frac{(1+x)\cos x}{1+\sin^2 x} dx$; (2) $\int_0^{2\pi} \left(\sin^5 x + \frac{1}{1+2x}\right) dx$;

(3) 设 $f(x)$ 可导, 且 $\lim\limits_{x\to+\infty} f(x) = 1$, 求极限 $\lim\limits_{x\to+\infty} \int_x^{x+2} t\sin\frac{3}{t} f(t)dt$.

解 (1) 因为 $f_1(x) = \frac{\cos x}{1+\sin^2 x}$ 为偶函数, $f_2(x) = \frac{x\cos x}{1+\sin^2 x}$ 为奇函数, 所以由定积分的对称性可知,

$$\int_{-\frac{\pi}{2}}^{\frac{\pi}{2}} \frac{(1+x)\cos x}{1+\sin^2 x} dx = \int_{-\frac{\pi}{2}}^{\frac{\pi}{2}} \frac{\cos x}{1+\sin^2 x} dx + \int_{-\frac{\pi}{2}}^{\frac{\pi}{2}} \frac{x\cos x}{1+\sin^2 x} dx$$

$$= 2\int_0^{\frac{\pi}{2}} \frac{\cos x}{1+\sin^2 x} dx + 0 = 2\int_0^{\frac{\pi}{2}} \frac{d(\sin x)}{1+\sin^2 x}$$

$$= [2\arctan(\sin x)]_0^{\frac{\pi}{2}} = \frac{\pi}{2}.$$

(2) 因为 $y = \sin x$ 是以 2π 为周期的周期函数, 所以

$$\int_0^{2\pi} \sin^5 x dx = \int_{-\pi}^{\pi} \sin^5 x dx = 0.$$

于是, $\int_0^{2\pi} \left(\sin^5 x + \frac{1}{1+2x}\right) dx = \int_0^{2\pi} \frac{1}{1+2x} dx = \frac{1}{2}[\ln(1+2x)]_0^{2\pi} = \frac{1}{2}\ln(1+4\pi)$.

(3) 由积分中值定理可知, 存在 $\xi \in [x, x+2]$, 使得

$$\int_x^{x+2} t\sin\frac{3}{t} f(t)dt = \xi\sin\frac{3}{\xi} f(\xi)(x+2-x) = 2\xi\sin\frac{3}{\xi} f(\xi),$$

故 $\lim\limits_{x\to+\infty} \int_x^{x+2} t\sin\frac{3}{t} f(t)dt = 2\lim\limits_{\xi\to+\infty} \xi\sin\frac{3}{\xi} f(\xi) = 2\lim\limits_{\xi\to+\infty} 3f(\xi) = 6$.

6. 用换元积分法、分部积分法等计算定积分

与不定积分类似, 计算定积分的主要方法有换元积分法和分部积分法. 换元积分法, 本质上是通过变量代换, 将难以计算的定积分转化为容易计算的定积分, 要注意的

是: 换元后要相应地改变积分限. 分部积分法中 u, v 的选择与不定积分中 u, v 的选择方法相同. 特别地, 对于分段函数的定积分, 要根据积分区间的划分来进行分段积分.

例 8　求下列定积分:

(1) $\int_0^{\ln 2}\sqrt{1-e^{-2x}}dx$;　　(2) $\int_1^2 x\ln\sqrt{x}dx$;　　(3) $\int_0^{\frac{\pi}{4}}\frac{4x}{1+\cos 2x}dx$;

(4) 设 $f(x)=\begin{cases}\frac{1}{1+x}, & x\geqslant 0,\\ \frac{1}{1+e^x}, & x<0,\end{cases}$ 求 $\int_0^2 f(x-1)dx$.

解　(1) **解法 1**　令 $e^{-x}=\sin u$, 则 $x=-\ln\sin u$, $dx=-\frac{\cos u}{\sin u}du$, 且当 $x=0$ 时, $u=\frac{\pi}{2}$; 当 $x=\ln 2$ 时, $u=\frac{\pi}{6}$, 于是

$$\begin{aligned}\int_0^{\ln 2}\sqrt{1-e^{-2x}}dx&=\int_{\frac{\pi}{2}}^{\frac{\pi}{6}}\cos u\cdot\frac{-\cos u}{\sin u}du=\int_{\frac{\pi}{6}}^{\frac{\pi}{2}}\frac{1-\sin^2 u}{\sin u}du\\&=\int_{\frac{\pi}{6}}^{\frac{\pi}{2}}(\csc u-\sin u)du=[\ln(\csc u-\cot u)+\cos u]_{\pi/6}^{\pi/2}\\&=\ln\left(2+\sqrt{3}\right)-\frac{\sqrt{3}}{2}.\end{aligned}$$

解法 2　令 $\sqrt{1-e^{-2x}}=u$, 则 $x=-\frac{1}{2}\ln(1-u^2)$, $dx=\frac{u}{1-u^2}du$, 且当 $x=0$ 时, $u=0$; 当 $x=\ln 2$ 时, $u=\frac{\sqrt{3}}{2}$, 于是

$$\begin{aligned}\int_0^{\ln 2}\sqrt{1-e^{-2x}}dx&=\int_0^{\frac{\sqrt{3}}{2}}u\cdot\frac{u}{1-u^2}du=\int_0^{\frac{\sqrt{3}}{2}}\frac{u^2-1+1}{1-u^2}du=-\int_0^{\frac{\sqrt{3}}{2}}du+\int_0^{\frac{\sqrt{3}}{2}}\frac{1}{1-u^2}du\\&=-\frac{\sqrt{3}}{2}+\left[\frac{1}{2}\ln\left|\frac{1+u}{1-u}\right|\right]_0^{\frac{\sqrt{3}}{2}}=-\frac{\sqrt{3}}{2}+\ln\left(2+\sqrt{3}\right).\end{aligned}$$

(2) 利用分部积分法.

$$\begin{aligned}\int_1^2 x\ln\sqrt{x}dx&=\int_1^2\ln\sqrt{x}d\left(\frac{x^2}{2}\right)=\left[\frac{x^2}{2}\ln\sqrt{x}\right]_1^2-\int_1^2\frac{x^2}{2}\cdot\frac{1}{\sqrt{x}}\cdot\frac{1}{2\sqrt{x}}dx\\&=2\ln\sqrt{2}-\frac{1}{4}\int_1^2 xdx=\ln 2-\frac{1}{8}[x^2]_1^2=\ln 2-\frac{3}{8}.\end{aligned}$$

(3) 由倍角公式 $\cos 2x=2\cos^2 x-1$, 可得 $\int_0^{\frac{\pi}{4}}\frac{x}{1+\cos 2x}dx=\frac{1}{2}\int_0^{\frac{\pi}{4}}x\sec^2 xdx$. 于是, 由分部积分法,

$$\begin{aligned}\int_0^{\frac{\pi}{4}}\frac{4x}{1+\cos 2x}dx&=2\int_0^{\frac{\pi}{4}}x\sec^2 xdx=2\int_0^{\frac{\pi}{4}}xd(\tan x)=[2x\tan x]_0^{\frac{\pi}{4}}-2\int_0^{\frac{\pi}{4}}\tan xdx\\&=\frac{\pi}{2}+2[\ln|\cos x|]_0^{\frac{\pi}{4}}=\frac{\pi}{2}-\ln 2.\end{aligned}$$

(4) 本题属于分段函数的积分问题. 令 $u=x-1$, 则 $\mathrm{d}u=\mathrm{d}x$, 且当 $x=0$ 时, $u=-1$; 当 $x=2$ 时, $u=1$, 于是

$$\begin{aligned}\int_0^2 f(x-1)\mathrm{d}x&=\int_{-1}^1 f(u)\mathrm{d}u=\int_{-1}^0\frac{1}{1+\mathrm{e}^u}\mathrm{d}u+\int_0^1\frac{1}{1+u}\mathrm{d}u\\&=\int_{-1}^0\left(1-\frac{\mathrm{e}^u}{1+\mathrm{e}^u}\right)\mathrm{d}u+[\ln(1+u)]_0^1\\&=1-[\ln(1+\mathrm{e}^u)]_{-1}^0+\ln 2\\&=1-\left[\ln 2-\ln(1+\mathrm{e}^{-1})\right]+\ln 2=\ln(\mathrm{e}+1).\end{aligned}$$

例 9 设 $f(x)=\int_0^x\frac{\sin t}{\pi-t}\mathrm{d}t$, 求定积分 $\int_0^\pi f(x)\mathrm{d}x$.

解 由 $f(x)=\int_0^x\frac{\sin t}{\pi-t}\mathrm{d}t$, 可得 $f'(x)=\frac{\sin x}{\pi-x}$. 再由分部积分法,

$$\begin{aligned}\int_0^\pi f(x)\mathrm{d}x&=[xf(x)]_0^\pi-\int_0^\pi x\cdot f'(x)\mathrm{d}x\\&=\pi f(\pi)-\int_0^\pi x\frac{\sin x}{\pi-x}\mathrm{d}x\quad\left(\text{注意: } f(\pi)=\int_0^\pi\frac{\sin t}{\pi-t}\mathrm{d}t\right)\\&=\pi\int_0^\pi\frac{\sin x}{\pi-x}\mathrm{d}x-\int_0^\pi x\frac{\sin x}{\pi-x}\mathrm{d}x=\int_0^\pi\frac{(\pi-x)\sin x}{\pi-x}\mathrm{d}x\\&=\int_0^\pi\sin x\mathrm{d}x=2.\end{aligned}$$

7. 证明定积分等式与不等式

证明定积分等式与不等式时, 除利用定积分的性质 (如: 比较性质、估值性质等)、换元积分法和分部积分法外, 也可通过构造辅助函数, 利用函数单调性、中值定理等方法. 特别地, 当要证明的不等式 (等式) 中出现函数的高阶导数时, 可考虑使用泰勒公式.

例 10 证明下列等式:

(1) 设 $f(x)$ 连续, 证明 $\int_0^{2\pi}f(|\sin x|)\mathrm{d}x=2\int_0^\pi f(|\sin x|)\mathrm{d}x$;

(2) 设 $f(x)$ 连续, 证明 $\int_0^{x^2}\left[\int_0^u f(t)\mathrm{d}t\right]\mathrm{d}u=\int_0^{x^2}(x^2-u)f(u)\mathrm{d}u$.

证明 (1) 用换元积分法证明. 由于

$$\int_0^{2\pi}f(|\sin x|)\mathrm{d}x=\int_0^\pi f(|\sin x|)\mathrm{d}x+\int_\pi^{2\pi}f(|\sin x|)\mathrm{d}x,$$

对于上式右端第二个积分, 令 $x=u+\pi$, 于是

$$\int_\pi^{2\pi}f(|\sin x|)\mathrm{d}x=\int_0^\pi f(|\sin(u+\pi)|)\mathrm{d}u=\int_0^\pi f(|-\sin u|)\mathrm{d}u=\int_0^\pi f(|\sin x|)\mathrm{d}x,$$

故 $\int_0^{2\pi} f(|\sin x|)\mathrm{d}x = 2\int_0^{\pi} f(|\sin x|)\mathrm{d}x$.

事实上, $f(|\sin x|)$ 是以 π 为周期的周期函数, 利用周期函数的积分性质就有

$$\int_0^{2\pi} f(|\sin x|)\mathrm{d}x = 2\int_0^{\pi} f(|\sin x|)\mathrm{d}x.$$

(2) 利用分部积分法证明.

$$\begin{aligned}
\text{左端} &= \int_0^{x^2}\left[\int_0^u f(t)\mathrm{d}t\right]\mathrm{d}u = \left[u\int_0^u f(t)\mathrm{d}t\right]_0^{x^2} - \int_0^{x^2} u\mathrm{d}\left(\int_0^u f(t)\mathrm{d}t\right)\\
&= x^2\int_0^{x^2} f(t)\mathrm{d}t - \int_0^{x^2} uf(u)\mathrm{d}u = \int_0^{x^2} x^2 f(u)\mathrm{d}u - \int_0^{x^2} uf(u)\mathrm{d}u\\
&= \int_0^{x^2}(x^2-u)f(u)\mathrm{d}u = \text{右端}.
\end{aligned}$$

事实上, 令 $H(x) = \int_0^{x^2}\left[\int_0^u f(t)\mathrm{d}t\right]\mathrm{d}u - \int_0^{x^2}(x^2-u)f(u)\mathrm{d}u$, 显然有 $H(0)=0$. 又因为 $H'(x)=0$, 所以 $H(x)\equiv C$, 即 $H(x)\equiv 0$, 结论得证.

例 11 证明下列结论:

(1) 设 $f(x)$ 在区间 $[0,1]$ 上可微, 且 $f(1) = 3\int_0^{\frac{1}{3}} \mathrm{e}^{1-x^2}f(x)\mathrm{d}x$, 证明: 至少存在一点 $\xi\in(0,1)$, 使得 $f'(\xi) = 2\xi f(\xi)$;

(2) 设 $f(x)$, $g(x)$ 在区间 $[a,b]$ 上连续, 证明: 至少存在一点 $\xi\in(a,b)$, 使得

$$f(\xi)\int_\xi^b g(x)\mathrm{d}x = g(\xi)\int_a^\xi f(x)\mathrm{d}x.$$

证明 (1) 因为 $f(x)$ 在 $[0,1]$ 上连续, 所以由积分中值定理可知, 存在 $\eta\in\left[0,\frac{1}{3}\right]$, 使得

$$f(1) = 3\cdot\frac{1}{3}\mathrm{e}^{1-\eta^2}f(\eta),\quad \text{即 } f(1) = \mathrm{e}^{1-\eta^2}f(\eta).$$

令 $F(x) = \mathrm{e}^{1-x^2}f(x)$, 则 $F(1) = F(\eta)$, 且 $F(x)$ 在 $[\eta,1]$ 上连续, 在 $(\eta,1)$ 内可导. 由罗尔定理知, 至少存在一点 $\xi\in(\eta,1)\subset(0,1)$, 使得

$$F'(\xi) = -2\xi\mathrm{e}^{1-\xi^2}f(\xi) + \mathrm{e}^{1-\xi^2}f'(\xi) = 0.$$

又因为 $\mathrm{e}^{1-\xi^2}\neq 0$, 所以 $-2\xi f(\xi) + f'(\xi) = 0$, 故结论成立.

(2) 令 $F(x) = \int_a^x f(t)\mathrm{d}t\int_x^b g(t)\mathrm{d}t$, 则由题设条件可知, $F(x)$ 在 $[a,b]$ 上连续, 在 (a,b) 内可导, 且 $F(a) = F(b) = 0$. 由罗尔定理知, 至少存在一点 $\xi\in(a,b)$, 使得

$$F'(\xi) = f(\xi)\int_\xi^b g(x)\mathrm{d}x - g(\xi)\int_a^\xi f(x)\mathrm{d}x = 0.$$

故结论成立.

例 12 证明下列结论:

(1) $1 \leqslant \int_0^1 \left(\mathrm{e}^{x^2}+x\right)\mathrm{d}x \leqslant \mathrm{e}+1$;

(2) 已知 $f(x)$ 在 $[0,+\infty)$ 上连续, 且 $f(x)>1$, 证明: 当 $x>0$ 时, $x^2-\int_0^{x^2} f(t)\mathrm{d}t<0$;

(3) 设对任意的 $x\in[0,1]$, 函数 $f(x)$ 满足 $f''(x)\leqslant 0$, 证明: $\int_0^1 f(x^2)\mathrm{d}x \leqslant f\left(\frac{1}{3}\right)$.

证明 (1) 若可求得 $f(x)=\mathrm{e}^{x^2}+x$ 在区间 $[0,1]$ 上的最值, 便可应用定积分的估值性质证明该不等式. 很显然 $f(x)=\mathrm{e}^{x^2}+x$ 在 $[0,1]$ 上单调增加, 从而

$$f(0)\leqslant \mathrm{e}^{x^2}+x\leqslant f(1), \quad 即\ 1\leqslant \mathrm{e}^{x^2}+x\leqslant \mathrm{e}+1,$$

由估值性质, 得

$$1 \leqslant \int_0^1 \left(\mathrm{e}^{x^2}+x\right)\mathrm{d}x \leqslant \mathrm{e}+1.$$

(2) 作辅助函数 $F(x)=x^2-\int_0^{x^2} f(t)\mathrm{d}t$, 显然 $F(0)=0$, 只需证明 $F(x)<0$ 即可. 因为

$$F'(x)=2x-2xf(x^2)=2x\left[1-f(x^2)\right],$$

所以由题设条件 $f(x)>1$ 可知, 当 $x>0$ 时, $F'(x)<0$, 即 $F(x)$ 在 $[0,+\infty)$ 上单调减少. 因此, 当 $x>0$ 时, $F(x)<F(0)$, 即 $x^2-\int_0^{x^2} f(t)\mathrm{d}t<0$.

(3) 由题设条件可知, 函数 $f(x)$ 在 $[0,1]$ 上二阶可导, $f(x)$ 在 $x=\frac{1}{3}$ 处的一阶泰勒公式为

$$f(x)=f\left(\frac{1}{3}\right)+f'\left(\frac{1}{3}\right)\left(x-\frac{1}{3}\right)+\frac{f''(\xi)}{2}\left(x-\frac{1}{3}\right)^2, \ \xi\ 介于\ x\ 与\ \frac{1}{3}.$$

因为 $f''(x)\leqslant 0$, 所以

$$f(x)\leqslant f\left(\frac{1}{3}\right)+f'\left(\frac{1}{3}\right)\left(x-\frac{1}{3}\right).$$

注意到 $x\in[0,1]$, 令 $x=t^2$, 则有 $f(t^2)\leqslant f\left(\frac{1}{3}\right)+f'\left(\frac{1}{3}\right)\left(t^2-\frac{1}{3}\right)$. 由积分不等式性质可得

$$\begin{aligned}\int_0^1 f(t^2)\mathrm{d}t &\leqslant \int_0^1 f\left(\frac{1}{3}\right)\mathrm{d}t+\int_0^1 f'\left(\frac{1}{3}\right)\left(t^2-\frac{1}{3}\right)\mathrm{d}t\\ &= f\left(\frac{1}{3}\right)+f'\left(\frac{1}{3}\right)\int_0^1\left(t^2-\frac{1}{3}\right)\mathrm{d}t,\end{aligned}$$

而 $f'\left(\frac{1}{3}\right)\int_0^1\left(t^2-\frac{1}{3}\right)\mathrm{d}t=f'\left(\frac{1}{3}\right)\left[\frac{t^3}{3}-\frac{1}{3}t\right]_0^1=0$, 于是, $\int_0^1 f(t^2)\mathrm{d}t\leqslant f\left(\frac{1}{3}\right)$. 故结论成立.

8. 判断反常积分的敛散性

对于反常积分敛散性的讨论, 首先要识别其类型, 即是无穷限反常积分, 还是瑕积分, 或是既是无穷限反常积分又是瑕积分的混合型反常积分. 对于单一型无穷限反常积分和瑕积分, 只要依据定义、性质进行分析即可. 对于混合型的反常积分, 通常需通过插入分点, 化为单一型的反常积分逐个求解. 要注意的是, 当且仅当每个单一型反常积分收敛时, 对应的混合型反常积分才是收敛的.

例 13 判定下列反常积分的敛散性:

(1) $\displaystyle\int_0^{+\infty}\frac{x}{(1+x)^3}\mathrm{d}x$; (2) $\displaystyle\int_1^{\mathrm{e}}\frac{1}{x\sqrt{1-(\ln x)^2}}\mathrm{d}x$;

(3) $\displaystyle\int_1^{+\infty}\frac{1}{x^2\sqrt{\ln x}}\mathrm{d}x$.

解 (1) 该积分是无穷限反常积分. 由于

$$\begin{aligned}\int_0^{+\infty}\frac{x}{(1+x)^3}\mathrm{d}x&=\int_0^{+\infty}\frac{1+x-1}{(1+x)^3}\mathrm{d}x=\int_0^{+\infty}\left[\frac{1}{(1+x)^2}-\frac{1}{(1+x)^3}\right]\mathrm{d}x\\&=\left[-\frac{1}{1+x}\right]_0^{+\infty}+\left[\frac{1}{2(1+x)^2}\right]_0^{+\infty}=1-\frac{1}{2}=\frac{1}{2},\end{aligned}$$

故该反常积分收敛.

(2) 该积分是瑕积分, $x=\mathrm{e}$ 为瑕点. 由于

$$\int_1^{\mathrm{e}}\frac{1}{x\sqrt{1-(\ln x)^2}}\mathrm{d}x=\int_1^{\mathrm{e}}\frac{1}{\sqrt{1-(\ln x)^2}}\mathrm{d}(\ln x)=[\arcsin(\ln x)]_1^{\mathrm{e}}=\frac{\pi}{2},$$

故该反常积分收敛.

(3) 该积分既是无穷限反常积分, 又是瑕积分, 且 $x=1$ 为瑕点.

对于瑕积分 $\displaystyle\int_1^2\frac{1}{x^2\sqrt{\ln x}}\mathrm{d}x$, 由于

$$\lim_{x\to1^+}\frac{\dfrac{1}{x^2\sqrt{\ln x}}}{\dfrac{1}{(x-1)^{\frac{1}{2}}}}=\lim_{x\to1^+}\frac{1}{x^2}\left(\frac{x-1}{\ln x}\right)^{\frac{1}{2}}=\lim_{x\to1^+}\frac{1}{x^2}\cdot\lim_{x\to1^+}\left(\frac{x-1}{\ln x}\right)^{\frac{1}{2}}=1,$$

而积分 $\displaystyle\int_1^2\frac{1}{(x-1)^{\frac{1}{2}}}\mathrm{d}x$ 收敛, 故由比值审敛法知, 积分 $\displaystyle\int_1^2\frac{1}{x^2\sqrt{\ln x}}\mathrm{d}x$ 收敛.

对于无穷限反常积分 $\displaystyle\int_2^{+\infty}\frac{1}{x^2\sqrt{\ln x}}\mathrm{d}x$, 由于

$$\lim_{x\to+\infty}\frac{\dfrac{1}{x^2\sqrt{\ln x}}}{\dfrac{1}{x^2}}=\lim_{x\to+\infty}\frac{1}{\sqrt{\ln x}}=0,$$

而积分 $\displaystyle\int_2^{+\infty}\frac{1}{x^2}\mathrm{d}x$ 收敛, 故积分 $\displaystyle\int_2^{+\infty}\frac{1}{x^2\sqrt{\ln x}}\mathrm{d}x$ 收敛. 从而, 原反常积分收敛.

9. 定积分的应用

利用定积分的微元法思想, 可计算平面图形的面积、平行截面面积已知的立体的体积、平面曲线的弧长、变力沿直线做功、引力等问题. 求解这类问题的关键在于如何构建积分微元和积分区间.

例 14 (面积) 求解下列问题:

(1) 求由心形线 $\rho = a(1+\cos\varphi)$ 与圆 $\rho = a\ (a>0)$ 所围成阴影部分图形的面积 (如图 3.2);

(2) 求由曲线 $y^2 = x$ 与半圆 $x^2+y^2=2\ (x>0)$ 所围成图形的面积.

解 (1) 由于平面图形的边界曲线以极坐标形式给出, 故可考虑采用极坐标进行计算. 由对称性得

$$\begin{aligned}A &= 2\left[\frac{1}{2}\int_{\frac{\pi}{2}}^{\pi}\rho^2(\varphi)\mathrm{d}\varphi + \frac{1}{4}\pi a^2\right] = a^2\int_{\frac{\pi}{2}}^{\pi}(1+\cos\varphi)^2\mathrm{d}\varphi + \frac{1}{2}\pi a^2\\ &= a^2\int_{\frac{\pi}{2}}^{\pi}\left(1+2\cos\varphi+\frac{1+\cos 2\varphi}{2}\right)\mathrm{d}\varphi + \frac{1}{2}\pi a^2\\ &= a^2\left[\frac{3}{2}\varphi + 2\sin\varphi + \frac{1}{4}\sin 2\varphi\right]_{\frac{\pi}{2}}^{\pi} + \frac{1}{2}\pi a^2\\ &= \frac{3}{4}\pi a^2 - 2a^2 + \frac{1}{2}\pi a^2 = \frac{5}{4}\pi a^2 - 2a^2.\end{aligned}$$

(2) 如图 3.3, 通过解方程组 $\begin{cases} y^2 = x, \\ x^2+y^2=2, \end{cases}$ 求出曲线的交点 $(1,1)$, $(1,-1)$.

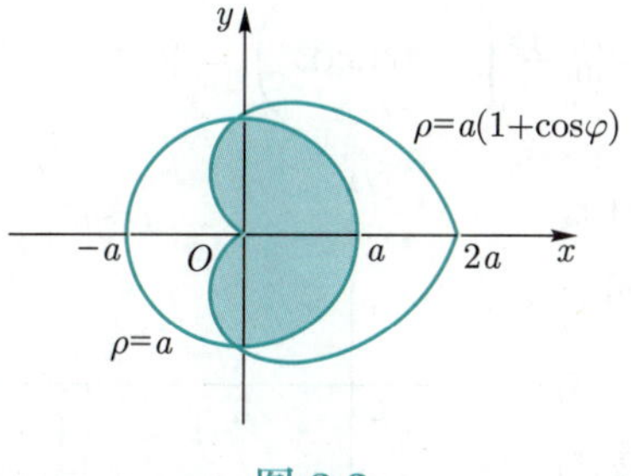

图 3.2

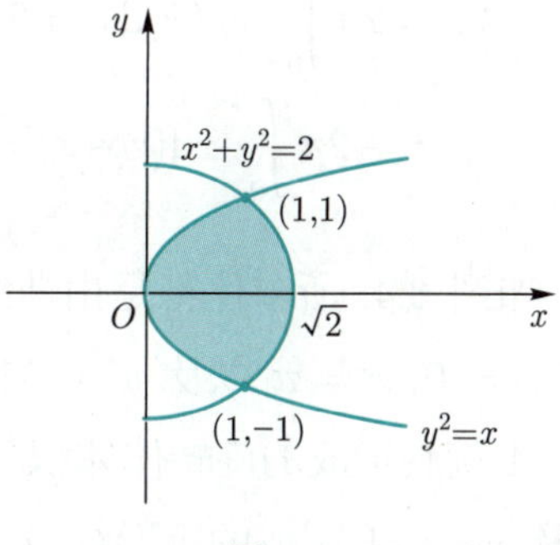

图 3.3

解法 1 选 $x\in[0,\sqrt{2}\,]$ 为积分变量, 由对称性得

$$\begin{aligned}A &= 2\left(\int_0^1\sqrt{x}\mathrm{d}x + \int_1^{\sqrt{2}}\sqrt{2-x^2}\mathrm{d}x\right) = 2\left(\frac{2}{3}+\int_1^{\sqrt{2}}\sqrt{2-x^2}\mathrm{d}x\right)\\ &= \frac{4}{3} + 2\int_1^{\sqrt{2}}\sqrt{2-x^2}\mathrm{d}x.\end{aligned}$$

对于积分 $\int_1^{\sqrt{2}}\sqrt{2-x^2}\mathrm{d}x$, 令 $x=\sqrt{2}\sin t$, 则

$$\int_1^{\sqrt{2}}\sqrt{2-x^2}\mathrm{d}x=\int_{\frac{\pi}{4}}^{\frac{\pi}{2}}2\cos^2 t\mathrm{d}t=\int_{\frac{\pi}{4}}^{\frac{\pi}{2}}(\cos 2t+1)\mathrm{d}t=\left[\frac{1}{2}\sin 2t+t\right]_{\frac{\pi}{4}}^{\frac{\pi}{2}}=\frac{\pi}{4}-\frac{1}{2}.$$

故 $A=\frac{4}{3}+2\left(\frac{\pi}{4}-\frac{1}{2}\right)=\frac{1}{3}+\frac{\pi}{2}$.

解法 2 选 $y\in[-1,1]$ 为积分变量, 则

$$A=\int_{-1}^{1}\left(\sqrt{2-y^2}-y^2\right)\mathrm{d}y=2\int_0^1\sqrt{2-y^2}\mathrm{d}y-\left[\frac{y^3}{3}\right]_{-1}^{1}=2\int_0^1\sqrt{2-y^2}\mathrm{d}y-\frac{2}{3}.$$

令 $y=\sqrt{2}\sin t$, 则 $A=2\int_0^{\frac{\pi}{4}}\sqrt{2}\cos t\cdot\sqrt{2}\cos t\mathrm{d}t-\frac{2}{3}=4\int_0^{\frac{\pi}{4}}\cos^2 t\mathrm{d}t-\frac{2}{3}$

$$=2\int_0^{\frac{\pi}{4}}(\cos 2t+1)\mathrm{d}t-\frac{2}{3}=[\sin 2t+2t]_0^{\pi/4}-\frac{2}{3}=\frac{1}{3}+\frac{\pi}{2}.$$

例 15 (体积) 求曲线 $y=\sin x$ $(0\leqslant x\leqslant\pi)$ 和 x 轴所围成的图形绕下列轴旋转而成的旋转体体积:

(1) 绕 x 轴; (2) 绕 y 轴; (3) 绕直线 $y=-1$.

解 (1) 绕 x 轴旋转而成的旋转体的体积为

$$V_x=\pi\int_0^{\pi}y^2(x)\mathrm{d}x=\pi\int_0^{\pi}\sin^2 x\mathrm{d}x$$
$$=\frac{\pi}{2}\int_0^{\pi}(1-\cos 2x)\mathrm{d}x=\frac{\pi}{2}\left[x-\frac{1}{2}\sin 2x\right]_0^{\pi}=\frac{\pi^2}{2}.$$

(2) 绕 y 轴旋转而成的旋转体的体积为

$$V_y=2\pi\int_0^{\pi}xy(x)\mathrm{d}x=2\pi\int_0^{\pi}x\sin x\mathrm{d}x$$
$$=-2\pi\int_0^{\pi}x\mathrm{d}(\cos x)=-2\pi\left([x\cos x]_0^{\pi}-\int_0^{\pi}\cos x\mathrm{d}x\right)=2\pi^2.$$

(3) 如图 3.4, 所求体积是由曲线 $y=\sin x$ $(0\leqslant x\leqslant\pi)$, $x=0$, $x=\pi$ 以及 $y=-1$ 围成的曲边梯形绕 $y=-1$ 旋转形成的旋转体体积与由 $x=0$, $x=\pi$, x 轴以及 $y=-1$ 围成的矩形绕 $y=-1$ 旋转形成的圆柱体体积的差, 即

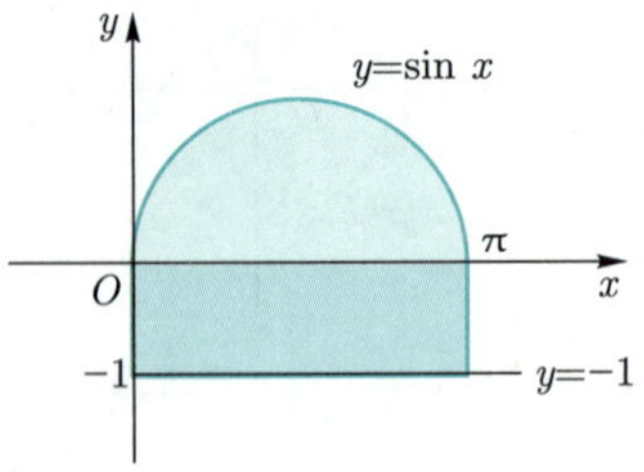

图 3.4

$$V=\pi\int_0^{\pi}(\sin x+1)^2\mathrm{d}x-\pi\cdot 1^2\cdot\pi$$
$$=\pi\int_0^{\pi}\left(\frac{1-\cos 2x}{2}+2\sin x+1\right)\mathrm{d}x-\pi^2$$
$$=\pi\left[\frac{3}{2}x-\frac{1}{4}\sin 2x-2\cos x\right]_0^{\pi}-\pi^2=\frac{\pi^2}{2}+4\pi.$$

例 16 (弧长) 证明半径为 R 的圆周长为 $2\pi R$.

证法 1 圆的方程 $x^2+y^2=R^2$. 由对称性可知, 所求圆的周长为

$$s=4\int_0^R\sqrt{1+y'^2}\mathrm{d}x=4\int_0^R\sqrt{1+\left(\frac{-x}{\sqrt{R^2-x^2}}\right)^2}\mathrm{d}x$$

$$=4R\int_0^R\frac{1}{\sqrt{R^2-x^2}}\mathrm{d}x=4R\arcsin\frac{x}{R}\Big|_0^R=2\pi R.$$

证法 2 圆的参数方程 $\begin{cases}x=R\cos t,\\ y=R\sin t\end{cases}$ $(0\leqslant t\leqslant 2\pi)$, 由对称性可知, 所求圆的周长为

$$s=4\int_0^{\frac{\pi}{2}}\sqrt{x'^2(t)+y'^2(t)}\mathrm{d}t=4\int_0^{\frac{\pi}{2}}\sqrt{(-R\sin t)^2+(R\cos t)^2}\mathrm{d}t=4\int_0^{\frac{\pi}{2}}R\mathrm{d}t=2\pi R.$$

证法 3 圆的极坐标方程 $\rho=R\ (0\leqslant\theta\leqslant 2\pi)$, 所求圆的周长为

$$s=\int_0^{2\pi}\sqrt{\rho^2(\theta)+\rho'^2(\theta)}\mathrm{d}\theta=\int_0^{2\pi}\sqrt{R^2+0}\mathrm{d}\theta=\int_0^{2\pi}R\mathrm{d}\theta=2\pi R.$$

例 17 (做功) 由抛物线 $y=x^2$, $y=4x^2$ 及直线 $y=H$ 所围图形绕 y 轴旋转一周形成旋转抛物面型容器, 其中盛有密度为 ρ 的某种液体, 液面高为 $\dfrac{H}{2}$. 问将容器内液体全部抽出, 至少需做多少功?

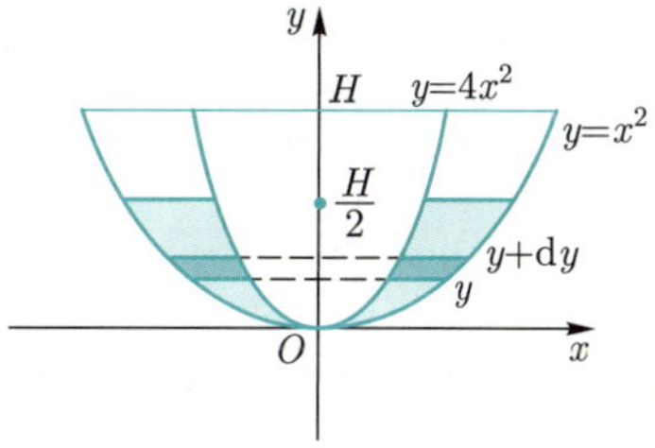

图 3.5

解 建立如图 3.5 所示的坐标系.

选 $y\in\left[0,\dfrac{H}{2}\right]$ 为积分变量, 取任一小区间 $[y,y+\mathrm{d}y]$, 该薄层液体所受重力为 $\pi\left(y-\dfrac{y}{4}\right)\mathrm{d}y\rho g=\dfrac{3}{4}\pi\rho g y\mathrm{d}y$, 其中 g 为重力加速度. 从而功元素为 $\mathrm{d}W=\dfrac{3}{4}\pi\rho g y(H-y)\mathrm{d}y$, 于是, 抽出全部液体至少需做功

$$W=\frac{3}{4}\pi\rho g\int_0^{\frac{H}{2}}y(H-y)\mathrm{d}y=\frac{3}{4}\pi\rho g\left[\frac{Hy^2}{2}-\frac{y^3}{3}\right]_0^{\frac{H}{2}}=\frac{1}{16}\pi\rho g H^3.$$

例 18 (引力) 设有长为 L, 质量为 M 的均匀细棒 AB, 另有一质量为 m 的质点 N.

(1) 当质点 N 在 AB 的延长线上且与端点 B 的距离为 a 时, 求细棒对质点 N 的引力;

(2) 当质点 N 在 AB 的中垂线上且与细棒的距离为 a 时, 求细棒对质点 N 的引力.

解 (1) 建立如图 3.6 所示的坐标系. 若设细棒 AB 对质点 N 的引力为 $\boldsymbol{F}=F_x\boldsymbol{i}+F_y\boldsymbol{j}$, 则显然有 $F_y=0$, 下面计算 F_x.

取 $x\in[0,L]$ 为积分变量, 任一小区间 $[x,x+\mathrm{d}x]$ 对应细棒的质量为 $\mathrm{d}M=\dfrac{M}{L}\mathrm{d}x$, 引力元素为 $\mathrm{d}F_x=\dfrac{km\dfrac{M}{L}}{(L+a-x)^2}\mathrm{d}x$, 其中 k 为引力常量. 由定积分的元素法可知,

$$F_x=\int_0^L\frac{km\dfrac{M}{L}}{(L+a-x)^2}\mathrm{d}x=km\frac{M}{L}\left[\frac{1}{L+a-x}\right]_0^L=\frac{kMm}{a(L+a)}.$$

故细棒 AB 对质点 N 的引力为 $\boldsymbol{F}=\dfrac{kMm}{a(L+a)}\boldsymbol{i}$.

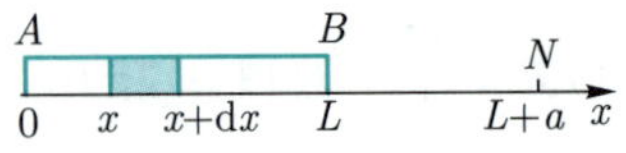

图 3.6

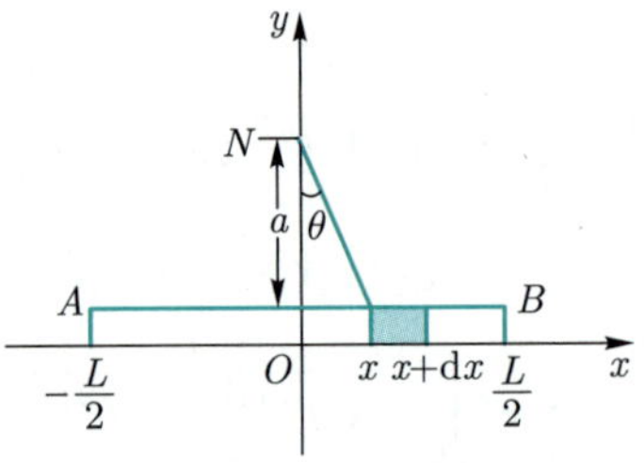

图 3.7

(2) 建立如图 3.7 所示的坐标系. 设细棒 AB 对质点 N 的引力为 $\boldsymbol{F}=(F_x,F_y)$, 由对称性可知 $F_x=0$, 下面计算 F_y.

取 $x\in\left[-\dfrac{L}{2},\dfrac{L}{2}\right]$ 为积分变量, 任一小区间 $[x,x+\mathrm{d}x]$ 对应细棒的质量为 $\mathrm{d}M=\dfrac{M}{L}\mathrm{d}x$, 引力元素 $\mathrm{d}F=\dfrac{km\dfrac{M}{L}}{a^2+x^2}\mathrm{d}x$, 其中 k 为引力常量. 引力元素 $\mathrm{d}F$ 在 y 轴方向上的分量为

$$\mathrm{d}F_y=\mathrm{d}F\cdot\cos\theta=\frac{km\dfrac{M}{L}}{(a^2+x^2)}\cdot\frac{a}{\sqrt{a^2+x^2}}\mathrm{d}x=\frac{kMma}{L}\cdot\frac{1}{(a^2+x^2)^{\frac{3}{2}}}\mathrm{d}x.$$

由定积分的元素法可知,

$$F_y=\frac{kMma}{L}\int_{-\frac{L}{2}}^{\frac{L}{2}}\frac{1}{(a^2+x^2)^{\frac{3}{2}}}\mathrm{d}x=\frac{2kMma}{L}\int_0^{\frac{L}{2}}\frac{1}{(a^2+x^2)^{\frac{3}{2}}}\mathrm{d}x.$$

令 $x=a\tan t$, $\mathrm{d}x=a\sec^2t\mathrm{d}t$, 则

$$\begin{aligned}F_y&=\frac{2kMma}{L}\int_0^{\frac{L}{2}}\frac{1}{(a^2+x^2)^{\frac{3}{2}}}\mathrm{d}x=\frac{2kMm}{aL}\int_0^{\arctan\frac{L}{2a}}\cos t\mathrm{d}t\\&=\frac{2kMm}{aL}\sin\left(\arctan\frac{L}{2a}\right)=\frac{2kMm}{a\sqrt{4a^2+L^2}}.\end{aligned}$$

于是, 所求引力为 $\boldsymbol{F}=\left(0,\dfrac{2kMm}{a\sqrt{4a^2+L^2}}\right)$.

注 此处在计算 $\sin\left(\arctan\dfrac{L}{2a}\right)$ 时, 可令 $\theta=\arctan\dfrac{L}{2a}$, 则 $\tan\theta=\dfrac{L}{2a}$, 利用辅助三角形, 可得 $\sin\theta=\dfrac{L}{\sqrt{4a^2+L^2}}$ (如图 3.8).

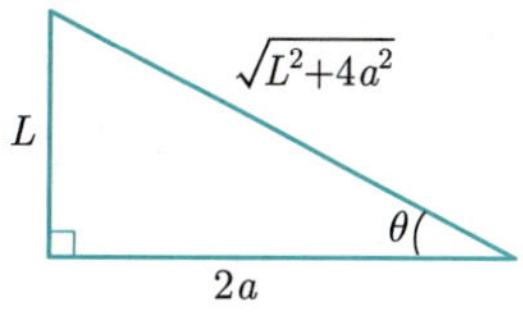

图 3.8

四、典型例题

例 1 已知函数 $f(x)=\begin{cases}2(x-1), & x<1,\\ \ln x, & x\geqslant 1,\end{cases}$ 求不定积分 $\int f(x)\mathrm{d}x$.

分析 在求连续的分段函数 $f(x)$ 的不定积分时, 先分别求出各区间段上的不定积分, 再利用原函数 $F(x)$ 在分段点处的连续性, 将各段上的积分常数进行统一.

解 当 $x<1$ 时, $F(x)=\int 2(x-1)\mathrm{d}x=x^2-2x+C_1$; 当 $x\geqslant 1$ 时, $F(x)=\int \ln x\mathrm{d}x=x\ln x-x+C_2$.

又因为 $\lim\limits_{x\to 1^-}F(x)=\lim\limits_{x\to 1^+}F(x)$, 可得 $C_1=C_2=C$, 所以

$$\int f(x)\mathrm{d}x=\begin{cases}x^2-2x+C, & x<1,\\ x\ln x-x+C, & x\geqslant 1.\end{cases}$$

例 2 设隐函数 $y=y(x)$ 由方程 $y^2(x-y)=x^2$ 所确定, 求不定积分 $\int\dfrac{1}{y^2}\mathrm{d}x$.

分析 由于从方程 $y^2(x-y)=x^2$ 中难以解出 y, 故直接计算 $\int\dfrac{1}{y^2}\mathrm{d}x$ 就显得有困难. 可考虑利用变量代换转变积分形式, 然后再求解.

解 令 $y=tx$, 代入方程可得 $x=\dfrac{1}{t^2(1-t)}$, 于是 $y=\dfrac{1}{t(1-t)}$, $\mathrm{d}x=\dfrac{-2+3t}{t^3(1-t)^2}\mathrm{d}t$. 于是,

$$\int\frac{1}{y^2}\mathrm{d}x=\int\frac{1}{\dfrac{1}{t^2(1-t)^2}}\cdot\frac{-2+3t}{t^3(1-t)^2}\mathrm{d}t=\int\frac{-2+3t}{t}\mathrm{d}t$$

$$=3t-2\ln|t|+C=\frac{3y}{x}-2\ln\left|\frac{y}{x}\right|+C.$$

例 3 比较下列各组中定积分的大小:

(1) $M=\int_{-\frac{\pi}{2}}^{\frac{\pi}{2}}\dfrac{(1+x)^2}{1+x^2}\mathrm{d}x$, $N=\int_{-\frac{\pi}{2}}^{\frac{\pi}{2}}\dfrac{1+x}{\mathrm{e}^x}\mathrm{d}x$ 与 $K=\int_{-\frac{\pi}{2}}^{\frac{\pi}{2}}\left(1+\sqrt{\cos x}\right)\mathrm{d}x$;

(2) $I_1=\int_{\varepsilon}^{1}|\ln x|[\ln(1+x)]^n\mathrm{d}x$ 与 $I_2=\int_{\varepsilon}^{1}x^n|\ln x|\mathrm{d}x\quad(n=1,2,\cdots)$.

分析 由于各组中定积分的积分区间均是相同的, 故只要找出被积函数间的大小

关系即可.

解 (1) 由积分区间的对称性可知,

$$M=\int_{-\frac{\pi}{2}}^{\frac{\pi}{2}}\frac{(1+x)^2}{1+x^2}\mathrm{d}x=\int_{-\frac{\pi}{2}}^{\frac{\pi}{2}}\left(1+\frac{2x}{1+x^2}\right)\mathrm{d}x=\int_{-\frac{\pi}{2}}^{\frac{\pi}{2}}1\mathrm{d}x+0=\pi.$$

又因为 $\frac{1+x}{\mathrm{e}^x}<1\ (x\neq 0)$, $1+\sqrt{\cos x}>1\ \left(x\neq\pm\frac{\pi}{2}\right)$, 所以由积分性质可得

$$\int_{-\frac{\pi}{2}}^{\frac{\pi}{2}}\frac{1+x}{\mathrm{e}^x}\mathrm{d}x<\int_{-\frac{\pi}{2}}^{\frac{\pi}{2}}1\mathrm{d}x=\pi,\quad \int_{-\frac{\pi}{2}}^{\frac{\pi}{2}}(1+\sqrt{\cos x})\mathrm{d}x>\int_{-\frac{\pi}{2}}^{\frac{\pi}{2}}1\mathrm{d}x=\pi,$$

即 $N<M<K$.

(2) 显然, 当 $\varepsilon\leqslant x\leqslant 1$ 时, $0<\ln(1+x)\leqslant x$, 可知 $[\ln(1+x)]^n\leqslant x^n$, 于是

$$|\ln x|[\ln(1+x)]^n\leqslant x^n|\ln x|.$$

由定积分的比较性质得

$$\int_{\varepsilon}^{1}|\ln x|[\ln(1+x)]^n\mathrm{d}x\leqslant\int_{\varepsilon}^{1}x^n|\ln x|\mathrm{d}x.$$

例 4 设连续函数 $f(x)$ 满足 $f(x)=\ln x-2x^2\int_1^2\frac{f(t)}{t}\mathrm{d}t$, 求 $f(x)$.

分析 由于定积分 $\int_1^2\frac{f(t)}{t}\mathrm{d}t$ 是一常数, 故只要求出该常数, 便可确定函数 $f(x)$.

解 令 $\int_1^2\frac{f(t)}{t}\mathrm{d}t=A$, 则 $f(x)=\ln x-2Ax^2$. $\forall x\in[1,2]$, 等式两边同除以 x 后再积分, 得

$$\int_1^2\frac{f(x)}{x}\mathrm{d}x=\int_1^2\frac{\ln x}{x}\mathrm{d}x-2A\int_1^2x\mathrm{d}x,$$

即

$$A=\int_1^2\ln x\mathrm{d}(\ln x)-3A=\frac{(\ln 2)^2}{2}-3A.$$

解得 $A=\frac{1}{8}(\ln 2)^2$, 从而 $f(x)=\ln x-\frac{(\ln 2)^2}{4}x^2$.

例 5 (2018 年数学一) 设函数 $f(x)$ 具有二阶连续导数, 若曲线 $y=f(x)$ 过点 $(0,0)$ 且与曲线 $y=2^x$ 在点 $(1,2)$ 处相切, 求 $\int_0^1xf''(x)\mathrm{d}x$.

分析 由题设条件可知 $f(0)=0$, $f(1)=2$, $f'(1)=2\ln 2$. 于是, 由 $\int_0^1xf''(x)\mathrm{d}x$ 可自然地联想到 $\int_0^1x\mathrm{d}\,[f'(x)]$, 故考虑用分部积分法求解 $\int_0^1xf''(x)\mathrm{d}x$.

解 易知 $f(0)=0$, $y'=2^x\ln 2$. 因为两曲线在点 $(1,2)$ 处相切, 所以 $f(1)=2$, $f'(1)=2\ln 2$. 从而

$$\int_0^1xf''(x)\mathrm{d}x=\int_0^1x\mathrm{d}f'(x)=[xf'(x)]_0^1-\int_0^1f'(x)\mathrm{d}x$$

$$= f'(1) - [f(x)]_0^1 = 2\ln 2 - 2.$$

例 6 设函数 $\begin{cases} x = \mathrm{e}^{-t}, \\ y = \int_0^t \ln\left(1+u^2\right)\mathrm{d}u, \end{cases}$ 求 $\left.\dfrac{\mathrm{d}^2 y}{\mathrm{d}x^2}\right|_{t=0}$.

分析 本题属于由参数方程所确定的隐函数的求导问题, 需注意到 y 是由变上限积分确定的.

解 易知 $x'(t) = -\mathrm{e}^{-t}$, $y'(t) = \ln(1+t^2)$, 所以

$$\frac{\mathrm{d}y}{\mathrm{d}x} = \frac{y'(t)}{x'(t)} = \frac{\ln(1+t^2)}{-\mathrm{e}^{-t}} = -\mathrm{e}^t \ln(1+t^2),$$

$$\frac{\mathrm{d}^2 y}{\mathrm{d}x^2} = \frac{[-\mathrm{e}^t\ln(1+t^2)]'}{x'(t)} = \left[-\mathrm{e}^t\ln(1+t^2) - \frac{2t\mathrm{e}^t}{1+t^2}\right](-\mathrm{e}^t) = \mathrm{e}^{2t}\ln(1+t^2) + \frac{2t\mathrm{e}^{2t}}{1+t^2},$$

从而 $\left.\dfrac{\mathrm{d}^2 y}{\mathrm{d}x^2}\right|_{t=0} = \left[\mathrm{e}^{2t}\ln(1+t^2) + \dfrac{2t\mathrm{e}^{2t}}{1+t^2}\right]_{t=0} = 0.$

例 7 (2020 年数学一) 当 $x \to 0^+$ 时, 判断无穷小量 $\int_0^x \left(\mathrm{e}^{t^2}-1\right)\mathrm{d}t$, $\int_0^x \ln\left(1+\sqrt{t^3}\right)\mathrm{d}t$, $\int_0^{\sin x} \sin t^2 \mathrm{d}t$ 和 $\int_0^{1-\cos x}\sqrt{\sin^3 t}\mathrm{d}t$ 的阶.

分析 由无穷小量阶的定义, 结合积分变限函数的求导法则可直接判断.

解 因为 $\lim\limits_{x\to 0^+}\dfrac{\int_0^x\left(\mathrm{e}^{t^2}-1\right)\mathrm{d}t}{x^k} = \lim\limits_{x\to 0^+}\dfrac{\mathrm{e}^{x^2}-1}{kx^{k-1}} = \lim\limits_{x\to 0^+}\dfrac{x^2}{kx^{k-1}}$, 所以当 $k=3$ 时, $\lim\limits_{x\to 0^+}\dfrac{\int_0^x\left(\mathrm{e}^{t^2}-1\right)\mathrm{d}t}{x^3} = \dfrac{1}{3}$, 即当 $x\to 0^+$ 时, $\int_0^x\left(\mathrm{e}^{t^2}-1\right)\mathrm{d}t$ 是 x 的 3 阶无穷小量.

因为 $\lim\limits_{x\to 0^+}\dfrac{\int_0^x\ln\left(1+\sqrt{t^3}\right)\mathrm{d}t}{x^k} = \lim\limits_{x\to 0^+}\dfrac{\ln\left(1+\sqrt{x^3}\right)}{kx^{k-1}} = \lim\limits_{x\to 0^+}\dfrac{x^{\frac{3}{2}}}{kx^{k-1}}$, 所以当 $k=\dfrac{5}{2}$ 时, $\lim\limits_{x\to 0^+}\dfrac{\int_0^x\ln\left(1+\sqrt{t^3}\right)\mathrm{d}t}{x^{\frac{5}{2}}} = \dfrac{2}{5}$, 即当 $x\to 0^+$ 时, $\int_0^x\ln\left(1+\sqrt{t^3}\right)\mathrm{d}t$ 是 x 的 $\dfrac{5}{2}$ 阶无穷小量.

因为 $\lim\limits_{x\to 0^+}\dfrac{\int_0^{\sin x}\sin t^2\mathrm{d}t}{x^k} = \lim\limits_{x\to 0^+}\dfrac{\sin(\sin^2 x)\cos x}{kx^{k-1}} = \lim\limits_{x\to 0^+}\dfrac{x^2}{kx^{k-1}}$, 所以当 $k=3$ 时, $\lim\limits_{x\to 0^+}\dfrac{\int_0^{\sin x}\sin t^2\mathrm{d}t}{x^3} = \dfrac{1}{3}$, 即当 $x\to 0^+$ 时, $\int_0^{\sin x}\sin t^2\mathrm{d}t$ 是 x 的 3 阶无穷小量.

因为 $\lim\limits_{x\to 0^+}\dfrac{\int_0^{1-\cos x}\sqrt{\sin^3 t}\mathrm{d}t}{x^k} = \lim\limits_{x\to 0^+}\dfrac{\sqrt{(1-\cos x)^3}\sin x}{kx^{k-1}} = \lim\limits_{x\to 0^+}\dfrac{\left(\frac{1}{2}\right)^{\frac{3}{2}}x^4}{kx^{k-1}}$, 所以

当 $k=5$ 时, $\lim\limits_{x\to 0^+}\dfrac{\int_0^{1-\cos x}\sqrt{\sin^3 t}\mathrm{d}t}{x^5}=\dfrac{1}{5}\left(\dfrac{1}{2}\right)^{\frac{3}{2}}$, 即当 $x\to 0^+$ 时, $\int_0^{1-\cos x}\sqrt{\sin^3 t}\mathrm{d}t$ 是 x 的 5 阶无穷小量.

请读者思考: 当 $x\to 0$ 时, 如果 $f(x)$ 为 x 的 k 阶无穷小量, 那么无穷小量 $\int_0^x f(t)\mathrm{d}t$ 阶的变化有何规律?

例 8 求下列极限:

(1) **(2017 年数学一)** $\lim\limits_{n\to\infty}\sum\limits_{k=1}^{n}\dfrac{k}{n^2}\ln\left(1+\dfrac{k}{n}\right)$;

(2) **(2016 年数学一)** $\lim\limits_{x\to 0}\dfrac{\int_0^x t\ln(1+t\sin t)\mathrm{d}t}{1-\cos x^2}$;

(3) **(2021 年数学一)** $\lim\limits_{x\to 0}\left(\dfrac{1+\int_0^x \mathrm{e}^{t^2}\mathrm{d}t}{\mathrm{e}^x-1}-\dfrac{1}{\sin x}\right)$.

分析 (1) 的表现形式提示我们可考虑用定积分的定义求此极限. 对于 (2), (3), 可考虑用等价无穷小量代换、洛必达法则等方法求极限.

解 (1) 由定积分定义知,

$$\begin{aligned}
\lim_{n\to\infty}\sum_{k=1}^{n}\frac{k}{n^2}\ln\left(1+\frac{k}{n}\right)&=\lim_{n\to\infty}\sum_{k=1}^{n}\frac{k}{n}\ln\left(1+\frac{k}{n}\right)\cdot\frac{1}{n}\\
&=\int_0^1 x\ln(1+x)\mathrm{d}x=\int_0^1\ln(1+x)\mathrm{d}\left(\frac{x^2}{2}\right)\\
&=\left[\frac{x^2}{2}\ln(1+x)\right]_0^1-\int_0^1\frac{x^2}{2}\cdot\frac{1}{1+x}\mathrm{d}x\\
&=\frac{1}{2}\ln 2-\frac{1}{2}\int_0^1\frac{x^2-1+1}{1+x}\mathrm{d}x\\
&=\frac{1}{2}\ln 2-\frac{1}{2}\left[\frac{x^2}{2}-x+\ln(1+x)\right]_0^1=\frac{1}{4}.
\end{aligned}$$

(2) 该极限为 $\dfrac{0}{0}$ 型未定式, 先对分母作等价无穷小量代换后, 再使用洛必达法则.

$$\begin{aligned}
\lim_{x\to 0}\frac{\int_0^x t\ln(1+t\sin t)\mathrm{d}t}{1-\cos x^2}&=\lim_{x\to 0}\frac{\int_0^x t\ln(1+t\sin t)\mathrm{d}t}{\frac{1}{2}x^4}\\
&=\lim_{x\to 0}\frac{x\ln(1+x\sin x)}{2x^3}=\lim_{x\to 0}\frac{x^2\sin x}{2x^3}=\frac{1}{2}.
\end{aligned}$$

(3) 该极限为 $\infty-\infty$ 型未定式, 先将其拆分成极限存在的和式, 再利用等价无穷小量代换、洛必达法则求极限.

$$\lim_{x\to0}\left(\frac{1+\int_0^x e^{t^2}dt}{e^x-1}-\frac{1}{\sin x}\right)=\lim_{x\to0}\left(\frac{1}{e^x-1}-\frac{1}{\sin x}\right)+\lim_{x\to0}\frac{\int_0^x e^{t^2}dt}{e^x-1}$$

$$=\lim_{x\to0}\frac{\sin x-e^x+1}{(e^x-1)\sin x}+\lim_{x\to0}\frac{\int_0^x e^{t^2}dt}{x}$$

$$=\lim_{x\to0}\frac{\sin x-e^x+1}{x^2}+\lim_{x\to0}\frac{e^{x^2}}{1}$$

$$=\lim_{x\to0}\frac{\cos x-e^x}{2x}+1=\lim_{x\to0}\frac{-\sin x-e^x}{2}+1=\frac{1}{2}.$$

例 9 求解下列问题:

(1) 求极限 $\lim\limits_{x\to+\infty}\sqrt[3]{x}\int_x^{x+1}\frac{\sin t}{\sqrt{t+\cos t}}dt$;

(2) 设 $f(x)$ 在 $[a,b]$ 上连续, 且 $f(x)\geqslant0$, $M=\max\limits_{x\in[a,b]}f(x)$. 证明 $\lim\limits_{n\to\infty}\sqrt[n]{\int_a^b[f(x)]^n dx}=M$.

分析 待求极限中的积分均不易直接求解, 可考虑用积分不等式性质对其放缩, 再用夹逼准则进行求解.

解 (1) 当 $x>1$ 时,

$$\left|\sqrt[3]{x}\int_x^{x+1}\frac{\sin t}{\sqrt{t+\cos t}}dt\right|\leqslant\sqrt[3]{x}\int_x^{x+1}\frac{1}{\sqrt{t-1}}dt=2\sqrt[3]{x}\left(\sqrt{x}-\sqrt{x-1}\right)$$

$$=\frac{2\sqrt[3]{x}}{\sqrt{x}+\sqrt{x-1}}.$$

因为

$$\lim_{x\to+\infty}\frac{2\sqrt[3]{x}}{\sqrt{x}+\sqrt{x-1}}=\lim_{x\to+\infty}\frac{2x^{-\frac{1}{6}}}{1+\sqrt{\dfrac{x-1}{x}}}=0,$$

所以由夹逼准则知, $\lim\limits_{x\to+\infty}\sqrt[3]{x}\int_x^{x+1}\frac{\sin t}{\sqrt{t+\cos t}}dt=0$.

(2) 由积分不等式性质, 有 $\int_a^b[f(x)]^n dx\leqslant\int_a^b M^n dx=M^n(b-a)$, 从而

$$\sqrt[n]{\int_a^b[f(x)]^n dx}\leqslant M\sqrt[n]{b-a},\quad \text{且}\ \lim_{n\to\infty}M\sqrt[n]{b-a}=M.$$

又因为 $f(x)$ 在 $[a,b]$ 上连续, 所以存在 $x_0\in[a,b]$, 使得 $f(x_0)=M$.

(i) 若 $x_0\in(a,b)$, 则存在足够大的自然数 n, 使 $x_0\in\left[x_0-\frac{1}{n},x_0+\frac{1}{n}\right]\subset(a,b)$, 于是, 根据 $f(x)$ 的非负性及积分中值定理可知

$$\int_a^b[f(x)]^n dx\geqslant\int_{x_0-\frac{1}{n}}^{x_0+\frac{1}{n}}[f(x)]^n dx=\frac{2}{n}\left[f(\xi_n)\right]^n,$$

其中 ξ_n 满足 $x_0-\dfrac{1}{n}\leqslant\xi_n\leqslant x_0+\dfrac{1}{n}$, 且

$$\lim_{n\to\infty}\sqrt[n]{\frac{2}{n}\left[f\left(\xi_n\right)\right]^n}=\lim_{n\to\infty}\sqrt[n]{\frac{2}{n}}\cdot\lim_{n\to\infty}f\left(\xi_n\right)=f\left(x_0\right)=M.$$

因此, 由夹逼准则可知 $\lim\limits_{n\to\infty}\sqrt[n]{\displaystyle\int_a^b[f(x)]^n\mathrm{d}x}=M$.

(ii) 若 $x_0=a$ 或 $x_0=b$, 则将 (i) 中的区间 $\left[x_0-\dfrac{1}{n},x_0+\dfrac{1}{n}\right]$ 分别换成 $\left[x_0,x_0+\dfrac{1}{n}\right]$ 和 $\left[x_0-\dfrac{1}{n},x_0\right]$, 结论亦成立.

例 10 求下列积分:

(1) $\displaystyle\int_0^2 x\sqrt{2x-x^2}\mathrm{d}x$;　　(2) $\displaystyle\int_0^{\pi^2}\sqrt{x}\cos\sqrt{x}\mathrm{d}x$;

(3) $\displaystyle\int_{-\pi}^{\pi}\frac{x\sin x\cdot\arctan\mathrm{e}^x}{1+\cos^2x}\mathrm{d}x$.

分析 求定积分时, 根据被积函数的特点, 适当选用换元积分法、分部积分法或者两者结合. 当积分区间为对称区间时, 应考虑利用被积函数的奇偶性简化计算过程.

解 (1) 用换元积分法. 因为

$$\int_0^2 x\sqrt{2x-x^2}\mathrm{d}x=\int_0^2 x\sqrt{1-(x-1)^2}\mathrm{d}x,$$

令 $t=x-1$, 则 $x=t+1$, $\mathrm{d}x=\mathrm{d}t$, 所以

$$\begin{aligned}\int_0^2 x\sqrt{2x-x^2}\mathrm{d}x&=\int_{-1}^1(t+1)\sqrt{1-t^2}\mathrm{d}t\\&=\int_{-1}^1 t\sqrt{1-t^2}\mathrm{d}t+\int_{-1}^1\sqrt{1-t^2}\mathrm{d}t\\&=0+\frac{\pi}{2}=\frac{\pi}{2}\quad(\text{定积分的几何意义}).\end{aligned}$$

(2) 先用换元积分法, 再用分部积分法. 令 $t=\sqrt{x}$, 则 $x=t^2$, $\mathrm{d}x=2t\mathrm{d}t$, 从而

$$\begin{aligned}\int_0^{\pi^2}\sqrt{x}\cos\sqrt{x}\mathrm{d}x&=\int_0^{\pi}t\cos t\cdot 2t\mathrm{d}t=\int_0^{\pi}2t^2\mathrm{d}(\sin t)=\left[2t^2\sin t\right]_0^{\pi}-4\int_0^{\pi}t\sin t\mathrm{d}t\\&=4\int_0^{\pi}t\mathrm{d}(\cos t)=[4t\cos t]_0^{\pi}-\int_0^{\pi}\cos t\mathrm{d}t=-4\pi.\end{aligned}$$

(3) 用换元积分法.

$$\int_{-\pi}^{\pi}\frac{x\sin x\cdot\arctan\mathrm{e}^x}{1+\cos^2x}\mathrm{d}x=\int_{-\pi}^{0}\frac{x\sin x\cdot\arctan\mathrm{e}^x}{1+\cos^2x}\mathrm{d}x+\int_0^{\pi}\frac{x\sin x\cdot\arctan\mathrm{e}^x}{1+\cos^2x}\mathrm{d}x.$$

对于前一个积分 $\displaystyle\int_{-\pi}^{0}\frac{x\sin x\cdot\arctan\mathrm{e}^x}{1+\cos^2x}\mathrm{d}x$, 令 $x=-t$, 则 $\mathrm{d}x=-\mathrm{d}t$, 从而

$$\int_{-\pi}^{0}\frac{x\sin x\cdot\arctan\mathrm{e}^x}{1+\cos^2x}\mathrm{d}x=-\int_{\pi}^{0}\frac{-t\sin(-t)\cdot\arctan\mathrm{e}^{-t}}{1+\cos^2(-t)}\mathrm{d}t=\int_0^{\pi}\frac{t\sin t\cdot\arctan\mathrm{e}^{-t}}{1+\cos^2t}\mathrm{d}t.$$

因此, 原式 $=\int_0^{\pi}\left(\arctan \mathrm{e}^{-x}+\arctan \mathrm{e}^{x}\right) \dfrac{x \sin x}{1+\cos ^2 x} \mathrm{d} x$

$$=\frac{\pi}{2} \int_0^{\pi} \frac{x \sin x}{1+\cos ^2 x} \mathrm{d} x=\frac{\pi^2}{4} \int_0^{\pi} \frac{\sin x}{1+\cos ^2 x} \mathrm{d} x=-\frac{\pi^2}{4}[\arctan (\cos x)]_0^{\pi}=\frac{\pi^3}{8}.$$

注 上述结果用到了结论:

$$\arctan \mathrm{e}^{-x}+\arctan \mathrm{e}^{x}=\frac{\pi}{2} \quad \text{以及} \quad \int_0^{\pi} \frac{x \sin x}{1+\cos ^2 x} \mathrm{d} x=\frac{\pi}{2} \int_0^{\pi} \frac{\sin x}{1+\cos ^2 x} \mathrm{d} x.$$

例 11 设函数 $f(x)$ 连续, 且 $\lim\limits_{x \rightarrow 0} \dfrac{f(x)}{x}=A$ (A 为常数). 已知 $\varphi(x)=\int_0^1 f(x t) \mathrm{d} t$, 求 $\varphi^{\prime}(x)$, 并讨论 $\varphi^{\prime}(x)$ 在 $x=0$ 处的连续性.

分析 由于不能直接对函数 $\varphi(x)=\int_0^1 f(x t) \mathrm{d} t$ 关于 x 求导, 故需先用变换 $x t=u$ 将 x 从 $f(x t)$ 中"移出"后再讨论.

解 由 $f(x)$ 连续且 $\lim\limits_{x \rightarrow 0} \dfrac{f(x)}{x}=A$, 可知 $f(0)=0$. 对 $\varphi(x)=\int_0^1 f(x t) \mathrm{d} t$ 作变换 $u=x t$, 则 $\mathrm{d} u=x \mathrm{d} t$.

当 $x \neq 0$ 时, $\varphi(x)=\int_0^x f(u) \dfrac{1}{x} \mathrm{d} u=\dfrac{1}{x} \int_0^x f(u) \mathrm{d} u$; 当 $x=0$ 时, $\varphi(0)=\int_0^1 f(0) \mathrm{d} t=0$, 即

$$\varphi(x)=\begin{cases}\dfrac{1}{x} \displaystyle\int_0^x f(u) \mathrm{d} u, & x \neq 0, \\ 0, & x=0.\end{cases}$$

当 $x \neq 0$ 时, $\varphi^{\prime}(x)=\dfrac{x f(x)-\int_0^x f(u) \mathrm{d} u}{x^2}$; 当 $x=0$ 时, $\varphi^{\prime}(0)=\lim\limits_{x \rightarrow 0} \dfrac{\varphi(x)-\varphi(0)}{x-0}=\lim\limits_{x \rightarrow 0} \dfrac{\int_0^x f(u) \mathrm{d} u}{x^2}=\lim\limits_{x \rightarrow 0} \dfrac{f(x)}{2 x}=\dfrac{A}{2}$, 即

$$\varphi^{\prime}(x)=\begin{cases}\dfrac{x f(x)-\displaystyle\int_0^x f(u) \mathrm{d} u}{x^2}, & x \neq 0, \\ \dfrac{A}{2}, & x=0.\end{cases}$$

现在, 讨论 $\varphi^{\prime}(x)$ 在 $x=0$ 处的连续性. 因为

$$\begin{aligned}\lim_{x \rightarrow 0} \varphi^{\prime}(x) & =\lim_{x \rightarrow 0} \frac{x f(x)-\int_0^x f(u) \mathrm{d} u}{x^2}=\lim_{x \rightarrow 0} \frac{f(x)}{x}-\lim_{x \rightarrow 0} \frac{\int_0^x f(u) \mathrm{d} u}{x^2} \\ & =A-\lim_{x \rightarrow 0} \frac{f(x)}{2 x}=A-\frac{A}{2}=\frac{A}{2}=\varphi^{\prime}(0),\end{aligned}$$

所以 $\varphi^{\prime}(x)$ 在 $x=0$ 处连续.

注 在求极限 $\lim\limits_{x \rightarrow 0} \varphi^{\prime}(x)=\lim\limits_{x \rightarrow 0} \dfrac{x f(x)-\int_0^x f(u) \mathrm{d} u}{x^2}$ 时, 由于 $x f(x)$ 的可导性未知,

故不能使用洛必达法则.

例 12 (2008 年数学一)　设 $f(x)$ 是连续函数,

(1) 利用定义证明函数 $F(x)=\int_0^x f(t)\mathrm{d}t$ 可导, 且 $F'(x)=f(x)$;

(2) 当 $f(x)$ 是以 2 为周期的周期函数时, 证明函数 $G(x)=2\int_0^x f(t)\mathrm{d}t-x\int_0^2 f(t)\mathrm{d}t$ 也是以 2 为周期的周期函数.

分析　对于 (1), 可直接由导数的定义给出证明. 对于 (2), 由周期函数的定义, 需证对任意的 x, 有 $G(x+2)=G(x)$.

证明　(1) 对任意的 x, 有

$$\begin{aligned}\lim_{\Delta x\to 0}\frac{\Delta F}{\Delta x}&=\lim_{\Delta x\to 0}\frac{F(x+\Delta x)-F(x)}{\Delta x}=\lim_{\Delta x\to 0}\frac{\int_0^{x+\Delta x} f(t)\mathrm{d}t-\int_0^x f(t)\mathrm{d}t}{\Delta x}\\&=\lim_{\Delta x\to 0}\frac{\int_x^{x+\Delta x} f(t)\mathrm{d}t}{\Delta x}=\lim_{\Delta x\to 0}\frac{f(\xi)\Delta x}{\Delta x}=\lim_{\xi\to x}f(\xi),\ \xi\text{ 介于 }x\text{ 与 }x+\Delta x.\end{aligned}$$

因为 $f(x)$ 是连续函数, 所以 $\lim\limits_{\xi\to x}f(\xi)=f(x)$. 故 $F(x)$ 可导, 且 $F'(x)=f(x)$.

(2) 为证 $G(x)$ 以 2 为周期, 需证对任意的 x, 有 $G(x+2)=G(x)$. 由于

$$\begin{aligned}G(x+2)-G(x)&=2\int_0^{x+2} f(t)\mathrm{d}t-(x+2)\int_0^2 f(t)\mathrm{d}t-2\int_0^x f(t)\mathrm{d}t+x\int_0^2 f(t)\mathrm{d}t\\&=2\int_0^{x+2} f(t)\mathrm{d}t-2\int_0^2 f(t)\mathrm{d}t-2\int_0^x f(t)\mathrm{d}t\\&=2\int_2^{x+2} f(t)\mathrm{d}t-2\int_0^x f(t)\mathrm{d}t,\end{aligned}$$

又因为 $f(x)$ 是以 2 为周期的函数, 所以 $\int_2^{x+2} f(t)\mathrm{d}t=\int_0^x f(t)\mathrm{d}t$. 于是

$$G(x+2)-G(x)=2\int_2^{x+2} f(t)\mathrm{d}t-2\int_0^x f(t)\mathrm{d}t=0,$$

即函数 $G(x)$ 以 2 为周期.

事实上, 也可以设 $H(x)=G(x+2)-G(x)$, 因为 $f(x)$ 为连续函数, 所以

$$\begin{aligned}H'(x)&=\left[2\int_0^{x+2} f(t)\mathrm{d}t-(x+2)\int_0^2 f(t)\mathrm{d}t\right]'-\left[2\int_0^x f(t)\mathrm{d}t-x\int_0^2 f(t)\mathrm{d}t\right]'\\&=2f(x+2)-\int_0^2 f(t)\mathrm{d}t-2f(x)+\int_0^2 f(t)\mathrm{d}t=0,\end{aligned}$$

即 $H(x)\equiv C$. 又因为 $H(0)=G(2)-G(0)=0$, 所以 $H(x)\equiv 0$, 即 $G(x+2)=G(x)$, 函数 $G(x)$ 以 2 为周期.

例 13 (2010 年数学一)　求函数 $f(x)=\int_1^{x^2}(x^2-t)\mathrm{e}^{-t^2}\mathrm{d}t$ 的单调区间与极值.

分析　因为 $f(x)$ 是可导函数, 所以为求 $f(x)$ 的单调区间和极值, 需先求 $f(x)$ 的驻点, 然后再进行相应的讨论.

解 求函数 $f(x)$ 的驻点.

$$f'(x)=\left(x^2\int_1^{x^2}\mathrm{e}^{-t^2}\mathrm{d}t-\int_1^{x^2}t\mathrm{e}^{-t^2}\mathrm{d}t\right)'$$
$$=2x\int_1^{x^2}\mathrm{e}^{-t^2}\mathrm{d}t+2x^3\mathrm{e}^{-x^4}-2x^3\mathrm{e}^{-x^4}=2x\int_1^{x^2}\mathrm{e}^{-t^2}\mathrm{d}t,$$

令 $f'(x)=0$, 得驻点 $x=0$, $x=\pm1$. 下面讨论驻点是否为极值点.

因为 $f''(x)=2\int_1^{x^2}\mathrm{e}^{-t^2}\mathrm{d}t+4x^2\mathrm{e}^{-x^4}$, 且 $f''(\pm1)=4\mathrm{e}^{-1}>0$, $f''(0)=2\int_1^0\mathrm{e}^{-t^2}\mathrm{d}t<0$, 所以 $x=\pm1$ 是 $f(x)$ 的极小值点, 且极小值为 $f(\pm1)=0$; $x=0$ 是 $f(x)$ 的极大值点, 且极大值为

$$f(0)=\int_1^0(0-t)\mathrm{e}^{-t^2}\mathrm{d}t=\int_0^1t\mathrm{e}^{-t^2}\mathrm{d}t=-\frac{1}{2}\int_0^1\mathrm{e}^{-t^2}\mathrm{d}\left(-t^2\right)=\frac{1}{2}\left(1-\mathrm{e}^{-1}\right).$$

由 $f'(x)=2x\int_1^{x^2}\mathrm{e}^{-t^2}\mathrm{d}t$ 可知, 当 $-1<x<0$ 或者 $x>1$ 时, $f'(x)>0$; 当 $x<-1$ 或者 $0<x<1$ 时, $f'(x)<0$. 故函数 $f(x)$ 的单调递增区间为 $(-1,0)$, $(1,+\infty)$; 单调递减区间为 $(-\infty,-1)$, $(0,1)$.

例 14 设抛物线 $y=ax^2+bx+2\ln c$ 过原点, 当 $0\leqslant x\leqslant1$ 时, $y\geqslant0$. 又已知该抛物线与 x 轴及直线 $x=1$ 所围图形的面积为 $\frac{1}{3}$, 试确定 a, b, c, 使此图形绕 x 轴旋转一周而成的旋转体的体积 V 最小.

分析 由曲线过原点以及定积分的几何意义, 可得到参数 a, b, c 满足的关系式, 写出旋转体的体积表达式后, 再讨论其取得极值时参数 a, b, c 满足的条件, 从而确定参数 a, b, c.

解 因为抛物线 $y=ax^2+bx+2\ln c$ 过原点 $(0,0)$, 所以 $c=1$. 由定积分的几何意义,

$$\int_0^1(ax^2+bx)\mathrm{d}x=\frac{a}{3}+\frac{b}{2}=\frac{1}{3},\text{ 即 } b=\frac{2}{3}(1-a).$$

旋转体的体积

$$V=\pi\int_0^1(ax^2+bx)^2\mathrm{d}x=\pi\left(\frac{1}{5}a^2+\frac{1}{2}ab+\frac{1}{3}b^2\right)$$
$$=\pi\left[\frac{1}{5}a^2+\frac{1}{3}a(1-a)+\frac{4}{27}(1-a)^2\right]=\frac{\pi}{135}(2a^2+5a+20).$$

下面求体积函数 $V(a)$ 的驻点. 令 $\frac{\mathrm{d}V}{\mathrm{d}a}=\frac{\pi}{135}(4a+5)=0$, 得驻点 $a=-\frac{5}{4}$, 从而 $b=\frac{3}{2}$. 又因为 $\left.\frac{\mathrm{d}^2V}{\mathrm{d}a^2}\right|_{a=-\frac{5}{4}}=\frac{4}{135}\pi>0$, 结合问题的实际意义可知, 当 $a=-\frac{5}{4}$, $b=\frac{3}{2}$,

$c=1$ 时, 体积最小, 最小体积 $V(a)|_{a=-\frac{5}{4}}=\dfrac{\pi}{8}$.

事实上, 因 $V(a)=\dfrac{\pi}{135}(2a^2+5a+20)$ 是关于 a 的二次多项式, 通过配方也可以得到该问题的解. 因为

$$V(a)=\frac{2\pi}{135}\left[\left(a+\frac{5}{4}\right)^2+\frac{135}{16}\right],$$

所以当 $a=-\dfrac{5}{4}$ 时, 得最小体积 $V(a)=\dfrac{2\pi}{135}\cdot\dfrac{135}{16}=\dfrac{\pi}{8}$, 此时 $b=\dfrac{3}{2}$, $c=1$.

例 15 (2019 年数学一) 设 $a_n=\displaystyle\int_0^1 x^n\sqrt{1-x^2}\mathrm{d}x\ (n=0,1,2,\cdots)$.

(1) 证明: 数列 $\{a_n\}$ 单调减少, 且 $a_n=\dfrac{n-1}{n+2}a_{n-2}\ (n=2,3,\cdots)$.

(2) 求 $\displaystyle\lim_{n\to\infty}\frac{a_n}{a_{n-1}}$.

分析 对于 (1), 要证 $\{a_n\}$ 单调减少, 需证 $a_{n+1}-a_n<0$. 对 $a_n=\displaystyle\int_0^1 x^n\sqrt{1-x^2}\mathrm{d}x$ 进行分部积分可得到递推公式 $a_n=\dfrac{n-1}{n+2}a_{n-2}$. 对于 (2), 由 (1) 可得 $\dfrac{a_n}{a_{n-1}}=\dfrac{n-1}{n+2}\dfrac{a_{n-2}}{a_{n-1}}$, 再根据 $\{a_n\}$ 的单调性进行讨论.

解 (1) 因为

$$a_{n+1}-a_n=\int_0^1(x^{n+1}-x^n)\sqrt{1-x^2}\mathrm{d}x=\int_0^1 x^n(x-1)\sqrt{1-x^2}\mathrm{d}x,$$

当 $0<x<1$ 时, $x^n(x-1)\sqrt{1-x^2}<0$, 于是 $\displaystyle\int_0^1 x^n(x-1)\sqrt{1-x^2}\mathrm{d}x<0$, 所以 $a_{n+1}-a_n<0$, 即数列 $\{a_n\}$ 单调减少.

$$\begin{aligned}
\text{当 } n\geqslant 2 \text{ 时}, a_n&=\int_0^1 x^n\sqrt{1-x^2}\mathrm{d}x=-\frac{1}{2}\int_0^1 x^{n-1}\sqrt{1-x^2}\mathrm{d}(1-x^2)\\
&=-\frac{1}{2}\cdot\frac{2}{3}\int_0^1 x^{n-1}\mathrm{d}\left[(1-x^2)^{\frac{3}{2}}\right]\\
&=-\frac{1}{3}\left[x^{n-1}(1-x^2)^{\frac{3}{2}}\right]_0^1+\frac{1}{3}\int_0^1(1-x^2)^{\frac{3}{2}}\cdot(n-1)x^{n-2}\mathrm{d}x\\
&=\frac{n-1}{3}\int_0^1 x^{n-2}(1-x^2)\sqrt{1-x^2}\mathrm{d}x\\
&=\frac{n-1}{3}\int_0^1 x^{n-2}\sqrt{1-x^2}\mathrm{d}x-\frac{n-1}{3}\int_0^1 x^n\sqrt{1-x^2}\mathrm{d}x\\
&=\frac{n-1}{3}a_{n-2}-\frac{n-1}{3}a_n,
\end{aligned}$$

故 $a_n=\dfrac{n-1}{n+2}a_{n-2}\ (n=2,3,\cdots)$.

(2) 由 $a_n=\dfrac{n-1}{n+2}a_{n-2}$, 可知 $\dfrac{a_n}{a_{n-1}}=\dfrac{n-1}{n+2}\dfrac{a_{n-2}}{a_{n-1}}$. 又因为 $\{a_n\}$ 单调减少且 $a_n>0$,

所以 $a_{n-2} > a_{n-1} > a_n$, 从而 $\dfrac{a_{n-2}}{a_{n-1}} > 1$, $\dfrac{a_n}{a_{n-1}} < 1$. 于是,

$$\frac{n-1}{n+2} < \frac{a_n}{a_{n-1}} < 1,$$

因为 $\lim\limits_{n\to\infty}\dfrac{n-1}{n+2} = 1$, 所以由夹逼准则知 $\lim\limits_{n\to\infty}\dfrac{a_n}{a_{n-1}} = 1$.

例 16 (2012 年数学一) 已知曲线 $L: \begin{cases} x = f(t), \\ y = \cos t \end{cases} \left(0 \leqslant t < \dfrac{\pi}{2}\right)$, 其中函数 $f(t)$ 具有连续导数, 且 $f(0) = 0$, $f'(t) > 0 \left(0 < t < \dfrac{\pi}{2}\right)$. 若曲线 L 的切线与 x 轴的交点到切点的距离恒为 1, 求函数 $f(t)$ 的表达式, 并求以曲线 L 及 x 轴和 y 轴为边界的区域的面积.

分析 先由题设条件, 建立 $f(t)$ 满足的方程, 求解方程得函数 $f(t)$, 再利用积分的几何意义表示出所围区域的面积后进行求解.

解 设曲线 L 上的一点为 $A(f(t), \cos t)$, 当 $0 \leqslant t < \dfrac{\pi}{2}$ 时, 曲线 L 在点 A 处的切线斜率为 $k = \dfrac{\mathrm{d}y}{\mathrm{d}x} = \dfrac{-\sin t}{f'(t)}$, 故切线方程为 $y = \cos t - \dfrac{\sin t}{f'(t)}[x - f(t)]$.

令 $y = 0$, 可得该切线与 x 轴的交点 $B\left(f(t) + \dfrac{\cos t \cdot f'(t)}{\sin t}, 0\right)$, A, B 两点之间的距离为 $d = \sqrt{\cot^2 t \cdot f'^2(t) + \cos^2 t}$. 由题设条件 $d = 1$, 可得

$$f'(t) = \frac{\sin^2 t}{\cos t}.$$

上式两边同时积分, 得

$$\int_0^t f'(x)\mathrm{d}x = \int_0^t \frac{\sin^2 x}{\cos x}\mathrm{d}x,$$

即 $f(t) = f(0) + \displaystyle\int_0^t \frac{\sin^2 x}{\cos x}\mathrm{d}x = \int_0^t \frac{1 - \cos^2 x}{\cos x}\mathrm{d}x = \int_0^t \left(\frac{1}{\cos x} - \cos x\right)\mathrm{d}x$

$$= [\ln(\sec x + \tan x) - \sin x]_0^t = \ln(\sec t + \tan t) - \sin t.$$

下面求所围成平面图形的面积. 由 $f(t)$ 的表达式不难得到: 当 $t \to \dfrac{\pi}{2}^-$ 时, $f(t) \to +\infty$, 即 $x \to +\infty$. 若记曲线 $L: \begin{cases} x = f(t), \\ y = \cos t \end{cases} \left(0 \leqslant t < \dfrac{\pi}{2}\right)$ 对应的函数为 $y = g(x), x \in [0, +\infty)$, 则所围图形的面积可表示为

$$S = \int_0^{+\infty} g(x)\mathrm{d}x.$$

对上式积分作 $x = f(t)$ 代换, 可得所求面积

$$S = \int_0^{+\infty} g(x)\mathrm{d}x = \int_0^{\frac{\pi}{2}} \cos t \cdot f'(t)\mathrm{d}t = \int_0^{\frac{\pi}{2}} \cos t \cdot \frac{\sin^2 t}{\cos t}\mathrm{d}t = \int_0^{\frac{\pi}{2}} \sin^2 t\mathrm{d}t = \frac{\pi}{2} \cdot \frac{1}{2} = \frac{\pi}{4}.$$

五、习题解答

习题 3.1

1. 下列各题中哪些函数是同一函数的原函数:

(1) $\cos^2 x$, $\sin^2 x$, $\dfrac{1}{2}\cos 2x$;

(2) $e^{2x}+e^{-2x}$, $(e^x+e^{-x})^2$, $(e^x-e^{-x})^2$, $e^{2x}-e^{-2x}$;

(3) $\ln x$, $\ln|x|$, $\ln\dfrac{2}{x}$, $\ln 3x$.

解 (1) 因为 $(\cos^2 x)'=-2\cos x\sin x$, $(\sin^2 x)'=2\sin x\cos x$, $\left(\dfrac{1}{2}\cos 2x\right)'=-\sin 2x=-2\cos x\sin x$, 所以 $\cos^2 x$ 和 $\dfrac{1}{2}\cos 2x$ 是同一函数的原函数.

(2) 因为 $(e^{2x}+e^{-2x})'=2e^{2x}-2e^{-2x}$, $[(e^x+e^{-x})^2]'=(e^{2x}+2+e^{-2x})'=2e^{2x}-2e^{-2x}$, $[(e^x-e^{-x})^2]'=(e^{2x}-2+e^{-2x})'=2e^{2x}-2e^{-2x}$, $(e^{2x}-e^{-2x})'=2e^{2x}+2e^{-2x}$, 所以 $e^{2x}+e^{-2x}$, $(e^x+e^{-x})^2$, $(e^x-e^{-x})^2$ 是同一函数的原函数.

(3) 因为 $(\ln x)'=\dfrac{1}{x}\ (x>0)$;

$$(\ln|x|)'=\begin{cases}(\ln x)'=\dfrac{1}{x}, & x>0,\\[2mm] [\ln(-x)]'=\dfrac{-1}{-x}=\dfrac{1}{x}, & x<0;\end{cases}$$

$$\left(\ln\frac{2}{x}\right)'=\frac{\left(\dfrac{2}{x}\right)'}{\dfrac{2}{x}}=\left(-\frac{2}{x^2}\right)\cdot\frac{x}{2}=-\frac{1}{x}\ (x>0);\ (\ln 3x)'=\frac{3}{3x}=\frac{1}{x}\ (x>0),$$

所以 $\ln x$, $\ln 3x$ 是同一函数的原函数.

2. 求下列不定积分:

(1) $\displaystyle\int 3x^4\mathrm{d}x$; (2) $\displaystyle\int\sqrt{x\sqrt{x}}\mathrm{d}x$;

(3) $\displaystyle\int\frac{1}{x\sqrt[3]{x}}\mathrm{d}x$; (4) $\displaystyle\int(1-2x)^2\mathrm{d}x$;

(5) $\displaystyle\int\frac{(1-x)^2}{x}\mathrm{d}x$; (6) $\displaystyle\int\frac{2x^4+3x^2+4}{x^2+1}\mathrm{d}x$;

(7) $\displaystyle\int(\sqrt{x}+1)(\sqrt[3]{x}-1)\mathrm{d}x$; (8) $\displaystyle\int\frac{(1-x)^2}{\sqrt{x}}\mathrm{d}x$;

(9) $\displaystyle\int e^x\left(1-\frac{e^{-x}}{x}\right)\mathrm{d}x$; (10) $\displaystyle\int e^x\cdot 2^x\mathrm{d}x$;

(11) $\displaystyle\int\frac{5\cdot 2^x+2\cdot 5^x}{5^x}\mathrm{d}x$; (12) $\displaystyle\int\cos^2\frac{x}{2}\mathrm{d}x$;

(13) $\int \csc x(\csc x+\cot x)\mathrm{d}x$;　　(14) $\int \frac{2}{1-\cos 2x}\mathrm{d}x$;

(15) $\int \frac{1+\sin x}{1+\cos 2x}\mathrm{d}x$;　　(16) $\int \frac{1}{1+\sin x}\mathrm{d}x$;

(17) $\int \frac{1+x+x^2}{x(1+x^2)}\mathrm{d}x$;　　(18) $\int \frac{1}{x^2(1+x^2)}\mathrm{d}x$.

解 (1) $\int 3x^4\mathrm{d}x=\frac{3}{5}x^5+C$.

(2) $\int \sqrt{x\sqrt{x}}\mathrm{d}x=\int\left(x\cdot x^{\frac{1}{2}}\right)^{\frac{1}{2}}\mathrm{d}x=\int x^{\frac{3}{4}}\mathrm{d}x=\frac{4}{7}x^{\frac{7}{4}}+C$.

(3) $\int \frac{1}{x\sqrt[3]{x}}\mathrm{d}x=\int \frac{1}{x^{\frac{4}{3}}}\mathrm{d}x=\int x^{-\frac{4}{3}}\mathrm{d}x=-3x^{-\frac{1}{3}}+C$.

(4) $\int(1-2x)^2\mathrm{d}x=\int(1-4x+4x^2)\mathrm{d}x=x-2x^2+\frac{4}{3}x^3+C$.

(5) $\int \frac{(1-x)^2}{x}\mathrm{d}x=\int \frac{1-2x+x^2}{x}\mathrm{d}x=\int\left(\frac{1}{x}-2+x\right)\mathrm{d}x=\ln|x|-2x+\frac{1}{2}x^2+C$.

(6)
$$\begin{aligned}\int \frac{2x^4+3x^2+4}{x^2+1}\mathrm{d}x&=\int\left[\frac{2(x^4+2x^2+1)}{x^2+1}-\frac{(x^2-2)}{x^2+1}\right]\mathrm{d}x\\&=\int\left[\frac{2(x^2+1)^2}{x^2+1}-\frac{x^2+1}{x^2+1}+\frac{3}{x^2+1}\right]\mathrm{d}x\\&=\int\left[2(x^2+1)-1+\frac{3}{x^2+1}\right]\mathrm{d}x\\&=\frac{2}{3}x^3+x+3\arctan x+C.\end{aligned}$$

(7)
$$\begin{aligned}\int(\sqrt{x}+1)(\sqrt[3]{x}-1)\mathrm{d}x&=\int\left(x^{\frac{5}{6}}-x^{\frac{1}{2}}+x^{\frac{1}{3}}-1\right)\mathrm{d}x\\&=\frac{6}{11}x^{\frac{11}{6}}-\frac{2}{3}x^{\frac{3}{2}}+\frac{3}{4}x^{\frac{4}{3}}-x+C.\end{aligned}$$

(8)
$$\begin{aligned}\int \frac{(1-x)^2}{\sqrt{x}}\mathrm{d}x&=\int \frac{1-2x+x^2}{\sqrt{x}}\mathrm{d}x=\int\left(x^{-\frac{1}{2}}-2x^{\frac{1}{2}}+x^{\frac{3}{2}}\right)\mathrm{d}x\\&=2x^{\frac{1}{2}}-\frac{4}{3}x^{\frac{3}{2}}+\frac{2}{5}x^{\frac{5}{2}}+C.\end{aligned}$$

(9) $\int \mathrm{e}^x\left(1-\frac{\mathrm{e}^{-x}}{x}\right)\mathrm{d}x=\int\left(\mathrm{e}^x-\frac{1}{x}\right)\mathrm{d}x=\mathrm{e}^x-\ln|x|+C$.

(10) $\int \mathrm{e}^x\cdot 2^x\mathrm{d}x=\int(2\mathrm{e})^x\mathrm{d}x=\frac{(2\mathrm{e})^x}{\ln(2\mathrm{e})}+C=\frac{(2\mathrm{e})^x}{\ln 2+1}+C$.

(11) $\int \frac{5\cdot 2^x+2\cdot 5^x}{5^x}\mathrm{d}x=\int\left[5\left(\frac{2}{5}\right)^x+2\right]\mathrm{d}x=5\frac{\left(\frac{2}{5}\right)^x}{\ln\frac{2}{5}}+2x+C$.

(12) $\int \cos^2\frac{x}{2}\mathrm{d}x=\int \frac{\cos x+1}{2}\mathrm{d}x=\frac{1}{2}\sin x+\frac{1}{2}x+C$.

(13) $\int \csc x(\csc x+\cot x)\mathrm{d}x=\int(\csc^2 x+\csc x\cot x)\mathrm{d}x=-\cot x-\csc x+C$.

(14) $\int \frac{2}{1-\cos 2x}\mathrm{d}x = \int \frac{2}{1-(1-2\sin^2 x)}\mathrm{d}x = \int \frac{1}{\sin^2 x}\mathrm{d}x$

$= \int \csc^2 x\mathrm{d}x = -\cot x + C.$

(15) $\int \frac{1+\sin x}{1+\cos 2x}\mathrm{d}x = \int \frac{1+\sin x}{1+2\cos^2 x - 1}\mathrm{d}x = \int \frac{1+\sin x}{2\cos^2 x}\mathrm{d}x$

$= \int \left(\frac{1}{2}\sec^2 x + \frac{1}{2}\tan x \sec x\right)\mathrm{d}x$

$= \frac{1}{2}(\tan x + \sec x) + C.$

(16) $\int \frac{1}{1+\sin x}\mathrm{d}x = \int \frac{1-\sin x}{(1-\sin x)(1+\sin x)}\mathrm{d}x$

$= \int \frac{1-\sin x}{\cos^2 x}\mathrm{d}x = \int (\sec^2 x - \sec x \tan x)\mathrm{d}x$

$= \tan x - \sec x + C.$

(17) $\int \frac{1+x+x^2}{x(1+x^2)}\mathrm{d}x = \int \left(\frac{1}{x} + \frac{1}{1+x^2}\right)\mathrm{d}x = \ln|x| + \arctan x + C.$

(18) $\int \frac{1}{x^2(1+x^2)}\mathrm{d}x = \int \left(\frac{1}{x^2} - \frac{1}{1+x^2}\right)\mathrm{d}x = -\frac{1}{x} - \arctan x + C.$

3. 设 $f(x) = |x| + 2$, 求不定积分 $\int f(x)\mathrm{d}x$.

解 由于 $f(x) = \begin{cases} x+2, & x>0, \\ 2, & x=0, \\ -x+2, & x<0. \end{cases}$ 故

$$F(x) = \int f(x)\mathrm{d}x = \begin{cases} \frac{1}{2}x^2 + 2x + C_1, & x>0, \\ 2x + C_2, & x=0, \\ -\frac{1}{2}x^2 + 2x + C_3, & x<0. \end{cases}$$

又因为 $F(x)$ 在 $x=0$ 处连续, 所以 $F(0^+) = F(0^-) = F(0)$, 得 $C_1 = C_2 = C_3 = C$. 于是 $\int f(x)\mathrm{d}x = \begin{cases} \frac{1}{2}x^2 + 2x + C, & x>0, \\ 2x + C, & x=0, \\ -\frac{1}{2}x^2 + 2x + C, & x<0. \end{cases}$

习题 3.2

1. 在下列各式等号右端的空白处填入合适的常数, 使得等式成立:

(1) $\mathrm{d}x=$ ________$\mathrm{d}(2x+1)$;

(2) $\dfrac{1}{\sqrt{x}}\mathrm{d}x=$ ________$\mathrm{d}(\sqrt{x})$;

(3) $x\mathrm{d}x=$ ________$\mathrm{d}(3x^2+4)$;

(4) $\mathrm{e}^{-2x}\mathrm{d}x=$ ________$\mathrm{d}(\mathrm{e}^{-2x}+3)$;

(5) $\dfrac{1}{x}\mathrm{d}x=$ ________$\mathrm{d}(3\ln x-1)$;

(6) $\sin(4x+5)\mathrm{d}x=$ ________$\mathrm{d}[\cos(4x+5)+1]$;

(7) $\dfrac{1}{1+4x^2}\mathrm{d}x=$ ________$\mathrm{d}(\arctan 2x)$;

(8) $\dfrac{x}{\sqrt{1-x^2}}\mathrm{d}x=$ ________$\mathrm{d}(\sqrt{1-x^2})$.

解 (1) $\mathrm{d}x=\underline{\dfrac{1}{2}}\mathrm{d}(2x+1)$; (2) $\dfrac{1}{\sqrt{x}}\mathrm{d}x=\underline{2}\mathrm{d}(\sqrt{x})$;

(3) $x\mathrm{d}x=\underline{\dfrac{1}{6}}\mathrm{d}(3x^2+4)$; (4) $\mathrm{e}^{-2x}\mathrm{d}x=\underline{-\dfrac{1}{2}}\mathrm{d}(\mathrm{e}^{-2x}+3)$;

(5) $\dfrac{1}{x}\mathrm{d}x=\underline{\dfrac{1}{3}}\mathrm{d}(3\ln x-1)$; (6) $\sin(4x+5)\mathrm{d}x=\underline{-\dfrac{1}{4}}\mathrm{d}[\cos(4x+5)+1]$;

(7) $\dfrac{1}{1+4x^2}\mathrm{d}x=\underline{\dfrac{1}{2}}\mathrm{d}(\arctan 2x)$; (8) $\dfrac{x}{\sqrt{1-x^2}}\mathrm{d}x=\underline{-1}\mathrm{d}\left(\sqrt{1-x^2}\right)$.

2. 求下列不定积分:

(1) $\displaystyle\int(2x+1)^3\mathrm{d}x$; (2) $\displaystyle\int\mathrm{e}^{4x-5}\mathrm{d}x$;

(3) $\displaystyle\int\frac{1}{2-3x}\mathrm{d}x$; (4) $\displaystyle\int x(1-2x^2)^3\mathrm{d}x$;

(5) $\displaystyle\int\frac{1}{4-9x^2}\mathrm{d}x$; (6) $\displaystyle\int\frac{\cos\sqrt{x}}{\sqrt{x}}\mathrm{d}x$;

(7) $\displaystyle\int\sec\sqrt{1+x^2}\cdot\frac{x}{\sqrt{1+x^2}}\mathrm{d}x$; (8) $\displaystyle\int\frac{1}{x(2\ln x+1)}\mathrm{d}x$;

(9) $\displaystyle\int\frac{x}{\sqrt{3-4x^2}}\mathrm{d}x$; (10) $\displaystyle\int\frac{\sin x-\cos x}{\sin x+\cos x}\mathrm{d}x$;

(11) $\displaystyle\int\frac{\sin x\cos x}{1+\sin^4 x}\mathrm{d}x$; (12) $\displaystyle\int\frac{1-\sin x}{x+\cos x}\mathrm{d}x$;

(13) $\displaystyle\int\sin^3 x\mathrm{d}x$; (14) $\displaystyle\int\cos^4 x\mathrm{d}x$;

(15) $\displaystyle\int\sin^3 x\cos^2 x\mathrm{d}x$; (16) $\displaystyle\int\sin x\cdot\sin 3x\mathrm{d}x$;

(17) $\displaystyle\int\tan^3 x\mathrm{d}x$; (18) $\displaystyle\int\sec^4 x\mathrm{d}x$;

(19) $\int \sec^3 x \cdot \tan x \mathrm{d}x$;　　(20) $\int \frac{\arctan\sqrt{x}}{\sqrt{x}(1+x)}\mathrm{d}x$;

(21) $\int \frac{1}{\sqrt{x}\,(1+\sqrt[3]{x})}\mathrm{d}x$;　　(22) $\int \frac{x^2}{\sqrt{4-x^2}}\mathrm{d}x$;

(23) $\int \frac{\sqrt{x^2-4}}{x}\mathrm{d}x$;　　(24) $\int \frac{1}{(2x^2+1)\cdot\sqrt{x^2+1}}\mathrm{d}x$.

解　(1) 设 $t=2x+1$, 则 $x=\frac{t-1}{2}$, $\mathrm{d}x=\frac{1}{2}\mathrm{d}t$, 故

$$\int (2x+1)^3\mathrm{d}x=\frac{1}{2}\int t^3\mathrm{d}t=\frac{1}{8}t^4+C=\frac{1}{8}(2x+1)^4+C.$$

(2) 设 $t=4x-5$, 则 $x=\frac{t+5}{4}$, $\mathrm{d}x=\frac{1}{4}\mathrm{d}t$, 故

$$\int \mathrm{e}^{4x-5}\mathrm{d}x=\frac{1}{4}\int \mathrm{e}^t\mathrm{d}t=\frac{1}{4}\mathrm{e}^t+C=\frac{1}{4}\mathrm{e}^{4x-5}+C.$$

(3) $\int \frac{1}{2-3x}\mathrm{d}x=-\frac{1}{3}\int \frac{1}{2-3x}\mathrm{d}(2-3x)=-\frac{1}{3}\ln|2-3x|+C.$

(4) $$\int x(1-2x^2)^3\mathrm{d}x=\frac{1}{2}\int (1-2x^2)^3\mathrm{d}(x^2)=-\frac{1}{2}\cdot\frac{1}{2}\int (1-2x^2)^3\mathrm{d}(1-2x^2)$$
$$=-\frac{1}{16}(1-2x^2)^4+C.$$

(5) $$\int \frac{1}{4-9x^2}\mathrm{d}x=\int \frac{1}{(2-3x)(2+3x)}\mathrm{d}x=\frac{1}{4}\int \left(\frac{1}{2-3x}+\frac{1}{2+3x}\right)\mathrm{d}x$$
$$=\frac{1}{4}\left(-\frac{1}{3}\ln|2-3x|+\frac{1}{3}\ln|2+3x|\right)+C=\frac{1}{12}\ln\left|\frac{2+3x}{2-3x}\right|+C.$$

(6) 设 $t=\sqrt{x}$, 则 $x=t^2$, $\mathrm{d}x=2t\mathrm{d}t$, 故

$$\int \frac{\cos\sqrt{x}}{\sqrt{x}}\mathrm{d}x=2\int \frac{t\cdot\cos t}{t}\mathrm{d}t=2\int \cos t\mathrm{d}t=2\sin t+C=2\sin\sqrt{x}+C.$$

事实上, 也可使用凑微分法, 即 $\int \frac{\cos\sqrt{x}}{\sqrt{x}}\mathrm{d}x=2\int \cos\sqrt{x}\mathrm{d}(\sqrt{x})=2\sin\sqrt{x}+C.$

(7) 设 $t=\sqrt{1+x^2}$, 则 $x=\sqrt{t^2-1}$, $\mathrm{d}x=\frac{t}{\sqrt{t^2-1}}\mathrm{d}t$, 故

$$\int \sec\sqrt{1+x^2}\cdot\frac{x}{\sqrt{1+x^2}}\mathrm{d}x=\int \sec t\cdot\frac{\sqrt{t^2-1}}{t}\cdot\frac{t}{\sqrt{t^2-1}}\mathrm{d}t$$
$$=\int \sec t\mathrm{d}t=\ln|\sec t+\tan t|+C$$
$$=\ln\left|\sec\sqrt{1+x^2}+\tan\sqrt{1+x^2}\right|+C.$$

事实上, 也可使用凑微分法, 即 $\int \sec\sqrt{1+x^2}\cdot\frac{x}{\sqrt{1+x^2}}\mathrm{d}x=\int \sec\sqrt{1+x^2}\cdot\mathrm{d}(\sqrt{1+x^2})=\ln|\sec\sqrt{1+x^2}+\tan\sqrt{1+x^2}|+C.$

(8) $$\int \frac{1}{x(2\ln x+1)}\mathrm{d}x=\int \frac{1}{2\ln x+1}\mathrm{d}(\ln x)=\frac{1}{2}\int \frac{1}{2\ln x+1}\mathrm{d}(2\ln x+1)$$
$$=\frac{1}{2}\ln|2\ln x+1|+C;$$

或者

$\int \frac{1}{x(2\ln x+1)}\mathrm{d}x = \int \frac{1}{2\ln x+1}\mathrm{d}(\ln x)$，设 $t=\ln x$，则 $\int \frac{1}{2\ln x+1}\mathrm{d}(\ln x) = \int \frac{1}{2t+1}\mathrm{d}t = \frac{1}{2}\ln|2t+1|+C = \frac{1}{2}\ln|2\ln x+1|+C.$

$$(9)\int \frac{x}{\sqrt{3-4x^2}}\mathrm{d}x = \frac{1}{2}\int \frac{1}{\sqrt{3-4x^2}}\mathrm{d}x^2 = -\frac{1}{4}\cdot\frac{1}{2}\int \frac{1}{\sqrt{3-4x^2}}\mathrm{d}(3-4x^2)$$
$$= -\frac{1}{4}\sqrt{3-4x^2}+C;$$

或者设 $t=\sqrt{3-4x^2}$，则 $x=\frac{\sqrt{3-t^2}}{2}$，$\mathrm{d}x = -\frac{1}{2}\frac{t}{\sqrt{3-t^2}}\mathrm{d}t$，故

$$\int \frac{x}{\sqrt{3-4x^2}}\mathrm{d}x = -\frac{1}{2}\int \frac{\sqrt{3-t^2}}{2}\cdot\frac{1}{t}\cdot\frac{t}{\sqrt{3-t^2}}\mathrm{d}t = -\frac{1}{4}\int \mathrm{d}t$$
$$= -\frac{1}{4}t+C = -\frac{1}{4}\sqrt{3-4x^2}+C.$$

$$(10)\int \frac{\sin x-\cos x}{\sin x+\cos x}\mathrm{d}x = -\int \frac{1}{\sin x+\cos x}\mathrm{d}(\sin x+\cos x) = -\ln|\sin x+\cos x|+C.$$

$$(11)\int \frac{\sin x\cos x}{1+\sin^4 x}\mathrm{d}x = \int \frac{\sin x}{1+\sin^4 x}\mathrm{d}(\sin x).$$

设 $t=\sin x$，则 $\int \frac{\sin x\cos x}{1+\sin^4 x}\mathrm{d}x = \int \frac{\sin x}{1+\sin^4 x}\mathrm{d}(\sin x) = \int \frac{t}{1+t^4}\mathrm{d}t$

$$= \frac{1}{2}\int \frac{1}{1+t^4}\mathrm{d}(t^2) = \frac{1}{2}\int \frac{1}{1+(t^2)^2}\mathrm{d}t^2$$
$$= \frac{1}{2}\int \frac{1}{1+(t^2)^2}\mathrm{d}t^2 = \frac{1}{2}\arctan t^2+C$$
$$= \frac{1}{2}\arctan\sin^2 x+C.$$

事实上，也可使用凑微分法，即 $\int \frac{\sin x\cos x}{1+\sin^4 x}\mathrm{d}x = \frac{1}{2}\int \frac{2\sin x\cos x}{1+\sin^4 x}\mathrm{d}x = \frac{1}{2}\int \frac{\mathrm{d}(\sin^2 x)}{1+\sin^4 x} = \frac{1}{2}\arctan\sin^2 x+C.$

$$(12)\int \frac{1-\sin x}{x+\cos x}\mathrm{d}x = \int \frac{1}{x+\cos x}\mathrm{d}(x+\cos x) = \ln|x+\cos x|+C.$$

$$(13)\int \sin^3 x\mathrm{d}x = \int \sin x\cdot\sin^2 x\mathrm{d}x = \int \sin x\cdot(1-\cos^2 x)\mathrm{d}x$$
$$= -\int (1-\cos^2 x)\mathrm{d}(\cos x) = -\cos x+\frac{1}{3}\cos^3 x+C.$$

$$(14)\int \cos^4 x\mathrm{d}x = \int (\cos^2 x)^2\mathrm{d}x = \int \left(\frac{\cos 2x+1}{2}\right)^2\mathrm{d}x$$
$$= \frac{1}{4}\int (\cos^2 2x+2\cos 2x+1)\mathrm{d}x$$
$$= \frac{1}{4}\int \left(\frac{\cos 4x+1}{2}+2\cos 2x+1\right)\mathrm{d}x$$

$$= \int \left(\frac{1}{8}\cos 4x + \frac{1}{2}\cos 2x + \frac{3}{8}\right) dx$$
$$= \frac{1}{32}\sin 4x + \frac{1}{4}\sin 2x + \frac{3}{8}x + C.$$

(15) $\int \sin^3 x \cos^2 x dx = -\int \sin^2 x \cos^2 x d(\cos x) = -\int (1-\cos^2 x)\cos^2 x d(\cos x)$
$$= \int (\cos^4 x - \cos^2 x) d(\cos x) = \frac{1}{5}\cos^5 x - \frac{1}{3}\cos^3 x + C.$$

(16) $\int \sin x \cdot \sin 3x dx = -\int \frac{\cos 4x - \cos 2x}{2} dx = \frac{1}{2}\int (\cos 2x - \cos 4x) dx$
$$= \frac{1}{4}\sin 2x - \frac{1}{8}\sin 4x + C.$$

(17) $\int \tan^3 x dx = \int \tan x(\sec^2 x - 1) dx = \int \left(\tan x \sec^2 x - \frac{\sin x}{\cos x}\right) dx$
$$= \int \tan x d(\tan x) + \int \frac{1}{\cos x} d(\cos x) = \frac{1}{2}\tan^2 x + \ln|\cos x| + C.$$

(18) $\int \sec^4 x dx = \int \sec^2 x \cdot \sec^2 x dx = \int \sec^2 x d(\tan x)$
$$= \int (\tan^2 x + 1) d(\tan x) = \frac{1}{3}\tan^3 x + \tan x + C.$$

(19) $\int \sec^3 x \cdot \tan x dx = \int \sec^2 x d(\sec x) = \frac{1}{3}\sec^3 x + C.$

(20) 设 $t = \sqrt{x}$, 则 $x = t^2$, $dx = 2tdt$, 故

$$\int \frac{\arctan\sqrt{x}}{\sqrt{x}(1+x)} dx = \int \frac{\arctan t}{t(1+t^2)} \cdot 2tdt = 2\int \arctan t d(\arctan t) = \arctan^2 t + C$$
$$= (\arctan\sqrt{x})^2 + C.$$

(21) 设 $x = t^6$, 则 $dx = 6t^5 dt$, $\sqrt{x} = t^3$, $\sqrt[3]{x} = t^2$, 故

$$\int \frac{1}{\sqrt{x}\,(1+\sqrt[3]{x})} dx = 6\int \frac{t^5}{t^3(1+t^2)} dt = 6\int \frac{t^2}{1+t^2} dt$$
$$= 6\int \left(\frac{1+t^2}{1+t^2} - \frac{1}{1+t^2}\right) dt = 6(t - \arctan t) + C$$
$$= 6(\sqrt[6]{x} - \arctan\sqrt[6]{x}) + C.$$

(22) 令 $x = 2\sin t$, $t \in \left(-\frac{\pi}{2}, \frac{\pi}{2}\right)$, 则 $t = \arcsin\frac{x}{2}$, $dx = 2\cos t dt$, 故

$$\int \frac{x^2}{\sqrt{4-x^2}} dx = \int \frac{(2\sin t)^2}{\sqrt{4-(2\sin t)^2}} \cdot 2\cos t dt = 4\int \sin^2 t dt$$
$$= 4\int \frac{1-\cos 2t}{2} dt = 2t - \sin 2t + C$$
$$= 2\arcsin\frac{x}{2} - \sin\left(2\arcsin\frac{x}{2}\right) + C$$
$$= 2\arcsin\frac{x}{2} - 2\sin\arcsin\frac{x}{2}\cos\arcsin\frac{x}{2} + C$$

$$
\begin{aligned}
&= 2\arcsin\frac{x}{2} - 2\frac{x}{2}\sqrt{1-\frac{x^2}{4}} + C \\
&= 2\arcsin\frac{x}{2} - \frac{x\sqrt{4-x^2}}{2} + C.
\end{aligned}
$$

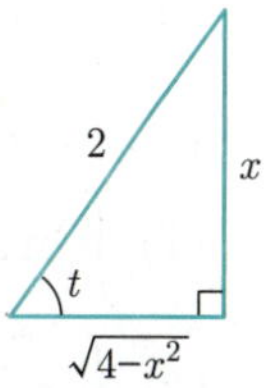

图 3.9

注 用三角代换求积分代回变量时，常可采用辅助三角形. 如图 3.9, 由 $x = 2\sin t$, 即 $\sin t = \frac{x}{2}$, 从而有 $\cos t = \frac{\sqrt{4-x^2}}{2}$, 于是 $\int \frac{x^2}{\sqrt{4-x^2}}\mathrm{d}x = 2t - \sin 2t + C = 2\arcsin\frac{x}{2} - 2\cdot\frac{x}{2}\cdot\frac{\sqrt{4-x^2}}{2} + C = 2\arcsin\frac{x}{2} - \frac{x\sqrt{4-x^2}}{2} + C$.

(23) 当 $x > 2$ 时, 令 $x = 2\sec t$, $t \in \left(0, \frac{\pi}{2}\right)$, 于是 $\mathrm{d}x = 2\sec t\cdot\tan t\mathrm{d}t$, $t = \arccos\frac{2}{x}$, 故

$$
\begin{aligned}
\int \frac{\sqrt{x^2-4}}{x}\mathrm{d}x &= \int \frac{2\tan t}{2\sec t}\cdot 2\sec t\cdot\tan t\mathrm{d}t = 2\int \tan^2 t\mathrm{d}t \\
&= 2\int(\sec^2 t - 1)\mathrm{d}t = 2\tan t - 2t + C_1.
\end{aligned}
$$

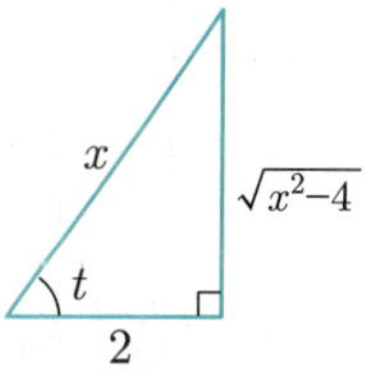

图 3.10

由代换 $x = 2\sec t$, 即 $\cos t = \frac{2}{x}$ 作辅助三角形, 如图 3.10, 从而得 $\tan t = \frac{\sqrt{x^2-4}}{2}$, 所以 $x > 2$ 时,

$$
\begin{aligned}
\int \frac{\sqrt{x^2-4}}{x}\mathrm{d}x &= 2\cdot\frac{\sqrt{x^2-4}}{2} - 2\arccos\frac{2}{x} + C_1 \\
&= \sqrt{x^2-4} - 2\arccos\frac{2}{x} + C_1.
\end{aligned}
$$

类似可讨论 $x < -2$ 时,

$$\int \frac{\sqrt{x^2-4}}{x}\mathrm{d}x = \sqrt{x^2-4} - 2\arccos\frac{2}{-x} + C_2.$$

综上可得, $\int \frac{\sqrt{x^2-4}}{x}\mathrm{d}x = \sqrt{x^2-4} - 2\arccos\frac{2}{|x|} + C$.

(24) 令 $x = \tan t$, $t \in \left(-\frac{\pi}{2}, \frac{\pi}{2}\right)$, 则 $\mathrm{d}x = \sec^2 t\mathrm{d}t$, $t = \arctan x$,

$$
\begin{aligned}
\int \frac{1}{(2x^2+1)\cdot\sqrt{x^2+1}}\mathrm{d}x &= \int \frac{\sec^2 t}{(2\tan^2 t+1)\sec t}\mathrm{d}t = \int \frac{\sec t}{2\tan^2 t+1}\mathrm{d}t \\
&= \int \frac{\cos t}{2\sin^2 t+\cos^2 t}\mathrm{d}t = \int \frac{1}{1+\sin^2 t}\mathrm{d}(\sin t) \\
&= \arctan(\sin t) + C = \arctan\frac{x}{\sqrt{1+x^2}} + C.
\end{aligned}
$$

3. 设函数 $f(u)$ 具有连续的一阶导数, 计算不定积分 $\int xf(x^2)f'(x^2)\mathrm{d}x$.

解 由题意得函数 $f(u)$ 具有连续的一阶导数, 则有

$$\int xf(x^2)f'(x^2)\mathrm{d}x = \frac{1}{2}\int f(x^2)f'(x^2)\mathrm{d}(x^2) = \frac{1}{2}\int f(x^2)\mathrm{d}[f(x^2)] = \frac{1}{4}[f(x^2)]^2 + C.$$

习题 3.3

1. 求下列不定积分:

(1) $\int \ln x\mathrm{d}x$; (2) $\int \arcsin x\mathrm{d}x$;

(3) $\int x\mathrm{e}^{2x}\mathrm{d}x$; (4) $\int (x^2+2x+5)\mathrm{e}^{-3x}\mathrm{d}x$;

(5) $\int (2x+1)\ln x\mathrm{d}x$; (6) $\int (x^2-2x-3)\sin 2x\mathrm{d}x$;

(7) $\int \mathrm{e}^{3x}\sin 2x\mathrm{d}x$; (8) $\int x\mathrm{arccot}\, x\mathrm{d}x$;

(9) $\int x\tan^2 x\mathrm{d}x$; (10) $\int \ln(x+\sqrt{1+x^2})\mathrm{d}x$;

(11) $\int \frac{\ln x - 1}{x^2}\mathrm{d}x$; (12) $\int \arctan\sqrt{x}\mathrm{d}x$;

(13) $\int (\arcsin x)^2\mathrm{d}x$; (14) $\int \sin(\ln x)\mathrm{d}x$;

(15) $\int \mathrm{e}^x\left(\frac{1}{x}+\ln x\right)\mathrm{d}x$; (16) $\int \frac{\ln\sin x}{\sin^2 x}\mathrm{d}x$.

解 (1) $$\int \ln x\mathrm{d}x = x\ln x - \int x\mathrm{d}(\ln x) = x\ln x - \int x\cdot\frac{1}{x}\mathrm{d}x$$
$$= x\ln x - \int \mathrm{d}x = x\ln x - x + C.$$

(2) $$\int \arcsin x\mathrm{d}x = x\arcsin x - \int x\mathrm{d}(\arcsin x) = x\arcsin x - \int \frac{x}{\sqrt{1-x^2}}\mathrm{d}x$$
$$= x\arcsin x + \frac{1}{2}\int \frac{\mathrm{d}(1-x^2)}{\sqrt{1-x^2}} = x\arcsin x + \sqrt{1-x^2} + C.$$

(3) $$\int x\mathrm{e}^{2x}\mathrm{d}x = \frac{1}{2}\int x\mathrm{d}(\mathrm{e}^{2x}) = \frac{1}{2}\left(x\mathrm{e}^{2x} - \int \mathrm{e}^{2x}\mathrm{d}x\right) = \frac{1}{2}x\mathrm{e}^{2x} - \frac{1}{4}\mathrm{e}^{2x} + C.$$

(4) 因为 $$\int (x^2+2x+5)\mathrm{e}^{-3x}\mathrm{d}x = -\frac{1}{3}\int (x^2+2x+5)\mathrm{d}(\mathrm{e}^{-3x})$$
$$= -\frac{1}{3}\left[(x^2+2x+5)\mathrm{e}^{-3x} - \int (2x+2)\mathrm{e}^{-3x}\mathrm{d}x\right],$$

又 $$\int (2x+2)\mathrm{e}^{-3x}\mathrm{d}x = -\frac{1}{3}\int (2x+2)\mathrm{d}(\mathrm{e}^{-3x}) = -\frac{1}{3}\left[(2x+2)\mathrm{e}^{-3x} - 2\int \mathrm{e}^{-3x}\mathrm{d}x\right]$$
$$= -\frac{1}{3}\left[(2x+2)\mathrm{e}^{-3x} + \frac{2}{3}\mathrm{e}^{-3x}\right] + C,$$

从而,

$$\int (x^2+2x+5)\mathrm{e}^{-3x}\mathrm{d}x = -\frac{1}{3}(x^2+2x+5)\mathrm{e}^{-3x} - \frac{1}{9}(2x+2)\mathrm{e}^{-3x} - \frac{2}{27}\mathrm{e}^{-3x} + C$$

$$= \left(-\frac{1}{3}x^2 - \frac{8}{9}x - \frac{53}{27}\right)e^{-3x} + C.$$

(5) $\int (2x+1)\ln x\mathrm{d}x = \int \ln x\mathrm{d}(x^2+x) = (x^2+x)\ln x - \int \frac{x^2+x}{x}\mathrm{d}x$

$$= (x^2+x)\ln x - \int (x+1)\mathrm{d}x$$

$$= (x^2+x)\ln x - \frac{1}{2}x^2 - x + C.$$

(6) $\int (x^2-2x-3)\sin 2x\mathrm{d}x = -\frac{1}{2}\int (x^2-2x-3)\mathrm{d}(\cos 2x)$

$$= -\frac{1}{2}\left[(x^2-2x-3)\cos 2x - \int \cos 2x(2x-2)\mathrm{d}x\right]$$

$$= -\frac{1}{2}\left[(x^2-2x-3)\cos 2x - \frac{1}{2}\int (2x-2)\mathrm{d}(\sin 2x)\right]$$

$$= -\frac{1}{2}\left\{(x^2-2x-3)\cos 2x - \frac{1}{2}\left[(2x-2)\sin 2x - 2\int \sin 2x\mathrm{d}x\right]\right\}$$

$$= -\frac{1}{2}\left[(x^2-2x-3)\cos 2x - \frac{1}{2}(2x-2)\sin 2x + \int \sin 2x\mathrm{d}x\right]$$

$$= -\frac{1}{2}(x^2-2x-3)\cos 2x + \frac{1}{2}(x-1)\sin 2x + \frac{1}{4}\cos 2x + C.$$

(7) 由于 $\int e^{3x}\sin 2x\mathrm{d}x = \frac{1}{3}\int \sin 2x\mathrm{d}(e^{3x}) = \frac{1}{3}\left(e^{3x}\sin 2x - 2\int e^{3x}\cos 2x\mathrm{d}x\right)$

$$= \frac{1}{3}\left[e^{3x}\sin 2x - \frac{2}{3}\int \cos 2x\mathrm{d}(e^{3x})\right]$$

$$= \frac{1}{3}\left[e^{3x}\sin 2x - \frac{2}{3}\left(e^{3x}\cos 2x + 2\int e^{3x}\sin 2x\mathrm{d}x\right)\right]$$

$$= \frac{1}{3}e^{3x}\sin 2x - \frac{2}{9}e^{3x}\cos 2x - \frac{4}{9}\int e^{3x}\sin 2x\mathrm{d}x,$$

移项整理得 $\int e^{3x}\sin 2x\mathrm{d}x = \frac{3}{13}e^{3x}\sin 2x - \frac{2}{13}e^{3x}\cos 2x + C.$

(8) $\int x\operatorname{arccot} x\mathrm{d}x = \frac{1}{2}\int \operatorname{arccot} x\mathrm{d}(x^2) = \frac{1}{2}x^2\operatorname{arccot} x - \frac{1}{2}\int x^2\mathrm{d}(\operatorname{arccot} x)$

$$= \frac{1}{2}x^2\operatorname{arccot} x + \frac{1}{2}\int \frac{x^2}{1+x^2}\mathrm{d}x = \frac{1}{2}x^2\operatorname{arccot} x + \frac{1}{2}\int\left(1-\frac{1}{1+x^2}\right)\mathrm{d}x$$

$$= \frac{1}{2}x^2\operatorname{arccot} x + \frac{1}{2}x - \frac{1}{2}\arctan x + C.$$

(9) $\int x\tan^2 x\mathrm{d}x = \int x(\sec^2 x - 1)\mathrm{d}x = \int x\sec^2 x\mathrm{d}x - \int x\mathrm{d}x$

$$= \int x\mathrm{d}(\tan x) - \frac{1}{2}x^2 = \left(x\tan x - \int \tan x\mathrm{d}x\right) - \frac{1}{2}x^2$$

$$= x\tan x + \ln|\cos x| - \frac{1}{2}x^2 + C.$$

$$(10)\int \ln\left(x+\sqrt{1+x^2}\right)dx = x\ln\left(x+\sqrt{1+x^2}\right) - \int x d\left[\ln\left(x+\sqrt{1+x^2}\right)\right]$$
$$= x\ln\left(x+\sqrt{1+x^2}\right) - \int \frac{x}{\sqrt{1+x^2}}dx$$
$$= x\ln\left(x+\sqrt{1+x^2}\right) - \sqrt{1+x^2} + C.$$

$$(11)\int \frac{\ln x - 1}{x^2}dx = \int (1-\ln x)d\left(\frac{1}{x}\right) = \frac{1-\ln x}{x} - \int \frac{1}{x}d(1-\ln x)$$
$$= \frac{1-\ln x}{x} + \int \frac{1}{x^2}dx = \frac{1-\ln x}{x} - \frac{1}{x} + C = -\frac{\ln x}{x} + C.$$

(12) 由于 $\int \arctan\sqrt{x}dx = x\arctan\sqrt{x} - \int x d\left(\arctan\sqrt{x}\right)$

$$= x\arctan\sqrt{x} - \frac{1}{2}\int \frac{x}{1+x}\cdot\frac{1}{\sqrt{x}}dx$$
$$= x\arctan\sqrt{x} - \frac{1}{2}\int \frac{\sqrt{x}}{1+x}dx,$$

令 $u=\sqrt{x}$, 则 $x=u^2$, $dx=2udu$, 故

$$\int \frac{\sqrt{x}}{1+x}dx = \int \frac{u}{1+u^2}2udu = \int \frac{2u^2+2-2}{1+u^2}du$$
$$= \int \left(2-\frac{2}{1+u^2}\right)du = 2u - 2\arctan u + C$$
$$= 2\sqrt{x} - 2\arctan\sqrt{x} + C.$$

从而, $\int \arctan\sqrt{x}dx = x\arctan\sqrt{x} - \sqrt{x} + \arctan\sqrt{x} + C.$

$$(13)\int (\arcsin x)^2 dx = x(\arcsin x)^2 - \int \frac{2x\arcsin x}{\sqrt{1-x^2}}dx$$
$$= x(\arcsin x)^2 + 2\int \arcsin x d\left(\sqrt{1-x^2}\right)$$
$$= x(\arcsin x)^2 + 2\sqrt{1-x^2}\arcsin x - 2\int \sqrt{1-x^2}\cdot\frac{1}{\sqrt{1-x^2}}dx$$
$$= x(\arcsin x)^2 + 2\sqrt{1-x^2}\arcsin x - 2x + C.$$

$$(14)\int \sin(\ln x)dx = x\sin(\ln x) - \int x\cos(\ln x)\frac{1}{x}dx$$
$$= x\sin(\ln x) - x\cos(\ln x) - \int \sin(\ln x)dx,$$

即 $\int \sin(\ln x)dx = \frac{1}{2}[x\sin(\ln x) - x\cos(\ln x)] + C.$

$$(15)\int e^x\left(\frac{1}{x}+\ln x\right)dx = \int e^x\cdot\frac{1}{x}dx + \int \ln x\cdot e^x dx$$
$$= \int e^x d(\ln x) + \int \ln x d(e^x)$$

$$= \mathrm{e}^x \ln x - \int \ln x \mathrm{d}(\mathrm{e}^x) + \int \ln x \mathrm{d}(\mathrm{e}^x)$$

$$= \mathrm{e}^x \ln x + C.$$

(16) $\displaystyle\int \frac{\ln \sin x}{\sin^2 x}\mathrm{d}x = -\int \ln \sin x \mathrm{d}(\cot x) = -\cot x \ln \sin x + \int \cot^2 x \mathrm{d}x$

$$= -\cot x \ln \sin x + \int (\csc^2 x - 1)\mathrm{d}x$$

$$= -\cot x \ln \sin x - \cot x - x + C.$$

2. 设 $f(x)$ 有连续的二阶导数, 且 e^{x^2} 为 $f(x)$ 的一个原函数, 求 $\displaystyle\int x f''(x)\mathrm{d}x$.

解 由题意得 $f(x) = \left(\mathrm{e}^{x^2}\right)' = 2x\mathrm{e}^{x^2}$, $f'(x) = 2\mathrm{e}^{x^2} + 4x^2\mathrm{e}^{x^2}$, 从而

$$\int x f''(x)\mathrm{d}x = \int x \mathrm{d}[f'(x)] = x f'(x) - \int f'(x)\mathrm{d}x$$

$$= x f'(x) - f(x) + C = 2x\mathrm{e}^{x^2} + 4x^3\mathrm{e}^{x^2} - 2x\mathrm{e}^{x^2} + C = 4x^3\mathrm{e}^{x^2} + C.$$

3. 设 $I_n = \displaystyle\int \tan^n x \mathrm{d}x$, 证明: $I_n = \dfrac{1}{n-1}\tan^{n-1} x - I_{n-2}$ $(n = 2, 3, \cdots)$.

证明 当 $n \geqslant 2$ 时, $I_n = \displaystyle\int \tan^n x \mathrm{d}x = \int \tan^{n-2} x \cdot \tan^2 x \mathrm{d}x$

$$= \int \tan^{n-2} x \cdot (\sec^2 x - 1)\mathrm{d}x$$

$$= \int \tan^{n-2} x \mathrm{d}(\tan x) - \int \tan^{n-2} x \mathrm{d}x$$

$$= \frac{1}{n-1}\tan^{n-1} x - I_{n-2}.$$

习题 3.4

求下列不定积分:

1. $\displaystyle\int \frac{x^3}{x+1}\mathrm{d}x$;

2. $\displaystyle\int \frac{2x+3}{(x-1)^3}\mathrm{d}x$;

3. $\displaystyle\int \frac{x+2}{x^2-4x+8}\mathrm{d}x$;

4. $\displaystyle\int \frac{1}{(x^2+1)(x+1)^2}\mathrm{d}x$;

5. $\displaystyle\int \frac{1}{x(x+1)(x^2+x+1)}\mathrm{d}x$;

6. $\displaystyle\int \frac{1}{1+\sqrt{2x+3}}\mathrm{d}x$;

7. $\displaystyle\int \frac{1}{\sqrt{x+1}+\sqrt[3]{x+1}}\mathrm{d}x$;

8. $\displaystyle\int \frac{1}{\sqrt[3]{(x+1)^2(x-1)^4}}\mathrm{d}x$;

9. $\displaystyle\int \frac{1}{4\sin x + 3\cos x + 5}\mathrm{d}x$;

10. $\displaystyle\int \frac{\cot x}{\sin x + \cos x - 1}\mathrm{d}x$;

11. $\displaystyle\int \frac{\sin x}{\sin x + \cos x}\mathrm{d}x$.

1. **解** $$\begin{aligned}\int \frac{x^3}{x+1}\mathrm{d}x &= \int \frac{x^3+1}{x+1}\mathrm{d}x - \int \frac{1}{x+1}\mathrm{d}x\\ &= \int \frac{(x+1)(x^2-x+1)}{x+1}\mathrm{d}x - \int \frac{1}{x+1}\mathrm{d}x\\ &= \int (x^2-x+1)\mathrm{d}x - \ln|x+1|\\ &= \frac{1}{3}x^3 - \frac{1}{2}x^2 + x - \ln|x+1| + C.\end{aligned}$$

2. **解** $$\begin{aligned}\int \frac{2x+3}{(x-1)^3}\mathrm{d}x &= 2\int \frac{(x-1)}{(x-1)^3}\mathrm{d}x + 5\int \frac{1}{(x-1)^3}\mathrm{d}x\\ &= 2\int \frac{1}{(x-1)^2}\mathrm{d}x + 5\int \frac{1}{(x-1)^3}\mathrm{d}x\\ &= -\frac{2}{x-1} - \frac{5}{2(x-1)^2} + C.\end{aligned}$$

3. **解** $$\begin{aligned}\int \frac{x+2}{x^2-4x+8}\mathrm{d}x &= \int \frac{x-2}{x^2-4x+8}\mathrm{d}x + \int \frac{4}{(x-2)^2+4}\mathrm{d}x\\ &= \frac{1}{2}\int \frac{\mathrm{d}(x^2-4x+8)}{x^2-4x+8} + \int \frac{1}{\left(\dfrac{x-2}{2}\right)^2+1}\mathrm{d}x\\ &= \frac{1}{2}\ln(x^2-4x+8) + 2\arctan\left(\frac{x-2}{2}\right) + C.\end{aligned}$$

4. **解** $$\int \frac{1}{(x^2+1)(x+1)^2}\mathrm{d}x = \int \frac{1}{(x^2+1)(x^2+2x+1)}\mathrm{d}x.$$

设 $\dfrac{1}{(x^2+1)(x^2+2x+1)} = \dfrac{Ax+B}{x^2+1} + \dfrac{Cx+D}{x^2+2x+1}$，解得 $A=-\dfrac{1}{2}$，$B=0$，$C=\dfrac{1}{2}$，$D=1$.

$$\begin{aligned}\int \frac{1}{(x^2+1)(x+1)^2}\mathrm{d}x &= -\frac{1}{2}\int \frac{x}{x^2+1}\mathrm{d}x + \frac{1}{2}\int \frac{x+2}{(x+1)^2}\mathrm{d}x\\ &= -\frac{1}{2}\cdot\frac{1}{2}\int \frac{\mathrm{d}(x^2+1)}{x^2+1} + \frac{1}{2}\left[\int \frac{x+1}{(x+1)^2}\mathrm{d}x + \int \frac{1}{(x+1)^2}\mathrm{d}x\right]\\ &= -\frac{1}{4}\ln(x^2+1) + \frac{1}{2}\left(\ln|x+1| - \frac{1}{x+1}\right) + C.\end{aligned}$$

5. **解** 令 $\dfrac{1}{x(x+1)(x^2+x+1)} = \dfrac{A}{x} + \dfrac{B}{x+1} + \dfrac{Cx+D}{x^2+x+1}$，解得 $A=1$，$B=-1$，$C=0$，$D=-1$. 于是

$$\begin{aligned}\int \frac{1}{x(x+1)(x^2+x+1)}\mathrm{d}x &= \int \frac{1}{x}\mathrm{d}x - \int \frac{1}{x+1}\mathrm{d}x - \int \frac{1}{x^2+x+1}\mathrm{d}x\\ &= \ln|x| - \ln|x+1| - \int \frac{1}{\left(x+\dfrac{1}{2}\right)^2+\dfrac{3}{4}}\mathrm{d}x\\ &= \ln|x| - \ln|x+1| - \int \frac{1}{\left(x+\dfrac{1}{2}\right)^2+\dfrac{3}{4}}\mathrm{d}\left(x+\frac{1}{2}\right)\end{aligned}$$

$$= \ln|x| - \ln|x+1| - \frac{2}{\sqrt{3}}\arctan\frac{2x+1}{\sqrt{3}} + C.$$

6. **解** 设 $t=\sqrt{2x+3}$, 则 $x=\dfrac{t^2-3}{2}$, $\mathrm{d}x = t\mathrm{d}t$, 于是

$$\begin{aligned}\int \frac{1}{1+\sqrt{2x+3}}\mathrm{d}x &= \int \frac{t}{1+t}\mathrm{d}t = \int \frac{1+t}{1+t}\mathrm{d}t - \int \frac{1}{1+t}\mathrm{d}t \\ &= t - \ln|t+1| + C = \sqrt{2x+3} - \ln\left|\sqrt{2x+3}+1\right| + C.\end{aligned}$$

7. **解** 设 $x+1=t^6$, 则 $\sqrt{x+1}=t^3$, $\sqrt[3]{x+1}=t^2$, $\mathrm{d}x = 6t^5\mathrm{d}t$, $t=\sqrt[6]{x+1}$, 于是

$$\begin{aligned}\int \frac{1}{\sqrt{x+1}+\sqrt[3]{x+1}}\mathrm{d}x &= 6\int \frac{t^5}{t^3+t^2}\mathrm{d}t = 6\int \frac{t^3}{t+1}\mathrm{d}t = 6\int \frac{t^3+1-1}{t+1}\mathrm{d}t \\ &= 6\left(\int \frac{t^3+1}{t+1}\mathrm{d}t - \int \frac{1}{t+1}\mathrm{d}t\right) \\ &= 6\left[\int \frac{(t+1)(t^2-t+1)}{t+1}\mathrm{d}t - \ln|t+1|\right] \\ &= 6\left[\int (t^2-t+1)\mathrm{d}t - \ln|t+1|\right] \\ &= 2t^3 - 3t^2 + 6t - 6\ln|t+1| + C \\ &= 2\sqrt{x+1} - 3\sqrt[3]{x+1} + 6\sqrt[6]{x+1} - 6\ln\left(\sqrt[6]{x+1}+1\right) + C.\end{aligned}$$

8. **解** 由于 $\displaystyle\int \frac{1}{\sqrt[3]{(x+1)^2(x-1)^4}}\mathrm{d}x = \int \frac{\sqrt[3]{\dfrac{x+1}{x-1}}}{(x+1)(x-1)}\mathrm{d}x$, 令 $\sqrt[3]{\dfrac{x-1}{x+1}} = t$, 则 $x=\dfrac{1+t^3}{1-t^3}$, $\mathrm{d}x = \dfrac{6t^2}{(1-t^3)^2}\mathrm{d}t$, 于是

$$\begin{aligned}\int \frac{1}{\sqrt[3]{(x+1)^2(x-1)^4}}\mathrm{d}x &= \int \frac{\sqrt[3]{\dfrac{x+1}{x-1}}}{(x+1)(x-1)}\mathrm{d}x = \frac{3}{2}\int \frac{1}{t^2}\mathrm{d}t \\ &= -\frac{3}{2t} + C = -\frac{3}{2}\sqrt[3]{\frac{x+1}{x-1}} + C.\end{aligned}$$

9. **解** 令 $\tan\dfrac{x}{2} = t$, 则 $\sin x = \dfrac{2t}{1+t^2}$, $\cos x = \dfrac{1-t^2}{1+t^2}$, $\mathrm{d}x = \dfrac{2}{1+t^2}\mathrm{d}t$, 于是

$$\begin{aligned}\int \frac{1}{4\sin x + 3\cos x + 5}\mathrm{d}x &= \int \frac{1}{4\left(\dfrac{2t}{1+t^2}\right) + 3\left(\dfrac{1-t^2}{1+t^2}\right) + 5} \cdot \frac{2}{1+t^2}\mathrm{d}t \\ &= \int \frac{1}{t^2+4t+4}\mathrm{d}t = \int \frac{1}{(t+2)^2}\mathrm{d}t \\ &= -\frac{1}{t+2} + C = -\frac{1}{\tan\dfrac{x}{2}+2} + C.\end{aligned}$$

10. 解 令 $u=\tan\dfrac{x}{2}$, 则 $\sin x=\dfrac{2u}{1+u^2}$, $\cos x=\dfrac{1-u^2}{1+u^2}$, $\mathrm{d}x=\dfrac{2}{1+u^2}\mathrm{d}u$, 于是

$$\begin{aligned}\int\frac{\cot x}{\sin x+\cos x-1}\mathrm{d}x&=\int\frac{1}{\tan x\cdot(\sin x+\cos x-1)}\mathrm{d}x\\&=\int\frac{1}{\dfrac{2u}{1-u^2}\left(\dfrac{2u}{1+u^2}+\dfrac{1-u^2}{1+u^2}-1\right)}\cdot\frac{2}{1+u^2}\mathrm{d}u\\&=\frac{1}{2}\int\frac{1+u}{u^2}\mathrm{d}u=-\frac{1}{2u}+\frac{1}{2}\ln|u|+C\\&=-\frac{1}{2\tan\dfrac{x}{2}}+\frac{1}{2}\ln\left|\tan\frac{x}{2}\right|+C.\end{aligned}$$

11. 解法 1 设 $I_1=\displaystyle\int\frac{\cos x}{\sin x+\cos x}\mathrm{d}x$, $I_2=\displaystyle\int\frac{\sin x}{\sin x+\cos x}\mathrm{d}x$, 则

$$\begin{aligned}I_1+I_2&=\int\frac{\cos x}{\sin x+\cos x}\mathrm{d}x+\int\frac{\sin x}{\sin x+\cos x}\mathrm{d}x=\int\mathrm{d}x=x+C_1,\\I_1-I_2&=\int\frac{\cos x}{\sin x+\cos x}\mathrm{d}x-\int\frac{\sin x}{\sin x+\cos x}\mathrm{d}x=\int\frac{\cos x-\sin x}{\sin x+\cos x}\mathrm{d}x\\&=\int\frac{\mathrm{d}(\sin x+\cos x)}{\sin x+\cos x}=\ln|\sin x+\cos x|+C_2.\end{aligned}$$

从而 $\displaystyle\int\frac{\sin x}{\sin x+\cos x}\mathrm{d}x=I_2=\frac{1}{2}[I_1+I_2-(I_1-I_2)]=\frac{1}{2}x-\frac{1}{2}\ln|\sin x+\cos x|+C.$

解法 2

$$\begin{aligned}\int\frac{\sin x}{\sin x+\cos x}\mathrm{d}x&=\frac{1}{2}\int\frac{2\sin x}{\sin x+\cos x}\mathrm{d}x\\&=\frac{1}{2}\int\frac{\sin x+\cos x+\sin x-\cos x}{\sin x+\cos x}\mathrm{d}x\\&=\frac{1}{2}\int\mathrm{d}x-\frac{1}{2}\int\frac{\mathrm{d}(\sin x+\cos x)}{\sin x+\cos x}\\&=\frac{1}{2}x-\frac{1}{2}\ln|\sin x+\cos x|+C.\end{aligned}$$

习题 3.5

1. 利用定积分定义计算由抛物线 $y=x^2+1$, 直线 $x=0$, $x=1$ 及 x 轴所围成图形的面积.

解 所围成面积可表示成 $S=\displaystyle\int_0^1(x^2+1)\mathrm{d}x$, 下面利用定义求该积分值.

因为 $f(x)=x^2+1$ 在 $[0,1]$ 上连续, 所以可积. 为计算方便, 可采用 n 等分 $[0,1]$, 取 ξ_i 为每个小区间右端点的方式.

(i) 在区间 $[0,1]$ 内插入 $n-1$ 个分点 $x_i=0+\dfrac{1-0}{n}i\ (i=1,2,\cdots,n-1)$, 把区间 $[0,1]$ 分成 n 个长度相等的小区间, 各个小区间的长度为 $\Delta x_i=\dfrac{1-0}{n}\ (i=1,2,\cdots,n)$.

(ii) 在第 i 个小区间 $[x_{i-1},x_i]\ (i=1,2,\cdots,n)$ 上取右端点 $\xi_i=x_i=0+\dfrac{1-0}{n}i$,

作和

$$S_n=\sum_{i=1}^{n} f(\xi_i)\Delta x_i=\sum_{i=1}^{n}\left[\left(0+\frac{1-0}{n}i\right)^2+1\right]\cdot\frac{1-0}{n}$$
$$=\frac{1}{n}\sum_{i=1}^{n}\left(\frac{i^2}{n^2}+1\right)=\frac{1}{n}\left[\frac{1}{n^2}\cdot\frac{n(n+1)(2n+1)}{6}+n\right]=\frac{(n+1)(2n+1)}{6n^2}+1.$$

(iii) 令 $\lambda=\max\{\Delta x_1,\Delta x_2,\cdots,\Delta x_n\}=\dfrac{1}{n}$, 令 $\lambda\to 0$, 即 $n\to\infty$, 取极限得所求面积

$$S=\lim_{n\to\infty}\left[\frac{(n+1)(2n+1)}{6n^2}+1=\frac{1}{3}+1\right]=\frac{4}{3}.$$

2. 利用定积分的几何意义求出下列积分:

(1) $\displaystyle\int_1^2(1+2x)\mathrm{d}x$; (2) $\displaystyle\int_{-1}^2|x-1|\mathrm{d}x$;

(3) $\displaystyle\int_0^1\sqrt{x-x^2}\mathrm{d}x$; (4) $\displaystyle\int_{-\pi}^{\pi}\sin x\mathrm{d}x$.

解 (1) 此定积分的几何意义为直线 $y=2x+1$, $x=1$, $x=2$ 以及 x 轴围成的图形的面积. 由于当 $x=1$ 时, $y=3$; 当 $x=2$ 时, $y=5$, 围成的图形是上底为 3, 下底为 5, 高为 1 的梯形, 此图形面积为 $\dfrac{(3+5)\times 1}{2}=4$, 故 $\displaystyle\int_1^2(1+2x)\mathrm{d}x=4$.

(2) $$\int_{-1}^2|x-1|\mathrm{d}x=\begin{cases}\displaystyle\int_1^2(x-1)\mathrm{d}x, & 1\leqslant x\leqslant 2,\\ \displaystyle\int_{-1}^1(-x+1)\mathrm{d}x, & -1\leqslant x\leqslant 1.\end{cases}$$

此定积分的几何意义为直线 $y=x-1$, $x=1$, $x=2$ 以及 x 轴围成的图形的面积和直线 $y=-x+1$, $x=-1$, $x=1$ 以及 x 轴围成的图形的面积之和, 计算得 $\dfrac{(2\times 2)+(1\times 1)}{2}=\dfrac{5}{2}$, 即 $\displaystyle\int_{-1}^2|x-1|\mathrm{d}x=\frac{5}{2}$.

(3) 令 $y=\sqrt{x-x^2}$, 即 $\left(x-\dfrac{1}{2}\right)^2+y^2=\dfrac{1}{4}\ (y\geqslant 0)$.

此定积分的几何意义为以 $\left(\dfrac{1}{2},0\right)$ 为圆心, 半径 $r=\dfrac{1}{2}$ 的圆在第一象限内的面积, 从而

$$\int_0^1\sqrt{x-x^2}\mathrm{d}x=\frac{\pi}{8}.$$

(4) $\displaystyle\int_{-\pi}^{\pi}\sin x\mathrm{d}x=\int_{-\pi}^{0}\sin x\mathrm{d}x+\int_0^{\pi}\sin x\mathrm{d}x$.

此定积分的几何意义为曲线 $y=\sin x$ 在 $x\in[-\pi,0]$ 和 $x\in[0,\pi]$ 上的面积代数和, 而两部分面积大小相等, 符号相反, 从而

$$\int_{-\pi}^{\pi}\sin x\mathrm{d}x=0.$$

3. 已知物体做自由落体运动, 其速度为 $v=9.8t$ (m/s), 试用定积分表示物体在 $T_1=1$ s 到 $T_2=2$ s 下落的距离, 并利用定积分的几何意义求出该距离.

解 根据定积分定义, 这一距离表示为 $S=\int_{t_1}^{t_2} v\mathrm{d}t=\int_1^2 9.8t\mathrm{d}t$.

根据定积分的几何意义, 这一距离即为直线 $v=9.8t$, $t=1$, $t=2$ 及 t 轴围成的梯形的面积, 故

$$S=\frac{(9.8\times 2+9.8\times 1)\times 1}{2}=14.7\ \mathrm{m}.$$

4. 已知函数 $f(x),g(x)$ 在区间 $[a,b]$ 上连续, 证明:

(1) 若 $f(x)\geqslant 0$, $x\in[a,b]$, 且 $\int_a^b f(x)\mathrm{d}x=0$, 则 $f(x)\equiv 0$, $x\in[a,b]$;

(2) 若 $f(x)\geqslant g(x)$, $x\in[a,b]$, 且 $f(x)\not\equiv g(x)$, $x\in[a,b]$, 则 $\int_a^b f(x)\mathrm{d}x>\int_a^b g(x)\mathrm{d}x$.

证明 (1) 先证若 $f(x)\geqslant 0$, 且 $f(x)\not\equiv 0$, 则 $\int_a^b f(x)\mathrm{d}x>0$.

由于 $f(x)\geqslant 0$, 且 $f(x)\not\equiv 0$, 所以必存在 η, 使得 $f(\eta)>0$. 又因为 $f(x)$ 在 $[a,b]$ 上连续, 故存在 $\delta>0$, 当 $x\in[\eta-\delta,\eta+\delta]\subset[a,b]$ 时,$f(x)>0$, 所以

$$\int_a^b f(x)\mathrm{d}x\geqslant\int_{\eta-\delta}^{\eta+\delta} f(x)\mathrm{d}x=f(x_0)\cdot 2\delta>0\ (x_0\in[\eta-\delta,\eta+\delta]).$$

故结论成立.

再证明题目中的命题. 用反证法. 若 $f(x)\not\equiv 0$, 则由上述结论可知 $\int_a^b f(x)\mathrm{d}x>0$, 与题设矛盾, 题中命题得证.

(2) 令 $F(x)=f(x)-g(x)$, 由题意可知, $F(x)\geqslant 0$, 且 $F(x)\not\equiv 0$, 则应用 (1) 结论得, $\int_a^b F(x)\mathrm{d}x=\int_a^b f(x)\mathrm{d}x-\int_a^b g(x)\mathrm{d}x>0$, 从而 $\int_a^b f(x)\mathrm{d}x>\int_a^b g(x)\mathrm{d}x$.

5. 如果函数 $f(x)$ 在区间 $[a,b]$ 上连续, 通常称 $\dfrac{\int_a^b f(x)\mathrm{d}x}{b-a}$ 为函数 $f(x)$ 在区间 $[a,b]$ 上的**平均值**. 因此积分中值定理表明: 连续函数 $f(x)$ 在区间 $[a,b]$ 上可以取到 $f(x)$ 在区间 $[a,b]$ 上的平均值, 试利用定积分的几何意义计算 $f(x)=x$ 在区间 $[a,b]$ 上的平均值.

解 函数 $f(x)=x$ 在 $[a,b]$ 上的平均值为 $\dfrac{\int_a^b x\mathrm{d}x}{b-a}$. 积分 $\int_a^b x\mathrm{d}x$ 的几何意义为函数 $f(x)=x$, 直线 $x=a$, $x=b$, x 轴围成的图形的面积. 而 $f(a)=a$, $f(b)=b$, 围成的图形是上底为 a, 下底为 b, 高为 $b-a$ 的梯形, 此图形面积为 $S=\dfrac{(a+b)(b-a)}{2}$, 故

$f(x)=x$ 在区间 $[a,b]$ 上的平均值为 $\dfrac{S}{b-a}=\dfrac{(a+b)(b-a)}{2(b-a)}=\dfrac{a+b}{2}$.

6. 比较下列各组中定积分的大小:

(1) $\int_0^{\frac{\pi}{4}}\sin x\mathrm{d}x$ 与 $\int_0^{\frac{\pi}{4}}\cos x\mathrm{d}x$;

(2) $\int_{\frac{\pi}{4}}^{\frac{\pi}{3}}\dfrac{\tan x}{x}\mathrm{d}x$ 与 $\int_{\frac{\pi}{4}}^{\frac{\pi}{3}}\dfrac{x}{\tan x}\mathrm{d}x$;

(3) $\int_1^2\ln x\mathrm{d}x$ 与 $\int_2^3\ln x\mathrm{d}x$.

解 (1) 当 $x\in\left[0,\dfrac{\pi}{4}\right]$ 时, $\cos x\geqslant\sin x$, 由定积分的性质有 $\int_0^{\frac{\pi}{4}}\sin x\mathrm{d}x\leqslant\int_0^{\frac{\pi}{4}}\cos x\mathrm{d}x$.

(2) 当 $0<x<\dfrac{\pi}{2}$ 时, $x<\tan x$. 于是当 $x\in\left[\dfrac{\pi}{4},\dfrac{\pi}{3}\right]$ 时, $\dfrac{x}{\tan x}<1<\dfrac{\tan x}{x}$, 从而 $\int_{\frac{\pi}{4}}^{\frac{\pi}{3}}\dfrac{x}{\tan x}\mathrm{d}x<\int_{\frac{\pi}{4}}^{\frac{\pi}{3}}\dfrac{\tan x}{x}\mathrm{d}x$.

(3) 因为函数 $f(x)=\ln x$ 在 $[1,+\infty)$ 上单调递增, 所以 $\int_1^2\ln x\mathrm{d}x\leqslant\int_2^3\ln x\mathrm{d}x$.

7. 证明: $\dfrac{1}{2}\leqslant\int_{\frac{\pi}{4}}^{\frac{\pi}{2}}\dfrac{\sin x}{x}\mathrm{d}x\leqslant\dfrac{\sqrt{2}}{2}$.

证明 令 $f(x)=\dfrac{\sin x}{x}$, 求 $f(x)$ 在 $\left[\dfrac{\pi}{4},\dfrac{\pi}{2}\right]$ 上的最大值与最小值, 再由估值性质进行证明.

因为 $f'(x)=\dfrac{x\cos x-\sin x}{x^2}$, 又令 $g(x)=x\cos x-\sin x$, 则 $g'(x)=-x\sin x$.

当 $x\in\left(0,\dfrac{\pi}{2}\right)$ 时, $g'(x)<0$, $g(x)$ 单调递减, 故 $g(x)<g(0)=0$, 从而 $f'(x)<0$, $f(x)$ 单调递减, 所以成立 $f\left(\dfrac{\pi}{2}\right)\leqslant f(x)\leqslant f\left(\dfrac{\pi}{4}\right)$, 即 $\dfrac{2}{\pi}\leqslant f(x)\leqslant\dfrac{2\sqrt{2}}{\pi}$. 由估值性质得

$$\frac{2}{\pi}\int_{\frac{\pi}{4}}^{\frac{\pi}{2}}\mathrm{d}x\leqslant\int_{\frac{\pi}{4}}^{\frac{\pi}{2}}f(x)\mathrm{d}x\leqslant\frac{2\sqrt{2}}{\pi}\int_{\frac{\pi}{4}}^{\frac{\pi}{2}}\mathrm{d}x,$$

即成立

$$\frac{1}{2}\leqslant\int_{\frac{\pi}{4}}^{\frac{\pi}{2}}\frac{\sin x}{x}\mathrm{d}x\leqslant\frac{\sqrt{2}}{2}.$$

8. 设 $f(x)$ 在 $[a,b]$ 上连续, $g(x)$ 在 $[a,b]$ 上连续且不变号. 证明: 至少存在一点 $\xi\in[a,b]$, 使得 $\int_a^b f(x)g(x)\mathrm{d}x=f(\xi)\int_a^b g(x)\mathrm{d}x$.

证明 由题意, $g(x)$ 在 $[a,b]$ 上连续不变号, 不妨设 $g(x)\geqslant0$, 由定积分性质可得 $\int_a^b g(x)\mathrm{d}x\geqslant0$. 又由 $f(x)$ 在 $[a,b]$ 上连续, 故存在 m, M, 满足 $m\leqslant f(x)\leqslant M$, 故

$$mg(x)\leqslant f(x)g(x)\leqslant Mg(x)\quad 或\quad m\int_a^b g(x)\mathrm{d}x\leqslant\int_a^b f(x)g(x)\mathrm{d}x\leqslant M\int_a^b g(x)\mathrm{d}x.$$

当 $\int_a^b f(x)\mathrm{d}x = 0$ 时, 显然成立 $\int_a^b f(x)g(x)\mathrm{d}x = 0$, 故结论成立.

当 $\int_a^b g(x)\mathrm{d}x > 0$ 时, 有

$$m \leqslant \frac{\int_a^b f(x)g(x)\mathrm{d}x}{\int_a^b g(x)\mathrm{d}x} \leqslant M,$$

由介值定理知, 存在 $\xi \in [a,b]$, 使得

$$f(\xi) = \frac{\int_a^b f(x)g(x)\mathrm{d}x}{\int_a^b g(x)\mathrm{d}x},$$

从而结论成立.

习题 3.6

1. 计算下列函数 $y = y(x)$ 的导数 $\dfrac{\mathrm{d}y}{\mathrm{d}x}$:

(1) $y = \int_0^x \ln(1+2t)\mathrm{d}t$; (2) $y = \int_x^1 \dfrac{1}{\sqrt{1+t^4}}\mathrm{d}t$;

(3) $y = \int_0^{\sin x} \mathrm{e}^{t^2}\mathrm{d}t$; (4) $y = \int_{x^2}^{\ln x} \cos t^2 \mathrm{d}t$;

(5) $\int_0^y \ln t\mathrm{d}t + \int_{xy}^1 \arctan t\mathrm{d}t = 0$; (6) $\begin{cases} x = \int_0^t \sin u^2 \mathrm{d}u, \\ y = \int_{t^2}^1 \dfrac{\sin u}{u}\mathrm{d}u. \end{cases}$

解 (1) $\dfrac{\mathrm{d}y}{\mathrm{d}x} = \left[\int_0^x \ln(1+2t)\mathrm{d}t\right]' = \ln(1+2x)$.

(2) $y = \int_x^1 \dfrac{1}{\sqrt{1+t^4}}\mathrm{d}t = -\int_1^x \dfrac{1}{\sqrt{1+t^4}}\mathrm{d}t$, $\dfrac{\mathrm{d}y}{\mathrm{d}x} = -\dfrac{1}{\sqrt{1+x^4}}$.

(3) $\dfrac{\mathrm{d}y}{\mathrm{d}x} = \left(\int_0^{\sin x} \mathrm{e}^{t^2}\mathrm{d}t\right)' = \mathrm{e}^{\sin^2 x} \cdot \cos x$.

(4) $\dfrac{\mathrm{d}y}{\mathrm{d}x} = \left(\int_{x^2}^{\ln x} \cos t^2 \mathrm{d}t\right)' = \cos(\ln^2 x) \cdot \dfrac{1}{x} - \cos(x^4) \cdot 2x$.

(5) $\int_0^y \ln t\mathrm{d}t + \int_{xy}^1 \arctan t\mathrm{d}t = \int_0^y \ln t\mathrm{d}t - \int_1^{xy} \arctan t\mathrm{d}t = 0$.

上式两边同时对 x 求导, 有 $y' \ln y - (y + xy')\arctan(xy) = 0$, 从而

$$\frac{\mathrm{d}y}{\mathrm{d}x} = y' = \frac{y\arctan(xy)}{\ln y - x\arctan(xy)}.$$

(6) $\dfrac{dy}{dx}=\dfrac{\frac{dy}{dt}}{\frac{dx}{dt}}=\dfrac{\left(\int_{t^2}^{1}\frac{\sin u}{u}du\right)'}{\left(\int_0^t\sin u^2du\right)'}=\dfrac{-\frac{\sin t^2}{t^2}\cdot 2t}{\sin t^2}=-\dfrac{2}{t}.$

2. 计算下列定积分:

(1) $\int_1^3\left(x+\frac{1}{x}\right)dx$;　　(2) $\int_1^8\left(\sqrt[3]{x}+\frac{1}{\sqrt{x}}\right)dx$;

(3) $\int_{\frac{\pi}{4}}^{\frac{\pi}{2}}\frac{1+\sin^2x}{1-\cos 2x}dx$;　　(4) $\int_1^2\frac{1+x+x^2}{x(1+x^2)}dx$;

(5) $\int_0^3\sqrt{x^2-2x+1}dx$;　　(6) $\int_{-2}^3 f(x)dx$, 其中 $f(x)=\begin{cases}2+x, & x\leqslant 0,\\ 1-x^2, & x>0.\end{cases}$

解 (1) $\int_1^3\left(x+\frac{1}{x}\right)dx=\left[\frac{1}{2}x^2+\ln x\right]_1^3=\frac{9}{2}+\ln 3-\frac{1}{2}-0=4+\ln 3.$

(2) $\int_1^8\left(\sqrt[3]{x}+\frac{1}{\sqrt{x}}\right)dx=\left[\frac{3}{4}x^{\frac{4}{3}}+2x^{\frac{1}{2}}\right]_1^8=12+4\sqrt{2}-\frac{3}{4}-2=\frac{37}{4}+4\sqrt{2}.$

(3) $$\int_{\frac{\pi}{4}}^{\frac{\pi}{2}}\frac{1+\sin^2x}{1-\cos 2x}dx=\int_{\frac{\pi}{4}}^{\frac{\pi}{2}}\frac{1+\sin^2x}{2\sin^2x}dx=\int_{\frac{\pi}{4}}^{\frac{\pi}{2}}\left(\frac{1}{2\sin^2x}+\frac{1}{2}\right)dx$$
$$=\frac{1}{2}[-\cot x]_{\frac{\pi}{4}}^{\frac{\pi}{2}}+\frac{1}{2}[x]_{\frac{\pi}{4}}^{\frac{\pi}{2}}=\frac{1}{2}+\frac{\pi}{8}.$$

(4) $\int_1^2\frac{1+x+x^2}{x(1+x^2)}dx=\int_1^2\left(\frac{1}{x}+\frac{1}{1+x^2}\right)dx=[\ln x+\arctan x]_1^2=\ln 2+\arctan 2-\frac{\pi}{4}.$

(5) $$\int_0^3\sqrt{x^2-2x+1}dx=\int_0^3\sqrt{(x-1)^2}dx=\int_1^3(x-1)dx+\int_0^1(-x+1)dx$$
$$=\left[\frac{1}{2}x^2-x\right]_1^3+\left[-\frac{1}{2}x^2+x\right]_0^1=2+\frac{1}{2}=\frac{5}{2}.$$

(6) $\int_{-2}^3 f(x)dx=\int_{-2}^0(2+x)dx+\int_0^3(1-x^2)dx=\left[2x+\frac{1}{2}x^2\right]_{-2}^0+\left[x-\frac{1}{3}x^3\right]_0^3=-4.$

3. 求下列极限:

(1) $\lim\limits_{x\to 0}\dfrac{\int_0^x\ln(1+t)dt}{\sin x\cdot\tan x}$;

(2) $\lim\limits_{x\to 0}\dfrac{\int_0^{x^2}\frac{\tan t}{t}dt}{\int_0^x\arcsin t\,dt}$;

(3) $\lim\limits_{x\to 1}\dfrac{\int_1^x e^{t^2}dt}{\ln x}$;

(4) $\lim\limits_{x\to 0}\dfrac{\displaystyle\int_0^x (x-t)f(t)\mathrm{d}t}{\displaystyle\int_0^x xf(x-t)\mathrm{d}t}$, 其中 $f(x)$ 为连续函数且 $f(0)\neq 0$.

解 (1) $\lim\limits_{x\to 0}\dfrac{\displaystyle\int_0^x \ln(1+t)\mathrm{d}t}{\sin x\cdot\tan x}=\lim\limits_{x\to 0}\dfrac{\displaystyle\int_0^x \ln(1+t)\mathrm{d}t}{x^2}=\lim\limits_{x\to 0}\dfrac{\ln(1+x)}{2x}=\lim\limits_{x\to 0}\dfrac{x}{2x}=\dfrac{1}{2}$.

(2) $\lim\limits_{x\to 0}\dfrac{\displaystyle\int_0^{x^2}\frac{\tan t}{t}\mathrm{d}t}{\displaystyle\int_0^x \arcsin t\mathrm{d}t}=\lim\limits_{x\to 0}\dfrac{\dfrac{\tan x^2}{x^2}\cdot 2x}{\arcsin x}=\lim\limits_{x\to 0}2\dfrac{\tan x^2}{x^2}=\lim\limits_{x\to 0}2\dfrac{x^2}{x^2}=2$.

(3) $\lim\limits_{x\to 1}\dfrac{\displaystyle\int_1^x \mathrm{e}^{t^2}\mathrm{d}t}{\ln x}=\lim\limits_{x\to 1}\dfrac{\mathrm{e}^{x^2}}{\dfrac{1}{x}}=\mathrm{e}$.

(4) 令 $u=x-t$, 则当 $t=0$ 时, $u=x$; 当 $t=x$ 时, $u=0$, 且 $\mathrm{d}u=-\mathrm{d}t$. 于是

$$\int_0^x xf(x-t)\mathrm{d}t=x\int_0^x f(x-t)\mathrm{d}t=-x\int_x^0 f(u)\mathrm{d}u=x\int_0^x f(u)\mathrm{d}u.$$

又由于 $\displaystyle\int_0^x (x-t)f(t)\mathrm{d}t=x\int_0^x f(t)\mathrm{d}t-\int_0^x tf(t)\mathrm{d}t$, 从而

$$\begin{aligned}\lim_{x\to 0}\frac{\displaystyle\int_0^x (x-t)f(t)\mathrm{d}t}{\displaystyle\int_0^x xf(x-t)\mathrm{d}t}&=\lim_{x\to 0}\frac{x\displaystyle\int_0^x f(t)\mathrm{d}t-\int_0^x tf(t)\mathrm{d}t}{x\displaystyle\int_0^x f(u)\mathrm{d}u}\\&=\lim_{x\to 0}\left[1-\frac{\displaystyle\int_0^x tf(t)\mathrm{d}t}{x\displaystyle\int_0^x f(u)\mathrm{d}u}\right]=1-\lim_{x\to 0}\frac{\displaystyle\int_0^x tf(t)\mathrm{d}t}{x\displaystyle\int_0^x f(u)\mathrm{d}u}\\&=1-\lim_{x\to 0}\frac{xf(x)}{\displaystyle\int_0^x f(u)\mathrm{d}u+xf(x)}.\end{aligned}$$

应用积分中值定理, 可得

$$\lim_{x\to 0}\frac{xf(x)}{\displaystyle\int_0^x f(u)\mathrm{d}u+xf(x)}=\lim_{x\to 0}\frac{xf(x)}{xf(\xi)+xf(x)}=\lim_{x\to 0}\frac{f(x)}{f(\xi)+f(x)}=\frac{f(0)}{2f(0)}=\frac{1}{2},$$

从而 $\lim\limits_{x\to 0}\dfrac{\displaystyle\int_0^x (x-t)f(t)\mathrm{d}t}{\displaystyle\int_0^x xf(x-t)\mathrm{d}t}=\dfrac{1}{2}$.

注 虽然极限 $\lim\limits_{x\to 0}\dfrac{xf(x)}{\displaystyle\int_0^x f(u)\mathrm{d}u+xf(x)}$ 仍为 $\dfrac{0}{0}$ 型未定式, 但由于 $xf(x)$ 的可导性

未知, 故不能使用洛必达法则.

4. 设 $f(x)=\begin{cases}e^{-x}, & x<0,\\ x, & x\geqslant 0,\end{cases}$ 求 $\Phi(x)=\int_{-1}^{x}f(t)\mathrm{d}t$ 的表达式.

解 当 $x<0$ 时, $\Phi(x)=\int_{-1}^{x}f(t)\mathrm{d}t=\int_{-1}^{x}e^{-t}\mathrm{d}t=[-e^{-t}]_{-1}^{x}=-e^{-x}+e$;

当 $x\geqslant 0$ 时, $\Phi(x)=\int_{-1}^{x}f(t)\mathrm{d}t=\int_{-1}^{0}e^{-t}\mathrm{d}t+\int_{0}^{x}t\mathrm{d}t=e-1+\frac{1}{2}x^2$.

从而, $\Phi(x)=\int_{-1}^{x}f(t)\mathrm{d}t=\begin{cases}-e^{-x}+e, & x<0,\\ e-1+\frac{1}{2}x^2, & x\geqslant 0.\end{cases}$

5. 设 $f(x)=\begin{cases}x^2, & x<0,\\ \int_0^x t\cos t\mathrm{d}t, & x\geqslant 0,\end{cases}$ 判别 $f(x)$ 在 $x=0$ 处的可导性, 若可导, 求 $f'(0)$.

解 由于 $f'_+(0)=\lim\limits_{x\to 0^+}\frac{f(x)-f(0)}{x-0}=\lim\limits_{x\to 0^+}\frac{\int_0^x t\cos t\mathrm{d}t-0}{x-0}=\lim\limits_{x\to 0^+}x\cos x=0$,

$$f'_-(0)=\lim_{x\to 0^-}\frac{f(x)-f(0)}{x-0}=\lim_{x\to 0^-}\frac{x^2-0}{x-0}=\lim_{x\to 0^-}x=0,$$

$f'(0^+)=f'(0^-)$, 故 $f'(0)$ 存在且有 $f'(0)=0$.

6. 设函数 $f(x)$ 在区间 $[a,b]$ 上连续, 且 $f(x)>0$, $x\in[a,b]$,

$$F(x)=\int_a^x f(t)\mathrm{d}t+\int_b^x\frac{1}{f(t)}\mathrm{d}t,\ x\in[a,b],$$

证明: 方程 $F(x)=0$ 在区间 (a,b) 内有且仅有一个根.

证明 由题意得 $f(x)>0$, 从而 $\frac{1}{f(x)}>0$, $\int_a^b f(x)\mathrm{d}x>0$, $\int_a^b\frac{1}{f(x)}\mathrm{d}x>0$,

$$F(a)=\int_a^a f(t)\mathrm{d}t+\int_b^a\frac{1}{f(t)}\mathrm{d}t=-\int_a^b\frac{1}{f(t)}\mathrm{d}t<0,$$

$$F(b)=\int_a^b f(t)\mathrm{d}t+\int_b^b\frac{1}{f(t)}\mathrm{d}t=\int_a^b f(t)\mathrm{d}t>0.$$

故 $F(a)\cdot F(b)<0$, 又 $F(x)$ 在 $[a,b]$ 上连续, 由零点定理知, 存在一点 $x_0\in(a,b)$, 使得 $F(x_0)=0$.

因为 $F'(x)=f(x)+\frac{1}{f(x)}>0$, 所以 $F(x)$ 在区间 (a,b) 内单调递增, 故 $F(x)$ 在 (a,b) 内至多有一根. 综上, 方程 $F(x)=0$ 在区间 (a,b) 内有且仅有一个根.

7. 设函数 $f(x)$ 在区间 $[a,b]$ 上连续且单调增加, 证明:

$$\int_a^b xf(x)\mathrm{d}x\geqslant\frac{a+b}{2}\int_a^b f(x)\mathrm{d}x.$$

证明 设 $F(u)=\int_a^u xf(x)\mathrm{d}x-\frac{a+u}{2}\int_a^u f(x)\mathrm{d}x,\ u\in[a,b]$, 则

$$F'(u)=uf(u)-\frac{1}{2}\int_a^u f(x)\mathrm{d}x-\frac{a+u}{2}f(u)$$
$$=\frac{u-a}{2}f(u)-\frac{1}{2}\int_a^u f(x)\mathrm{d}x=\frac{1}{2}\int_a^u[f(u)-f(x)]\mathrm{d}x.$$

由于 $f(x)$ 在区间 $[a,b]$ 上连续且单调增加, $f(u)\geqslant f(x)\ (x\in[a,u])$, 从而

$$F'(u)=\frac{1}{2}\int_a^u[f(u)-f(x)]\mathrm{d}x\geqslant 0,$$

即 $F(u)$ 单调增加, 从而 $F(b)\geqslant F(a)=0$, 故 $\int_a^b xf(x)\mathrm{d}x\geqslant\frac{a+b}{2}\int_a^b f(x)\mathrm{d}x$.

习题 3.7

1. 计算下列定积分:

(1) $\int_{-1}^1(2x+1)^3\mathrm{d}x$;

(2) $\int_{-1}^2\frac{1}{(5+3x)^2}\mathrm{d}x$;

(3) $\int_0^{\frac{\pi}{2}}\sin^2 x\cos x\mathrm{d}x$;

(4) $\int_0^{\pi}\sin^3 x\mathrm{d}x$;

(5) $\int_0^{\pi}\cos^2 x\mathrm{d}x$;

(6) $\int_1^4\frac{1}{1+\sqrt{x}}\mathrm{d}x$;

(7) $\int_0^2\sqrt{4-x^2}\mathrm{d}x$;

(8) $\int_0^2\frac{1}{\sqrt{4+x^2}}\mathrm{d}x$;

(9) $\int_1^{\sqrt{2}}\frac{x^2}{(4-x^2)^{\frac{3}{2}}}\mathrm{d}x$;

(10) $\int_0^4\frac{x}{1+\sqrt{1+2x}}\mathrm{d}x$;

(11) $\int_0^2 x\mathrm{e}^{-x^2}\mathrm{d}x$;

(12) $\int_0^{\ln\frac{3}{2}}\mathrm{e}^x\cdot\sqrt{3-2\mathrm{e}^x}\mathrm{d}x$;

(13) $\int_0^{2\pi}\sqrt{1+\cos x}\mathrm{d}x$;

(14) $\int_{\ln 2}^{\ln 4}\frac{1}{\sqrt{\mathrm{e}^x-1}}\mathrm{d}x$.

解 (1) $\int_{-1}^1(2x+1)^3\mathrm{d}x=\frac{1}{2}\int_{-1}^1(2x+1)^3\mathrm{d}(2x+1)=\frac{1}{8}[(2x+1)^4]_{-1}^1=\frac{81}{8}-\frac{1}{8}=10.$

(2) $\int_{-1}^2\frac{1}{(5+3x)^2}\mathrm{d}x=\frac{1}{3}\int_{-1}^2\frac{1}{(5+3x)^2}\mathrm{d}(5+3x)=\left[-\frac{1}{3(5+3x)}\right]_{-1}^2=-\frac{1}{33}+\frac{1}{6}=\frac{3}{22}.$

(3) $\int_0^{\frac{\pi}{2}}\sin^2 x\cos x\mathrm{d}x=\int_0^{\frac{\pi}{2}}\sin^2 x\mathrm{d}(\sin x)=\left[\frac{1}{3}\sin^3 x\right]_0^{\frac{\pi}{2}}=\frac{1}{3}.$

(4) $$\int_0^{\pi}\sin^3 x\mathrm{d}x=-\int_0^{\pi}\sin^2 x\mathrm{d}(\cos x)=-\int_0^{\pi}(1-\cos^2 x)\mathrm{d}(\cos x)$$
$$=\left[\frac{1}{3}\cos^3 x-\cos x\right]_0^{\pi}=\frac{4}{3}.$$

(5) $\int_0^{\pi}\cos^2 x\mathrm{d}x=\int_0^{\pi}\frac{\cos 2x+1}{2}\mathrm{d}x=\left[\frac{1}{4}\sin 2x+\frac{1}{2}x\right]_0^{\pi}=\frac{\pi}{2}.$

(6) 令 $\sqrt{x}=t$, $x=t^2$, $\mathrm{d}x=2t\mathrm{d}t$, 则

$$\int_1^4\frac{1}{1+\sqrt{x}}\mathrm{d}x=2\int_1^2\frac{t}{1+t}\mathrm{d}t=2\left(\int_1^2\mathrm{d}t-\int_1^2\frac{1}{1+t}\mathrm{d}t\right)=2[t-\ln(1+t)]_1^2$$
$$=2(2-\ln 3-1+\ln 2)=2(1+\ln 2-\ln 3).$$

(7) 令 $x=2\sin t$, 则 $\mathrm{d}x=2\cos t\mathrm{d}t$, 于是

$$\int_0^2\sqrt{4-x^2}\mathrm{d}x=4\int_0^{\frac{\pi}{2}}\sqrt{1-\sin^2 t}\cos t\mathrm{d}t=4\int_0^{\frac{\pi}{2}}\cos^2 t\mathrm{d}t$$
$$=2\int_0^{\frac{\pi}{2}}(\cos 2t+1)\mathrm{d}t=[\sin 2t+2t]_0^{\frac{\pi}{2}}=\pi.$$

(8) 令 $x=2\tan\theta$, 则 $\mathrm{d}x=2\sec^2\theta\mathrm{d}\theta$, 于是

$$\int_0^2\frac{1}{\sqrt{4+x^2}}\mathrm{d}x=\int_0^{\frac{\pi}{4}}\frac{2\sec^2\theta}{2\sqrt{1+\tan^2\theta}}\mathrm{d}\theta=\int_0^{\frac{\pi}{4}}\sec\theta\mathrm{d}\theta=\int_0^{\frac{\pi}{4}}\frac{\sec^2\theta+\sec\theta\tan\theta}{\sec\theta+\tan\theta}\mathrm{d}\theta$$
$$=\int_0^{\frac{\pi}{4}}\frac{\mathrm{d}(\sec\theta+\tan\theta)}{\sec\theta+\tan\theta}=[\ln(\sec\theta+\tan\theta)]_0^{\frac{\pi}{4}}=\ln(\sqrt{2}+1).$$

(9) 令 $x=2\sin t$, 则 $\mathrm{d}x=2\cos t\mathrm{d}t$, 于是

$$\int_1^{\sqrt{2}}\frac{x^2}{(4-x^2)^{\frac{3}{2}}}\mathrm{d}x=\int_{\frac{\pi}{6}}^{\frac{\pi}{4}}\frac{4\sin^2 t}{(4-4\sin^2 t)^{\frac{3}{2}}}\cdot 2\cos t\mathrm{d}t=\int_{\frac{\pi}{6}}^{\frac{\pi}{4}}\tan^2 t\mathrm{d}t$$
$$=\int_{\frac{\pi}{6}}^{\frac{\pi}{4}}(\sec^2 t-1)\mathrm{d}t=[\tan t-t]_{\frac{\pi}{6}}^{\frac{\pi}{4}}=1-\frac{\sqrt{3}}{3}-\frac{\pi}{12}.$$

(10) 令 $\sqrt{1+2x}=t$, 则 $x=\frac{t^2-1}{2}$, $\mathrm{d}x=t\mathrm{d}t$, 于是

$$\int_0^4\frac{x}{1+\sqrt{1+2x}}\mathrm{d}x=\frac{1}{2}\int_1^3\frac{(t^2-1)t}{1+t}\mathrm{d}t=\frac{1}{2}\int_1^3(t^2-t)\mathrm{d}t=\frac{1}{2}\left[\frac{1}{3}t^3-\frac{1}{2}t^2\right]_1^3=\frac{7}{3}.$$

(11) $\int_0^2 x\mathrm{e}^{-x^2}\mathrm{d}x=\frac{1}{2}\int_0^2\mathrm{e}^{-x^2}\mathrm{d}(x^2)=\left[-\frac{1}{2}\mathrm{e}^{-x^2}\right]_0^2=-\frac{1}{2\mathrm{e}^4}+\frac{1}{2}.$

(12) 令 $\mathrm{e}^x=t$, 则 $x=\ln t$, $\mathrm{d}x=\frac{1}{t}\mathrm{d}t$, 于是

$$\int_0^{\ln\frac{3}{2}}\mathrm{e}^x\cdot\sqrt{3-2\mathrm{e}^x}\mathrm{d}x=\int_1^{\frac{3}{2}}\frac{t\cdot\sqrt{3-2t}}{t}\mathrm{d}t=\int_1^{\frac{3}{2}}\sqrt{3-2t}\mathrm{d}t=\left[-\frac{1}{3}(3-2t)^{\frac{3}{2}}\right]_1^{\frac{3}{2}}=\frac{1}{3}.$$

事实上, 还可使用凑微分法求解. 如

$$\int_0^{\ln\frac{3}{2}}\mathrm{e}^x\sqrt{3-2\mathrm{e}^x}\mathrm{d}x=-\frac{1}{2}\int_0^{\ln\frac{3}{2}}\sqrt{3-2\mathrm{e}^x}\mathrm{d}(3-2\mathrm{e}^x)$$
$$=-\frac{1}{3}[(3-2\mathrm{e}^x)^{\frac{3}{2}}]_0^{\ln\frac{3}{2}}=\frac{1}{3}.$$

$$(13)\ \int_0^{2\pi}\sqrt{1+\cos x}\mathrm{d}x=\int_0^{2\pi}\sqrt{2}\left|\cos\frac{x}{2}\right|\mathrm{d}x=2\int_0^{2\pi}\sqrt{2}\left|\cos\frac{x}{2}\right|\mathrm{d}\frac{x}{2}$$
$$=\left[2\sqrt{2}\sin\frac{x}{2}\right]_0^{\pi}-\left[2\sqrt{2}\sin\frac{x}{2}\right]_{\pi}^{2\pi}=4\sqrt{2}.$$

(14) 令 $\sqrt{\mathrm{e}^x-1}=t$, 则 $x=\ln(t^2+1)$, $\mathrm{d}x=\dfrac{2t}{t^2+1}\mathrm{d}t$, 于是

$$\int_{\ln 2}^{\ln 4}\frac{1}{\sqrt{\mathrm{e}^x-1}}\mathrm{d}x=\int_1^{\sqrt{3}}\frac{1}{t}\cdot\frac{2t}{t^2+1}\mathrm{d}t=2\int_1^{\sqrt{3}}\frac{1}{t^2+1}\mathrm{d}t=[2\arctan t]_1^{\sqrt{3}}=\frac{\pi}{6}.$$

2. 计算下列定积分:

(1) $\displaystyle\int_{-1}^{0}x\mathrm{e}^x\mathrm{d}x$;　　(2) $\displaystyle\int_1^2 x^2\ln x\mathrm{d}x$;

(3) $\displaystyle\int_0^{\frac{\pi}{2}}x\cos 2x\mathrm{d}x$;　　(4) $\displaystyle\int_0^1 x\arcsin x\mathrm{d}x$;

(5) $\displaystyle\int_{\frac{\pi}{6}}^{\frac{\pi}{3}}\frac{x}{\cos^2 x}\mathrm{d}x$;　　(6) $\displaystyle\int_0^{\pi}\mathrm{e}^x\sin x\mathrm{d}x$;

(7) $\displaystyle\int_1^{\mathrm{e}}\sin(\ln x)\mathrm{d}x$;　　(8) $\displaystyle\int_{\frac{1}{\mathrm{e}}}^{\mathrm{e}}|\ln x|\mathrm{d}x$.

解 (1) $\displaystyle\int_{-1}^{0}x\mathrm{e}^x\mathrm{d}x=\int_{-1}^{0}x\mathrm{d}(\mathrm{e}^x)=[x\mathrm{e}^x]_{-1}^{0}-\int_{-1}^{0}\mathrm{e}^x\mathrm{d}x$

$$=\frac{1}{\mathrm{e}}-[\mathrm{e}^x]_{-1}^{0}=\frac{1}{\mathrm{e}}-1+\frac{1}{\mathrm{e}}=\frac{2}{\mathrm{e}}-1.$$

$$(2)\ \int_1^2 x^2\ln x\mathrm{d}x=\frac{1}{3}\int_1^2\ln x\mathrm{d}(x^3)=\frac{1}{3}\left([x^3\ln x]_1^2-\int_1^2 x^3\cdot\frac{1}{x}\mathrm{d}x\right)$$
$$=\frac{1}{3}\left(8\ln 2-\left[\frac{1}{3}x^3\right]_1^2\right)=\frac{8}{3}\ln 2-\frac{7}{9}.$$

$$(3)\ \int_0^{\frac{\pi}{2}}x\cos 2x\mathrm{d}x=\frac{1}{2}\int_0^{\frac{\pi}{2}}x\mathrm{d}(\sin 2x)=\frac{1}{2}\left([x\sin 2x]_0^{\frac{\pi}{2}}-\int_0^{\frac{\pi}{2}}\sin 2x\mathrm{d}x\right)$$
$$=-\frac{1}{2}\int_0^{\frac{\pi}{2}}\sin 2x\mathrm{d}x=\frac{1}{4}[\cos 2x]_0^{\frac{\pi}{2}}=-\frac{1}{2}.$$

$$(4)\ \int_0^1 x\arcsin x\mathrm{d}x=\frac{1}{2}\int_0^1\arcsin x\mathrm{d}(x^2)=\frac{1}{2}\left([x^2\arcsin x]_0^1-\int_0^1\frac{x^2}{\sqrt{1-x^2}}\mathrm{d}x\right)$$
$$=\frac{\pi}{4}-\frac{1}{2}\int_0^1\frac{x^2}{\sqrt{1-x^2}}\mathrm{d}x.$$

在 $\displaystyle\int_0^1\frac{x^2}{\sqrt{1-x^2}}\mathrm{d}x$ 中, 令 $x=\sin t$, 则 $\mathrm{d}x=\cos t\mathrm{d}t$, 于是

$$\int_0^1\frac{x^2}{\sqrt{1-x^2}}\mathrm{d}x=\int_0^{\frac{\pi}{2}}\frac{\sin^2 t}{\sqrt{1-\sin^2 t}}\cos t\mathrm{d}t=\int_0^{\frac{\pi}{2}}\sin^2 t\mathrm{d}t=\frac{1}{2}\cdot\frac{\pi}{2}=\frac{\pi}{4}.$$
$$\int_0^1 x\arcsin x\mathrm{d}x=\frac{\pi}{4}-\frac{1}{2}\cdot\frac{\pi}{4}=\frac{\pi}{8}.$$

(5) $\int_{\frac{\pi}{6}}^{\frac{\pi}{3}} \frac{x}{\cos^2 x}dx = \int_{\frac{\pi}{6}}^{\frac{\pi}{3}} x\cdot\sec^2 x dx = \int_{\frac{\pi}{6}}^{\frac{\pi}{3}} x d(\tan x) = [x\tan x]_{\frac{\pi}{6}}^{\frac{\pi}{3}} - \int_{\frac{\pi}{6}}^{\frac{\pi}{3}} \tan x dx$

$$= [x\tan x]_{\frac{\pi}{6}}^{\frac{\pi}{3}} + [\ln|\cos x|]_{\frac{\pi}{6}}^{\frac{\pi}{3}} = \frac{5\sqrt{3}\pi}{18} - \frac{1}{2}\ln 3.$$

(6) 由于 $\int_0^{\pi} e^x \sin x dx = \int_0^{\pi} \sin x d(e^x) = [e^x \sin x]_0^{\pi} - \int_0^{\pi} e^x \cos x dx$

$$= \int_0^{\pi} \cos x d(e^x) = -\left([e^x \cos x]_0^{\pi} + \int_0^{\pi} e^x \sin x dx\right)$$

$$= e^{\pi} + 1 - \int_0^{\pi} e^x \sin x dx,$$

故 $\int_0^{\pi} e^x \sin x dx = \frac{[e^x \sin x]_0^{\pi} - [e^x \cos x]_0^{\pi}}{2} = \frac{e^{\pi}+1}{2}.$

(7) 令 $\ln x = t$, 则 $x = e^t$, $dx = e^t dt$, 于是

$$\int_1^{e} \sin(\ln x)dx = \int_0^1 e^t \sin t dt = \int_0^1 \sin t d(e^t) = [e^t \sin t]_0^1 - \int_0^1 e^t \cos t dt$$

$$= [e^t \sin t]_0^1 - \int_0^1 \cos t d(e^t) = [e^t \sin t]_0^1 - \left([e^t \cos t]_0^1 + \int_0^1 e^t \sin t dt\right).$$

移项整理得,

$$\int_0^1 e^t \sin t dt = \frac{[e^t \sin t]_0^1 - [e^t \cos t]_0^1}{2} = \frac{1}{2}(e\sin 1 - e\cos 1 + 1),$$

故 $\int_1^{e} \sin(\ln x)dx = \int_0^1 e^t \sin t dt = \frac{1}{2}(e\sin 1 - e\cos 1 + 1).$

(8) $\int_{\frac{1}{e}}^{e} |\ln x|dx = \int_1^{e} \ln x dx - \int_{\frac{1}{e}}^{1} \ln x dx = [x\ln x]_1^{e} - \int_1^{e} dx - \left([x\ln x]_{\frac{1}{e}}^{1} - \int_{\frac{1}{e}}^{1} dx\right)$

$$= [x\ln x]_1^{e} - \int_1^{e} dx - [x\ln x]_{\frac{1}{e}}^{1} + \int_{\frac{1}{e}}^{1} dx = 2 - \frac{2}{e}.$$

3. 利用函数的奇偶性计算下列定积分:

(1) $\int_{-1}^{1} x^3 \cos^2 x dx$;　　(2) $\int_{-\frac{\pi}{2}}^{\frac{\pi}{2}} \sin^4 x dx$;

(3) $\int_{-1}^{1} \frac{\arctan^2 x}{1+x^2}dx$;　　(4) $\int_{-\frac{1}{2}}^{\frac{1}{2}} \left[\frac{x\sin^2 x}{3+\cos x} + \ln(1-x)\right]dx$.

解 (1) 设 $f(x) = x^3\cos^2 x$, 则 $f(-x) = -f(x)$, 即此被积函数为奇函数, 故 $\int_{-1}^{1} x^3\cos^2 x dx = 0$.

(2) 设 $f(x) = \sin^4 x$, 则 $f(-x) = f(x)$, 即此被积函数为偶函数, 故

$$\int_{-\frac{\pi}{2}}^{\frac{\pi}{2}} \sin^4 x dx = 2\int_0^{\frac{\pi}{2}} \sin^4 x dx = 2\times\frac{3}{4}\times\frac{1}{2}\times\frac{\pi}{2} = \frac{3\pi}{8}.$$

(3) 设 $f(x) = \frac{\arctan^2 x}{1+x^2}$, 则 $f(-x) = \frac{\arctan^2(-x)}{1+(-x)^2} = \frac{\arctan^2 x}{1+x^2} = f(x)$, 即此被积

函数为偶函数, 故

$$\int_{-1}^{1}\frac{\arctan^2 x}{1+x^2}\mathrm{d}x=2\int_0^1\frac{\arctan^2 x}{1+x^2}\mathrm{d}x=2\int_0^1\arctan^2 x\mathrm{d}(\arctan x)$$
$$=\left[\frac{2}{3}\arctan^3 x\right]_0^1=\frac{2}{3}\times\left(\frac{\pi}{4}\right)^3=\frac{\pi^3}{96}.$$

(4) $\displaystyle\int_{-\frac{1}{2}}^{\frac{1}{2}}\left[\frac{x\sin^2 x}{3+\cos x}+\ln(1-x)\right]\mathrm{d}x=\int_{-\frac{1}{2}}^{\frac{1}{2}}\frac{x\sin^2 x}{3+\cos x}\mathrm{d}x+\int_{-\frac{1}{2}}^{\frac{1}{2}}\ln(1-x)\mathrm{d}x.$

令$f(x)=\dfrac{x\sin^2 x}{3+\cos x}$, 则 $f(-x)=\dfrac{(-x)\sin^2(-x)}{3+\cos(-x)}=-\dfrac{x\sin^2 x}{3+\cos x}=-f(x)$, 即此被积函数为奇函数, 故 $\displaystyle\int_{-\frac{1}{2}}^{\frac{1}{2}}\frac{x\sin^2 x}{3+\cos x}\mathrm{d}x=0.$

函数 $g(x)=\ln(1-x)$ 非奇非偶, 故

$$\text{原式}=0+\int_{-\frac{1}{2}}^{\frac{1}{2}}\ln(1-x)\mathrm{d}x=[x\ln(1-x)]_{-\frac{1}{2}}^{\frac{1}{2}}-\int_{-\frac{1}{2}}^{\frac{1}{2}}\frac{-x}{1-x}\mathrm{d}x$$
$$=[x\ln(1-x)]_{-\frac{1}{2}}^{\frac{1}{2}}-\int_{-\frac{1}{2}}^{\frac{1}{2}}\frac{1-x}{1-x}\mathrm{d}x+\int_{-\frac{1}{2}}^{\frac{1}{2}}\frac{1}{1-x}\mathrm{d}x$$
$$=[x\ln(1-x)-x-\ln(1-x)]_{-\frac{1}{2}}^{\frac{1}{2}}$$
$$=\frac{1}{2}\ln 2+\frac{3}{2}\ln\frac{3}{2}-1=\frac{3}{2}\ln 3-\ln 2-1.$$

4. 设 $f(x)=\begin{cases}\dfrac{1}{4-x^2}, & -1\leqslant x<0,\\[2mm] \dfrac{1}{1+\mathrm{e}^x}, & 0\leqslant x\leqslant 1,\end{cases}$ 求 $\displaystyle\int_{-1}^{1}f(x)\mathrm{d}x.$

解　$$\int_{-1}^{1}f(x)\mathrm{d}x=\int_{-1}^{0}\frac{1}{4-x^2}\mathrm{d}x+\int_0^1\frac{1}{1+\mathrm{e}^x}\mathrm{d}x$$
$$=\int_{-1}^{0}\frac{1}{(2+x)(2-x)}\mathrm{d}x+\int_0^1\frac{\mathrm{e}^{-x}}{1+\mathrm{e}^{-x}}\mathrm{d}x$$
$$=\frac{1}{4}\int_{-1}^{0}\left(\frac{1}{2+x}+\frac{1}{2-x}\right)\mathrm{d}x-\int_0^1\frac{1}{1+\mathrm{e}^{-x}}\mathrm{d}(\mathrm{e}^{-x})$$
$$=\frac{1}{4}[\ln(2+x)-\ln(2-x)]_{-1}^{0}-[\ln(1+\mathrm{e}^{-x})]_0^1$$
$$=\frac{1}{4}\ln 3+\ln 2-\ln\left(1+\frac{1}{\mathrm{e}}\right).$$

5. 设函数 $f(x)$ 在区间 $[a,b]$ 上连续, 证明: $\displaystyle\int_a^b f(x)\mathrm{d}x=\int_a^b f(a+b-x)\mathrm{d}x.$

解　令 $a+b-x=t$, 则 $x=a+b-t$, $\mathrm{d}x=-\mathrm{d}t$, 当 $x=a$ 时, $t=b$; 当 $x=b$ 时, $t=a$. 于是

$$\int_a^b f(x)\mathrm{d}x=-\int_b^a f(a+b-t)\mathrm{d}t=\int_a^b f(a+b-t)\mathrm{d}t.$$

由于定积分值与积分变量记号无关, 从而

$$\int_a^b f(x)\mathrm{d}x=\int_a^b f(a+b-t)\mathrm{d}t=\int_a^b f(a+b-x)\mathrm{d}x.$$

6. 设 $f(x)=\int_1^{x^2}\mathrm{e}^{-t^2}\mathrm{d}t$, 求 $\int_0^1 xf(x)\mathrm{d}x$.

解 由题意 $f(1)=\int_1^1\mathrm{e}^{-t^2}\mathrm{d}t=0$, $f'(x)=2x\cdot\mathrm{e}^{-x^4}$, 从而

$$\begin{aligned}\int_0^1 xf(x)\mathrm{d}x&=\int_0^1 f(x)\mathrm{d}\left(\frac{x^2}{2}\right)=\left[\frac{x^2}{2}f(x)\right]_0^1-\int_0^1\frac{x^2}{2}\mathrm{d}[f(x)]\\&=\left[\frac{x^2}{2}f(x)\right]_0^1-\int_0^1\frac{x^2}{2}f'(x)\mathrm{d}x\\&=\left[\frac{x^2}{2}f(x)\right]_0^1-\int_0^1\frac{x^2}{2}f'(x)\mathrm{d}x=-\int_0^1 x^3\mathrm{e}^{-x^4}\mathrm{d}x\\&=-\frac{1}{4}\int_0^1\mathrm{e}^{-x^4}\mathrm{d}(x^4)=\left[\frac{1}{4}\mathrm{e}^{-x^4}\right]_0^1=\frac{1}{4}(\mathrm{e}^{-1}-1).\end{aligned}$$

7. 求 $I_m=\int_0^1(1-x^2)^m\mathrm{d}x(m=0,1,2,\cdots)$.

解 令 $x=\sin t$, 则 $\mathrm{d}x=\cos t\mathrm{d}t$. 且当 $x=0$ 时, $t=0$; 当 $x=1$ 时, $t=\frac{\pi}{2}$. 于是

$$\begin{aligned}I_m&=\int_0^1(1-x^2)^m\mathrm{d}x=\int_0^{\frac{\pi}{2}}(1-\sin^2 t)^m\cos t\mathrm{d}t\\&=\int_0^{\frac{\pi}{2}}\cos^{2m+1}t\mathrm{d}t=\frac{2m}{2m+1}\cdot\frac{2m-2}{2m-1}\cdot\cdots\cdot\frac{2}{3}\cdot 1.\end{aligned}$$

8. 求 $I_n=\int_0^{\pi}x\sin^n x\mathrm{d}x(n\in\mathbf{N}_+)$.

解 $I_n=\int_0^{\pi}x\sin^n x\mathrm{d}x=\int_0^{\frac{\pi}{2}}x\sin^n x\mathrm{d}x+\int_{\frac{\pi}{2}}^{\pi}x\sin^n x\mathrm{d}x$.

令 $t=\pi-x$, 则 $\mathrm{d}x=-\mathrm{d}t$, 且当 $x=\frac{\pi}{2}$ 时, $t=\frac{\pi}{2}$, 当 $x=\pi$ 时, $t=0$.

$$\begin{aligned}\int_{\frac{\pi}{2}}^{\pi}x\sin^n x\mathrm{d}x&=-\int_{\frac{\pi}{2}}^{0}(\pi-t)\sin^n(\pi-t)\mathrm{d}t=\int_0^{\frac{\pi}{2}}(\pi-t)\sin^n t\mathrm{d}t\\&=\pi\int_0^{\frac{\pi}{2}}\sin^n t\mathrm{d}t-\int_0^{\frac{\pi}{2}}t\sin^n t\mathrm{d}t.\end{aligned}$$

故 $I_n=\int_0^{\pi}x\sin^n x\mathrm{d}x=\int_0^{\frac{\pi}{2}}x\sin^n x\mathrm{d}x+\pi\int_0^{\frac{\pi}{2}}\sin^n x\mathrm{d}x-\int_0^{\frac{\pi}{2}}x\sin^n x\mathrm{d}x=\pi\int_0^{\frac{\pi}{2}}\sin^n x\mathrm{d}x$

$$=\begin{cases}\pi\left(\dfrac{n-1}{n}\cdot\dfrac{n-3}{n-2}\cdot\cdots\cdot\dfrac{3}{4}\cdot\dfrac{1}{2}\cdot\dfrac{\pi}{2}\right), & n\text{ 为偶数},\\ \pi\left(\dfrac{n-1}{n}\cdot\dfrac{n-3}{n-2}\cdot\cdots\cdot\dfrac{4}{5}\cdot\dfrac{2}{3}\right), & n\text{ 为奇数}.\end{cases}$$

习题 3.8

1. 求下列曲线所围成的图形的面积:

(1) $y=x^2$ 与 $y=-x^2+4x$;

(2) $x=5y^2$ 与 $x=1+y^2$;

(3) $y=-x^3+x^2+2x$ 与 x 轴;

(4) $y=|\ln x|$, 直线 $x=\dfrac{1}{\mathrm{e}}$, $x=\mathrm{e}$ 与 x 轴.

解 (1) 如图 3.11, 可求得两条曲线的交点为 $(0,0)$, $(2,4)$, 围成图形的面积为

$$S=\int_0^2(-x^2+4x-x^2)\mathrm{d}x=\left[-\frac{2}{3}x^3+2x^2\right]_0^2=\frac{8}{3}.$$

(2) 如图 3.12, 可求得两条曲线的交点为 $\left(\dfrac{5}{4},\dfrac{1}{2}\right)$, $\left(\dfrac{5}{4},-\dfrac{1}{2}\right)$, 围成图形的面积为

$$S=\int_{-\frac{1}{2}}^{\frac{1}{2}}(1+y^2-5y^2)\mathrm{d}y=2\left[y-\frac{4}{3}y^3\right]_0^{\frac{1}{2}}=\frac{2}{3}.$$

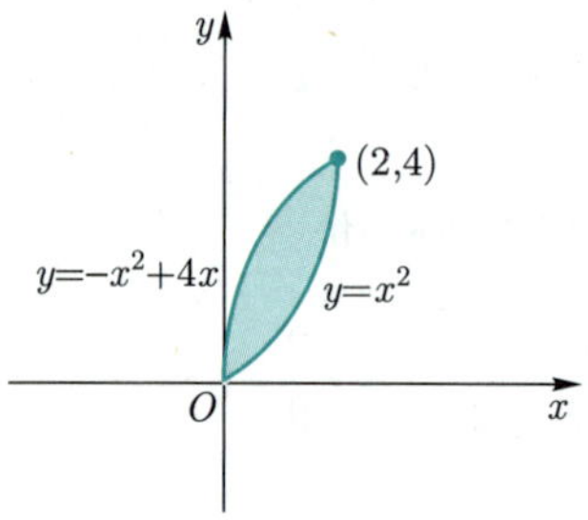

图 3.11

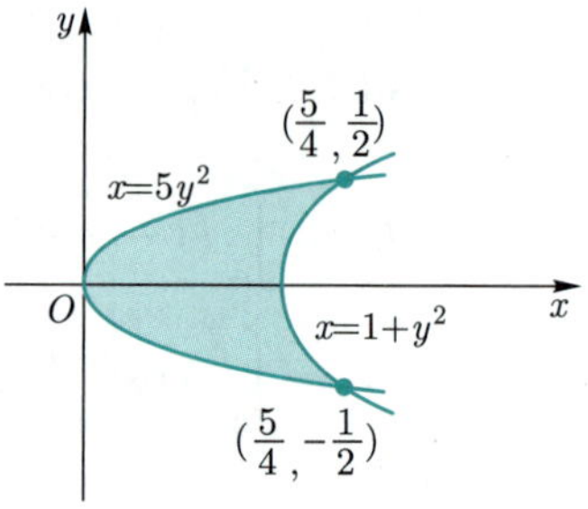

图 3.12

(3) 如图 3.13, 曲线 $y=-x^3+x^2+2x$ 与 x 轴的交点为 $(-1,0)$, $(0,0)$, $(2,0)$, 围成图形的面积为

$$\begin{aligned}S&=\int_{-1}^2|-x^3+x^2+2x|\mathrm{d}x\\&=\int_{-1}^0(x^3-x^2-2x)\mathrm{d}x+\int_0^2(-x^3+x^2+2x)\mathrm{d}x\\&=\left[\frac{1}{4}x^4-\frac{1}{3}x^3-x^2\right]_{-1}^0+\left[-\frac{1}{4}x^4+\frac{1}{3}x^3+x^2\right]_0^2=\frac{37}{12}.\end{aligned}$$

(4) 如图 3.14, 所围成图形的面积为

$$\begin{aligned}S&=\int_{\frac{1}{\mathrm{e}}}^{\mathrm{e}}|\ln x|\mathrm{d}x=\int_1^{\mathrm{e}}\ln x\mathrm{d}x+\int_{\frac{1}{\mathrm{e}}}^1(-\ln x)\mathrm{d}x\\&=\int_1^{\mathrm{e}}\ln x\mathrm{d}x-\int_{\frac{1}{\mathrm{e}}}^1\ln x\mathrm{d}x\end{aligned}$$

$$= [x\ln x]_1^{\mathrm{e}} - \int_1^{\mathrm{e}} \mathrm{d}x - \left([x\ln x]_{\frac{1}{\mathrm{e}}}^1 - \int_{\frac{1}{\mathrm{e}}}^1 \mathrm{d}x\right)$$

$$= \mathrm{e} - (\mathrm{e}-1) - \left[0 - \frac{1}{\mathrm{e}}\ln\frac{1}{\mathrm{e}} - \left(1 - \frac{1}{\mathrm{e}}\right)\right] = 2 - \frac{2}{\mathrm{e}}.$$

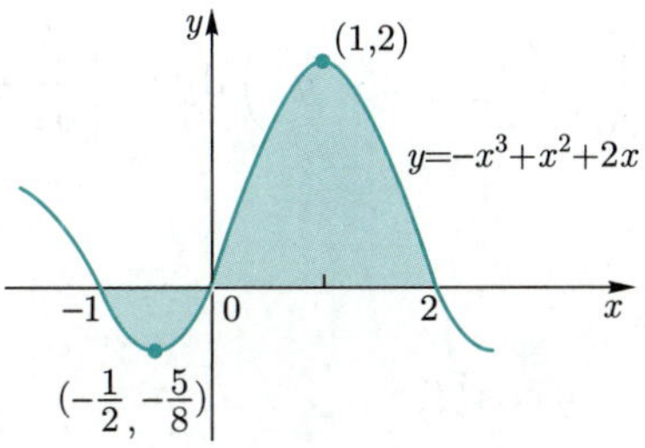

图 3.13

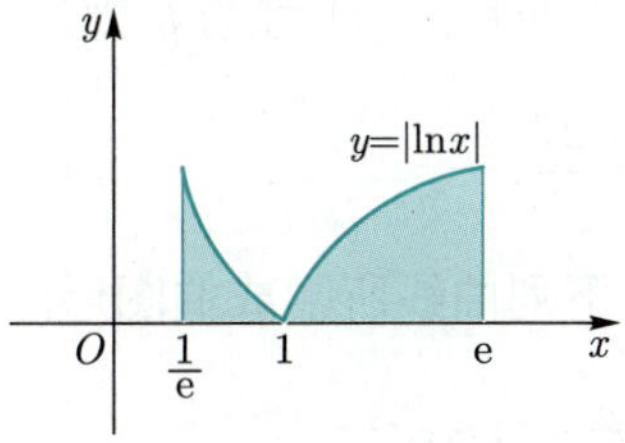

图 3.14

2. 求下列图形的面积:

(1) 曲线 $x = \dfrac{y^2}{2}$ 与它在点 $\left(\dfrac{1}{2}, 1\right)$ 处的法线所围成的图形;

(2) 曲线 $y = x^3$ 与它在经过点 $(2,0)$ 的两条切线所围成的图形.

解 (1) 如图 3.15. 由题意得 $y = \sqrt{2x}$, 则曲线在点 $\left(\dfrac{1}{2}, 1\right)$ 处的切线斜率 $k = \left(\sqrt{2x}\right)'\Big|_{x=\frac{1}{2}} = 1$, 法线斜率为 $k = -1$, 故法线方程为 $y - 1 = -\left(x - \dfrac{1}{2}\right)$, 即 $y = -x + \dfrac{3}{2}$.

联立 $\begin{cases} y = -x + \dfrac{3}{2}, \\ y^2 = 2x, \end{cases}$ 解得交点为 $A\left(\dfrac{9}{2}, -3\right)$, $B\left(\dfrac{1}{2}, 1\right)$.

围成图形的面积为 $S = \displaystyle\int_{-3}^{1} \left(\frac{3}{2} - y - \frac{y^2}{2}\right) \mathrm{d}y = \left[\frac{3}{2}y - \frac{1}{2}y^2 - \frac{1}{6}y^3\right]_{-3}^{1} = \frac{16}{3}$.

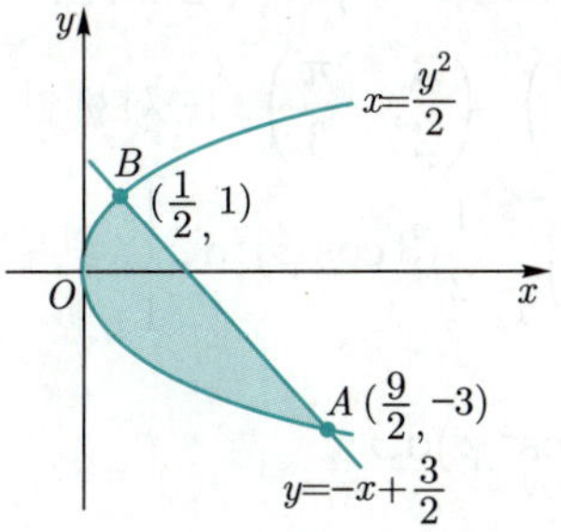

图 3.15

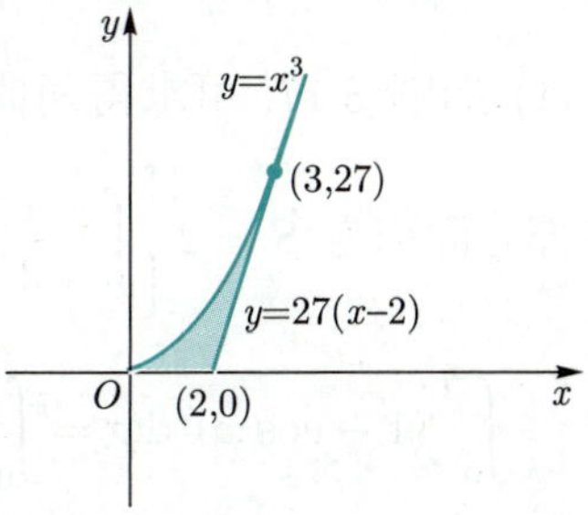

图 3.16

(2) 如图 3.16, 显然 $(2,0)$ 不在曲线 $y = x^3$ 上. 设切点为 (x_0, x_0^3), 则过该点及 $(2,0)$ 的直线斜率为 $\dfrac{x_0^3 - 0}{x_0 - 2}$, 该点的切线斜率为 $3x_0^2$, 由两者相等可得 $\dfrac{x_0^3 - 0}{x_0 - 2} = 3x_0$. 解得 $x_0 = 0$ 或 $x_0 = 3$. 于是经过 $(2,0)$ 的两条切线方程分别为 $y = 0$ 及 $y - 0 = 27(x - 2)$

或 $y=27(x-2)$. 图形是由曲线 $y=x^3$, 直线 $y=27(x-2)$, x 轴围成, 则围成图形的面积为

$$S=\int_0^2 x^3\mathrm{d}x+\int_2^3(x^3-27x+54)\mathrm{d}x=\left[\frac{1}{4}x^4\right]_0^2+\left[\frac{1}{4}x^4-\frac{27}{2}x^2+54x\right]_2^3=\frac{27}{4}.$$

注 求面积时, 还可选 y 为积分变量, 即 $S=\int_0^{27}\left(\frac{y}{27}+2-y^{\frac{1}{3}}\right)\mathrm{d}y=\left[\frac{y^2}{54}+2y-\frac{3}{4}y^{\frac{4}{3}}\right]_0^{27}=\frac{27}{4}$.

3. 求下列曲线所围成的图形的面积:

(1) $\rho^2=4\cos 2\varphi$; (2) $\begin{cases}x=4\cos^3 t,\\ y=4\sin^3 t.\end{cases}$

解 (1) 此方程表示的图形为双纽线. 因为 $\rho^2\geqslant 0$, 所以 φ 的取值范围为 $\left[-\frac{\pi}{4},\frac{\pi}{4}\right]$ 与 $\left[\frac{3\pi}{4},\frac{5\pi}{4}\right]$.

由图形的对称性得此图形面积为

$$S=4\cdot\frac{1}{2}\int_0^{\frac{\pi}{4}}4\cos 2\varphi\mathrm{d}\varphi=\left[4\sin 2\varphi\right]_0^{\frac{\pi}{4}}=4.$$

(2) 此图形为星形线, 当积分变量 t 从 $\frac{\pi}{2}$ 变化到 0 时, 得到曲线在第一象限的部分, 由对称性有

$$\begin{aligned}S&=4\int_{\frac{\pi}{2}}^0 y(t)\cdot x'(t)\mathrm{d}t=12\times 16\int_{\frac{\pi}{2}}^0\sin^3 t\cdot\cos^2 t(-\sin t)\mathrm{d}t\\&=192\int_0^{\frac{\pi}{2}}\sin^4 t(1-\sin^2 t)\mathrm{d}t=192\left(\frac{3\times 1}{4\times 2}\times\frac{\pi}{2}-\frac{5\times 3\times 1}{6\times 4\times 2}\times\frac{\pi}{2}\right)=6\pi.\end{aligned}$$

4. 求下列曲线所围成的图形的公共部分的面积:

(1) $\rho=3\cos\varphi$ 与 $\rho=1+\cos\varphi$; (2) $\rho^2=\cos 2\varphi$ 与 $\rho=\sqrt{2}\sin\varphi$.

解 (1) 如图 3.17, 可求得两曲线的交点 $\left(\frac{3}{2},\frac{\pi}{3}\right)$, $\left(\frac{3}{2},-\frac{\pi}{3}\right)$. 由对称性得围成图形的公共部分面积为 $S=2\left[\int_0^{\frac{\pi}{3}}\frac{1}{2}(1+\cos\varphi)^2\mathrm{d}\varphi+\int_{\frac{\pi}{3}}^{\frac{\pi}{2}}\frac{1}{2}(3\cos\varphi)^2\mathrm{d}\varphi\right]$, 其中

$$\begin{aligned}\int_0^{\frac{\pi}{3}}(1+\cos\varphi)^2\mathrm{d}\varphi&=\int_0^{\frac{\pi}{3}}(1+2\cos\varphi+\cos^2\varphi)\mathrm{d}\varphi\\&=\int_0^{\frac{\pi}{3}}\left(1+2\cos\varphi+\frac{\cos 2\varphi+1}{2}\right)\mathrm{d}\varphi\\&=\int_0^{\frac{\pi}{3}}\left(\frac{3}{2}+2\cos\varphi+\frac{\cos 2\varphi}{2}\right)\mathrm{d}\varphi\\&=\left[\frac{3}{2}\varphi+2\sin\varphi+\frac{1}{4}\sin 2\varphi\right]_0^{\frac{\pi}{3}}=\frac{\pi}{2}+\frac{9\sqrt{3}}{8},\end{aligned}$$

$$\int_{\frac{\pi}{3}}^{\frac{\pi}{2}}(3\cos\varphi)^2\mathrm{d}\varphi=9\int_{\frac{\pi}{3}}^{\frac{\pi}{2}}\cos^2\varphi\mathrm{d}\varphi=9\int_{\frac{\pi}{3}}^{\frac{\pi}{2}}\frac{\cos 2\varphi+1}{2}\mathrm{d}\varphi$$
$$=\frac{9}{2}\left[\frac{1}{2}\sin 2\varphi+\varphi\right]_{\frac{\pi}{3}}^{\frac{\pi}{2}}=\frac{3\pi}{4}-\frac{9\sqrt{3}}{8},$$

从而, 公共部分面积 $S=\dfrac{5\pi}{4}$.

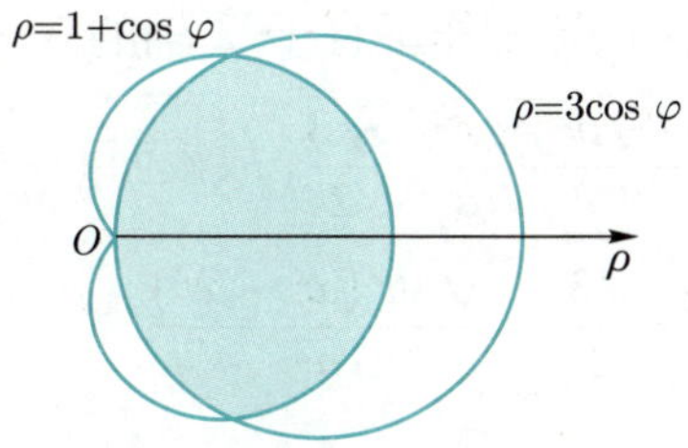

图 3.17

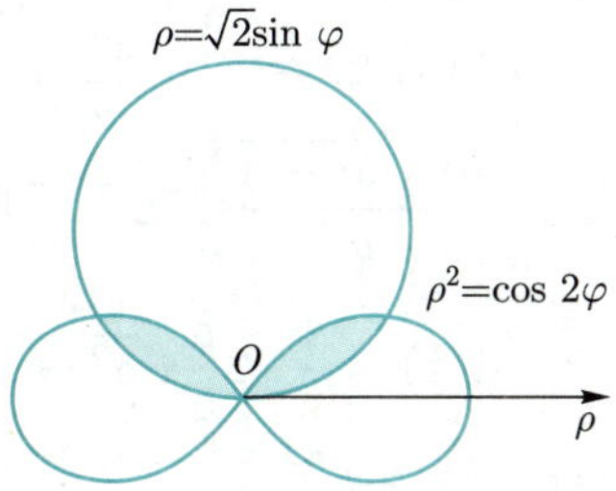

图 3.18

(2) 如图 3.18, 可求得两曲线的交点 $\left(\dfrac{\sqrt{2}}{2},\dfrac{\pi}{6}\right)$, $\left(\dfrac{\sqrt{2}}{2},\dfrac{5}{3}\pi\right)$. 由对称性得围成图形的公共部分面积为

$$S=2\left[\int_0^{\frac{\pi}{6}}\frac{1}{2}(\sqrt{2}\sin\varphi)^2\mathrm{d}\varphi+\int_{\frac{\pi}{6}}^{\frac{\pi}{4}}\frac{1}{2}\cos 2\varphi\mathrm{d}\varphi\right]=2\int_0^{\frac{\pi}{6}}\sin^2\varphi\mathrm{d}\varphi+\int_{\frac{\pi}{6}}^{\frac{\pi}{4}}\cos 2\varphi\mathrm{d}\varphi$$
$$=\int_0^{\frac{\pi}{6}}(1-\cos 2\varphi)\mathrm{d}\varphi+\int_{\frac{\pi}{6}}^{\frac{\pi}{4}}\cos 2\varphi\mathrm{d}\varphi$$
$$=\left[\varphi-\frac{1}{2}\sin 2\varphi\right]_0^{\frac{\pi}{6}}+\left[\frac{1}{2}\sin 2\varphi\right]_{\frac{\pi}{6}}^{\frac{\pi}{4}}=\frac{\pi}{6}+\frac{1}{2}-\frac{\sqrt{3}}{2}.$$

5. 计算下列各立体的体积:

(1) 抛物线 $y=\sqrt{x}$, 直线 $x=4$ 与 x 轴所围成的图形绕 x 轴旋转所得的旋转体;

(2) 抛物线 $x=\sqrt{y}$, 直线 $y=4$ 与 $x=1$ 所围成的图形绕 $x=1$ 旋转所得的旋转体;

(3) 星形线 $\begin{cases}x=a\cos^3 t,\\ y=a\sin^3 t\end{cases}$ $(a>0)$ 绕 x 轴旋转所得的旋转体.

解 (1) 所求体积为 $V=\int_0^4\pi\left(\sqrt{x}\right)^2\mathrm{d}x=\pi\int_0^4 x\mathrm{d}x=\left[\dfrac{\pi}{2}x^2\right]_0^4=8\pi.$

(2) 选 y 为积分变量, 所求体积为

$$V=\int_1^4\pi\left(\sqrt{y}-1\right)^2\mathrm{d}y=\int_1^4\pi\left(y-2\sqrt{y}+1\right)\mathrm{d}y$$
$$=\pi\left[\frac{1}{2}y^2-\frac{4}{3}y^{\frac{3}{2}}+y\right]_1^4=\frac{7\pi}{6}.$$

(3) 由图形对称性, 所求体积为

$$V=2\int_0^a \pi y^2\mathrm{d}x=2\pi\int_{\frac{\pi}{2}}^0 a^2\sin^6 t\cdot 3a\cdot\cos^2 t(-\sin t)\mathrm{d}t$$
$$=6\pi a^3\int_0^{\frac{\pi}{2}}\sin^7 t(1-\sin^2 t)\mathrm{d}t=6\pi a^3\left(\frac{6!!}{7!!}-\frac{8!!}{9!!}\right)=\frac{32}{105}\pi a^3.$$

6. 有一立体, 底面是长轴为 $2a$、短轴为 $2b$ 的椭圆, 而且垂直于长轴的截面都是等边三角形, 求其体积.

解 不妨设椭圆方程为 $\dfrac{x^2}{a^2}+\dfrac{y^2}{b^2}=1$. 过 x 轴上点 x 作垂直于 x 轴的截面, 该截面是边长为 $\dfrac{2b\cdot\sqrt{a^2-x^2}}{a}$ 的正三角形, 其高为 $\dfrac{2b\cdot\sqrt{a^2-x^2}}{a}\cdot\dfrac{\sqrt{3}}{2}$, 故截面面积为

$$A(x)=\frac{1}{2}\cdot 2\frac{b}{a}\sqrt{a^2-x^2}\cdot 2\frac{b}{a}\sqrt{a^2-x^2}\cdot\frac{\sqrt{3}}{2}=\frac{\sqrt{3}b^2(a^2-x^2)}{a^2}.$$

于是所求体积为

$$V=\int_{-a}^a A(x)\mathrm{d}x=2\int_0^a\frac{\sqrt{3}b^2(a^2-x^2)}{a^2}\mathrm{d}x=\frac{2\sqrt{3}b^2}{a^2}\left[a^2x-\frac{1}{3}x^3\right]_0^a=\frac{4\sqrt{3}}{3}ab^2.$$

7. 用元素法推证: 由平面图形 $0\leqslant a\leqslant x\leqslant b$, $0\leqslant y\leqslant f(x)$ 绕 y 轴旋转所得的旋转体的体积为 $V=2\pi\int_a^b xf(x)\mathrm{d}x$, 并计算 $y=\sin x\ (0\leqslant x\leqslant \pi)$ 与 x 轴所围成的图形绕 y 轴旋转所得的旋转体的体积.

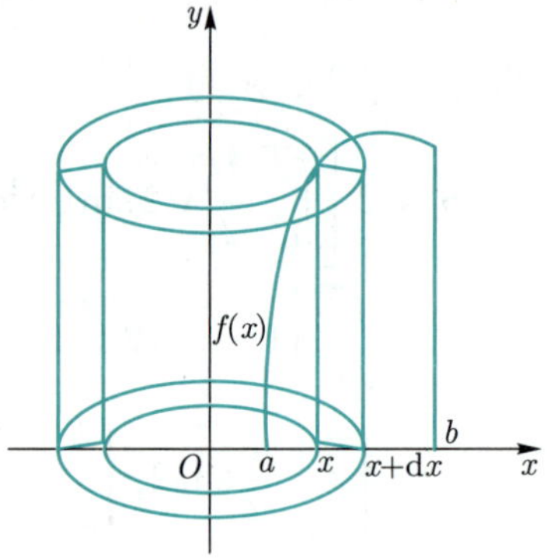

图 3.19

证明 在 $[x,x+\mathrm{d}x]$ 上取柱壳体积如图 3.19, 其底面圆周长为 $2\pi x$, 厚度为 $\mathrm{d}x$, 高为 $f(x)$. 则体积元素 $\mathrm{d}v=2\pi x\cdot\mathrm{d}x\cdot f(x)=2\pi xf(x)\mathrm{d}x$, 于是旋转体体积 $V=2\pi\int_a^b xf(x)\mathrm{d}x$.

由以上结论, 曲线 $y=\sin x\ (0\leqslant x\leqslant\pi)$ 与 x 轴所围成的图形绕 y 轴旋转所得的旋转体的体积为

$$V=2\pi\int_0^\pi x\sin x\mathrm{d}x=-2\pi\int_0^\pi x\mathrm{d}(\cos x)=-2\pi\left([x\cos x]_0^\pi-\int_0^\pi\cos x\mathrm{d}x\right)$$
$$=-2\pi\left([x\cos x]_0^\pi-[\sin x]_0^\pi\right)=2\pi^2.$$

8. 计算下列各弧长:

(1) 半立方抛物线的一支 $y=\sqrt{x^3}$ 上 $x=0$ 到 $x=4$ 的一段弧;

(2) 曲线 $x=\dfrac{y^3}{3}+\dfrac{1}{4y}$ 上 $y=1$ 到 $y=3$ 的一段弧;

(3) 曲线 $\begin{cases}x=\cos t,\\ y=t+\sin t\end{cases}$ 上 $t=0$ 到 $t=\pi$ 的一段弧;

(4) 对数曲线 $\rho=\mathrm{e}^{2\varphi}$ 上 $\varphi=0$ 到 $\varphi=2\pi$ 的一段弧.

解 (1) $s=\int_0^4\sqrt{1+(y')^2}\mathrm{d}x=\int_0^4\sqrt{1+\frac{9}{4}x}\mathrm{d}x=\frac{8}{27}\left[\left(\frac{9}{4}x+1\right)^{\frac{3}{2}}\right]_0^4=\frac{8}{27}\left(10\sqrt{10}-1\right).$

(2) 由于 $x'=\frac{\mathrm{d}x}{\mathrm{d}y}=y^2-\frac{1}{4y^2}$, 故

$$s=\int_1^3\sqrt{1+x'^2}\mathrm{d}y=\int_1^3\sqrt{\frac{1}{2}+y^4+\frac{1}{16y^4}}\mathrm{d}y=\int_1^3\sqrt{\frac{8y^4+16y^8+1}{16y^4}}\mathrm{d}y=\int_1^3\frac{4y^4+1}{4y^2}\mathrm{d}y$$
$$=\int_1^3\left(y^2+\frac{1}{4y^2}\right)\mathrm{d}y=\left[\frac{1}{3}y^3-\frac{1}{4}y^{-1}\right]_1^3=\frac{26}{3}+\frac{1}{6}=\frac{53}{6}.$$

(3) 由于 $x'=-\sin t$, $y'=1+\cos t$, $x'^2+y'^2=2+2\cos t=4\cos^2\frac{t}{2}$, 故

$$s=\int_0^\pi\sqrt{x'^2+y'^2}\mathrm{d}t=\int_0^\pi 2\cos\frac{t}{2}\mathrm{d}t=4.$$

(4) $s=\int_0^{2\pi}\sqrt{\rho^2+\rho'^2}\mathrm{d}\varphi=\int_0^{2\pi}\sqrt{\mathrm{e}^{4\varphi}+4\mathrm{e}^{4\varphi}}\mathrm{d}\varphi$

$$=\sqrt{1+4}\int_0^{2\pi}\mathrm{e}^{2\varphi}\mathrm{d}\varphi=\frac{\sqrt{5}}{2}(\mathrm{e}^{4\pi}-1).$$

习题 3.9

1. 由实验知道, 弹簧在拉伸过程中, 拉力与弹簧的伸长量成正比, 已知一弹簧自然长度为 1 m, 24 N 的力使它伸长到 1.8 m. 求要把弹簧从其自然长度拉长到 2.8 m 需要做的功.

解 根据胡克定律, 设拉力 $F(x)=kx$, 则当用 24 N 的力作用于弹簧时, 弹簧从 1 m 拉到 1.8 m, 伸长量为 $1.8-1=0.8$ m.

故 $F(0.8)=k\times0.8=24$, 从而 $k=30$, 即 $F(x)=30x$.

当弹簧从自然长度拉到 2.8 m, 伸长量从 0 变化到 1.8 m, 从而 $W=\int_0^{1.8}30x\mathrm{d}x=30\left[\frac{1}{2}x^2\right]_0^{1.8}=48.6$ J.

因此, 弹簧从自然长度拉长到 2.8 m 需要做的功为 48.6 J.

2. 直径为 20 cm, 高为 80 cm 的圆柱形容器内充满压强为 10 N/cm^2 的蒸汽. 设温度保持不变, 要使蒸汽体积缩小一半, 问需要做多少功?

解 由玻意耳–马里奥特定律, 可知 $PV=k=10(\pi\times10^2\times80)=80\,000\pi$.

当底面积不变而高减少 x cm 时, 设此时压强为 $P(x)$ N/cm^2, 则有 $P(x)\cdot\pi\cdot10^2\cdot(80-x)=80\,000\,\pi$.

所以 $P(x)=\frac{800}{80-x}$, 压力 $F(x)=\pi\cdot10^2\cdot P(x)$, 功元素表示为 $\mathrm{d}W=F(x)\mathrm{d}x=$

$\pi \cdot 10^2 \cdot P(x)\mathrm{d}x$, 从而功

$$W = \int_0^{40} \pi \cdot 10^2 \cdot \frac{800}{80-x}\mathrm{d}x = 8\times 10^4\pi \int_0^{40} \frac{\mathrm{d}x}{80-x}$$
$$= -8\times 10^4 \pi \ln(80-x)\Big|_0^{40} = 8\times 10^4\pi \ln 2 \approx 1\,742 \text{ J}.$$

故要使蒸汽体积缩小一半, 需要做功约 1 742 J.

3. 一物体按规律 $s=t^3$ 做直线运动, 媒质的阻力与速度的平方成正比. 计算物体由 $s=0$ 处移至 $s=1$ 处时, 克服媒质阻力做的功.

解 根据题意, 媒质的阻力表示为 $F=-kv^2$, 其中 $k>0$ 为阻力系数, 负号表示阻力与运动方向相反.

由于 $v=s'=3t^2$, 故 $F=-9kt^4$; 又 $t=s^{\frac{1}{3}}$, 代入得 $F=-9ks^{\frac{4}{3}}$, 从而克服媒质阻力做的功为 $W=\int_0^1(-F)\mathrm{d}s = 9k\int_0^1 s^{\frac{4}{3}}\mathrm{d}s = \frac{27}{7}k$.

4. 某建筑工程打地基时, 需要用汽锤将桩打进土层. 设土层对桩的阻力大小与桩被打进地下的深度成正比, 汽锤第一次击打将桩打进地下 h m. 如果汽锤每次击打桩所做的功都相等, 问汽锤击打桩 3 次后, 可将桩打进地下多深?

解 由于土层对桩的阻力大小为 $F=ky$ (k 为阻力系数, y 轴正向与打击方向相同), 故做功微元表示为 $\mathrm{d}W = F\mathrm{d}y = ky\mathrm{d}y$.

击打第一次时, 汽锤做功 $W_1 = \int_0^h ky\mathrm{d}y = \left[\frac{k}{2}y^2\right]_0^h = \frac{k}{2}h^2$.

设第二次击打时将桩又击入 h_0 m, 于是击打第二次时, 汽锤做功 $W_2 = \int_h^{h+h_0} ky\mathrm{d}y = \frac{k}{2}[(h+h_0)^2-h^2] = \frac{k}{2}(2h_0h+h_0^2)$.

由于 $W_1=W_2$, 故 $\frac{k}{2}h^2 = \frac{k}{2}(2h_0h+h_0^2)$, 解得 $h_0 = \left(\sqrt{2}-1\right)h$ m.

类似地, 设第三次又击入 h_1 m, 则汽锤做功

$$W_3 = \int_{h+h_0}^{h+h_0+h_1} ky\mathrm{d}y = \frac{k}{2}[(h+h_0+h_1)^2-(h+h_0)^2]$$
$$= \frac{k}{2}[2h_1(h+h_0)+h_1^2] = \frac{k}{2}\left(2\sqrt{2}h_1h+h_1^2\right).$$

由于 $W_1=W_3$, 求解得 $h_1 = \left(\sqrt{3}-\sqrt{2}\right)h$ m.

综上, 连续击打 3 次后, 打入深度为 $H = h+h_0+h_1 = \sqrt{3}h$ m.

5. 一底半径为 3 m, 高为 4 m 且顶点在下方的圆锥形容器内盛满水, 现要将容器内的水全部抽空, 需要做多少功?

解 首先建立直角坐标系, 如图 3.20 所示.

直线 AB 方程为 $y=\dfrac{3(4-x)}{4}=3-\dfrac{3}{4}x$.

考虑小区间 $[x,x+\mathrm{d}x]$ 上的薄水层的体积 $\mathrm{d}V=\pi y^2\mathrm{d}x=\pi\left(3-\dfrac{3}{4}x\right)^2\mathrm{d}x$, 由于水的密度为 1, 故将这薄水层抽出池面做的功为

$$\mathrm{d}W=xg\cdot\pi\cdot\left(3-\frac{3}{4}x\right)^2\mathrm{d}x=\pi g\left(9x-\frac{9}{2}x^2+\frac{9}{16}x^3\right)\mathrm{d}x.$$

于是将池水吸尽所做的功为

$$\begin{aligned}W&=\pi g\int_0^4\left(9x-\frac{9}{2}x^2+\frac{9}{16}x^3\right)\mathrm{d}x\\&=\pi g\left[\frac{9}{2}x^2-\frac{3}{2}x^3+\frac{9}{64}x^4\right]_0^4=12\pi g\approx 369\ \mathrm{kJ}.\end{aligned}$$

因此, 现要将容器内的水全部抽空, 需要做功约 369 kJ.

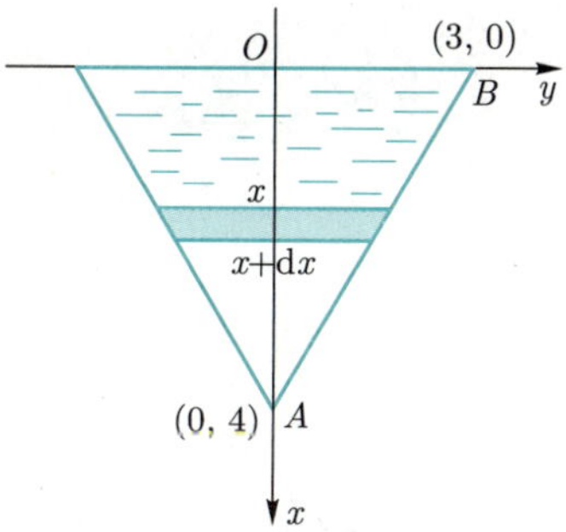

图 3.20

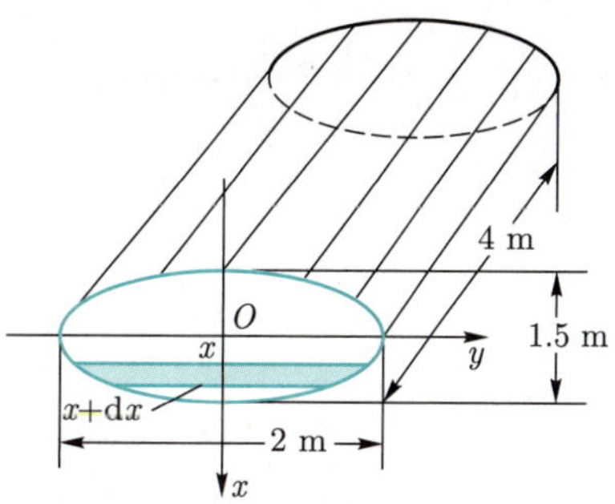

图 3.21

6. 洒水车上的水箱是一个横放的椭圆柱体, 端面椭圆的长轴长为 2 m, 与水平面平行, 短轴长为 1.5 m, 水箱长 4 m. 当水箱里注有一半的水时, 水箱一个端面所受的水压力是多少?

解 取椭圆中心为原点建立坐标系, 如图 3.21 则椭圆方程为

$$\frac{x^2}{\left(\frac{3}{4}\right)^2}+\frac{y^2}{1}=1,$$

其中 y 轴为椭圆长轴, x 轴为短轴.

当水箱有一半的水时, 小区间 $[x,x+\mathrm{d}x]$ 上的压力 $\mathrm{d}p=\mu g\cdot x\cdot 2\cdot|y|\mathrm{d}x$, 总压力

$$\begin{aligned}p&=\int_0^{\frac{3}{4}}\mathrm{d}p=2\mu g\int_0^{\frac{3}{4}}x\cdot\frac{4}{3}\cdot\sqrt{\left(\frac{3}{4}\right)^2-x^2}\mathrm{d}x\\&=-2\mu g\times\frac{1}{2}\int_0^{\frac{3}{4}}\frac{4}{3}\cdot\sqrt{\left(\frac{3}{4}\right)^2-x^2}\mathrm{d}\left[\left(\frac{3}{4}\right)^2-x^2\right].\end{aligned}$$

令 $u=\left(\frac{3}{4}\right)^2-x^2$, 则 $p=-\frac{4}{3}\mu g\int_{\left(\frac{3}{4}\right)^2}^{0}u^{\frac{1}{2}}\mathrm{d}u=\mu g\left[-\frac{4}{3}\cdot\frac{2}{3}u^{\frac{3}{2}}\right]_{\left(\frac{3}{4}\right)^2}^{0}=\frac{3}{8}\ \mu g\approx 3.7\ \mathrm{kN}.$

故当水箱里面注有一半的水时, 水箱一个端面所受的水压力约为 3.7 kN.

7. 底为 8 cm, 高为 6 cm 的等腰三角形薄板, 铅直地完全成沉没于水中, 顶点在上, 底在下且与水面平行, 而顶点距离水面 3 cm, 试求薄板每面所受的压力.

解　建立坐标系, 如图 3.22. 点 $A(3,0)$, $B(9,4)$ 所在直线为 $\frac{y-0}{4-0}=\frac{x-3}{9-3}$, 即 $y=\frac{2}{3}x-2$.

位于小区间 $[x,x+\mathrm{d}x]$ 上的压力 $\mathrm{d}p=\mu g\cdot x\cdot 2|y|\mathrm{d}x=4\mu gx\left(\frac{x}{3}-1\right)\mathrm{d}x$, 总压力

$$p=\mu g\int_3^9\left(\frac{4}{3}x^2-4x\right)\mathrm{d}x=\mu g\left[\frac{4}{9}x^3-2x^2\right]_3^9=168\ \mu g\approx 1.65\ \mathrm{N}.$$

故薄板每面所受的压力约为 1.65 N.

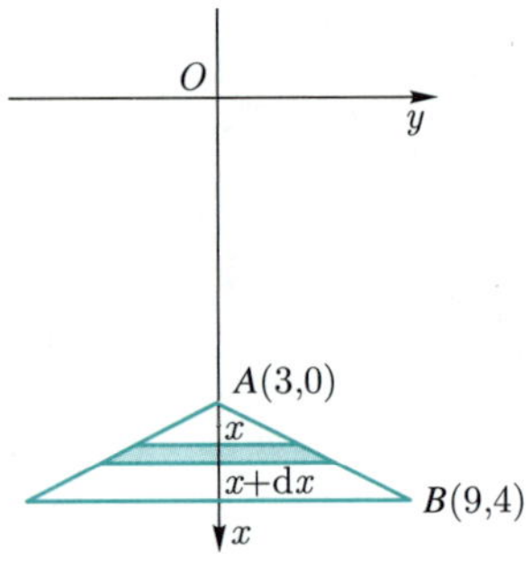

图 3.22

8. 设星形线 $\begin{cases}x=a\cos^3 t,\\ y=a\sin^3 t\end{cases}$ $(a>0)$ 上任一点处的线密度大小等于该点到原点的距离的立方, 在原点 O 处有一单位质点, 求星形线在第一象限的弧段对这个质点的引力.

解　星形线 $\mathrm{d}s$ 段上的线密度为 $(x^2+y^2)^{\frac{3}{2}}$, 对应质量为 $(x^2+y^2)^{\frac{3}{2}}\mathrm{d}s$. 故引力微元为 $\mathrm{d}F=G\frac{(x^2+y^2)^{\frac{3}{2}}\mathrm{d}s}{x^2+y^2}=G(x^2+y^2)^{\frac{1}{2}}\mathrm{d}s.$

引力 $\boldsymbol{F}$ 在水平方向的分力微元 $\mathrm{d}F_x=\mathrm{d}F\cos\alpha=G(x^2+y^2)^{\frac{1}{2}}\cdot\frac{x}{\sqrt{x^2+y^2}}\mathrm{d}s=Gx\mathrm{d}s$, 引力 $\boldsymbol{F}$ 在铅直方向的分力微元 $\mathrm{d}F_y=\mathrm{d}F\sin\alpha=Gy\mathrm{d}s$, 因此

$$\begin{aligned}F_x&=G\int_0^{\frac{\pi}{2}}a\cos^3 t\sqrt{[3a\cos^2 t(-\sin t)]^2+[3a\sin^2 t\cos t]^2}\mathrm{d}t,\\&=3a^2G\int_0^{\frac{\pi}{2}}\cos^4 t\sin t\mathrm{d}t=\frac{3}{5}Ga^2.\end{aligned}$$

同理 $F_y=\frac{3}{5}Ga^2$, 故星形线在第一象限的弧段对该质点的引力 $\boldsymbol{F}=\left(\frac{3}{5}Ga^2,\frac{3}{5}Ga^2\right)$.

习题 3.10

1. 下列反常积分是否收敛? 如果收敛求出它的值:

(1) $\displaystyle\int_1^{+\infty}\frac{1}{x\sqrt{x}}\mathrm{d}x$;　　(2) $\displaystyle\int_1^{+\infty}\frac{1}{\sqrt{x}}\mathrm{d}x$;

(3) $\displaystyle\int_{\mathrm{e}}^{+\infty}\frac{1}{x\ln^2 x}\mathrm{d}x$;　　(4) $\displaystyle\int_0^{+\infty}\mathrm{e}^{-ax}\cos bx\mathrm{d}x\ (a>0,b>0)$;

(5) $\displaystyle\int_1^{+\infty}\frac{\arctan x}{x^2}\mathrm{d}x$;　　(6) $\displaystyle\int_0^{+\infty}\frac{x-2}{(x^2+1)(2x+1)}\mathrm{d}x$;

(7) $\displaystyle\int_0^{1}\frac{1}{(x-1)^3}\mathrm{d}x$;　　(8) $\displaystyle\int_0^{2}\frac{1}{x^2+2x-3}\mathrm{d}x$;

(9) $\displaystyle\int_0^{1}\frac{x}{(2-x^2)\sqrt{1-x^2}}\mathrm{d}x$;　　(10) $\displaystyle\int_0^{1}\sqrt{\frac{x}{1-x}}\mathrm{d}x$.

解 (1) $\displaystyle\int_1^{+\infty}\frac{1}{x\sqrt{x}}\mathrm{d}x=\lim_{A\to+\infty}\int_1^{A}\frac{1}{x\sqrt{x}}\mathrm{d}x=\lim_{A\to+\infty}\int_1^{A}x^{-\frac{3}{2}}\mathrm{d}x=\lim_{A\to+\infty}\left[-2x^{-\frac{1}{2}}\right]_1^A=2.$

(2) $\displaystyle\int_1^{+\infty}\frac{1}{\sqrt{x}}\mathrm{d}x=\lim_{A\to+\infty}\int_1^{A}\frac{1}{\sqrt{x}}\mathrm{d}x=\lim_{A\to+\infty}\int_1^{A}x^{-\frac{1}{2}}\mathrm{d}x=\lim_{A\to+\infty}\left[2x^{\frac{1}{2}}\right]_1^A$, 此极限不存在, 故此积分发散.

(3) $$\begin{aligned}\int_{\mathrm{e}}^{+\infty}\frac{1}{x\ln^2 x}\mathrm{d}x&=\lim_{A\to+\infty}\int_{\mathrm{e}}^{A}\frac{1}{x\ln^2 x}\mathrm{d}x=\lim_{A\to+\infty}\int_{\mathrm{e}}^{A}\frac{1}{\ln^2 x}\mathrm{d}(\ln x)\\&=\lim_{A\to+\infty}\left[-\frac{1}{\ln x}\right]_{\mathrm{e}}^A=1.\end{aligned}$$

(4) $$\begin{aligned}\int_0^{+\infty}\mathrm{e}^{-ax}\cos bx\mathrm{d}x&=\lim_{A\to+\infty}-\frac{1}{a}\int_0^{A}\cos bx\mathrm{d}(\mathrm{e}^{-ax})\\&=\lim_{A\to+\infty}-\frac{1}{a}\left([\mathrm{e}^{-ax}\cos bx]_0^A+b\int_0^{A}\mathrm{e}^{-ax}\sin bx\mathrm{d}x\right)\\&=\lim_{A\to+\infty}\left(-\frac{1}{a}[\mathrm{e}^{-ax}\cos bx]_0^A-\frac{b}{a}\int_0^{A}\mathrm{e}^{-ax}\sin bx\mathrm{d}x\right)\\&=\lim_{A\to+\infty}\left(-\frac{1}{a}[\mathrm{e}^{-ax}\cos bx]_0^A+\frac{b}{a^2}\int_0^{A}\sin bx\mathrm{d}(\mathrm{e}^{-ax})\right)\\&=\frac{1}{a}+\frac{b}{a^2}\lim_{A\to+\infty}\left([\mathrm{e}^{-ax}\sin bx]_0^A-b\int_0^{A}\mathrm{e}^{-ax}\cos bx\mathrm{d}x\right)\\&=\frac{1}{a}-\frac{b^2}{a^2}\int_0^{+\infty}\mathrm{e}^{-ax}\cos bx\mathrm{d}x.\end{aligned}$$

移项得

$$\int_0^{+\infty}\mathrm{e}^{-ax}\cos bx\mathrm{d}x=\frac{a}{a^2+b^2}.$$

(5) $\displaystyle\int_1^{+\infty}\frac{\arctan x}{x^2}\mathrm{d}x=\lim_{A\to+\infty}\int_1^{A}\frac{\arctan x}{x^2}\mathrm{d}x=\lim_{A\to+\infty}\left[-\int_1^{A}\arctan x\mathrm{d}\left(\frac{1}{x}\right)\right]$

$$= \lim_{A\to+\infty} -\left\{\left[\frac{\arctan x}{x}\right]_1^A - \int_1^A \frac{1}{x(1+x^2)}\mathrm{d}x\right\}$$

$$= \lim_{A\to+\infty} \left\{-\left[\frac{\arctan x}{x}\right]_1^A + \int_1^A \left(\frac{1}{x} - \frac{x}{1+x^2}\right)\mathrm{d}x\right\}$$

$$= \lim_{A\to+\infty} \left\{-\left[\frac{\arctan x}{x}\right]_1^A + \left[\ln\frac{x}{\sqrt{1+x^2}}\right]_1^A\right\}$$

$$= -\left(0-\frac{\pi}{4}\right) + \left(0 - \ln\frac{1}{\sqrt{2}}\right) = \frac{\pi}{4} + \ln\sqrt{2}.$$

(6) $\displaystyle\int_0^{+\infty} \frac{x-2}{(x^2+1)(2x+1)}\mathrm{d}x = \lim_{A\to+\infty}\int_0^A \frac{x-2}{(x^2+1)(2x+1)}\mathrm{d}x$

$$= \lim_{A\to+\infty}\int_0^A\left(\frac{x}{x^2+1} - \frac{2}{2x+1}\right)\mathrm{d}x$$

$$= \lim_{A\to+\infty}\left[\frac{1}{2}\ln(1+x^2) - \ln|2x+1|\right]_0^A$$

$$= \lim_{A\to+\infty}\ln\sqrt{\frac{1+A^2}{(2A+1)^2}} = -\ln 2.$$

(7) $\displaystyle\int_0^1 \frac{1}{(x-1)^3}\mathrm{d}x = \lim_{A\to1^-}\int_0^A \frac{1}{(x-1)^3}\mathrm{d}x = \lim_{A\to1^-}\left[-\frac{1}{2(x-1)^2}\right]_0^A$, 此极限不存在, 即此积分发散.

(8) $\displaystyle\int_0^2 \frac{1}{x^2+2x-3}\mathrm{d}x = \int_0^2 \frac{1}{(x+3)(x-1)}\mathrm{d}x = \frac{1}{4}\left[\int_0^2\frac{1}{x-1}\mathrm{d}x - \int_0^2\frac{1}{x+3}\mathrm{d}x\right]$

$$= \frac{1}{4}\left(\int_0^1\frac{1}{x-1}\mathrm{d}x + \int_1^2\frac{1}{x-1}\mathrm{d}x\right) - \left[\frac{1}{4}\ln(x+3)\right]_0^2$$

$$= \frac{1}{4}\lim_{A\to1^-}\int_0^A\frac{1}{x-1}\mathrm{d}x + \frac{1}{4}\lim_{B\to1^+}\int_B^2\frac{1}{x-1}\mathrm{d}x - \frac{1}{4}\ln\frac{5}{3}$$

$$= \frac{1}{4}\lim_{A\to1^-}\ln(1-A) + \frac{1}{4}\lim_{B\to1^+}\ln(B-1) - \frac{1}{4}\ln\frac{5}{3},$$

此极限不存在, 即此积分发散.

(9) 令 $x=\sin t$, $x\in[0,1]$, 则 $\mathrm{d}x = \cos t\mathrm{d}t$, $t\in\left[0,\frac{\pi}{2}\right]$.

$$\int_0^1\frac{x}{(2-x^2)\sqrt{1-x^2}}\mathrm{d}x = \lim_{A\to1^-}\int_0^A\frac{x}{(2-x^2)\sqrt{1-x^2}}\mathrm{d}x$$

$$= \lim_{p\to\frac{\pi}{2}^-}\int_0^p\frac{\sin t\cdot\cos t}{(2-\sin^2 t)\cos t}\mathrm{d}t = \lim_{p\to\frac{\pi}{2}}\left[-\int_0^p\frac{1}{1+\cos^2 t}\mathrm{d}(\cos t)\right]$$

$$= \lim_{p\to\frac{\pi}{2}^-}[-\arctan(\cos t)]_0^p = \frac{\pi}{4}.$$

(10) 令 $x=\sin^2 t$, 则 $\mathrm{d}x = 2\sin t\cos t\mathrm{d}t$, 由 $x\in[0,1]$, 得 $t\in\left[0,\frac{\pi}{2}\right]$.

$$\int_0^1\sqrt{\frac{x}{1-x}}\mathrm{d}x = \lim_{A\to1^-}\int_0^A\sqrt{\frac{x}{1-x}}\mathrm{d}x = \lim_{p\to\frac{\pi}{2}^-}\int_0^p\sqrt{\frac{\sin^2 t}{1-\sin^2 t}}\cdot 2\sin t\cos t\mathrm{d}t$$

$$=2\lim_{p\to\frac{\pi}{2}^-}\int_0^p \sin^2 t\mathrm{d}t=\lim_{p\to\frac{\pi}{2}^-}\int_0^p(1-\cos 2t)\mathrm{d}t=\lim_{p\to\frac{\pi}{2}^-}\left[t-\frac{1}{2}\sin 2t\right]_0^p=\frac{\pi}{2}.$$

2. 利用递推公式计算反常积分 $I_n=\int_0^{+\infty}x^n\mathrm{e}^{-x}\mathrm{d}x$.

解 $I_n=\int_0^{+\infty}x^n\mathrm{e}^{-x}\mathrm{d}x=-\int_0^{+\infty}x^n\mathrm{d}(\mathrm{e}^{-x})=-\left(\left[x^n\mathrm{e}^{-x}\right]_0^{+\infty}-n\int_0^{+\infty}x^{n-1}\mathrm{e}^{-x}\mathrm{d}x\right)$

$$=n\int_0^{+\infty}x^{n-1}\mathrm{e}^{-x}\mathrm{d}x=nI_{n-1}, n\geqslant 1.$$

因此

$$I_n=nI_{n-1}=n(n-1)I_{n-2}=\cdots=n(n-1)(n-2)\cdots 2\cdot 1I_0,$$

$$I_0=\int_0^{+\infty}\mathrm{e}^{-x}\mathrm{d}x=\left[-\mathrm{e}^{-x}\right]_0^{+\infty}=1,$$

故 $I_n=n(n-1)(n-2)\cdots 2\cdot 1I_0=n!$.

3. 若非负函数 $f(x)$ 满足 $\int_{-\infty}^{+\infty}f(x)\mathrm{d}x=1$, 则称 $f(x)$ 为概率密度函数. 设常数 $c>0$,

$$g(x)=\begin{cases}0, & x<0,\\ c\mathrm{e}^{-cx}, & x\geqslant 0,\end{cases}$$

证明: $g(x)$ 是一个概率密度函数, 并计算由下式定义的数值 μ:

$$\mu=\int_{-\infty}^{+\infty}xg(x)\mathrm{d}x.$$

证明 显然, $g(x)$ 是非负函数, 且

$$\int_{-\infty}^{+\infty}g(x)\mathrm{d}x=\int_{-\infty}^{0}g(x)\mathrm{d}x+\int_0^{+\infty}g(x)\mathrm{d}x$$

$$=\int_{-\infty}^{0}0\mathrm{d}x+\int_0^{+\infty}c\mathrm{e}^{-cx}\mathrm{d}x=0+\left[-\mathrm{e}^{-cx}\right]_0^{+\infty}=1.$$

从而, $g(x)$ 是一个概率密度函数,

$$\mu=\int_{-\infty}^{+\infty}xg(x)\mathrm{d}x=\int_{-\infty}^{0}xg(x)\mathrm{d}x+\int_0^{+\infty}xg(x)\mathrm{d}x=\int_{-\infty}^{0}x\cdot 0\mathrm{d}x+\int_0^{+\infty}cx\mathrm{e}^{-cx}\mathrm{d}x$$

$$=-\int_0^{+\infty}x\mathrm{d}(\mathrm{e}^{-cx})=-\left(\left[x\mathrm{e}^{-cx}\right]_0^{+\infty}-\int_0^{+\infty}\mathrm{e}^{-cx}\mathrm{d}x\right)=-\frac{1}{c}\left[\mathrm{e}^{-cx}\right]_0^{+\infty}=\frac{1}{c}.$$

*4. 判别下列反常积分的敛散性.

(1) $\int_1^{+\infty}\frac{1}{\sqrt[3]{x^4+2}}\mathrm{d}x$;　　(2) $\int_1^{+\infty}\frac{1}{3+\sqrt{x}}\mathrm{d}x$;

(3) $\int_1^{2}\frac{\sqrt{x}}{\ln x}\mathrm{d}x$;

解 (1) $0<\frac{1}{\sqrt[3]{x^4+2}}<\frac{1}{\sqrt[3]{x^4}}$, 反常积分 $\int_1^{+\infty}\frac{1}{x^{\frac{4}{3}}}\mathrm{d}x$ 收敛, 由比较审敛法, 此反常积分收敛.

(2) 因为 $\lim\limits_{x\to+\infty} x^{\frac{1}{2}}\cdot\dfrac{1}{3+\sqrt{x}}=1$, 而 $\displaystyle\int_1^{+\infty} x^{\frac{1}{2}}\mathrm{d}x$ 发散, 由比较审敛法, 知 $\displaystyle\int_1^{+\infty}\frac{1}{3+\sqrt{x}}\mathrm{d}x$ 发散.

(3) 由于 $x=1$ 是此瑕积分的瑕点, 且有 $\lim\limits_{x\to1^+}(x-1)\cdot\dfrac{\sqrt{x}}{\ln x}=\lim\limits_{x\to1^+}\dfrac{x-1}{\ln x}=1$, 而 $\displaystyle\int_1^2\frac{1}{x-1}\mathrm{d}x$ 发散, 故此瑕积分发散.

*5. 设 $f(x)\in C[a,+\infty)$, 试利用不等式 $0\leqslant|f(x)|-f(x)\leqslant2|f(x)|$ 证明: 如果 $\displaystyle\int_a^{+\infty}|f(x)|\mathrm{d}x$ 收敛, 则 $\displaystyle\int_a^{+\infty}f(x)\mathrm{d}x$ 必定收敛, 并判别 $\displaystyle\int_0^{+\infty}\mathrm{e}^{-x}\sin x\mathrm{d}x$ 的敛散性.

证明 由不等式 $0\leqslant|f(x)|-f(x)\leqslant2|f(x)|$, 有

$$0\leqslant\frac{1}{2}\left(\int_a^{+\infty}|f(x)|\mathrm{d}x-\int_a^{+\infty}f(x)\mathrm{d}x\right)\leqslant\int_a^{+\infty}|f(x)|\mathrm{d}x.$$

如果 $\displaystyle\int_a^{+\infty}|f(x)|\mathrm{d}x$ 收敛, 那么由比较审敛法有 $\displaystyle\int_a^{+\infty}|f(x)|\mathrm{d}x-\int_a^{+\infty}f(x)\mathrm{d}x$ 收敛. 又因为 $\displaystyle\int_a^{+\infty}|f(x)|\mathrm{d}x$ 收敛, 所以 $\displaystyle\int_a^{+\infty}f(x)\mathrm{d}x$ 必定收敛.

$$\int_0^{+\infty}|\mathrm{e}^{-x}\sin x|\mathrm{d}x\leqslant\int_0^{+\infty}|\mathrm{e}^{-x}|\mathrm{d}x=\int_0^{+\infty}\mathrm{e}^{-x}\mathrm{d}x=[-\mathrm{e}^{-x}]_0^{+\infty}=1,$$

由比较审敛法知 $\displaystyle\int_0^{+\infty}|\mathrm{e}^{-x}\sin x|\mathrm{d}x$ 收敛, 故由上述结论得 $\displaystyle\int_0^{+\infty}\mathrm{e}^{-x}\sin x\mathrm{d}x$ 收敛.

*6. 用 Γ 函数表示下列积分, 并指出这些积分的收敛范围:

(1) $\displaystyle\int_0^{+\infty}\mathrm{e}^{-x^n}\mathrm{d}x\ (n>0)$; (2) $\displaystyle\int_0^1\left(\ln\frac{1}{x}\right)^p\mathrm{d}x$.

解 (1) 令 $x^n=u$, 则 $x=u^{\frac{1}{n}}$, $\mathrm{d}x=\dfrac{1}{n}u^{\frac{1}{n}-1}\mathrm{d}u$, 从而

$$\int_0^{+\infty}\mathrm{e}^{-x^n}\mathrm{d}x=\frac{1}{n}\int_0^{+\infty}\mathrm{e}^{-u}u^{\frac{1}{n}-1}\mathrm{d}u=\frac{1}{n}\Gamma\left(\frac{1}{n}\right),$$

根据 Γ 函数收敛性结论, 可知当 $\dfrac{1}{n}>0$, 即 $n>0$ 时, 原积分收敛.

(2) 令 $u=\ln\dfrac{1}{x}$, 则 $x=\mathrm{e}^{-u}$, $\mathrm{d}x=-\mathrm{e}^{-u}\mathrm{d}u$, 从而

$$\int_0^1\left(\ln\frac{1}{x}\right)^p\mathrm{d}x=\int_{+\infty}^0-u^p\mathrm{e}^{-u}\mathrm{d}u=\int_0^{+\infty}\mathrm{e}^{-u}u^p\mathrm{d}u=\int_0^{+\infty}\mathrm{e}^{-u}u^{(p+1)-1}\mathrm{d}u=\Gamma(p+1),$$

根据 Γ 函数收敛性结论, 可知当 $p+1>0$, 即 $p>-1$ 时, 原积分收敛.

总习题三

1. 在 “充分而非必要” “必要而非充分” 和 “充要” 三者中选择一个正确的填入下列空格中:

(1) 函数 $f(x)$ 在 $[a,b]$ 上连续是 $f(x)$ 在 $[a,b]$ 上存在原函数的 ________ 条件;

(2) 函数 $f(x)$ 在 $[a,b]$ 上有界是 $f(x)$ 在 $[a,b]$ 上可积的 ________ 条件;

(3) 函数 $f(x)$ 在 $[a,b]$ 上连续是 $f(x)$ 在 $[a,b]$ 上可积的 ________ 条件;

(4) 极限 $\lim\limits_{x\to+\infty}\int_a^x f(t)\mathrm{d}t$ 存在是反常积分 $\int_a^{+\infty}f(x)\mathrm{d}x$ 收敛的 ________ 条件.

解 (1) 充分而非必要; (2) 必要而非充分; (3) 充分而非必要; (4) 充要.

2. 选择题

(1) 设 $f(x)$ 是连续函数, 则下列函数中, 必为偶函数的是 (　　).

(A) $\int_0^x f(t^2)\mathrm{d}t$　　(B) $\int_0^x f^2(t)\mathrm{d}t$

(C) $\int_0^x t[f(t)-f(-t)]\mathrm{d}t$　　(D) $\int_0^x t[f(t)+f(-t)]\mathrm{d}t$

(2) 设 $f(x)$ 是连续函数, $F(x)$ 是 $f(x)$ 的原函数, 则 (　　).

(A) 当 $f(x)$ 是奇函数时, $F(x)$ 必是偶函数

(B) 当 $f(x)$ 是偶函数时, $F(x)$ 必是奇函数

(C) 当 $f(x)$ 是周期函数时, $F(x)$ 必是周期函数

(D) 当 $f(x)$ 是单调函数时, $F(x)$ 必是单调函数

解 (1) 对于选项 (A), $\int_0^{-x}f(t^2)\mathrm{d}t \xlongequal{t=-u} -\int_0^x f(u^2)\mathrm{d}u$, 故 (A) 是奇函数.

对于选项 (B), $\int_0^{-x}f^2(t)\mathrm{d}t \xlongequal{t=-u} -\int_0^x f^2(-u)\mathrm{d}u$, 故 (B) 的奇偶性与 $f(x)$ 有关.

对于选项 (C), $\int_0^{-x}t[f(t)-f(-t)]\mathrm{d}t \xlongequal{t=-u} \int_0^x u[f(-u)-f(u)]\mathrm{d}u$, 故 (C) 是奇函数.

对于选项 (D), $\int_0^{-x}t[f(t)+f(-t)]\mathrm{d}t \xlongequal{t=-u} \int_0^x u[f(-u)+f(u)]\mathrm{d}u$, 故 (D) 是偶函数.

本题应选 (D).

(2) 记 $F(x)=\int_0^x f(t)\mathrm{d}t+C$, 其中 C 为任意常数, 则 $F(x)$ 是 $f(x)$ 的原函数. 而

$$F(-x)=\int_0^{-x}f(t)\mathrm{d}t+C=-\int_0^x f(-u)\mathrm{d}u+C=-\int_0^x f(-t)\mathrm{d}t+C.$$

因此, 若 $f(x)$ 是奇函数, 则 $F(x)$ 是偶函数. 若 $f(x)$ 是偶函数, 则只有当 $F(0)=0$ 时, $F(x)$ 才是奇函数.

选项 (C) 不对, 如 $f(x)=1+\cos x$ 是周期函数, 但其原函数 $F(x)=x+\sin x$ 不是周期函数.

选项 (D) 不对, 如 $f(x)=x$ 是单调函数, 但其原函数 $F(x)=\dfrac{1}{2}x^2$ 不是单调函数.

本题应选 (A).

3. 已知 $f(x)$ 为 $[0,2]$ 上的连续函数, 且 $F(x)=\int_0^2 f(t)|x-t|\mathrm{d}t$, 求 $F''(1)$.

解
$$
\begin{aligned}
F(x)&=\int_0^x f(t)(x-t)\mathrm{d}t+\int_x^2 f(t)(t-x)\mathrm{d}t\\
&=x\int_0^x f(t)\mathrm{d}t-\int_0^x tf(t)\mathrm{d}t+\int_x^2 tf(t)\mathrm{d}t-x\int_x^2 f(t)\mathrm{d}t.
\end{aligned}
$$

对上述等式两端关于 x 求导, 得到

$$
\begin{aligned}
F'(x)&=\int_0^x f(t)\mathrm{d}t+xf(x)-xf(x)-xf(x)-\left[\int_x^2 f(t)\mathrm{d}t-xf(x)\right]\\
&=\int_0^x f(t)\mathrm{d}t-\int_x^2 f(t)\mathrm{d}t.
\end{aligned}
$$

对上述等式两端再次关于 x 求导, 得到 $F''(x)=f(x)+f(x)=2f(x)$, 从而, $F''(1)=2f(1)$.

4. 利用定积分定义计算下列极限:

(1) $\lim\limits_{n\to\infty}\dfrac{1}{n}\left(\sqrt{1+\cos\dfrac{\pi}{n}}+\sqrt{1+\cos\dfrac{2\pi}{n}}+\cdots+\sqrt{1+\cos\dfrac{n\pi}{n}}\right)$;

(2) $\lim\limits_{n\to\infty}\dfrac{\sqrt[n]{(n+1)(n+2)\cdots(n+n)}}{n}$.

解 (1)
$$
\begin{aligned}
&\lim_{n\to\infty}\frac{1}{n}\left[\sqrt{1+\cos\frac{\pi}{n}}+\sqrt{1+\cos\frac{2\pi}{n}}+\cdots+\sqrt{1+\cos\frac{n\pi}{n}}\right]\\
&=\lim_{n\to\infty}\sum_{i=1}^n\frac{1}{n}\sqrt{1+\cos\left[\left(\frac{i}{n}\right)\pi\right]}=\int_0^1\sqrt{1+\cos(\pi x)}\mathrm{d}x\\
&=\int_0^1\sqrt{2\cos^2\left(\frac{\pi x}{2}\right)}\mathrm{d}x\\
&=\frac{2\sqrt{2}}{\pi}\left[\sin\left(\frac{\pi x}{2}\right)\right]_0^1=\frac{2\sqrt{2}}{\pi}.
\end{aligned}
$$

(2)
$$
\begin{aligned}
&\lim_{n\to\infty}\frac{\sqrt[n]{(n+1)(n+2)\cdots(n+n)}}{n}\\
&=\lim_{n\to\infty}\frac{[(n+1)(n+2)\cdots(n+n)]^{\frac{1}{n}}}{n}\\
&=\lim_{n\to\infty}\left[\left(1+\frac{1}{n}\right)\left(1+\frac{2}{n}\right)\cdots\left(1+\frac{n}{n}\right)\right]^{\frac{1}{n}}\\
&=\lim_{n\to\infty}\mathrm{e}^{\ln\left[\left(1+\frac{1}{n}\right)\left(1+\frac{2}{n}\right)\cdots\left(1+\frac{n}{n}\right)\right]^{\frac{1}{n}}}=\lim_{n\to\infty}\mathrm{e}^{\frac{1}{n}\left[\ln\left(1+\frac{1}{n}\right)+\ln\left(1+\frac{2}{n}\right)+\cdots+\ln\left(1+\frac{n}{n}\right)\right]}\\
&=\mathrm{e}^{\lim\limits_{n\to\infty}\sum\limits_{i=1}^n\frac{1}{n}\cdot\ln\left(1+\frac{i}{n}\right)}=\mathrm{e}^{\int_0^1\ln(1+x)\mathrm{d}x}=\mathrm{e}^{[x\ln(1+x)]_0^1-\int_0^1\frac{x}{1+x}\mathrm{d}x}\\
&=\mathrm{e}^{\ln 2-\int_0^1\left(\frac{x+1}{1+x}-\frac{1}{1+x}\right)\mathrm{d}x}=\mathrm{e}^{\ln 2-\int_0^1\left(1-\frac{1}{1+x}\right)\mathrm{d}x}=\mathrm{e}^{\ln 2-([x-\ln|1+x|]_0^1)}\\
&=\mathrm{e}^{2\ln 2-1}=\frac{4}{\mathrm{e}}.
\end{aligned}
$$

5. 设 $f(x)$ 在 $[a,b]$ 上具有连续导数, 且 $f(0)=0$, 若 $F(x)=\begin{cases}\dfrac{\int_0^x tf(t)\mathrm{d}t}{x^2}, & x\neq 0,\\ 0, & x=0.\end{cases}$

(1) 研究 $F(x)$ 在 $x=0$ 处的连续性;

(2) 求 $F'(x)$, 并研究 $F'(x)$ 在 $x=0$ 处的连续性.

解 (1) 由于 $\lim\limits_{x\to 0}F(x)=\lim\limits_{x\to 0}\dfrac{\int_0^x tf(t)\mathrm{d}t}{x^2}=\lim\limits_{x\to 0}\dfrac{xf(x)}{2x}=\lim\limits_{x\to 0}\dfrac{f(x)}{2}=\dfrac{f(0)}{2}=0=F(0)$, 故 $F(x)$ 在 $x=0$ 处是连续的.

(2) 先计算导数 $F'(x)$.

当 $x\neq 0$ 时, $F'(x)=\dfrac{x^3f(x)-2x\int_0^x tf(t)\mathrm{d}t}{(x^2)^2}=\dfrac{x^2f(x)-2\int_0^x tf(t)\mathrm{d}t}{x^3}$;

当 $x=0$ 时,
$$\begin{aligned}F'(0)&=\lim_{x\to 0}\frac{F(x)-F(0)}{x}=\lim_{x\to 0}\frac{\dfrac{\int_0^x tf(t)\mathrm{d}t}{x^2}-0}{x}\\&=\lim_{x\to 0}\frac{\int_0^x tf(t)\mathrm{d}t}{x^3}=\lim_{x\to 0}\frac{xf(x)}{3x^2}=\lim_{x\to 0}\frac{f(x)}{3x}\\&=\lim_{x\to 0}\frac{f'(x)}{3}=\frac{f'(0)}{3}.\end{aligned}$$

从而,

$$F'(x)=\begin{cases}\dfrac{x^2f(x)-2\int_0^x tf(t)\mathrm{d}t}{x^3}, & x\neq 0,\\ \dfrac{f'(0)}{3}, & x=0.\end{cases}$$

再研究 $F'(x)$ 在 $x=0$ 处的连续性.

$$\begin{aligned}\lim_{x\to 0}F'(x)&=\lim_{x\to 0}\frac{x^2f(x)-2\int_0^x tf(t)\mathrm{d}t}{x^3}\\&=\lim_{x\to 0}\frac{2xf(x)+x^2f'(x)-2xf(x)}{3x^2}=\lim_{x\to 0}\frac{f'(x)}{3}=\frac{f'(0)}{3}.\end{aligned}$$

由于 $\lim\limits_{x\to 0}F'(x)=F'(0)$, 故 $F'(x)$ 在 $x=0$ 处连续.

6. 设 $g(x)$ 是可微函数 $f(x)$ 的反函数, 其中 $x>0$, 且 $\int_0^{f(x)}g(t)\mathrm{d}t=\dfrac{1}{3}\left(x^{\frac{3}{2}}-8\right)$, 求 $f(x)$.

解 对等式 $\int_0^{f(x)}g(t)\mathrm{d}t=\dfrac{1}{3}\left(x^{\frac{3}{2}}-8\right)$ 两端关于 x 求导, 得

$$g[f(x)]f'(x)=\frac{1}{2}x^{\frac{1}{2}},$$

而 $g[f(x)]=x$, 代入上式得 $f'(x)=\dfrac{1}{2\sqrt{x}}$, 因此, $f(x)=\displaystyle\int\frac{1}{2\sqrt{x}}\mathrm{d}x=\sqrt{x}+C$. $f(x)$ 的反函数 $g(x)=(x-C)^2$. 将 $f(x)=\sqrt{x}+C$, $g(x)=(x-C)^2$ 代入题中等式, 得

$$\int_0^{f(x)}g(t)\mathrm{d}t=\int_0^{\sqrt{x}+C}(t-C)^2\mathrm{d}t=\frac{1}{3}\left(x^{\frac{3}{2}}+C^3\right)=\frac{1}{3}\left(x^{\frac{3}{2}}-8\right),$$

由 $C^3=-8$, 解得 $C=-2$, 故 $f(x)=\sqrt{x}-2$.

7. 设 $f(x)$ 是连续函数, $f(\pi)=2$, $\displaystyle\int_0^{\pi}[f(x)+f''(x)]\sin x\mathrm{d}x=5$, 求 $f(0)$.

解 由于 $\displaystyle\int_0^{\pi}[f(x)+f''(x)]\sin x\mathrm{d}x=\int_0^{\pi}f(x)\sin x\mathrm{d}x+\int_0^{\pi}f''(x)\sin x\mathrm{d}x$, 而

$$\begin{aligned}\int_0^{\pi}f''(x)\sin x\mathrm{d}x&=\int_0^{\pi}\sin x\mathrm{d}f'(x)\\&=[f'(x)\sin x]_0^{\pi}-\int_0^{\pi}f'(x)\cos x\mathrm{d}x=-\int_0^{\pi}\cos x\mathrm{d}f(x)\\&=-\left([f(x)\cos x]_0^{\pi}+\int_0^{\pi}f(x)\sin x\mathrm{d}x\right)\\&=f(\pi)+f(0)-\int_0^{\pi}f(x)\sin x\mathrm{d}x.\end{aligned}$$

因此, $\displaystyle\int_0^{\pi}[f(x)+f''(x)]\sin x\mathrm{d}x=f(\pi)+f(0)=2+f(0)=5$, 故 $f(0)=3$.

8. 证明: $I=\displaystyle\int_0^{\sqrt{2\pi}}\sin(x^2)\mathrm{d}x>0$.

证明 令 $x^2=t$, 则 $x=\sqrt{t}$, $\mathrm{d}x=\dfrac{1}{2\sqrt{t}}\mathrm{d}t$,

$$I=\int_0^{2\pi}\frac{\sin t}{2\sqrt{t}}\mathrm{d}t=\int_0^{\pi}\frac{\sin t}{2\sqrt{t}}\mathrm{d}t+\int_{\pi}^{2\pi}\frac{\sin t}{2\sqrt{t}}\mathrm{d}t.$$

令 $t=\pi+u$, 则 $\displaystyle\int_{\pi}^{2\pi}\frac{\sin t}{2\sqrt{t}}\mathrm{d}t=-\int_0^{\pi}\frac{\sin u}{2\sqrt{\pi+u}}\mathrm{d}u$. 从而

$$\begin{aligned}I&=\int_0^{\pi}\frac{\sin t}{2\sqrt{t}}\mathrm{d}t-\int_0^{\pi}\frac{\sin u}{2\sqrt{\pi+u}}\mathrm{d}u\\&=\int_0^{\pi}\frac{\sin t}{2\sqrt{t}}\mathrm{d}t-\int_0^{\pi}\frac{\sin t}{2\sqrt{\pi+t}}\mathrm{d}t=\int_0^{\pi}\sin t\left(\frac{1}{2\sqrt{t}}-\frac{1}{2\sqrt{\pi+t}}\right)\mathrm{d}t.\end{aligned}$$

当 $t\in(0,\pi)$ 时, $\dfrac{1}{2\sqrt{t}}-\dfrac{1}{2\sqrt{\pi+t}}>0$, $\sin t\left(\dfrac{1}{2\sqrt{t}}-\dfrac{1}{2\sqrt{\pi+t}}\right)>0$, 故 $I>0$.

9. 设 $f(x)$ 在区间 $[a,b]$ 上有连续的二阶导数, 证明:

$$\int_a^b f(x)\mathrm{d}x=\frac{b-a}{2}[f(a)+f(b)]+\frac{1}{2}\int_a^b(x-a)(x-b)f''(x)\mathrm{d}x.$$

证明 由于 $\int_a^b (x-a)(x-b)f''(x)\mathrm{d}x = \int_a^b (x-a)(x-b)\mathrm{d}[f'(x)]$

$$
\begin{aligned}
&=[f'(x)(x-a)(x-b)]_a^b - \int_a^b f'(x)(2x-a-b)\mathrm{d}x \\
&=-\int_a^b f'(x)(2x-a-b)\mathrm{d}x = -\int_a^b (2x-a-b)\mathrm{d}[f(x)] \\
&=[-f(x)(2x-a-b)]_a^b + 2\int_a^b f(x)\mathrm{d}x \\
&=-f(b)(b-a)-f(a)(b-a)+2\int_a^b f(x)\mathrm{d}x,
\end{aligned}
$$

移项整理得

$$\int_a^b f(x)\mathrm{d}x = \frac{b-a}{2}[f(a)+f(b)] + \frac{1}{2}\int_a^b (x-a)(x-b)f''(x)\mathrm{d}x.$$

10. 设 $f(x)$, $g(x)$ 都是 $[a,b]$ 上的连续函数, 证明:

(1) $\left(\int_a^b f(x)\cdot g(x)\mathrm{d}x\right)^2 \leqslant \int_a^b f^2(x)\mathrm{d}x \cdot \int_a^b g^2(x)\mathrm{d}x$, 且等号仅当 $f(x)=Cg(x)$ 或 $g(x)=Cf(x)$ 时成立 (C 为常数)(柯西–施瓦茨不等式);

(2) $\left(\int_a^b [f(x)+g(x)]^2\mathrm{d}x\right)^{\frac{1}{2}} \leqslant \left(\int_a^b f^2(x)\mathrm{d}x\right)^{\frac{1}{2}} + \left(\int_a^b g^2(x)\mathrm{d}x\right)^{\frac{1}{2}}$, 且等号仅当 $f(x)=Cg(x)$ 或 $g(x)=Cf(x)$ 时成立 (C 为常数) (闵可夫斯基不等式).

证明 (1) 由题意得 $f(x)$ 与 $g(x)$ 可积, 则 $f^2(x)$, $g^2(x)$, $f(x)-g(x)$ 都可积, 且对任意常数 C, $[Cf(x)-g(x)]^2$ 可积且有 $[Cf(x)-g(x)]^2 \geqslant 0$, 故有

$$\int_a^b [Cf(x)-g(x)]^2\mathrm{d}x \geqslant 0.$$

展开整理, 得到

$$C^2\int_a^b f^2(x)\mathrm{d}x - 2C\int_a^b f(x)g(x)\mathrm{d}x + \int_a^b g^2(x)\mathrm{d}x \geqslant 0.$$

令 $F(C)=C^2\int_a^b f^2(x)\mathrm{d}x - 2C\int_a^b f(x)g(x)\mathrm{d}x + \int_a^b g^2(x)\mathrm{d}x$, 显然, 这个关于 C 的二次三项式恒为非负值, 从而 $F(C)=0$ 的判别式非正, 即有

$$\left(2\int_a^b f(x)g(x)\mathrm{d}x\right)^2 - 4\int_a^b f^2(x)\mathrm{d}x\int_a^b g^2(x)\mathrm{d}x \leqslant 0.$$

整理得到

$$\left(\int_a^b f(x)g(x)\mathrm{d}x\right)^2 - \int_a^b f^2(x)\mathrm{d}x\int_a^b g^2(x)\mathrm{d}x \leqslant 0,$$

$$\left(\int_a^b f(x)g(x)\mathrm{d}x\right)^2 \leqslant \int_a^b f^2(x)\mathrm{d}x\int_a^b g^2(x)\mathrm{d}x.$$

若等号成立, 即 $F(C)=0$ 的判别式为零, 则存在常数 C, 使得 $\int_a^b (Cf(x)-g(x))^2\mathrm{d}x=0$. 又 $(Cf(x)-g(x))^2$ 是连续的非负函数, 故 $\int_a^b (Cf(x)-g(x))^2\mathrm{d}x=0$ 等价于 $(Cf(x)-g(x))^2=0$, 即 $g(x)=Cf(x)$ 或 $f(x)=Cg(x)$.

(2) 先对上述待证明式子进行变形.

$$\int_a^b [f(x)+g(x)]^2\mathrm{d}x=\int_a^b f^2(x)\mathrm{d}x+2\int_a^b f(x)g(x)\mathrm{d}x+\int_a^b g^2(x)\mathrm{d}x.$$

利用柯西–施瓦茨不等式的结论, 有

$$\begin{aligned}\int_a^b [f(x)+g(x)]^2\mathrm{d}x &\leqslant \int_a^b f^2(x)\mathrm{d}x+2\left[\int_a^b f^2(x)\mathrm{d}x\cdot\int_a^b g^2(x)\mathrm{d}x\right]^{\frac{1}{2}}+\int_a^b g^2(x)\mathrm{d}x\\ &=\left[\left(\int_a^b f^2(x)\mathrm{d}x\right)^{\frac{1}{2}}+\left(\int_a^b g^2(x)\mathrm{d}x\right)^{\frac{1}{2}}\right]^2.\end{aligned}$$

由于柯西–施瓦茨不等式等号仅当 $f(x)=Cg(x)$ 或 $g(x)=Cf(x)$ 时成立, 故闵可夫斯基不等式中等号成立也满足这一条件.

11. 证明: $\int_0^{+\infty}\frac{1}{1+x^4}\mathrm{d}x=\int_0^{+\infty}\frac{x^2}{1+x^4}\mathrm{d}x$, 并求其值.

证明 令 $t=\frac{1}{x}$, 则 $\mathrm{d}x=-\frac{1}{t^2}\mathrm{d}t$, 于是

$$\int_0^{+\infty}\frac{1}{1+x^4}\mathrm{d}x=-\int_{+\infty}^0\frac{1}{1+\left(\frac{1}{t}\right)^4}\cdot\frac{1}{t^2}\mathrm{d}t=\int_0^{+\infty}\frac{t^2}{1+t^4}\mathrm{d}t,$$

即 $\int_0^{+\infty}\frac{1}{1+x^4}\mathrm{d}x=\int_0^{+\infty}\frac{x^2}{1+x^4}\mathrm{d}x$.

$$\begin{aligned}\int_0^{+\infty}\frac{1}{1+x^4}\mathrm{d}x&=\frac{1}{2}\left(\int_0^{+\infty}\frac{1}{1+x^4}\mathrm{d}x+\int_0^{+\infty}\frac{x^2}{1+x^4}\mathrm{d}x\right)=\frac{1}{2}\int_0^{+\infty}\frac{1+x^2}{1+x^4}\mathrm{d}x\\ &=\frac{1}{2}\int_0^{+\infty}\frac{1+\frac{1}{x^2}}{\frac{1}{x^2}+x^2}\mathrm{d}x=\frac{1}{2}\int_0^{+\infty}\frac{\mathrm{d}\left(x-\frac{1}{x}\right)}{\left(x-\frac{1}{x}\right)^2+2}\\ &=\frac{1}{2\sqrt{2}}\left[\arctan\frac{1}{\sqrt{2}}\left(x-\frac{1}{x}\right)\right]_0^{+\infty}=\frac{\sqrt{2}\pi}{4}.\end{aligned}$$

12. 设曲线 $y=x^2$ 与它的两条相互垂直的切线所围成的平面图形的面积为 S, 其中一条切线与曲线相切于点 (a,a^2) $(a>0)$, 问 a 取何值时, 该面积最小, 最小值为多少?

解 曲线 $y=x^2$ 上点 (a,a^2) 处的切线斜率为 $y'|_{x=a}=2a$, 其切线方程为

$$y-a^2=2a(x-a),\quad 即\quad y=2ax-a^2.$$

设曲线 $y=x^2$ 在点 (b,b^2) 处的切线与点 (a,a^2) 处的切线相互垂直, 则 $2b=-\dfrac{1}{2a}$, 解得 $b=-\dfrac{1}{4a}$, 此时其切线方程为

$$y-\frac{1}{16a^2}=-\frac{1}{2a}\left(x+\frac{1}{4a}\right),\quad \text{即}\quad y=-\frac{1}{2a}x-\frac{1}{16a^2}.$$

由 $2ax-a^2=-\dfrac{1}{2a}x-\dfrac{1}{16a^2}$, 解得两条切线的交点横坐标为 $x_0=\dfrac{1}{2}\left(a-\dfrac{1}{4a}\right)$, 则面积

$$\begin{aligned}S&=\int_{-\frac{1}{4a}}^{x_0}\left[x^2-\left(-\frac{1}{2a}x-\frac{1}{16a^2}\right)\right]\mathrm{d}x+\int_{x_0}^{a}[x^2-(2ax-a^2)]\mathrm{d}x\\&=\int_{-\frac{1}{4a}}^{x_0}\left(x+\frac{1}{4a}\right)^2\mathrm{d}x+\int_{x_0}^{a}(x-a)^2\mathrm{d}x=\frac{1}{12}\left(a+\frac{1}{4a}\right)^3.\end{aligned}$$

由 $\dfrac{\mathrm{d}S}{\mathrm{d}a}=\dfrac{1}{4}\left(a+\dfrac{1}{4a}\right)^2\left(1-\dfrac{1}{4a^2}\right)=0$, 解得 $a=\dfrac{1}{2}$ 或 $a=-\dfrac{1}{2}$. 又因为 $a>0$, 故舍去 $a=-\dfrac{1}{2}$. 而 $\left.\dfrac{\mathrm{d}^2S}{\mathrm{d}a^2}\right|_{a=\frac{1}{2}}=\left.\left[\dfrac{1}{2}\left(a+\dfrac{1}{4a}\right)\left(1-\dfrac{1}{4a^2}\right)+\dfrac{1}{4}\left(a+\dfrac{1}{4a}\right)^2\dfrac{2}{4a^3}\right]\right|_{a=\frac{1}{2}}=1>0$, 所以当 $a=\dfrac{1}{2}$ 时，围成的面积最小，且最小值为 $S\left(\dfrac{1}{2}\right)=\dfrac{1}{12}$.

13. 过原点作曲线 $y=\ln x$ 的切线, 该切线与曲线 $y=\ln x$ 及 x 轴所围成的平面图形为 D, 求 D 绕直线 $x=\mathrm{e}$ 旋转一周所得的旋转体的体积.

解 设切点为 $(x_0,\ln x_0)$, 则 $y=\ln x$ 在 $(x_0,\ln x_0)$ 处的切线方程为

$$y-\ln x_0=\frac{1}{x_0}(x-x_0),\quad \text{即}\quad y=\frac{1}{x_0}x+\ln x_0-1.$$

由于该切线过原点, 所以 $\ln x_0-1=0$, 即 $x_0=\mathrm{e}$, 对应的切线方程为 $y=\dfrac{1}{\mathrm{e}}x$. 于是所求体积

$$\begin{aligned}V&=\int_0^1\pi\left[(\mathrm{e}-\mathrm{e}y)^2-(\mathrm{e}-\mathrm{e}^y)^2\right]\mathrm{d}y\\&=\pi\int_0^1(\mathrm{e}^2-2\mathrm{e}^2y+\mathrm{e}^2y^2-\mathrm{e}^2+2\mathrm{e}\cdot\mathrm{e}^y-\mathrm{e}^{2y})\mathrm{d}y\\&=\pi\int_0^1(\mathrm{e}^2y^2-2\mathrm{e}^2y+2\mathrm{e}\cdot\mathrm{e}^y-\mathrm{e}^{2y})\mathrm{d}y\\&=\pi\left[\frac{1}{3}\mathrm{e}^2y^3-\mathrm{e}^2y^2+2\mathrm{e}\cdot\mathrm{e}^y-\frac{1}{2}\mathrm{e}^{2y}\right]_0^1\\&=\pi\left[\frac{5}{6}\mathrm{e}^2-2\mathrm{e}+\frac{1}{2}\right].\end{aligned}$$

14. 一半径为 R 的半球形水池充满水, 现将水从水池中抽出, 当抽水所做的功为将水全部抽出所做的功的一半时, 问水面下降的深度 H 为多少?

解 以水池顶面的中心为原点, x 轴正向铅直向下, 建立坐标系. 考虑小区间 $[x, x+\mathrm{d}x]$ 上的薄水层的体积

$$\mathrm{d}V = \pi y^2 \mathrm{d}x = \pi(R^2 - x^2)\mathrm{d}x.$$

由于水的密度为 1, 故将这薄水层抽出池面做的功元素为

$$\mathrm{d}W = x \cdot g\pi(R^2 - x^2)\mathrm{d}x.$$

于是, 将半球形水池的水全部吸出所做的功为

$$\begin{aligned} W_R &= \int_0^R \pi g x(R^2 - x^2)\mathrm{d}x \\ &= \pi g \int_0^R (R^2 x - x^3)\mathrm{d}x = \pi g \left[\frac{1}{2}R^2 h^2 - \frac{1}{4}h^4\right]_0^R = \frac{\pi g R^4}{4}. \end{aligned}$$

当抽出的水所做的功为将水全部抽出所做的功的一半时, 记水面下降的深度为 H, 此时所做的功为

$$\begin{aligned} W_H &= \int_0^H \pi g x(R^2 - x^2)\mathrm{d}x \\ &= \pi g \left[\frac{1}{2}R^2 x^2 - \frac{1}{4}x^4\right]_0^H = \frac{\pi g R^2 H^2}{2} - \frac{\pi g H^4}{4}. \end{aligned}$$

考虑到 $W_H = \frac{1}{2}W_R = \frac{\pi g R^4}{8} = \frac{\pi g R^2 H^2}{2} - \frac{\pi g H^4}{4}$, 整理得, $2H^4 - 4R^2H^2 + R^4 = 0$. 将 H^2 看作变量, 求解得到 $H^2 = \frac{2-\sqrt{2}}{2}R^2$, 从而水面下降深度 $H = \frac{\sqrt{4-2\sqrt{2}}}{2}R$.

第四章　微分方程

本章主要内容包括微分方程的基本概念、可分离变量的微分方程、齐次方程、一阶线性微分方程、可降阶的高阶微分方程和常系数线性微分方程等.

一、知识导图

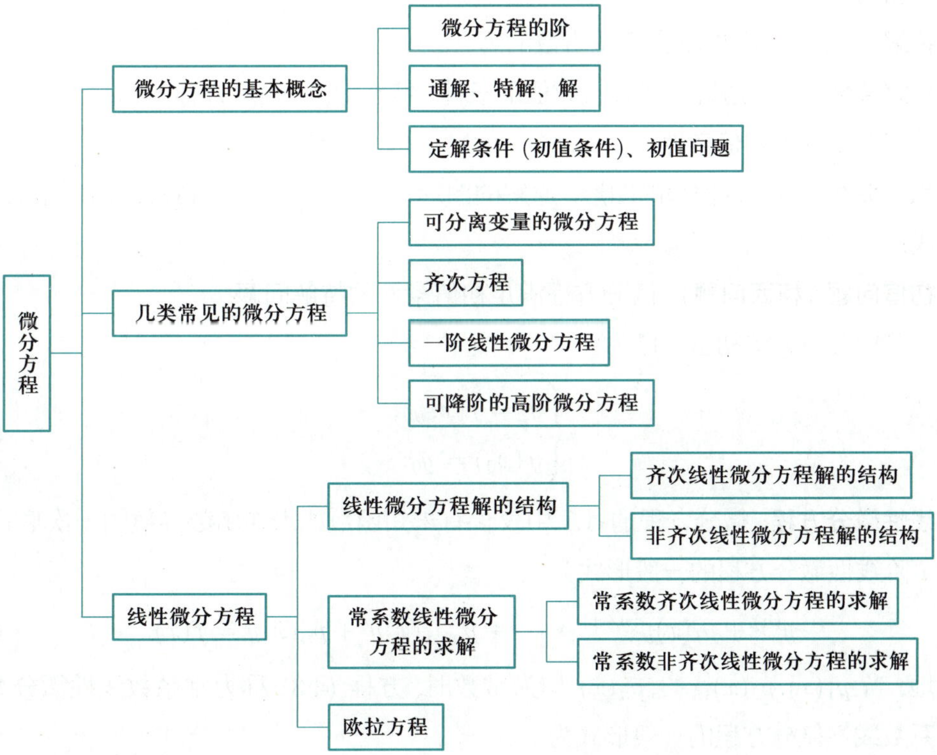

二、基本内容

1. 微分方程的基本概念

微分方程: 含有未知函数的导数 (微分) 的方程. 特别地, 如果方程中的未知函数是一元函数, 那么称其为常微分方程; 如果微分方程中的未知函数是多元函数 (此时其导数为偏导数), 那么称其为偏微分方程.

微分方程的阶: 微分方程中出现的未知函数导数 (微分) 的最高阶数.

n 阶微分方程的一般形式为

$$F(x,y,y',y'',\cdots,y^{(n)})=0 \tag{4.1}$$

或者 $y^{(n)}=f(x,y,y',y'',\cdots,y^{(n-1)})$ (称为显式微分方程).

微分方程的解: 满足方程 (4.1) 的函数 $y=y(x)$.

通解: 方程 (4.1) 的含有相互独立的任意常数的解, 且任意常数的个数与微分方程的阶数相同.

特解: 方程 (4.1) 的不含任意常数的解.

定解条件: 确定通解中任意常数值的条件. 特别地, 称确定方程解在某一点的特定状态的定解条件为**初值条件**.

积分曲线: 微分方程解的图形. 通解的图形是一族积分曲线, 特解的图形是某一特定曲线.

初值问题 (柯西问题): 微分方程满足初值条件的特解问题.

一阶微分方程的初值问题为

$$\begin{cases} y'=f(x,y), \\ y(x_0)=y_0. \end{cases} \tag{4.2}$$

线性微分方程: 微分方程的各项中仅含有未知函数或未知函数导数的一次形式.

n 阶线性微分方程的一般形式为

$$y^{(n)}+p_1(x)y^{(n-1)}+\cdots+p_{n-1}(x)y'+p_n(x)y=f(x). \tag{4.3}$$

特别地, 当 $p_1(x),p_2(x),\cdots,p_n(x)$ 均为常数时, 方程 (4.3) 称为常系数线性微分方程, 即常系数线性微分方程的一般形式为

$$y^{(n)}+p_1y^{(n-1)}+\cdots+p_{n-1}y'+p_ny=f(x),\quad p_1,p_2,\cdots,p_n\text{都是常数}.$$

当 $f(x)\equiv 0$ 时, 方程 (4.3) 称为齐次线性微分方程; 当 $f(x)\neq 0$ 时, 方程 (4.3) 称为非齐次线性微分方程.

特别地, 一阶线性微分方程的一般形式为 $\dfrac{\mathrm{d}y}{\mathrm{d}x}+P(x)y=Q(x)$.

2. 几类常见的微分方程

(1) 可分离变量的微分方程

$$\frac{\mathrm{d}y}{\mathrm{d}x}=f(x)g(y).$$

当 $g(y)\neq 0$ 时, 微分方程的通解为 $\int \frac{\mathrm{d}y}{g(y)}=\int f(x)\mathrm{d}x+C$. 特别地, 满足 $g(y)=0$ 的 $y=y_0$ 也是微分方程的特解.

(2) 齐次方程

$$\frac{\mathrm{d}y}{\mathrm{d}x}=\varphi\left(\frac{y}{x}\right).$$

作变量代换 $u=\frac{y}{x}$, 该方程可等价地转化为可分离变量的方程 $x\frac{\mathrm{d}u}{\mathrm{d}x}=\varphi(u)-u$, 求出其通解后再将 $u=\frac{y}{x}$ 回代即得原方程的通解.

(3) 一阶线性微分方程

$$\frac{\mathrm{d}y}{\mathrm{d}x}+P(x)y=Q(x).$$

若 $Q(x)\equiv 0$, 此时方程为 $\frac{\mathrm{d}y}{\mathrm{d}x}+P(x)y=0$, 则称其为一阶齐次线性微分方程; 若 $Q(x)\neq 0$, 则称此方程为一阶非齐次线性微分方程.

用分离变量法求得一阶齐次线性微分方程的通解为 $y=C\mathrm{e}^{-\int P(x)\mathrm{d}x}$. 用常数变易法求得一阶非齐次线性微分方程的通解为

$$y=\mathrm{e}^{-\int P(x)\mathrm{d}x}\left[\int Q(x)\mathrm{e}^{\int P(x)\mathrm{d}x}\mathrm{d}x+C\right].$$

一阶非齐次线性微分方程解的结构: $y=Y+y^*$, 其中 Y 是对应齐次方程的通解, y^* 是非齐次方程的一个特解.

(4) 伯努利方程

$$\frac{\mathrm{d}y}{\mathrm{d}x}+P(x)y=Q(x)y^n\ (n\neq 0,1).$$

作变量代换 $z=y^{1-n}$, 则 $\frac{\mathrm{d}z}{\mathrm{d}x}=(1-n)y^{-n}\frac{\mathrm{d}y}{\mathrm{d}x}$, 原方程转化为关于 z 的一阶非齐次线性微分方程 $\frac{\mathrm{d}z}{\mathrm{d}x}+(1-n)P(x)z=(1-n)Q(x)$, 求得其通解后, 将 $z=y^{1-n}$ 回代便得原方程的通解.

(5) 可降阶的高阶微分方程

① $y^{(n)}=f(x)$: 对方程两边 n 次积分就可以得到原方程的通解.

② $y''=f(x,y')$ (不显含 y 型): 令 $y'=p(x)$, 则 $y''=p'(x)$, 原方程变为关于 p 的一阶微分方程 $\frac{\mathrm{d}p}{\mathrm{d}x}=f(x,p)$, 求得其通解, 然后回代再求解方程 $y'=p(x,C_1)$, 可得原方程的通解.

③ $y''=f(y,\ y')$ (不显含 x 型): 令 $y'=P(y)$, 则 $y''=p\dfrac{\mathrm{d}p}{\mathrm{d}y}$, 原方程变为关于 y 和 p 的一阶微分方程 $p\dfrac{\mathrm{d}p}{\mathrm{d}y}=f(y,\ p)$, 求得其通解, 然后回代再求解方程 $y'=p(y,\ C_1)$, 可得原方程的通解.

3. 线性微分方程解的结构

(1) 区间上函数的线性相关性

设 $y_1(x),y_2(x),\cdots,y_m(x)$ 是定义在区间 I 上的 m 个函数, 若存在不全为零的常数 $k_1,k_2,\cdots,k_m$, 使得 $\forall x\in I$, 恒有

$$k_1y_1(x)+k_2y_2(x)+\cdots+k_my_m(x)=0,$$

则称函数 $y_1(x),y_2(x),\cdots,y_m(x)$ 在区间 I 上线性相关, 否则称线性无关.

特别地, 两个函数 $y_1(x),y_2(x)$ 在区间 I 上线性相关的充要条件是 $\forall x\in I$, $\dfrac{y_1(x)}{y_2(x)}\equiv$ 常数.

(2) 齐次线性微分方程解的结构

若 $y_1(x),y_2(x),\cdots,y_n(x)$ 是 n 阶齐次线性微分方程

$$y^{(n)}+p_1(x)y^{(n-1)}+\cdots+p_{n-1}(x)y'+p_n(x)y=0 \tag{4.4}$$

的 n 个线性无关的特解, 则 $y=C_1y_1(x)+C_2y_2(x)+\cdots+C_ny_n(x)$ 是方程 (4.4) 的通解, 其中 $C_1,C_2,\cdots,C_n$ 为任意常数.

(3) 非齐次线性微分方程解的结构

若 $y^*(x)$ 是方程 (4.3) 的一个特解, $Y(x)=C_1y_1(x)+C_2y_2(x)+\cdots+C_ny_n(x)$ 是 (4.3) 所对应的齐次方程 (4.4) 的通解, 则 $y=Y(x)+y^*(x)$ 是方程 (4.3) 的通解.

(4) 非齐次线性微分方程解的叠加原理

若非齐次线性微分方程 (4.3) 的右端 $f(x)$ 是若干个函数之和, 即

$$f(x)=f_1(x)+f_2(x)+\cdots+f_m(x),$$

而 $y_k^*(x)$ 是微分方程

$$y^{(n)}+p_1(x)y^{(n-1)}+\cdots+p_{n-1}(x)y'+p_n(x)y=f_k(x)\quad (k=1,2,\cdots,m)$$

的解, 则 $y_1^*(x)+y_2^*(x)+\cdots+y_m^*(x)$ 是微分方程 (4.3) 的解.

4. 常系数线性微分方程

(1) 常系数齐次线性微分方程

① 二阶常系数齐次线性微分方程

$$y''+py'+qy=0,\quad p,q\text{为常数}, \tag{4.5}$$

其特征方程为 $r^2+pr+q=0$, 两个特征根为 r_1,r_2. 若 $r_1\neq r_2$, 则其通解为 $y=C_1\mathrm{e}^{r_1x}+C_2\mathrm{e}^{r_2x}$; 若 $r_1=r_2=r$, 则其通解为 $y=(C_1+C_2x)\mathrm{e}^{rx}$; 若 $r_{1,2}=\alpha\pm\mathrm{i}\beta$, 则其通解为 $y=\mathrm{e}^{\alpha x}(C_1\cos\beta x+C_2\sin\beta x)$.

② n 阶常系数齐次线性微分方程

$$y^{(n)}+p_1y^{(n-1)}+\cdots+p_{n-1}y'+p_ny=0, p_1,p_2,\cdots,p_n\text{为常数}, \tag{4.6}$$

其特征方程为 $r^n+p_1r^{n-1}+\cdots+p_{n-1}r+p_n=0$. 求得 n 个特征根 $r_1,r_2,\cdots,r_n$, 可写出每个不同特征值对应方程通解中的项 y_i:

若 r_i 是 k 重实根, 则 $y_i=(C_1+C_2x+\cdots+C_kx^{k-1})\mathrm{e}^{r_ix}$;

若 $r_i=\alpha\pm\mathrm{i}\beta$ 是 l 重实根, 则

$$y_i=\mathrm{e}^{\alpha x}[(D_1+D_2x+\cdots+D_lx^{l-1})\cos\beta x+(E_1+E_2x+\cdots+E_lx^{l-1})\sin\beta x];$$

将所有特征根对应的 y_i 相加, 就可得到其通解.

(2) 二阶常系数非齐次线性微分方程

二阶常系数非齐次线性微分方程

$$y''+py'+qy=f(x),\quad p,q\text{为常数} \tag{4.7}$$

的通解为 $y=Y(x)+y^*(x)$, 其中 $Y(x)$ 是 (4.7) 对应齐次方程的通解, $y^*(x)$ 是 (4.7) 的一个特解.

根据 $f(x)$ 的不同形式, 用待定系数法求 (4.7) 的特解 $y^*(x)$:

① $f(x)=P_m(x)\mathrm{e}^{\lambda x}$, 其中 λ 是常数, $P_m(x)$ 是关于 x 的 m 次多项式.

特解可设为 $y^*(x)=x^kQ_m(x)\mathrm{e}^{\lambda x}$, 其中 $Q_m(x)=b_0x^m+b_1x^{m-1}+\cdots+b_{m-1}x+b_m$, 且 $b_0,b_1,b_2,\cdots,b_m$ 为待定的常数, $k=\begin{cases}0, & \lambda\text{不是对应齐次方程的特征根},\\ 1, & \lambda\text{是对应齐次方程的单根},\\ 2, & \lambda\text{是对应齐次方程的重根}.\end{cases}$ 将 $y^*,y^{*\prime},y^{*\prime\prime}$ 代入 (4.7) 中, 比较两端多项式的系数确定 $b_0,b_1,\cdots,b_m$, 从而得其特解 $y^*(x)$.

② $f(x)=[P_m(x)\cos\omega x+Q_l(x)\sin\omega x]\mathrm{e}^{\lambda x}$, 其中 λ,ω 是常数, $\omega\neq0$, $P_m(x),Q_l(x)$ 分别是 m 次, l 次多项式.

特解可设为 $y^*(x)=x^k\left[R_n^{(1)}(x)\cos\omega x+R_n^{(2)}(x)\sin\omega x\right]\mathrm{e}^{\lambda x}$, 其中 $R_n^{(1)}(x),R_n^{(2)}(x)$ 是系数待定的 n 次多项式, $n=\max\{m,l\}$, $k=\begin{cases}0, & \lambda+\mathrm{i}\omega\text{或}\lambda-\mathrm{i}\omega\text{不是对应齐次方程的特征根},\\ 1, & \lambda+\mathrm{i}\omega\text{或}\lambda-\mathrm{i}\omega\text{是对应齐次方程的特征根}.\end{cases}$
将 $y^*,y^{*\prime},y^{*\prime\prime}$ 代入 (4.7) 中, 比较两端 $\cos\omega x$, $\sin\omega x$ 前面多项式的系数, 得其特解 $y^*(x)$.

5. 欧拉方程

欧拉方程: $x^n y^{(n)}+p_1x^{n-1}y^{(n-1)}+\cdots+p_{n-1}xy'+p_ny=f(x)$, $p_1,p_2,\cdots,p_n$ 是常数.

作变量代换 $x=\mathrm{e}^t$ 或 $t=\ln x$, 记算子 $\mathrm{D}=\dfrac{\mathrm{d}}{\mathrm{d}t}$, 规定 $\mathrm{D}^k y=\dfrac{\mathrm{d}^k y}{\mathrm{d}t^k}$ $(k\in\mathbf{N}_+)$, 则

$$x\frac{\mathrm{d}y}{\mathrm{d}x}=\frac{\mathrm{d}y}{\mathrm{d}t}=\mathrm{D}y,$$

$$x^2\frac{\mathrm{d}^2y}{\mathrm{d}x^2}=\frac{\mathrm{d}^2y}{\mathrm{d}t^2}-\frac{\mathrm{d}y}{\mathrm{d}t}=\mathrm{D}(\mathrm{D}-1)y,$$

$$x^3\frac{\mathrm{d}^3y}{\mathrm{d}x^3}=\frac{\mathrm{d}^3y}{\mathrm{d}t^3}-3\frac{\mathrm{d}^2y}{\mathrm{d}t^2}+2\frac{\mathrm{d}y}{\mathrm{d}t}=\mathrm{D}(\mathrm{D}-1)(\mathrm{D}-2)y.$$

一般地, 有

$$x^k\frac{\mathrm{d}^ky}{\mathrm{d}x^k}=\mathrm{D}(\mathrm{D}-1)(\mathrm{D}-2)\cdots(\mathrm{D}-k+1)y\quad(k\in\mathbf{N}_+).$$

将以上关系式代入欧拉方程, 可得以 t 为自变量的常系数线性微分方程, 求得其通解后, 再将 $t=\ln x$ 回代, 便可得欧拉方程的通解.

三、常用方法

1. 求解几类常见的一阶微分方程

对于一般的一阶微分方程, 没有统一的解法, 只能根据方程的具体特点, 采用具体的方法求解. 但对于一些特别的一阶微分方程, 应先确定微分方程的类型, 再选用对应的方法求解. 如对可分离变量微分方程, 用分离变量法求解; 对一阶非齐次线性微分方程, 用常数变易法求解, 也可套用公式求解; 对齐次方程, 用变量代换法求解等.

对带有定解条件的微分方程, 需先求出其通解, 再用定解条件确定通解中的任意常数, 然后写出微分方程的解.

例 1 求微分方程 $\dfrac{\mathrm{d}y}{\mathrm{d}x}=\dfrac{x^3}{(1+y^2)(1+x^4)}$ 的通解.

解 这是一个可分离变量的方程. 分离变量得

$$(1+y^2)\mathrm{d}y=\frac{x^3}{1+x^4}\mathrm{d}x,$$

两端同时积分, 求得方程的通解为

$$y+\frac{y^3}{3}=\frac{1}{4}\ln(1+x^4)+C,\ \text{其中 } C \text{ 为任意常数}.$$

例 2 求微分方程 $x\dfrac{\mathrm{d}y}{\mathrm{d}x}=y\ln\dfrac{y}{x}$ 满足初值条件 $y|_{x=1}=1$ 的解.

解 整理方程得

$$\frac{\mathrm{d}y}{\mathrm{d}x}=\frac{y}{x}\ln\frac{y}{x},$$

这是齐次方程. 令 $u=\frac{y}{x}$, 则 $y=ux$, $\frac{\mathrm{d}y}{\mathrm{d}x}=u+x\frac{\mathrm{d}u}{\mathrm{d}x}$, 代入原方程得

$$x\frac{\mathrm{d}u}{\mathrm{d}x}=u\ln u-u.$$

分离变量后得 $\frac{\mathrm{d}u}{u(\ln u-1)}=\frac{\mathrm{d}x}{x}$, 两端积分得

$$\ln(\ln u-1)=\ln x+\ln C.$$

将变量 $u=\frac{y}{x}$ 回代, 得原方程的通解为 $y=x\mathrm{e}^{Cx+1}$, 其中 C 为任意常数. 由初值条件 $y|_{x=1}=1$ 确定 $C=-1$, 故所求方程的解为 $y=x\mathrm{e}^{-x+1}$.

例 3 求微分方程 $y'=y\cos x+\sin 2x$ 的通解.

解 这是一阶线性微分方程. 由通解公式

$$\begin{aligned}y&=\mathrm{e}^{\int\cos x\mathrm{d}x}\left(\int\sin 2x\mathrm{e}^{-\int\cos x\mathrm{d}x}\mathrm{d}x+C\right)\\&=\mathrm{e}^{\sin x}\left(2\int\sin x\mathrm{e}^{-\sin x}\mathrm{d}\sin x+C\right)\\&=C\mathrm{e}^{\sin x}-2(\sin x+1),\end{aligned}$$

其中 C 为任意常数.

例 4 求微分方程 $y^3\mathrm{d}x+2(x^2-xy^2)\mathrm{d}y=0$ 的通解.

解 将微分方程变形为

$$\frac{\mathrm{d}x}{\mathrm{d}y}-\frac{2}{y}x=-\frac{2}{y^3}x^2.$$

这是关于变量 x 的伯努利方程. 方程两端同除以 x^2, 得

$$\frac{1}{x^2}\frac{\mathrm{d}x}{\mathrm{d}y}-\frac{2}{y}\frac{1}{x}=-\frac{2}{y^3}.$$

令 $z=\frac{1}{x}$, 则 $\frac{\mathrm{d}z}{\mathrm{d}y}=-\frac{1}{x^2}\frac{\mathrm{d}x}{\mathrm{d}y}$, 代入方程得

$$\frac{\mathrm{d}z}{\mathrm{d}y}+\frac{2}{y}z=\frac{2}{y^3},$$

这是一阶非齐次线性微分方程, 其通解为

$$z=\mathrm{e}^{-\int\frac{2}{y}\mathrm{d}y}\left(\int\frac{2}{y^3}\mathrm{e}^{\int\frac{2}{y}\mathrm{d}y}\mathrm{d}y+C\right)=\frac{2\ln y+C}{y^2},$$

故原方程的通解为 $\frac{1}{x}=\frac{2\ln y+C}{y^2}$, 即 $y^2=2x\ln y+Cx$, 其中 C 为任意常数.

2. 求解可降阶的高阶微分方程

对可降阶的高阶微分方程, 可根据微分方程的类型, 选取对应方法求解. 同一个微分方程有时可看作不同类型的微分方程, 应选用合适的方法求解.

例 5　求微分方程 $y'''=x+\cos 2x$ 的通解.

解　对方程两端同时关于 x 积分,

$$y''=\frac{1}{2}x^2+\frac{1}{2}\sin 2x+2C_1.$$

两端再积分,

$$y'=\frac{1}{6}x^3-\frac{1}{4}\cos 2x+2C_1x+C_2,$$

两端再次积分得方程的通解为

$$y=\frac{1}{24}x^4-\frac{1}{8}\sin 2x+C_1x^2+C_2x+C_3,\text{ 其中 } C_1,C_2,C_3 \text{ 为任意常数.}$$

例 6　求方程 $y''=1+y'^2$ 满足初值条件 $y|_{x=0}=1$, $y'|_{x=0}=0$ 的特解.

解　方程不显含 y. 令 $y'=p$, 则 $y''=p'$, 原方程转化为

$$p'=1+p^2,\quad \text{即 } \frac{\mathrm{d}p}{1+p^2}=\mathrm{d}x,$$

两端积分得 $\arctan p=x+C_1$, 由初值条件 $y'|_{x=0}=0$ 得 $C_1=0$, 即 $y'=\tan x$. 因此, 原方程的通解为 $y=-\ln|\cos x|+C_2$, 由 $y|_{x=0}=1$ 得 $C_2=1$, 故所求特解为 $y=1-\ln|\cos x|$.

事实上, 该方程也属于不显含 x 的可降阶微分方程, 但若令 $y'=p(y)$, 则 $y''=p\dfrac{\mathrm{d}p}{\mathrm{d}y}$, 代换后得 $p\dfrac{\mathrm{d}p}{\mathrm{d}y}=1+p^2$, 其满足初值条件的解为 $\dfrac{1}{2}\ln(1+p^2)=y-1$, 即 $y'=\pm\sqrt{\mathrm{e}^{2(y-1)}-1}$, 该方程的求解会比较麻烦. 因此, 该题按不显含 y 型可降阶微分方程求解较为方便.

例 7　求微分方程 $yy''-y'^2-y'=0$ 的通解.

解　方程不显含 x. 令 $y'=p$, 则 $y''=p\dfrac{\mathrm{d}p}{\mathrm{d}y}$, 原方程转化为

$$yp\frac{\mathrm{d}p}{\mathrm{d}y}-p^2-p=0,\text{ 即 } p\left(y\frac{\mathrm{d}p}{\mathrm{d}y}-p-1\right)=0.$$

若 $p=0$, 则 $y=C$ 是方程的解, 但不是通解. 若 $y\dfrac{\mathrm{d}p}{\mathrm{d}y}-p-1=0$, 即 $\dfrac{\mathrm{d}p}{p+1}=\dfrac{\mathrm{d}y}{y}$, 其通解为 $\ln(p+1)=\ln y+\ln C_1$, 即 $y'=C_1y-1$, 分离变量后得 $\dfrac{\mathrm{d}y}{C_1y-1}=\mathrm{d}x$, 其通解为 $\ln(C_1y-1)=C_1x+\ln C_2$, 故原方程的通解为 $C_1y-1=C_2\mathrm{e}^{C_1x}$, 其中 C_1,C_2 为任意常数.

3. 求解常系数线性微分方程

对高阶常系数齐次线性微分方程, 先写出方程对应的特征方程, 求其特征根, 并根据特征值的不同情况, 写出微分方程的通解. 对高阶常系数非齐次线性微分方程, 应先

写出对应齐次方程的通解 $Y(x)$, 再根据微分方程右端非齐次项的特点设出微分方程的特解 y^*, 用待定系数法确定特解, 最后写出微分方程的通解 $y=Y(x)+y^*$.

例 8 求微分方程 $y''-2y'-3y=0$ 满足初值条件 $y|_{x=0}=2$, $y'|_{x=0}=10$ 的解.

解 特征方程为 $r^2-2r-3=0$, 特征根 $r_1=3, r_2=-1$, 该方程的通解为

$$y=C_1\mathrm{e}^{3x}+C_2\mathrm{e}^{-x}.$$

由条件 $y|_{x=0}=2$, $y'|_{x=0}=10$, 确定 C_1, C_2 满足方程组 $\begin{cases}C_1+C_2=2,\\3C_1-C_2=10,\end{cases}$ 解得 $C_1=3, C_2=-1$. 因此, 所求微分方程的特解为 $y=3\mathrm{e}^{3x}-\mathrm{e}^{-x}$.

例 9 求微分方程 $y''-2y'+y=x\mathrm{e}^x$ 的通解.

解 对应齐次方程 $y''-2y'+y=0$ 的特征方程为 $r^2-2r+1=0$, 特征根 $r_1=r_2=1$, 对应齐次方程的通解为 $Y(x)=(C_1+C_2x)\mathrm{e}^x$.

设非齐次方程的特解 $y^*=x^2(ax+b)\mathrm{e}^x$, 将 $y^*, y^{*\prime}, y^{*\prime\prime}$ 代入原方程得

$$(ax^3+bx^2)\mathrm{e}^x+2(3ax^2+2bx)\mathrm{e}^x+(6ax+2b)\mathrm{e}^x-2[(ax^3+ bx^2)\mathrm{e}^x+(3ax^2+2bx)\mathrm{e}^x]+(ax^3+bx^2)\mathrm{e}^x=x\mathrm{e}^x,$$

即 $(6ax+2b)\mathrm{e}^x=x\mathrm{e}^x$, 比较两端系数可得 $a=\dfrac{1}{6}, b=0$. 因此, $y^*=\dfrac{1}{6}x^3\mathrm{e}^x$. 于是, 原方程的通解为

$$y=Y(x)+y^*=(C_1+C_2x)\mathrm{e}^x+\frac{1}{6}x^3\mathrm{e}^x, \text{ 其中 } C_1, C_2 \text{ 为任意常数.}$$

4. 求解变系数线性微分方程

求解 n 阶齐次线性微分方程, 关键在于找到其 n 个线性无关的特解 $y_1, y_2, \cdots, y_n$, 从而, 就可写出微分方程的通解 $y=C_1y_1+C_2y_2+\cdots+C_ny_n$, 其中 $C_1, C_2, \cdots, C_n$ 是任意常数.

一般地, 对于变系数齐次线性微分方程, 没有统一的方法求解, 只能根据方程的特点, 寻找其线性无关的解. 如对微分方程 $y''+P(x)y'+Q(x)y=0$, 若其系数 $P(x), Q(x)$ 满足 $1+P(x)+Q(x)=0$, 则该方程有特解 $y=\mathrm{e}^x$; 若系数 $P(x), Q(x)$ 满足 $P(x)+xQ(x)=0$, 则该方程有特解 $y=x$.

对 n 阶非齐次线性微分方程, 先得到对应齐次方程的通解 $Y(x)$, 再根据非齐次项的特征, 设法求得微分方程的一个特解 y^*, 就可得到微分方程的通解 $y=Y(x)+y^*$. 通常会采用待定系数法求特解 y^*.

特别地, 对于一类特殊变系数线性微分方程——欧拉方程, 可以通过变量代换, 将原方程转化为常系数线性微分方程, 求得其通解后回代即可得原方程的通解.

例 10 已知微分方程 $y''+P(x)y'+Q(x)y=0$, 完成下列问题:

(1) 证明: 若 $1+P(x)+Q(x)=0$, 则方程有特解 $y=\mathrm{e}^x$; 若 $P(x)+xQ(x)=0$, 则方程有特解 $y=x$;

(2) 求方程 $(x-1)y''-xy'+y=0$ 的通解及满足初值条件 $y(0)=2, y'(0)=1$ 的特解;

(3) 求非齐次方程 $(x-1)y''-xy'+y=1$ 满足条件 $\lim\limits_{x\to 0}\dfrac{\ln[y(x)-1]}{x}=-1$ 的特解.

解 (1) 将 $y=\mathrm{e}^x$ 代入方程左边,

$$(\mathrm{e}^x)''+P(x)(\mathrm{e}^x)'+Q(x)\mathrm{e}^x=[1+P(x)+Q(x)]\mathrm{e}^x.$$

由于 $1+P(x)+Q(x)=0$, 故 $(\mathrm{e}^x)''+P(x)(\mathrm{e}^x)'+Q(x)\mathrm{e}^x=0$, 即 $y=\mathrm{e}^x$ 是方程 $y''+P(x)y'+Q(x)y=0$ 的一个特解.

类似地, 可验证若 $P(x)+xQ(x)=0$, 则 $y=x$ 是微分方程的一个特解.

(2) 对照方程 $y''+P(x)y'+Q(x)y=0$, 微分方程 $(x-1)y''-xy'+y=0$ 的系数中, $P(x)=\dfrac{-x}{x-1}, Q(x)=\dfrac{1}{x-1}$, 其满足 $1+P(x)+Q(x)=0$, 且 $P(x)+xQ(x)=0$. 因此, 方程 $(x-1)y''-xy'+y=0$ 有两个特解 x, e^x, 且 $\dfrac{x}{\mathrm{e}^x}\neq$ 常数, 因此, x, e^x 线性无关. 于是, 该方程的通解为 $y=C_1x+C_2\mathrm{e}^x$. 由 $y(0)=2, y'(0)=1$, 得 $C_1=-1, C_2=2$, 故所求微分方程的特解为 $y=-x+2\mathrm{e}^x$.

(3) 由 $\lim\limits_{x\to 0}\dfrac{\ln[y(x)-1]}{x}=-1$, 可得微分方程的定解条件为 $y(0)=2, y'(0)=-1$. 由 (2), 方程 $(x-1)y''-xy'+y=1$ 对应齐次方程 $(x-1)y''-xy'+y=0$ 的通解为 $Y(y)=C_1x+C_2\mathrm{e}^x$. 容易验证, 方程 $(x-1)y''-xy'+y=1$ 有特解 $y^*=1$, 因此, 该方程的通解为 $y=C_1x+C_2\mathrm{e}^x+1$. 由 $y(0)=2, y'(0)=-1$, 得 $C_1=-2, C_2=1$, 故所求微分方程的特解为 $y=-2x+\mathrm{e}^x+1$.

例 11 求微分方程 $x^2y''+4xy'+2y=0$ 的通解.

解 这是一个欧拉方程. 令 $x=\mathrm{e}^t$, 则 $t=\ln x$,

$$y'=\frac{\mathrm{d}y}{\mathrm{d}t}\frac{\mathrm{d}t}{\mathrm{d}x}=\frac{1}{x}\frac{\mathrm{d}y}{\mathrm{d}t}, \quad y''=\frac{\mathrm{d}}{\mathrm{d}x}\left(\frac{1}{x}\frac{\mathrm{d}y}{\mathrm{d}t}\right)=-\frac{1}{x^2}\frac{\mathrm{d}y}{\mathrm{d}t}+\frac{1}{x^2}\frac{\mathrm{d}^2y}{\mathrm{d}t^2}.$$

代入原方程化简可得

$$\frac{\mathrm{d}^2y}{\mathrm{d}t^2}+3\frac{\mathrm{d}y}{\mathrm{d}t}+2y=0.$$

这是二阶常系数齐次线性微分方程, 其通解为 $y(t)=C_1\mathrm{e}^{-t}+C_2\mathrm{e}^{-2t}$, 将 $t=\ln x$ 回代, 得欧拉方程的通解为

$$y(x)=\frac{C_1}{x}+\frac{C_2}{x^2}, \text{ 其中 } C_1, C_2 \text{ 是任意常数}.$$

四、典型例题

例 1 求下列微分方程的解:

(1) $\dfrac{\mathrm{d}y}{\mathrm{d}x}+2x=\sqrt{y+x^2}$; (2) $y'+2xy\ln y=xy,\quad y|_{x=0}=1$;

(3) $y''+(y')^2=2\mathrm{e}^{-y}$.

分析 本题的前两个微分方程不是常见的几类方程, 但可通过变量代换转化为常见的微分方程. 如对方程 (1), 由于将根号内看成“整体”, 对 x 求导正好等于方程的左端, 故令 $u=y+x^2$, 可将其转化为可分离变量方程. 对方程 (2), 两端同除以 y, 变为 $\dfrac{y'}{y}+2x\ln y=x$, 若设 $\ln y=u$, 则该方程就转化为一阶非齐次线性微分方程. 方程 (3) 是不显含变量 x 的可降阶微分方程, 令 $y'=p$, $y''=p\dfrac{\mathrm{d}p}{\mathrm{d}y}$, 方程就转化为关于 y,p 的伯努利方程.

解 (1) 令 $u=y+x^2$, 则 $\dfrac{\mathrm{d}u}{\mathrm{d}x}=\dfrac{\mathrm{d}y}{\mathrm{d}x}+2x$, 代入原方程得

$$\frac{\mathrm{d}u}{\mathrm{d}x}=\sqrt{u}.$$

用分离变量法解得其通解为 $2\sqrt{u}=x+C$. 将 $u=y+x^2$ 回代, 得原方程的通解为

$$4(y+x^2)=(x+C)^2,\ \text{其中 } C \text{ 为任意常数}.$$

(2) 令 $u=\ln y$, 则 $\dfrac{\mathrm{d}u}{\mathrm{d}x}=\dfrac{1}{y}\dfrac{\mathrm{d}y}{\mathrm{d}x}$, 代入原方程得

$$\frac{\mathrm{d}u}{\mathrm{d}x}+2xu=x.$$

这是一阶非齐次线性微分方程, 其通解为

$$u=\mathrm{e}^{-\int 2x\mathrm{d}x}\left(\int x\mathrm{e}^{\int 2x\mathrm{d}x}\mathrm{d}x+C\right)=C\mathrm{e}^{-x^2}+\frac{1}{2}.$$

将 $u=\ln y$ 回代, 得原方程的通解为

$$\ln y=C\mathrm{e}^{-x^2}+\frac{1}{2},\ \text{其中 } C \text{ 为任意常数}.$$

由条件 $y|_{x=0}=1$ 得 $C=-\dfrac{1}{2}$, 因此, 所求方程的特解为 $\ln y=\dfrac{1}{2}(1-\mathrm{e}^{-x^2})$.

(3) 令 $y'=p$, 则 $y''=p\dfrac{\mathrm{d}p}{\mathrm{d}y}$, 原方程化为

$$p\frac{\mathrm{d}p}{\mathrm{d}y}+p^2=2\mathrm{e}^{-y}.$$

令 $z=p^2$, 则 $\dfrac{\mathrm{d}z}{\mathrm{d}y}=2p\dfrac{\mathrm{d}p}{\mathrm{d}y}$, 原方程转化为 $\dfrac{\mathrm{d}z}{\mathrm{d}y}+2z=4\mathrm{e}^{-y}$, 该一阶非齐次线性微分方程的通解为

$$z=\mathrm{e}^{-\int 2\mathrm{d}y}\left(\int 4\mathrm{e}^{-y}\mathrm{e}^{\int 2\mathrm{d}y}\mathrm{d}y+C_1\right)=C_1\mathrm{e}^{-2y}+4\mathrm{e}^{-y}.$$

回代 $z=y'^2$, 得 $y'=\pm\sqrt{C_1\mathrm{e}^{-2y}+4\mathrm{e}^{-y}}$, 分离变量得

$$\frac{\mathrm{d}y}{\sqrt{C_1\mathrm{e}^{-2y}+4\mathrm{e}^{-y}}}=\pm\mathrm{d}x,\ \text{即}\ \frac{\mathrm{e}^y\mathrm{d}y}{\sqrt{C_1+4\mathrm{e}^y}}=\pm\mathrm{d}x,$$

两端积分得原方程的通解为 $C_1+4\mathrm{e}^y=4(x+C_2)^2$, 其中 C_1,C_2 为任意常数.

例 2 求微分方程 $\dfrac{\mathrm{d}y}{\mathrm{d}x}=\dfrac{x+y-2}{-x+y+4}$ 的通解.

分析 由于本题微分方程右端的分子分母中含有常数, 故不是齐次方程. 一般地, 对于此类方程, 可考虑用线性变换 $x=u+h,y=v+k$ 消去常数项将其转化为齐次方程, 其中 h,k 为待定常数, 应满足 $\begin{cases}h+k-2=0,\\-h+k+4=0.\end{cases}$

解 由方程组 $\begin{cases}x+y-2=0,\\-x+y+4=0,\end{cases}$ 解得 $x=3,y=-1$. 令 $x=u+3,y=v-1$, 原方程可化为关于 u,v 的齐次方程

$$\frac{\mathrm{d}v}{\mathrm{d}u}=\frac{u+v}{-u+v}.$$

令 $z=\dfrac{v}{u}$, 则 $v=uz,\dfrac{\mathrm{d}v}{\mathrm{d}u}=z+u\dfrac{\mathrm{d}z}{\mathrm{d}u}$, 代入上面方程得

$$z+u\frac{\mathrm{d}z}{\mathrm{d}u}=\frac{z+1}{z-1},\ \text{即}\ -\frac{z-1}{z^2-2z-1}\mathrm{d}z=\frac{1}{u}\mathrm{d}u,$$

其通解为

$$-\frac{1}{2}\ln|z^2-2z-1|=\ln|u|+\ln|C_1|,\ \text{即}z^2-2z-1=\frac{-C}{u^2}.$$

将 $z=\dfrac{v}{u},u=x-3,v=y+1$ 回代得原方程的通解为

$$(x-3)^2+2(x-3)(y+1)-(y+1)^2=C,\ \text{其中}\ C\ \text{为任意常数}.$$

事实上, 此类方程也可以考虑采用凑微分的方法求解. 微分方程可等价地写为 $(x+y-2)\mathrm{d}x+(x-y-4)\mathrm{d}y=0$, 将方程左端分项组合凑微分得

$$(x-2)\mathrm{d}x+(y\mathrm{d}x+x\mathrm{d}y)-(y+4)\mathrm{d}y=0,\quad \text{即}\ \mathrm{d}\left[\frac{1}{2}(x-2)^2+xy-\frac{1}{2}(y+4)^2\right]=0,$$

于是, 原方程的通解为

$$(x-2)^2+2xy-(y+4)^2=C,\ \text{其中}\ C\ \text{为任意常数}.$$

从形式上看, 用两种方法所得微分方程的通解不一样, 但事实上, 它们都可以化简为

$$x^2-y^2+2xy-4x-8y=C,\ \text{其中}\ C\ \text{为任意常数}.$$

例 3 求下列微分方程的解:

(1) $y''+2y'+3y=0$; (2) $y''+2y'=1+\cos^2 x$.

分析 本题中的两个方程都属于二阶常系数线性微分方程，根据此类方程解的结构，需先求得其对应齐次方程的通解，再找到非齐次方程的一个特解即可．方程 (1) 是标准的常系数齐次线性微分方程，易解．方程 (2) 是非齐次线性微分方程，可由解的叠加原理找其特解．

解 (1) 特征方程为 $r^2+2r+3=0$，特征根为 $r_{1,2}=-1\pm\sqrt{2}\mathrm{i}$，因此，微分方程的通解为 $y=\mathrm{e}^{-x}(C_1\cos\sqrt{2}x+C_2\sin\sqrt{2}x)$，其中 C_1,C_2 为任意常数．

(2) 特征方程为 $r^2+2r=0$，特征根为 $r_1=0,r_2=-2$，对应齐次方程的通解为 $Y(x)=C_1+C_2\mathrm{e}^{-2x}$．

方程 (2) 右端的非齐次项 $1+\cos^2 x=1+\dfrac{1}{2}(1+\cos 2x)=\dfrac{3}{2}+\dfrac{1}{2}\cos 2x$，由解的叠加原理，方程 $y''+2y'=\dfrac{3}{2}$ 的特解 y_1^* 与方程 $y''+2y'=\dfrac{1}{2}\cos 2x$ 的特解 y_2^* 相加，便是原方程的一个特解．

设 $y_1^*=ax$，将其代入方程 $y''+2y'=\dfrac{3}{2}$，解得 $a=\dfrac{3}{4}$，因此，$y_1^*=\dfrac{3}{4}x$．

设 $y_2^*=a\cos 2x+b\sin 2x$，将其代入方程 $y''+2y'=\dfrac{1}{2}\cos 2x$，解得 $a=-\dfrac{1}{16},b=\dfrac{1}{16}$，因此，$y_2^*=-\dfrac{1}{16}\cos 2x+\dfrac{1}{16}\sin 2x$．

故原方程的通解为 $y=Y(x)+y_1^*+y_2^*=C_1+C_2\mathrm{e}^{-2x}+\dfrac{3}{4}x-\dfrac{1}{16}\cos 2x+\dfrac{1}{16}\sin 2x$，其中 C_1,C_2 为任意常数．

例 4 求解微分方程 $y'''+k^2y'=\cos x$ 的通解，其中 $k\geqslant 0$ 是常数．

分析 本题是常系数非齐次线性微分方程，但系数含有参数，求微分方程的解时需对参数的取值进行讨论．

解 特征方程为 $r^3+k^2r=0$．

(1) 若 $k=0$，则原方程变为 $y'''=\cos x$，连续积分，可得该方程的通解为 $y=C_1+C_2x+C_3x^2-\sin x$，其中 C_1,C_2,C_3 为任意常数．

(2) 若 $k\neq 0$，则特征根为 $r_1=0$，$r_{2,3}=\pm k\mathrm{i}$，对应齐次方程的通解为

$$Y(x)=C_1+C_2\cos kx+C_3\sin kx.$$

(i) 当 $k\neq 1$ 时，设非齐次方程的特解为 $y^*=A\cos x+B\sin x$，代入原方程得 $A=0$，$B=\dfrac{1}{k^2-1}$．因此，微分方程的通解为 $y=C_1+C_2\cos kx+C_3\sin kx+\dfrac{1}{k^2-1}\sin x$，其中 C_1,C_2,C_3 为任意常数．

(ii) 当 $k=1$ 时，设非齐次方程的特解为 $y^*=x(A\cos x+B\sin x)$，代入原方程得 $A=-\dfrac{1}{2},B=0$．因此，微分方程的通解为 $y=C_1+C_2\cos x+C_3\sin x-\dfrac{1}{2}x\cos x$，其中 C_1,C_2,C_3 为任意常数．

例 5 若 $y=\mathrm{e}^{2x}+(x+1)\mathrm{e}^{x}$ 是二阶常系数非齐次线性微分方程 $y''+ay'+by=c\mathrm{e}^{x}$ 的解, 求常数 a,b,c 和该方程的通解.

分析 此类问题一般的做法是将已知解代入微分方程, 通过比较两端系数, 求得常数 a, b,c, 再求其通解.

解 将 $y=\mathrm{e}^{2x}+(x+1)\mathrm{e}^{x}$ 代入微分方程得

$$\mathrm{e}^{2x}(4+2a+b)+\mathrm{e}^{x}[(1+a+b)x+3+2a+b]=c\mathrm{e}^{x}.$$

基于 e^{x} 与 e^{2x} 的线性无关性, a,b,c 应满足方程组 $\begin{cases}4+2a+b=0,\\1+a+b=0,\\3+2a+b=c,\end{cases}$ 解得 $a=-3,b=2,c=-1$.

于是, 原方程为 $y''-3y'+2y=-\mathrm{e}^{x}$, 易求其通解为 $y=C_1\mathrm{e}^{x}+C_2\mathrm{e}^{2x}+x\mathrm{e}^{x}$, 其中 C_1,C_2 为任意常数.

事实上, 由常系数非齐次线性微分方程解的结构可知 $y_1=\mathrm{e}^{2x}$, $y_2=\mathrm{e}^{x}$ 为对应齐次方程 $y''+ay'+by=0$ 的解, $y^*=x\mathrm{e}^{x}$ 为非齐次方程的特解. 因此, 对应齐次方程的特征方程为 $(r-1)(r-2)=0$, 即 $r^2-3r+2=0$, 对应的齐次微分方程为 $y''-3y'+2y=0$, 于是 $a=-3$, $b=2$. 将特解 $y^*=x\mathrm{e}^{x}$ 代入方程 $y''-3y'+2y=c\mathrm{e}^{x}$, 解得 $c=-1$. 故方程的通解为 $y=C_1\mathrm{e}^{x}+C_2\mathrm{e}^{2x}+x\mathrm{e}^{x}$, 其中 C_1,C_2 为任意常数.

例 6 已知 $y_1=3$, $y_2=3+x^2$, $y_3=3+\mathrm{e}^{x}$ 是某二阶非齐次线性微分方程的三个特解, 求该微分方程及通解.

分析 根据线性微分方程解的结构定理, 由 y_1,y_2,y_3 可得出相应齐次微分方程的通解和非齐次线性微分方程的通解, 再通过求导运算, 消去常数, 得到微分方程.

解 由已知条件可知 $y_2-y_1=x^2$, $y_3-y_1=\mathrm{e}^{x}$ 为对应齐次方程的两个特解, 又因为 x^2, e^{x} 线性无关, 所以对应齐次微分方程的通解为 $Y=C_1x^2+C_2\mathrm{e}^{x}$, 对应非齐次线性微分方程的通解为 $y=C_1x^2+C_2\mathrm{e}^{x}+3$.

对非齐次线性微分方程的通解求导数得, $y'=2C_1x+C_2\mathrm{e}^{x}$, $y''=2C_1+C_2\mathrm{e}^{x}$.

联立三式得方程组 $\begin{cases}C_1x^2+C_2\mathrm{e}^{x}+3=y,\\2C_1x+C_2\mathrm{e}^{x}=y',\\2C_1+C_2\mathrm{e}^{x}=y'',\end{cases}$ 消去任意常数 C_1,C_2, 可得所求微分方程为

$$(2x-x^2)y''+(x^2-2)y'+2(1-x)y=6(1-x).$$

事实上, 本题也可设微分方程为 $y''+p_1(x)y'+p_2(x)y=f(x)$, 将解 $y_1=3,y_2=3+x^2,y_3=3+\mathrm{e}^{x}$ 代入方程, 得 $p_1(x),p_2(x),f(x)$ 满足方程组

$$\begin{cases}3p_2(x)=f(x),\\2+2xp_1(x)+(3+x^2)p_2(x)=f(x),\\\mathrm{e}^x+\mathrm{e}^xp_1(x)+(3+\mathrm{e}^x)p_2(x)=f(x),\end{cases}$$

解得 $p_1(x)=\dfrac{x^2-2}{2x-x^2},p_2(x)=\dfrac{2(1-x)}{2x-x^2},f(x)=\dfrac{6(1-x)}{2x-x^2}$.

例 7 求微分方程 $y''-2y'+y=\dfrac{\mathrm{e}^x}{x}$ 的解.

分析 微分方程右端的非齐次项 $\dfrac{\mathrm{e}^x}{x}$ 不是常见的情形, 可考虑在求得对应齐次线性微分方程通解的情况下, 用常数变易法求得非齐次方程的一个特解, 再写出其通解.

解 对应齐次线性微分方程的特征方程为 $r^2-2r+1=0$, 特征根为 $r_1=r_2=1$, 因此, 对应齐次方程的通解为 $Y(x)=(C_1+C_2x)\mathrm{e}^x$. 下面用常数变易法求非齐次线性微分方程的一个特解.

设非齐次方程的特解 $y^*=C_1(x)\mathrm{e}^x+C_2(x)x\mathrm{e}^x$, 求导数得

$$y^{*\prime}=C_1(x)\mathrm{e}^x+C_2(x)(x+1)\mathrm{e}^x+C_1'(x)\mathrm{e}^x+C_2'(x)x\mathrm{e}^x.$$

不妨令 $C_1'(x)\mathrm{e}^x+C_2'(x)x\mathrm{e}^x=0$, 对 $y^{*\prime}=C_1(x)\mathrm{e}^x+C_2(x)(x+1)\mathrm{e}^x$ 再求导得

$$y^{*\prime\prime}=C_1(x)\mathrm{e}^x+C_2(x)(x+2)\mathrm{e}^x+C_1'(x)\mathrm{e}^x+C_2'(x)(x+1)\mathrm{e}^x.$$

将 $y^{*\prime},y^{*\prime\prime}$ 代入原方程得

$$C_1'(x)\mathrm{e}^x+(x+1)C_2'(x)\mathrm{e}^x=\frac{\mathrm{e}^x}{x}.$$

于是, 得到 $C_1(x),C_2(x)$ 应满足的方程组

$$\begin{cases}C_1'(x)\mathrm{e}^x+C_2'(x)x\mathrm{e}^x=0,\\C_1'(x)\mathrm{e}^x+(x+1)C_2'(x)\mathrm{e}^x=\dfrac{\mathrm{e}^x}{x},\end{cases}$$

解此方程组得, $C_1'(x)=-1$, $C_2'(x)=\dfrac{1}{x}$. 取 $C_1(x)=-x$, $C_2(x)=\ln|x|$, 可得非齐次线性微分方程的特解为 $y^*=-x\mathrm{e}^x+x\ln|x|\mathrm{e}^x$, 故原方程的通解为

$$y=Y(x)+y^*=(C_1+C_2x)\mathrm{e}^x+x\ln|x|\mathrm{e}^x,\ \text{其中 } C_1,C_2 \text{ 为任意常数}.$$

注 这里取 $C_1(x)=-x$, $C_2(x)=\ln|x|$ 为特定函数, 目的是求非齐次线性微分方程的一个特解. 若取 $C_1(x)=-x+\widetilde{C}_1$, $C_2(x)=\ln|x|+\widetilde{C}_2$, 其中 $\widetilde{C}_1$, $\widetilde{C}_2$ 为任意常数, 将其代入非齐次线性微分方程的解 $y^*=C_1(x)\mathrm{e}^x+C_2(x)x\mathrm{e}^x$ 中, 则可得原方程的通解.

例 8 设函数 $y(x)(x\geqslant 0)$ 二阶可导, 且 $y'(x)>0$, $y(0)=1$. 过曲线 $y=y(x)$ 上任一点 $P(x,y)$ 作该曲线的切线及 x 轴的垂线, 上述两直线与 x 轴围成的三角形面积记为 S_1, 区间 $[0,x]$ 上以 $y(x)$ 为曲边的曲边梯形面积记为 S_2, 且 $2S_1-S_2=1$, 求曲线 $y=y(x)$.

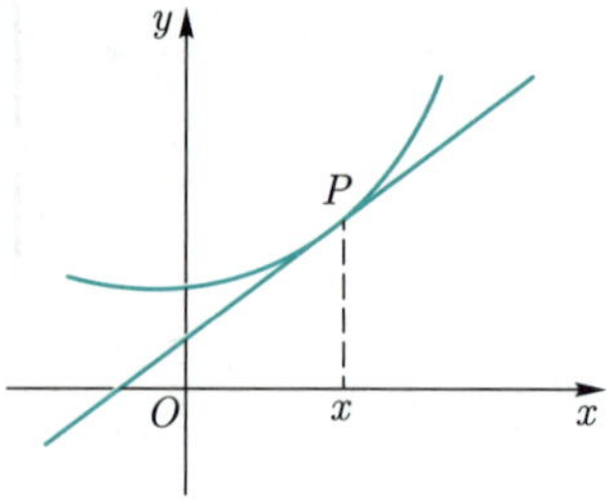

图 4.1

分析　本题是定积分与微分方程的应用题，需先根据导数、积分的几何意义，计算 S_1, S_2，得到 $y=y(x)$ 满足的方程再求解.

解　如图 4.1，曲线 $y=y(x)$ 上点 $P(x,y)$ 处的切线方程为

$$Y-y=y'(X-x).$$

令 $Y=0$，解得 $X=x-\dfrac{y}{y'}$，因此，$S_1=\dfrac{1}{2}y\cdot(x-X)=\dfrac{1}{2}y\cdot\dfrac{y}{y'}$.

由定积分的几何意义，$S_2=\displaystyle\int_0^x y(t)\mathrm{d}t$. 于是，$y=y(x)$ 满足的条件 $2S_1-S_2=1$ 就可表示为如下方程

$$\frac{y^2}{y'}-\int_0^x y(t)\mathrm{d}t=1.$$

对方程两端关于 x 求导数得

$$yy''=(y')^2,\ \text{且}\ y(0)=1, y'(0)=1.$$

这是不显含 x 的可降阶微分方程，解此微分方程，可得 $y=\mathrm{e}^x$.

例 9　从船上向海中沉放某种探测器，按要求，需确定仪器的下沉深度 y (从海平面算起) 与下沉速度 v 之间的函数关系. 设仪器在重力作用下，从海平面由静止开始垂直下沉，下沉过程中受到阻力与浮力的作用，设仪器质量为 m，体积为 V，海水密度为 ρ，仪器所受阻力与下沉速度成正比，比例系数为 k $(k>0)$，试建立 y 与 v 满足的微分方程，并求函数 $y=y(v)$.

分析　本题是应用题，应先按题设条件建立微分方程及初值条件，再求解微分方程.

解　以沉放点为原点，垂直向下为 y 轴正方向，建立坐标系 (如图 4.2). 在下沉过程中，仪器所受重力 $F=mg$，海水阻力 $f_1=kv$ 和浮力 $f_2=\rho gV$，由牛顿第二定律得

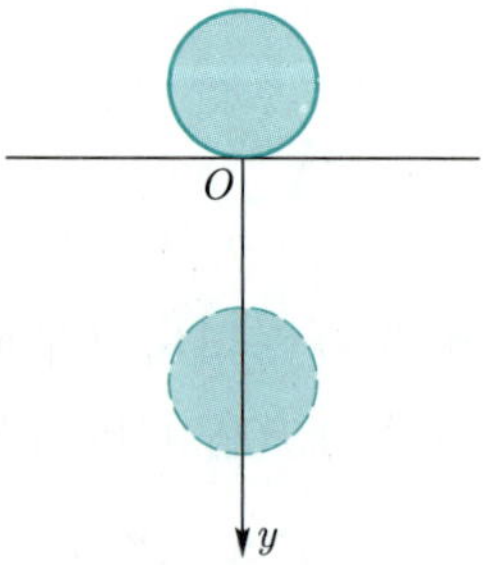

图 4.2

$$m\frac{\mathrm{d}^2y}{\mathrm{d}t^2}=mg-kv-\rho gV.$$

由于 $\dfrac{\mathrm{d}y}{\mathrm{d}t}=v, \dfrac{\mathrm{d}^2y}{\mathrm{d}t^2}=v\dfrac{\mathrm{d}v}{\mathrm{d}y}$，故上述方程化为

$$mv\frac{\mathrm{d}v}{\mathrm{d}y}=mg-kv-\rho gV,\ \text{即}\ \mathrm{d}y=\frac{mv}{mg-kv-\rho gV}\mathrm{d}v,$$

两端积分得其通解为 $y=-\dfrac{m}{k}v-\dfrac{m(mg-\rho gV)}{k^2}\ln(mg-\rho gV-kv)+C$，由初值条件 $y(0)=0$，可知 $C=\dfrac{m(mg-\rho gV)}{k^2}\ln(mg-\rho gV)$，故仪器下沉深度 y 与速度 v 之间的函数为

$$y=-\frac{m}{k}v-\frac{m(mg-\rho gV)}{k^2}\ln\frac{mg-\rho gV-kv}{mg-\rho gV}\quad(v\geqslant 0).$$

例 10 设 $f(x)$ 可导, 且满足 $x=\int_0^x f(t)\mathrm{d}t+\int_0^x tf(t-x)\mathrm{d}t$, 求 $f(x)$.

分析 本题所求 $f(x)$ 满足带有变上限积分的方程 (通常称为积分方程), 为求 $f(x)$, 需对积分方程两端同时求导数, 将其转化成微分方程再求解. 需注意, 积分方程通常"隐含" 有初值条件.

解 令 $t-x=u$, 则 $\int_0^x tf(t-x)\mathrm{d}t=\int_{-x}^0 (u+x)f(u)\mathrm{d}u$, 于是, 原方程转化为

$$x=\int_0^x f(t)\mathrm{d}t-\int_0^{-x} uf(u)\mathrm{d}u-x\int_0^{-x} f(u)\mathrm{d}u,$$

对上式两端关于 x 求导数, 整理可得

$$f(x)=1+\int_0^{-x} f(u)\mathrm{d}u, \text{ 且 } f(0)=1.$$

两端再关于 x 求导数得

$$f'(x)=-f(-x), \text{ 且 } f'(0)=-1. \tag{4.8}$$

两端继续关于 x 求导得

$$f''(x)=f'(-x). \tag{4.9}$$

将 (4.8) 中 x 代换成 $-x$, 可得

$$f'(-x)=-f(x). \tag{4.10}$$

将 (4.10) 代入 (4.9) 得

$$f''(x)+f(x)=0, \text{ 且 } f(0)=1, \ f'(0)=-1.$$

这是二阶常系数齐次线性微分方程, 其通解为 $f(x)=C_1\cos x+C_2\sin x$, 由 $f(0)=1$, $f'(0)=-1$ 确定 $C_1=1$, $C_2=-1$, 因此, $f(x)=\cos x-\sin x$.

例 11 设二阶常系数齐次线性微分方程 $y''+by'+y=0$ 的每一个解 $y(x)$ 在区间 $(0,+\infty)$ 内都有界, 求实数 b 的取值范围.

分析 本题中的方程属于二阶常系数齐次线性微分方程, 可通过讨论参数 b, 给出方程的通解 $y(x)$, 再由方程解的有界性, 确定参数 b 的取值范围.

解 微分方程 $y''+by'+y=0$ 的特征方程为 $r^2+br+1=0, \Delta=b^2-4$.

(i) 当 $|b|>2$ 时, 特征根为 $r_1=-\dfrac{b+\sqrt{b^2-4}}{2}$, $r_2=-\dfrac{b-\sqrt{b^2-4}}{2}$, 因此, 方程的通解为 $y(x)=C_1\mathrm{e}^{-\frac{b+\sqrt{b^2-4}}{2}x}+C_2\mathrm{e}^{-\frac{b-\sqrt{b^2-4}}{2}x}$, 其中 C_1,C_2 为任意常数.

此时, $\forall x\in(0,+\infty)$, 要使 $y(x)$ 在 $(0,+\infty)$ 内有界, 必须 $b\pm\sqrt{b^2-4}>0$, 即 $b>2$.

(ii) 当 $|b|<2$ 时, 特征根为 $r_{1,2}=-\dfrac{b}{2}\pm\dfrac{\sqrt{4-b^2}}{2}\mathrm{i}$, 因此, 方程的通解为 $y(x)=\mathrm{e}^{-\frac{b}{2}x}\left(C_1\cos\dfrac{\sqrt{4-b^2}}{2}x+C_2\sin\dfrac{\sqrt{4-b^2}}{2}x\right)$, 其中 C_1,C_2 为任意常数.

此时, $\forall x \in (0,+\infty)$, 要使 $y(x)$ 在 $(0,+\infty)$ 上有界, 必须 $0 \leqslant b < 2$.

(iii) 当 $b=2$ 时, 微分方程的通解为 $y(x)=\mathrm{e}^{-x}(C_1+C_2x)$. 显然 $\forall x \in (0,+\infty)$, $y(x)$ 在 $(0,+\infty)$ 内有界.

(iv) 当 $b=-2$ 时, 微分方程的通解为 $y(x)=\mathrm{e}^{x}(C_1+C_2x)$. 显然 $\forall x \in (0,+\infty)$, $y(x)$ 在 $(0,+\infty)$ 内无界.

综上讨论, 要使 $y(x)$ 在区间 $(0,+\infty)$ 内有界, 必须 $b \geqslant 0$.

例 12　设函数 $y=y(x)$ 在 $(-\infty,+\infty)$ 上具有二阶导数, 且 $y' \neq 0$, $x=x(y)$ 是 $y=y(x)$ 的反函数.

(1) 试将 $x=x(y)$ 满足的微分方程 $\dfrac{\mathrm{d}^2x}{\mathrm{d}y^2}+(y+\sin x)\left(\dfrac{\mathrm{d}x}{\mathrm{d}y}\right)^3=0$ 变换为 $y=y(x)$ 满足的微分方程;

(2) 求变换后的微分方程满足初始条件 $y(0)=0, y'(0)=\dfrac{3}{2}$ 的解.

分析　对于 (1), 可利用反函数求导公式, 用 $\dfrac{\mathrm{d}y}{\mathrm{d}x}$ 和 $\dfrac{\mathrm{d}^2y}{\mathrm{d}x^2}$ 表示 $\dfrac{\mathrm{d}x}{\mathrm{d}y}$ 和 $\dfrac{\mathrm{d}^2x}{\mathrm{d}y^2}$ 后, 代入原方程化简即可. 对于 (2), 求微分方程满足初值条件的特解即可.

解　(1) 由反函数求导公式, $\dfrac{\mathrm{d}x}{\mathrm{d}y}=\dfrac{1}{y'}$,

$$\frac{\mathrm{d}^2x}{\mathrm{d}y^2}=\frac{\mathrm{d}}{\mathrm{d}x}\left(\frac{1}{y'}\right)\frac{\mathrm{d}x}{\mathrm{d}y}=-\frac{y''}{y'^2}\cdot\frac{1}{y'}=-\frac{y''}{y'^3}.$$

将以上两式代入方程, 得 $y=y(x)$ 满足的微分方程 $y''-y=\sin x$.

(2) 微分方程 $y''-y=\sin x$ 对应的齐次方程 $y''-y=0$ 的通解为 $y=C_1\mathrm{e}^x+C_2\mathrm{e}^{-x}$. 设非齐次方程的特解为 $y^*=A\cos x+B\sin x$, 代入方程, 解得 $A=0, B=-\dfrac{1}{2}$. 因此, 方程 $y''-y=\sin x$ 的通解为 $y=C_1\mathrm{e}^x+C_2\mathrm{e}^{-x}-\dfrac{1}{2}\sin x$. 由初值条件 $y(0)=0$, $y'(0)=\dfrac{3}{2}$ 确定 $C_1=1$, $C_2=-1$, 故所求方程的特解为 $y=\mathrm{e}^x-\mathrm{e}^{-x}-\dfrac{1}{2}\sin x$.

事实上, 根据非齐次线性微分方程 $y''-y=\sin x$ 和 $\sin x$ 导数的性质, 可设方程 $y''-y=\sin x$ 的一个特解为 $y^*=A\sin x$, 代入解得 $A=-\dfrac{1}{2}$.

例 13　设当 $x>-1$ 时, 可微函数 $f(x)$ 满足

$$f'(x)+f(x)-\frac{1}{1+x}\int_0^x f(t)\mathrm{d}t=0,\ \text{且}\ f(0)=1.$$

试证: 当 $x \geqslant 0$ 时, 有 $\mathrm{e}^{-x} \leqslant f(x) \leqslant 1$.

分析　本题方程中含有变上限积分, 需先通过求导运算将其化为微分方程, 求解微分方程得 $f'(x), f(x)$ 的表达式, 再证明不等式.

解　方程变形为

$$(1+x)f'(x)+(1+x)f(x)-\int_0^x f(t)\mathrm{d}t=0.$$

对方程两端求导, 并整理得

$$(1+x)f''(x)+(2+x)f'(x)=0.$$

这是不显含 $f(x)$ 的可降阶微分方程, 令 $f'(x)=p$, 则原方程化为 $(1+x)p'+(2+x)p=0$, 即 $\dfrac{\mathrm{d}p}{p}=-\dfrac{2+x}{1+x}\mathrm{d}x$, 两端积分得 $p=\dfrac{C\mathrm{e}^{-x}}{1+x}$, 亦即 $f'(x)=\dfrac{C\mathrm{e}^{-x}}{1+x}$. 由 $f'(0)=-1$ 得 $C=-1$, 于是 $f'(x)=-\dfrac{\mathrm{e}^{-x}}{1+x}$.

当 $x\geqslant 0$ 时, $f'(x)<0$, 即 $f(x)$ 单调递减. 又由 $f(0)=1$ 可知 $f(x)\leqslant 1$.

另一方面, 由于 $\displaystyle\int_0^x f'(t)\mathrm{d}t=-\int_0^x\frac{\mathrm{e}^{-t}}{1+t}\mathrm{d}t$, 故

$$f(x)=f(0)-\int_0^x\frac{\mathrm{e}^{-t}}{1+t}\mathrm{d}t\geqslant 1-\int_0^x \mathrm{e}^{-t}\mathrm{d}t=\mathrm{e}^{-x}.$$

例 14 (2016 年数学一)　设函数 $y(x)$ 满足方程 $y''+2y'+ky=0$, 其中 $0<k<1$.

(1) 证明: 反常积分 $\displaystyle\int_0^{+\infty}y(x)\mathrm{d}x$ 收敛;

(2) 若 $y(0)=1$, $y'(0)=1$, 求 $\displaystyle\int_0^{+\infty}y(x)\mathrm{d}x$ 的值.

分析　本题是微分方程和无穷区间上积分的综合题, 应考虑先通过求解微分方程得到函数 $y(x)$, 再证明反常积分收敛和计算反常积分.

解　(1) 微分方程 $y''+2y'+ky=0$ 的特征方程为 $r^2+2r+k=0$, 特征根为

$$r_1=-1+\sqrt{1-k},\quad r_2=-1-\sqrt{1-k},$$

因此, 微分方程的通解为 $y(x)=C_1\mathrm{e}^{r_1x}+C_2\mathrm{e}^{r_2x}$, 其中 C_1,C_2 为任意常数.

反常积分

$$\int_0^{+\infty}y(x)\mathrm{d}x=C_1\int_0^{+\infty}\mathrm{e}^{r_1x}\mathrm{d}x+C_2\int_0^{+\infty}\mathrm{e}^{r_2x}\mathrm{d}x.$$

由 $0<k<1$ 可知 $r_1<0,r_2<0$, 从而无穷区间上的积分 $\displaystyle\int_0^{+\infty}\mathrm{e}^{r_1x}\mathrm{d}x$ 和 $\displaystyle\int_0^{+\infty}\mathrm{e}^{r_2x}\mathrm{d}x$ 收敛, 故反常积分 $\displaystyle\int_0^{+\infty}y(x)\mathrm{d}x$ 收敛.

(2) 由 $y''+2y'+ky=0$ 得 $y=-\dfrac{1}{k}(y''+2y')$, 从而

$$\begin{aligned}\int_0^{+\infty}y(x)\mathrm{d}x&=-\frac{1}{k}\int_0^{+\infty}[y''(x)+2y'(x)]\mathrm{d}x=-\frac{1}{k}[y'(x)+2y(x)]_0^{+\infty}\\&=-\frac{1}{k}\left\{\lim_{x\to+\infty}[y'(x)+2y(x)]-[y'(0)+2y(0)]\right\}.\end{aligned}$$

当 $r_1<0, r_2<0$ 时, $\lim\limits_{x\to+\infty}y(x)=\lim\limits_{x\to+\infty}(C_1\mathrm{e}^{r_1x}+C_2\mathrm{e}^{r_2x})=0$, $\lim\limits_{x\to+\infty}y'(x)=\lim\limits_{x\to+\infty}(C_1r_1\mathrm{e}^{r_1x}+C_2r_2\mathrm{e}^{r_2x})=0$, 故 $\int_0^{+\infty}y(x)\mathrm{d}x=\frac{1}{k}[y'(0)+2y(0)]=\frac{3}{k}$.

事实上, 由 $y(x)=C_1\mathrm{e}^{r_1x}+C_2\mathrm{e}^{r_2x}$ 及条件 $y(0)=1$, $y'(0)=-1$, 求得 $C_1=\frac{1}{2}+\frac{1}{\sqrt{1-k}}$, $C_2=\frac{1}{2}-\frac{1}{\sqrt{1-k}}$, 故所求积分

$$\int_0^{+\infty}y(x)\mathrm{d}x=C_1\int_0^{+\infty}\mathrm{e}^{r_1x}\mathrm{d}x+C_2\int_0^{+\infty}\mathrm{e}^{r_2x}\mathrm{d}x=\frac{C_1}{1-\sqrt{1-k}}+\frac{C_2}{1+\sqrt{1-k}}=\frac{3}{k}.$$

例 15 (2018 年数学一) 已知微分方程 $y'+y=f(x)$, 其中 $f(x)$ 是 $\mathbf{R}$ 上的连续函数.

(1) 若 $f(x)=x$, 求方程的通解;

(2) 若 $f(x)$ 是周期为 T 的函数, 证明: 方程存在惟一的以 T 为周期的解.

分析 对 (1), 求解微分方程即可. 对 (2), 先解微分方程得其通解, 再确定任意常数 C, 使得特解 $y(x)$ 是以 T 为周期的函数.

解 (1) 当 $f(x)=x$ 时, 方程为 $y'+y=x$, 其通解为

$$y=\mathrm{e}^{-\int\mathrm{d}x}\left(\int x\mathrm{e}^{\int\mathrm{d}x}\mathrm{d}x+C\right)=\mathrm{e}^{-x}(x\mathrm{e}^x-\mathrm{e}^x+C)=C\mathrm{e}^{-x}+x-1.$$

(2) 微分方程 $y'+y=f(x)$ 的通解为

$$y(x)=\mathrm{e}^{-\int\mathrm{d}x}\left(\int f(x)\mathrm{e}^{\int\mathrm{d}x}\mathrm{d}x+C\right)=\mathrm{e}^{-x}\left(\int_0^x f(t)\mathrm{e}^t\mathrm{d}t+C\right),$$ 其中 C 为任意常数.

于是,

$$\begin{aligned}y(x+T)-y(x)&=\mathrm{e}^{-x-T}\left[C+\int_0^{x+T}f(t)\mathrm{e}^t\mathrm{d}t\right]-\mathrm{e}^{-x}\left[C+\int_0^x f(t)\mathrm{e}^t\mathrm{d}t\right]\\&=\mathrm{e}^{-x}\left[(\mathrm{e}^{-T}-1)C+\mathrm{e}^{-T}\int_0^{x+T}f(t)\mathrm{e}^t\mathrm{d}t-\int_0^x f(t)\mathrm{e}^t\mathrm{d}t\right].\end{aligned}$$

由于 $f(x)$ 是周期为 T 的函数, 故

$$\begin{aligned}\mathrm{e}^{-T}\int_0^{x+T}f(t)\mathrm{e}^t\mathrm{d}t&=\mathrm{e}^{-T}\int_0^T f(t)\mathrm{e}^t\mathrm{d}t+\mathrm{e}^{-T}\int_T^{x+T}f(t)\mathrm{e}^t\mathrm{d}t\\&=\mathrm{e}^{-T}\int_0^T f(t)\mathrm{e}^t\mathrm{d}t+\mathrm{e}^{-T}\int_0^x f(u+T)\mathrm{e}^{u+T}\mathrm{d}u\\&=\mathrm{e}^{-T}\int_0^T f(t)\mathrm{e}^t\mathrm{d}t+\int_0^x f(t)\mathrm{e}^t\mathrm{d}t,\end{aligned}$$

从而

$$y(x+T)-y(x)=\mathrm{e}^{-x}\left[(\mathrm{e}^{-T}-1)C+\mathrm{e}^{-T}\int_0^T f(t)\mathrm{e}^t\mathrm{d}t\right].$$

因此, 当且仅当 $(\mathrm{e}^{-T}-1)C+\mathrm{e}^{-T}\int_0^T f(t)\mathrm{e}^t\mathrm{d}t=0$, 即当 $C=\frac{1}{\mathrm{e}^T-1}\int_0^T f(t)\mathrm{e}^t\mathrm{d}t$ 时, $y(x+T)-y(x)\equiv 0$, 此时, $y(x)=\mathrm{e}^{-x}\left[\frac{1}{\mathrm{e}^T-1}\int_0^T f(t)\mathrm{e}^t\mathrm{d}t+\int_0^x f(t)\mathrm{e}^t\mathrm{d}t\right]$ 是方程惟一

的以 T 为周期的解.

例 16 (2021 年数学二) 函数 $y=y(x)$ 满足微分方程 $xy'-6y=-6$, 且 $y(\sqrt{3})=10$.

(1) 求 $y(x)$;

(2) P 为曲线 $y=y(x)$ 上的一点, 曲线 $y=y(x)$ 在点 P 处的法线在 y 轴上的截距为 I_y, 为使 I_y 最小, 求点 P 的坐标.

分析 对 (1), 直接求微分方程满足初值条件的解 $y(x)$ 即可. 对 (2), 先求 $y=y(x)$ 在点 $P(x,y)$ 的法线方程, 得到该法线在 y 轴上的截距 I_y; 再求导数, 寻找使 I_y 最小的点 P.

解 (1) 微分方程可转化为 $y'-\dfrac{6}{x}y=-\dfrac{6}{x}$, 其通解为

$$y=\mathrm{e}^{\int\frac{6}{x}\mathrm{d}x}\left[\int\left(-\frac{6}{x}\right)\mathrm{e}^{-\int\frac{6}{x}\mathrm{d}x}\mathrm{d}x+C\right]=x^6\left(\frac{1}{x^6}+C\right)=Cx^6+1,$$

由 $y(\sqrt{3})=10$, 得 $C=\dfrac{1}{3}$, 故 $y=\dfrac{1}{3}x^6+1$.

(2) 设点 P 的坐标为 (x,y), 曲线 $y=\dfrac{1}{3}x^6+1$ 在点 P 处的法线方程为

$$Y-y=-\frac{1}{2x^5}(X-x).$$

令 $X=0$, 可得该法线在 y 轴上的截距

$$I_y=y+\frac{1}{2x^4}=\frac{1}{3}x^6+\frac{1}{2x^4}+1.$$

I_y 是 x 的偶函数, 只需考虑 $x>0$ 的情形. 由 $I_y'=2x^5-\dfrac{2}{x^5}=0$, 可得 $x=1$, 且 $I_y''|_{x=1}=10x^4+\left.\dfrac{10}{x^6}\right|_{x=1}=20>0$, 故 I_y 在 $x=1$ 处取得极小值. 而 $\forall x>0, I_y''>0$, 曲线 I_y 在 $(0,+\infty)$ 内是凹的, 因而, I_y 在 $x=1$ 处取得最小值, 且最小值 $I_y|_{x=1}=\dfrac{11}{6}$. 此时, $y|_{x=1}=\dfrac{4}{3}$. 故满足条件的曲线 $y=y(x)$ 上点的坐标为 $P\left(\pm1,\dfrac{4}{3}\right)$.

五、习题解答

习题 4.1

1. 试确定下面哪个函数是哪个方程的解:

(1) $y''+y=0$; (i) $y=x\left(\displaystyle\int\frac{\mathrm{e}^x}{x}\mathrm{d}x+2\right)$;

(2) $y''=1+(y')^2$; (ii) $y=3\sin x-4\cos x$;

(3) $xy'-y=x\mathrm{e}^x$; (iii) $y=y(x)$ 为由方程 $xy+\ln y=0$ 所确定的隐函数;

(4) $(1+xy)y'+y^2=0$; (iv) $y=\ln\sec(x+1)$.

解 对于函数 (i), 由 $y=x\left(\int\frac{\mathrm{e}^x}{x}\mathrm{d}x+2\right)$, 得

$$y'=\int\frac{\mathrm{e}^x}{x}\mathrm{d}x+2+\mathrm{e}^x.$$

注意到方程 (3) 中含有 e^x, 于是代入 (3) 左端得

$$xy'-y=x\left(\int\frac{\mathrm{e}^x}{x}\mathrm{d}x+2+\mathrm{e}^x\right)-x\left(\int\frac{\mathrm{e}^x}{x}\mathrm{d}x+2\right)=x\mathrm{e}^x$$

恒成立, 故函数 (i) $y=x\left(\int\frac{\mathrm{e}^x}{x}\mathrm{d}x+2\right)$ 是微分方程 (3) 的解.

对于函数 (ii) , 由 $y=3\sin x-4\cos x$, 得

$$y'=3\cos x+4\sin x,$$

进而有

$$y''=-3\sin x+4\cos x.$$

于是 $y''+y=0$ 恒成立, 故函数 (ii) $y=3\sin x-4\cos x$ 是微分方程 (1) 的解.

对于函数 (iii) , 由于 $y=y(x)$ 是由方程 $xy+\ln y=0$ 所确定的隐函数, 方程两端同时对 x 求导可得,

$$y+xy'+\frac{1}{y}y'=0,$$

进而有

$$(1+xy)y'+y^2=0$$

恒成立, 故函数 (iii) 是微分方程 (4) 的解.

对于函数 (iv) , 由 $y=\ln\sec(x+1)$, 得

$$y'=\tan(x+1),$$

进而有

$$y''=\sec^2(x+1).$$

于是 $y''=1+(y')^2$ 恒成立, 故函数 (iv) $y=\ln\sec(x+1)$ 是微分方程 (2) 的解.

2. 确定下列函数中 C_1,C_2 的值, 使得函数满足所给定的条件:

(1) $y=C_1\cos x+C_2\sin x, y|_{x=0}=1,\ y'|_{x=0}=3$;

(2) $y=(C_1+C_2x)\mathrm{e}^{2x}, y|_{x=0}=0,\ y'|_{x=0}=1$.

解 (1) 由 $y=C_1\cos x+C_2\sin x$, 得

$$y'=-C_1\sin x+C_2\cos x.$$

将 $y|_{x=0}=1, y'|_{x=0}=3$ 代入以上两式, 得 $\begin{cases}C_1=1,\\C_2=3.\end{cases}$

(2) 由 $y=(C_1+C_2x)\mathrm{e}^{2x}$, 得

$$y'=(2C_1+C_2+2C_2x)\mathrm{e}^{2x}.$$

将 $y|_{x=0}=0, y'|_{x=0}=1$ 代入以上两式, 得

$$\begin{cases} C_1=0, \\ 2C_1+C_2=1, \end{cases}$$

故 $C_1=0$, $C_2=1$.

3. 求出以下列表达式为通解的微分方程:

(1) $y=A\cos 2x+B\sin 2x$ (A, B 为任意常数);

(2) $y=C_1\mathrm{e}^x+C_2\mathrm{e}^{-x}-x$ (C_1, C_2 为任意常数).

解 (1) 注意到表达式中有两个独立的任意常数, 所以这是一个二阶微分方程的通解. 由 $y=A\cos 2x+B\sin 2x$, 得

$$y'=-2A\sin 2x+2B\cos 2x, \quad y''=-4A\cos 2x-4B\sin 2x,$$

于是有

$$y''=-4y,$$

即

$$y''+4y=0.$$

将 $y=A\cos 2x+B\sin 2x$ 代入等式 $y''+4y=0$, 易验证等式恒成立, 即它是该微分方程的解, 并且该表达式中有两个独立的任意常数, 故它就是二阶微分方程 $y''+4y=0$ 的通解.

(2) 注意到表达式中有两个独立的任意常数, 所以这是一个二阶微分方程的通解. 由 $y=C_1\mathrm{e}^x+C_2\mathrm{e}^{-x}-x$, 得

$$y'=C_1\mathrm{e}^x-C_2\mathrm{e}^{-x}-1, \quad y''=C_1\mathrm{e}^x+C_2\mathrm{e}^{-x},$$

于是有

$$y''=y+x,$$

即

$$y''-y=x.$$

将 $y=C_1\mathrm{e}^x+C_2\mathrm{e}^{-x}-x$ 代入等式 $y''-y=x$, 易验证等式恒成立, 即它是该微分方程的解, 并且该表达式中有两个独立的任意常数, 故它就是二阶微分方程 $y''-y=x$ 的通解.

4. 试求下列微分方程在指定形式下的解:

(1) $y''-2y'-3y=0$, 形如 $y=\mathrm{e}^{rx}$ 的解;

(2) $x^2y''+6xy'+4y=0$, 形如 $y=x^\lambda$ 的解.

解 (1) 由 $y=\mathrm{e}^{rx}$, 得 $y'=r\mathrm{e}^{rx}$, $y''=r^2\mathrm{e}^{rx}$, 代入微分方程可得

$$r^2\mathrm{e}^{rx}-2r\mathrm{e}^{rx}-3\mathrm{e}^{rx}=(r^2-2r-3)\mathrm{e}^{rx}=0.$$

注意到 e^{rx} 恒不为零, 于是一定有

$$r^2-2r-3=0,$$

解得

$$r_1=-1,\quad r_2=3.$$

故 $y=e^{-x}$ 和 $y=e^{3x}$ 是该微分方程的解.

(2) 由 $y=x^\lambda$, 得 $y'=\lambda x^{\lambda-1}$, $y''=\lambda(\lambda-1)x^{\lambda-2}$, 代入微分方程得

$$\lambda(\lambda-1)x^\lambda+6\lambda x^\lambda+4x^\lambda=(\lambda^2+5\lambda+4)x^\lambda=0.$$

于是 $\lambda^2+5\lambda+4=0$, 解得 $\lambda_1=-1$, $\lambda_2=-4$.

故 $y=\dfrac{1}{x}$ 和 $y=\dfrac{1}{x^4}$ 是该微分方程的解.

5. 写出下列曲线所满足的微分方程:

(1) 曲线在点 (x,y) 处的切线的斜率等于该点的横坐标的平方;

(2) 曲线上点 $P(x,y)$ 处的法线与 x 轴的交点为 Q, 且线段 PQ 被 y 轴平分;

(3) 曲线上点 $P(x,y)$ 处的切线与 y 轴的交点为 Q, 线段 PQ 的长度为 2, 且曲线通过点 $(2,0)$;

(4) 曲线上点 $M(x,y)$ 处的切线与 x 轴、y 轴的交点依次为 P 与 Q, 线段 PM 被点 Q 平分, 且曲线通过点 $(3,1)$.

解 (1) 设曲线方程为 $y=y(x)$, 它在点 (x,y) 处的切线斜率为 y', 由条件可得

$$y'=x^2,$$

故此方程即为曲线所满足的微分方程.

(2) 设曲线方程为 $y=y(x)$, 它在点 $P(x,y)$ 处的切线斜率为 y', 故该点处的法线斜率为 $-\dfrac{1}{y'}$. 由条件知线段 PQ 的中点在 y 轴上, 故点 Q 的坐标为 $(-x,0)$, 于是有

$$\frac{y-0}{x-(-x)}=-\frac{1}{y'},$$

整理得 $yy'+2x=0$, 此方程即为曲线所满足的微分方程.

(3) 设曲线方程为 $y=y(x)$, 它在点 $P(x,y)$ 处的切线方程为

$$Y-y=y'(X-x).$$

令 $X=0$, 得 $Y=y-xy'$, 从而点 Q 的坐标为 $(0,y-xy')$. 根据条件, 有

$$|PQ|=\sqrt{x^2+(xy')^2}=2,$$

即

$$x^2(1+y'^2)=4.$$

又曲线 $y=y(x)$ 通过点 $(2,0)$, 故 $y|_{x=2}=0$. 于是曲线所满足的微分方程为

$$\begin{cases}x^2(1+y'^2)=4,\\ y|_{x=2}=0.\end{cases}$$

(4) 设曲线方程为 $y=y(x)$, 它在点 $M(x,y)$ 处的切线方程为

$$Y-y=y'(X-x).$$

令 $Y=0$, 得 $X=x-\dfrac{y}{y'}$, 从而点 P 的坐标为 $\left(x-\dfrac{y}{y'},0\right)$; 再令 $X=0$, 得 $Y=y-xy'$, 从而点 Q 的坐标为 $(0,y-xy')$. 根据条件, 点 Q 是 PM 的中点, 于是有

$$y-xy'=\frac{0+y}{2},$$

即

$$y-2xy'=0.$$

曲线 $y=y(x)$ 通过点 $(3,1)$, 故 $y|_{x=3}=1$. 于是曲线所满足的微分方程为

$$\begin{cases}y-2xy'=0,\\ y|_{x=3}=1.\end{cases}$$

习题 4.2

1. 求下列微分方程的通解:

(1) $y'=x\ln(1+x^2)$;

(2) $y'=\mathrm{e}^{x-y}$;

(3) $yy'=\mathrm{e}^x\sin x$;

(4) $xy'=y(1-x)$;

(5) $y\mathrm{d}x+(x^2-4x)\mathrm{d}y=0$;

(6) $y'\sin x=y\ln y$;

(7) $\sec^2 x\tan y\mathrm{d}x+\sec^2 y\tan x\mathrm{d}y=0$;

(8) $\sqrt{x}y'=\mathrm{e}^{y+\sqrt{x}}$.

解 (1) 原方程为 $\dfrac{\mathrm{d}y}{\mathrm{d}x}=x\ln(1+x^2)$, 是可分离变量的微分方程. 分离变量后得

$$\mathrm{d}y=x\ln(1+x^2)\mathrm{d}x,$$

两端积分

$$\int\mathrm{d}y=\int x\ln(1+x^2)\mathrm{d}x,$$

得

$$y=\frac{1}{2}(1+x^2)\ln(1+x^2)-\frac{1}{2}x^2+C.$$

(2) 原方程可写为 $\dfrac{\mathrm{d}y}{\mathrm{d}x}=\dfrac{\mathrm{e}^x}{\mathrm{e}^y}$, 是可分离变量的微分方程. 分离变量后得

$$\mathrm{e}^y\mathrm{d}y=\mathrm{e}^x\mathrm{d}x,$$

两端积分

$$\int\mathrm{e}^y\mathrm{d}y=\int\mathrm{e}^x\mathrm{d}x,$$

得

$$e^y = e^x + C,$$

即所求方程的通解为 $e^y - e^x = C$.

(3) 原方程可写为 $\dfrac{dy}{dx} = \dfrac{e^x \sin x}{y}$, 是可分离变量的微分方程. 分离变量后得

$$y dy = e^x \sin x dx,$$

两端积分

$$\int y dy = \int e^x \sin x dx,$$

得

$$\frac{1}{2}y^2 = \frac{1}{2}e^x(\sin x - \cos x) + C_1,$$

故通解为 $y^2 = e^x(\sin x - \cos x) + C$, 其中 $C = 2C_1$.

(4) 原方程可写为 $x\dfrac{dy}{dx} = y(1-x)$, 是可分离变量的微分方程. 分离变量后得

$$\frac{dy}{y} = \frac{1-x}{x}dx,$$

两端积分

$$\int \frac{dy}{y} = \int \frac{1-x}{x}dx,$$

得

$$\ln|y| = \ln|x| - x + C_1,$$

于是所求方程的通解为

$$y = Cxe^{-x}, \text{ 其中 } C = \pm e^{C_1}.$$

由于 $y = 0$ 也是该方程的解, 故原方程的通解为 $y = Cxe^{-x}$, 其中 C 是任意常数.

(5) 原方程可写为 $\dfrac{dy}{dx} = \dfrac{y}{4x - x^2}$, 是可分离变量的微分方程. 分离变量后得

$$\frac{dy}{y} = \frac{1}{4x - x^2}dx,$$

两端积分

$$\int \frac{dy}{y} = \int \frac{1}{4x - x^2}dx,$$

得

$$\ln|y| = \frac{1}{4}\ln\left|\frac{x}{4-x}\right| + C_1,$$

于是所求方程的通解为

$$y^4(4-x) = Cx, \text{ 其中 } C = \pm e^{4C_1}.$$

由于 $y=0$ 也是原方程的解, 故原方程的通解为 $y^4(4-x)=Cx$, 其中 C 为任意常数.

(6) 原方程可写为 $\frac{\mathrm{d}y}{\mathrm{d}x}=\frac{y\ln y}{\sin x}$, 是可分离变量的微分方程. 分离变量后得

$$\frac{\mathrm{d}y}{y\ln y}=\frac{\mathrm{d}x}{\sin x},$$

两端积分

$$\int\frac{\mathrm{d}y}{y\ln y}=\int\frac{\mathrm{d}x}{\sin x},$$

得

$$\ln|\ln y|=-\ln|\csc x+\cot x|+C_1,$$

于是所求方程的通解为

$$\ln y=\frac{C\sin x}{1+\cos x},\ \text{其中 } C=\pm\mathrm{e}^{C_1}.$$

(7) 原方程可写为 $\frac{\mathrm{d}y}{\mathrm{d}x}=-\frac{\sec^2 x\tan y}{\sec^2 y\tan x}$, 是可分离变量的微分方程. 分离变量后得

$$\frac{\sec^2 y}{\tan y}\mathrm{d}y=-\frac{\sec^2 x}{\tan x}\mathrm{d}x,$$

两端积分

$$\int\frac{\sec^2 y}{\tan y}\mathrm{d}y=-\int\frac{\sec^2 x}{\tan x}\mathrm{d}x,$$

得

$$\ln|\tan y|=-\ln|\tan x|+C_1,$$

于是所求方程的通解为

$$\tan x\tan y=C,\ \text{其中 } C=\pm\mathrm{e}^{C_1}.$$

由于 $y=0$ 也是原方程的解, 故方程的通解为 $\tan x\tan y=C$, 其中 C 为任意常数.

(8) 原方程可写为 $\frac{\mathrm{d}y}{\mathrm{d}x}=\frac{\mathrm{e}^y\cdot\mathrm{e}^{\sqrt{x}}}{\sqrt{x}}$, 是可分离变量的微分方程. 分离变量后得

$$\frac{\mathrm{d}y}{\mathrm{e}^y}=\frac{\mathrm{e}^{\sqrt{x}}}{\sqrt{x}}\mathrm{d}x,$$

两端积分

$$\int\frac{\mathrm{d}y}{\mathrm{e}^y}=\int\frac{\mathrm{e}^{\sqrt{x}}}{\sqrt{x}}\mathrm{d}x,$$

得

$$-\mathrm{e}^{-y}=2\mathrm{e}^{\sqrt{x}}+C,$$

故方程的通解为 $2\mathrm{e}^{\sqrt{x}}+\mathrm{e}^{-y}+C=0$.

2. 求下列初值问题的解:

(1) $(1+x^2)y'=\arctan x$, $y|_{x=0}=0$;

(2) $y'=(1-y^2)\tan x$, $y|_{x=0}=2$;

(3) $xy'+\mathrm{e}^y=1$, $y|_{x=1}=-\ln 2$;

(4) $\mathrm{e}^x\cos y\mathrm{d}x+(\mathrm{e}^x+1)\sin y\mathrm{d}y=0$, $y|_{x=0}=\dfrac{\pi}{4}$.

解 (1) 原方程为 $\dfrac{\mathrm{d}y}{\mathrm{d}x}=\dfrac{\arctan x}{1+x^2}$, 是可分离变量的微分方程. 分离变量后得

$$\mathrm{d}y=\frac{\arctan x}{1+x^2}\mathrm{d}x,$$

两端积分

$$\int\mathrm{d}y=\int\frac{\arctan x}{1+x^2}\mathrm{d}x,$$

得

$$y=\frac{1}{2}\arctan^2 x+C.$$

根据初值条件 $y|_{x=0}=0$, 得 $C=0$, 于是所求特解为 $y=\dfrac{1}{2}\arctan^2 x$.

(2) 原方程为 $\dfrac{\mathrm{d}y}{\mathrm{d}x}=(1-y^2)\tan x$, 是可分离变量的微分方程. 分离变量后得

$$\frac{\mathrm{d}y}{1-y^2}=\tan x\mathrm{d}x,$$

两端积分

$$\int\frac{\mathrm{d}y}{1-y^2}=\int\tan x\mathrm{d}x,$$

得

$$\frac{1}{2}\ln\left|\frac{y+1}{y-1}\right|=\ln|\sec x|+C_1,$$

于是原方程的通解为

$$\frac{y+1}{y-1}=C\sec^2 x,\ 其中\ C=\pm\mathrm{e}^{2C_1}.$$

根据初值条件 $y|_{x=0}=2$, 得 $C=3$, 于是所求特解为 $\dfrac{y+1}{y-1}=3\sec^2 x$.

(3) 原方程为 $\dfrac{\mathrm{d}y}{\mathrm{d}x}=\dfrac{1-\mathrm{e}^y}{x}$, 是可分离变量的微分方程. 分离变量后得

$$\frac{\mathrm{d}y}{1-\mathrm{e}^y}=\frac{\mathrm{d}x}{x},$$

两端积分

$$\int\frac{\mathrm{d}y}{1-\mathrm{e}^y}=\int\frac{\mathrm{d}x}{x},$$

得

$$y-\ln|1-\mathrm{e}^y|=\ln|x|+C_1,$$

于是原方程的通解为

$$\frac{\mathrm{e}^y}{1-\mathrm{e}^y}=Cx,\ 其中\ C=\pm\mathrm{e}^{C_1}.$$

根据初值条件 $y|_{x=1}=-\ln 2$, 得 $C=1$, 于是所求特解为 $\dfrac{\mathrm{e}^y}{1-\mathrm{e}^y}=x$.

(4) 原方程为 $\dfrac{\mathrm{d}y}{\mathrm{d}x}=\dfrac{-\mathrm{e}^x\cos y}{(\mathrm{e}^x+1)\sin y}$, 是可分离变量的微分方程. 分离变量后得

$$\frac{\sin y\mathrm{d}y}{\cos y}=\frac{-\mathrm{e}^x\mathrm{d}x}{\mathrm{e}^x+1},$$

两端积分

$$\int\frac{\sin y\mathrm{d}y}{\cos y}=\int\frac{-\mathrm{e}^x\mathrm{d}x}{\mathrm{e}^x+1},$$

得

$$\ln|\sec y|=-\ln|\mathrm{e}^x+1|+C_1,$$

于是原方程的通解为

$$\mathrm{e}^x+1=C\cos y,\ 其中\ C=\pm\mathrm{e}^{C_1}.$$

根据初值条件 $y|_{x=0}=\dfrac{\pi}{4}$, 得 $C=2\sqrt{2}$, 于是所求特解为 $\mathrm{e}^x+1=2\sqrt{2}\cos y$.

3. 设单位质点在水平面内做直线运动, 初速度 $v|_{t=0}=v_0$, 已知阻力与速度成正比(比例系数为 1), 问 t 为多少时此质点的速度为 $\dfrac{v_0}{3}$? 并求此时该质点经过的路程.

解 设该单位质点在时刻 t 的运动速度为 $v(t)$, $m=1$, 根据单位质点受力和牛顿第二定律得 $F=ma=-v(t)$, 即 $a=-v(t)$.

又加速度 $a=\dfrac{\mathrm{d}v}{\mathrm{d}t}$, 则可得速度函数 $v(t)$ 满足微分方程

$$\frac{\mathrm{d}v}{\mathrm{d}t}=-v,$$

并有初值条件 $v|_{t=0}=v_0$.

该方程为可分离变量微分方程, 分离变量后得

$$\frac{\mathrm{d}v}{v}=-\mathrm{d}t,$$

两端积分

$$\int\frac{\mathrm{d}v}{v}=-\int\mathrm{d}t,$$

得

$$\ln|v| = -t + C_1,$$

故方程的通解为

$$v = C\mathrm{e}^{-t}.$$

由初值条件 $v|_{t=0} = v_0$, 解得 $C = v_0$. 于是所求的速度函数为

$$v(t) = v_0\mathrm{e}^{-t}.$$

令 $v(t) = v_0\mathrm{e}^{-t} = \dfrac{v_0}{3}$, 解得 $t = \ln 3$. 即当 $t = \ln 3$ 时, 此质点的速度为 $\dfrac{v_0}{3}$, 且此时该质点经过的路程

$$s = \int_0^{\ln 3} v(t)\mathrm{d}t = \int_0^{\ln 3} v_0\mathrm{e}^{-t}\mathrm{d}t = \left[-v_0\mathrm{e}^{-t}\right]_0^{\ln 3} = \frac{2}{3}v_0.$$

4. 镭的衰变速度与它的现存量 R 成正比, 经过 1 600 年后, 只余下原始量 R_0 的一半, 试求镭的现存量 R 与时间 t 的函数关系.

解 镭的衰变速度就是镭的现存量 $R(t)$ 对时间 t 的导数 $\dfrac{\mathrm{d}R}{\mathrm{d}t}$. 根据题意, 镭的衰变速度与它的现存量 R 成正比, 从而可设比例系数为 $\lambda > 0$, 故可得微分方程

$$\frac{\mathrm{d}R}{\mathrm{d}t} = -\lambda R.$$

这是一个可分离变量的微分方程. 分离变量, 然后两端积分得

$$\int \frac{\mathrm{d}R}{R} = -\int \lambda \mathrm{d}t,$$

解得 $R = C\mathrm{e}^{-\lambda t}$.

根据题意条件, $R|_{t=0} = R_0$, $R|_{t=1\,600} = \dfrac{R_0}{2}$, 可求得 $C = R_0$, $\lambda = \dfrac{\ln 2}{1\,600}$, 故

$$R = R_0\mathrm{e}^{-\frac{\ln 2}{1\,600}t}.$$

5. 容器内有 100 L 盐水, 含 10 kg 的盐. 现在以 3 L/min 的均匀速率往容器内注入净水 (假定净水与盐水立即调和), 又以 2 L/min 的均匀速率从容器中抽出盐水, 问 60 min 后容器内盐水中盐的含量是多少?

解 设 t 时刻盐水中的含盐量为 $y(t)$ kg, 依题意, 在时间区间 $[t, t+\mathrm{d}t]$ 内含盐量的改变量 Δy 即为 $\mathrm{d}t$ min 的时间段内注入水的含盐量减去抽出盐水的含盐量. 在 $[t, t+\mathrm{d}t]$ 内, 虽然容器中盐水的浓度是不断变化的量, 但是当 $\mathrm{d}t$ 很小时, 其浓度变化也很小, 故可以用时刻 t 的盐水浓度 $\dfrac{y(t)}{100+3t-2t} = \dfrac{y(t)}{100+t}$ 来近似代替时刻 $t+\mathrm{d}t$ 时的盐水浓度. 于是在这个时间段内含盐量的改变量

$$\Delta y \approx 0 - \frac{y}{100+t} \cdot 2\mathrm{d}t = -\frac{2y}{100+t}\mathrm{d}t,$$

由此可得微分方程

$$\mathrm{d}y=-\frac{2y}{100+t}\mathrm{d}t.$$

该方程是可分离变量微分方程, 分离变量后两端积分得

$$\int\frac{\mathrm{d}y}{y}=-\int\frac{2}{100+t}\mathrm{d}t,$$

解得

$$\ln|y|=-2\ln|100+t|+C_1,$$

于是方程的通解为

$$y=\frac{C}{(100+t)^2}.$$

根据题意可得初值条件 $y|_{t=0}=10$, 可求得 $C=10^5$, 故 $y=\dfrac{10^5}{(100+t)^2}$.

60 min 后, 即当 $t=60$ 时, 盐水中的含盐量

$$y|_{t=60}=\frac{10^5}{(100+60)^2}\approx 3.9\text{ kg}.$$

6. 在某一人群中推广新技术是通过其中已掌握新技术的人进行的. 设该人群的总人数为 N, 在 $t=0$ 时刻已掌握新技术的人数为 x_0, 在任意时刻 t 已掌握新技术的人数为 $x(t)$ (将 $x(t)$ 视为连续可微变量), 其变化率与已掌握新技术人数和未掌握新技术人数之积成正比, 比例常数 $k>0$, 求 $x(t)$.

解　根据题意, 已掌握新技术人数 $x(t)$ 的变化率为 $\dfrac{\mathrm{d}x}{\mathrm{d}t}$ 满足方程

$$\frac{\mathrm{d}x}{\mathrm{d}t}=kx(N-x),$$

且有初值条件 $x(0)=x_0$.

对方程分离变量得

$$\frac{\mathrm{d}x}{x(N-x)}=k\mathrm{d}t,$$

两端积分

$$\int\frac{\mathrm{d}x}{x(N-x)}=\int k\mathrm{d}t,$$

解得

$$\frac{1}{N}\ln\frac{x}{N-x}=kt+C_1.$$

于是方程的通解为

$$x(t)=\frac{CN\mathrm{e}^{kNt}}{1+C\mathrm{e}^{kNt}}.$$

代入初值条件 $x(0)=x_0$, 解得 $C=\dfrac{x_0}{N-x_0}$. 于是所求函数 $x(t)=\dfrac{Nx_0\mathrm{e}^{kNt}}{N-x_0+x_0\mathrm{e}^{kNt}}$.

习题 4.3

1. 求下列微分方程的通解:

(1) $xy' = \dfrac{y}{\ln x - \ln y}$; (2) $xy' = xe^{\frac{y}{x}} + y$; (3) $xy' + y = 2\sqrt{xy}$;

(4) $y' = \dfrac{y - \sqrt{x^2 + y^2}}{x}$; (5) $\left(x\sin\dfrac{y}{x} + y\cos\dfrac{y}{x}\right)\mathrm{d}x - x\cos\dfrac{y}{x}\mathrm{d}y = 0$.

解 (1) 原方程可化为

$$\frac{\mathrm{d}y}{\mathrm{d}x} = \frac{-\dfrac{y}{x}}{\ln\dfrac{y}{x}},$$

这是齐次方程. 令 $\dfrac{y}{x} = u$, 则 $y = ux$, $\dfrac{\mathrm{d}y}{\mathrm{d}x} = u + x\dfrac{\mathrm{d}u}{\mathrm{d}x}$, 于是原方程化为

$$u + x\frac{\mathrm{d}u}{\mathrm{d}x} = -\frac{u}{\ln u},$$

即

$$x\frac{\mathrm{d}u}{\mathrm{d}x} = -\frac{u}{\ln u} - u.$$

分离变量后得

$$\frac{\ln u\mathrm{d}u}{u(1+\ln u)} = -\frac{\mathrm{d}x}{x},$$

两端积分得

$$\int\left[\frac{1}{u} - \frac{1}{u(1+\ln u)}\right]\mathrm{d}u = -\int\frac{\mathrm{d}x}{x},$$

故方程的通解为

$$\frac{u}{1+\ln u} = \frac{C}{x}.$$

把 $u = \dfrac{y}{x}$ 代入上式, 便得原方程的通解为

$$\frac{y}{1+\ln\dfrac{y}{x}} = C,\ \text{或}\ \frac{y}{1+\ln y - \ln x} = C.$$

(2) 原方程可化为

$$\frac{\mathrm{d}y}{\mathrm{d}x} = e^{\frac{y}{x}} + \frac{y}{x},$$

这是齐次方程. 令 $\dfrac{y}{x} = u$, 则 $y = ux$, $\dfrac{\mathrm{d}y}{\mathrm{d}x} = u + x\dfrac{\mathrm{d}u}{\mathrm{d}x}$, 于是原方程化为

$$u + x\frac{\mathrm{d}u}{\mathrm{d}x} = e^u + u.$$

分离变量后得

$$\frac{\mathrm{d}u}{\mathrm{e}^u}=\frac{\mathrm{d}x}{x},$$

两端积分得

$$\int\frac{\mathrm{d}u}{\mathrm{e}^u}=\int\frac{\mathrm{d}x}{x}.$$

故方程的通解为

$$-\mathrm{e}^{-u}=\ln|x|+C.$$

把 $u=\dfrac{y}{x}$ 代入上式, 便得原方程的通解为

$$-\mathrm{e}^{-\frac{y}{x}}=\ln|x|+C.$$

(3) (i) 当 $x>0$ 时, 原方程可化为

$$\frac{\mathrm{d}y}{\mathrm{d}x}=\frac{2\sqrt{xy}-y}{x}=2\sqrt{\frac{y}{x}}-\frac{y}{x},$$

这是齐次方程. 令 $\dfrac{y}{x}=u$, 则 $y=ux$, $\dfrac{\mathrm{d}y}{\mathrm{d}x}=u+x\dfrac{\mathrm{d}u}{\mathrm{d}x}$, 于是原方程化为

$$u+x\frac{\mathrm{d}u}{\mathrm{d}x}=2\sqrt{u}-u,$$

即

$$x\frac{\mathrm{d}u}{\mathrm{d}x}=2\sqrt{u}-2u.$$

分离变量后得

$$\frac{\mathrm{d}u}{2(\sqrt{u}-u)}-\frac{\mathrm{d}x}{x},$$

两端积分得

$$\int\frac{\mathrm{d}u}{2\sqrt{u}(1-\sqrt{u})}=\int\frac{\mathrm{d}x}{x},$$

解得

$$-\ln|\sqrt{u}-1|=\ln|x|+C_1.$$

故方程的通解为

$$x(\sqrt{u}-1)=C_2,\ 其中\ C_2=\pm\mathrm{e}^{-C_1}.$$

把 $u=\dfrac{y}{x}$ 代入上式, 便得原方程在 $(0,+\infty)$ 内的通解为

$$\sqrt{xy}-x=C_2\ (x>0).$$

(ii) 当 $x<0$ 时, 原方程可化为

$$\frac{\mathrm{d}y}{\mathrm{d}x}=-2\sqrt{\frac{y}{x}}-\frac{y}{x},$$

这是齐次方程. 令 $\frac{y}{x}=u$, 则 $y=ux$, $\frac{\mathrm{d}y}{\mathrm{d}x}=u+x\frac{\mathrm{d}u}{\mathrm{d}x}$, 于是原方程化为

$$u+x\frac{\mathrm{d}u}{\mathrm{d}x}=-2\sqrt{u}-u,$$

即

$$x\frac{\mathrm{d}u}{\mathrm{d}x}=-2\sqrt{u}-2u.$$

分离变量后得

$$\frac{\mathrm{d}u}{2(\sqrt{u}+u)}=-\frac{\mathrm{d}x}{x},$$

两端积分得

$$\int\frac{\mathrm{d}u}{2\sqrt{u}(1+\sqrt{u})}=-\int\frac{\mathrm{d}x}{x},$$

解得

$$\ln|1+\sqrt{u}|=-\ln|x|+C_3.$$

故方程的通解为

$$x(1+\sqrt{u})=C_4,\ 其中\ C_4=-\mathrm{e}^{C_3}.$$

把 $u=\frac{y}{x}$ 代入上式, 便得原方程在 $(-\infty,0)$ 内的通解为

$$x-\sqrt{xy}=C_4\ (x<0)$$

(iii) 当 $x=0$ 时, $y=0$.

综合 (i) (ii) (iii) 可知, 原方程的通解可表示为 $\sqrt{xy}-x=C$, C 为任意常数.

(4) (i) 当 $x>0$ 时, 原方程可化为

$$\frac{\mathrm{d}y}{\mathrm{d}x}=\frac{y}{x}-\sqrt{1+\left(\frac{y}{x}\right)^2},$$

这是齐次方程. 令 $\frac{y}{x}=u$, 则 $y=ux$, $\frac{\mathrm{d}y}{\mathrm{d}x}=u+x\frac{\mathrm{d}u}{\mathrm{d}x}$, 于是原方程化为

$$u+x\frac{\mathrm{d}u}{\mathrm{d}x}=u-\sqrt{1+u^2},$$

即

$$x\frac{\mathrm{d}u}{\mathrm{d}x}=-\sqrt{1+u^2}.$$

分离变量后得

$$\frac{\mathrm{d}u}{\sqrt{1+u^2}}=-\frac{\mathrm{d}x}{x},$$

两端积分得

$$\int\frac{\mathrm{d}u}{\sqrt{1+u^2}}=-\int\frac{\mathrm{d}x}{x},$$

解得

$$\ln|u+\sqrt{1+u^2}|=-\ln|x|+C_1.$$

故方程的通解为

$$(u+\sqrt{1+u^2})x=C,\ \text{其中}\ C=\pm \mathrm{e}^{C_1}.$$

把 $u=\dfrac{y}{x}$ 代入上式, 便得原方程在 $(0,+\infty)$ 内的通解为

$$y+\sqrt{x^2+y^2}=C(x>0).$$

(ii) 当 $x<0$ 时, 原方程可化为

$$\frac{\mathrm{d}y}{\mathrm{d}x}=\frac{y}{x}+\sqrt{1+\left(\frac{y}{x}\right)^2},$$

这是齐次方程. 令 $\dfrac{y}{x}=u$, 则 $y=ux$, $\dfrac{\mathrm{d}y}{\mathrm{d}x}=u+x\dfrac{\mathrm{d}u}{\mathrm{d}x}$, 于是原方程化为

$$u+x\frac{\mathrm{d}u}{\mathrm{d}x}=u+\sqrt{1+u^2},$$

即

$$x\frac{\mathrm{d}u}{\mathrm{d}x}=\sqrt{1+u^2}.$$

分离变量后得

$$\frac{\mathrm{d}u}{\sqrt{1+u^2}}=\frac{\mathrm{d}x}{x},$$

两端积分得

$$\int\frac{\mathrm{d}u}{\sqrt{1+u^2}}=\int\frac{\mathrm{d}x}{x},$$

解得

$$\ln|u+\sqrt{1+u^2}|=\ln|x|+C_1.$$

故方程的通解为

$$\frac{x}{u+\sqrt{1+u^2}}=C_2,\ \text{其中}\ C_2=\pm \mathrm{e}^{-C_1}.$$

把 $u=\dfrac{y}{x}$ 代入上式, 便得原方程在 $(-\infty,0)$ 内的通解为

$$\frac{x^2}{y-\sqrt{x^2+y^2}}=C_2,$$

分母有理化后得

$$y+\sqrt{x^2+y^2}=C\ (x<0).$$

综合 (i) (ii) 可知, 原方程的通解可表示为 $y+\sqrt{x^2+y^2}=C$.

(5) 原方程可化为

$$\frac{\mathrm{d}y}{\mathrm{d}x}=\tan\frac{y}{x}+\frac{y}{x},$$

这是齐次方程. 令 $\dfrac{y}{x}=u$, 则 $y=ux$, $\dfrac{\mathrm{d}y}{\mathrm{d}x}=u+x\dfrac{\mathrm{d}u}{\mathrm{d}x}$, 于是原方程化为

$$u+x\frac{\mathrm{d}u}{\mathrm{d}x}=\tan u+u.$$

分离变量后得

$$\frac{\mathrm{d}u}{\tan u}=\frac{\mathrm{d}x}{x},$$

两端积分得

$$\int\frac{\mathrm{d}u}{\tan u}=\int\frac{\mathrm{d}x}{x},$$

解得

$$\ln|\sin u|=\ln|x|+C_1.$$

故方程的通解为

$$\sin u=Cx.$$

把 $u=\dfrac{y}{x}$ 代入上式, 便得原方程的通解为

$$\sin\frac{y}{x}=Cx,\ \text{其中 } C=\pm\mathrm{e}^{C_1}.$$

由于 $y=0$ 也是该方程的解, 故方程的通解为 $\sin\dfrac{y}{x}=Cx$, 其中 C 为任意常数.

2. 求下列初值问题的解:

(1) $y'=\dfrac{y}{x}+\dfrac{x}{y}, y|_{x=1}=2$;

(2) $(y+\sqrt{x^2+y^2})\mathrm{d}x-x\mathrm{d}y=0, y|_{x=1}=0$;

(3) $x^2y'+xy=y^2, y|_{x=1}=1$;

(4) $(x^2+2xy-y^2)\mathrm{d}x+(y^2+2xy-x^2)\mathrm{d}y=0, y|_{x=1}=1$.

解 (1) 原方程是齐次方程. 令 $\dfrac{y}{x}=u$, 则 $y=ux$, $\dfrac{\mathrm{d}y}{\mathrm{d}x}=u+x\dfrac{\mathrm{d}u}{\mathrm{d}x}$, 于是原方程化为

$$u+x\frac{\mathrm{d}u}{\mathrm{d}x}=u+\frac{1}{u}.$$

分离变量后得

$$u\mathrm{d}u=\frac{\mathrm{d}x}{x},$$

两端积分得

$$\int u\mathrm{d}u=\int\frac{\mathrm{d}x}{x},$$

解得

$$\frac{1}{2}u^2=\ln|x|+C.$$

把 $u=\dfrac{y}{x}$ 代入上式并整理得原方程的通解为

$$y^2=2x^2(\ln|x|+C).$$

代入初值条件 $x=1,y=2$, 解得 $C=2$. 于是所求特解为

$$y^2=2x^2(\ln|x|+2).$$

(2) 注意到初值条件为 $x=1,y=0$, 从而可设 $x>0$, 则原方程可化为

$$\frac{\mathrm{d}y}{\mathrm{d}x}=\frac{y+\sqrt{x^2+y^2}}{x}=\frac{y}{x}+\sqrt{1+\left(\frac{y}{x}\right)^2},$$

这是齐次方程. 令 $\dfrac{y}{x}=u$, 则 $y=ux$, $\dfrac{\mathrm{d}y}{\mathrm{d}x}=u+x\dfrac{\mathrm{d}u}{\mathrm{d}x}$, 于是原方程化为

$$u+x\frac{\mathrm{d}u}{\mathrm{d}x}=u+\sqrt{1+u^2},$$

即

$$x\frac{\mathrm{d}u}{\mathrm{d}x}=\sqrt{1+u^2}.$$

分离变量后得

$$\frac{\mathrm{d}u}{\sqrt{1+u^2}}=\frac{\mathrm{d}x}{x},$$

两端积分得

$$\int\frac{\mathrm{d}u}{\sqrt{1+u^2}}=\int\frac{\mathrm{d}x}{x},$$

解得

$$\ln|u+\sqrt{1+u^2}|=\ln|x|+C_1.$$

故方程的通解为

$$\frac{x}{u+\sqrt{1+u^2}}=C_2.$$

把 $u=\dfrac{y}{x}$ 代入上式, 便得原方程的通解为

$$\frac{x^2}{y+\sqrt{x^2+y^2}}=C_2,$$

分母有理化后整理得

$$\sqrt{x^2+y^2}-y=C.$$

代入初值条件 $x=1,y=0$, 解得 $C=1$. 于是所求特解为

$$\sqrt{x^2+y^2}-y=1.$$

(3) 原方程可化为

$$\frac{\mathrm{d}y}{\mathrm{d}x}=\frac{y^2-xy}{x^2}=\left(\frac{y}{x}\right)^2-\frac{y}{x},$$

这是齐次方程. 令 $\dfrac{y}{x}=u$, 则 $y=ux$, $\dfrac{\mathrm{d}y}{\mathrm{d}x}=u+x\dfrac{\mathrm{d}u}{\mathrm{d}x}$, 于是原方程化为

$$u+x\frac{\mathrm{d}u}{\mathrm{d}x}=u^2-u.$$

分离变量后得

$$\frac{\mathrm{d}u}{u(u-2)}=\frac{\mathrm{d}x}{x},$$

两端积分得

$$\int\frac{\mathrm{d}u}{u(u-2)}=\int\frac{\mathrm{d}x}{x},$$

解得

$$\frac{1}{2}(\ln|u-2|-\ln|u|)=\ln|x|+C_1.$$

故方程的通解为

$$\frac{u-2}{u}=Cx^2,\ 其中\ C=\pm\mathrm{e}^{2C_1}.$$

把 $u=\dfrac{y}{x}$ 代入上式并整理得原方程的通解为

$$y=\frac{2x}{1-Cx^2}.$$

代入初值条件 $x=1,y=1$, 解得 $C=-1$. 于是所求特解为

$$y=\frac{2x}{1+x^2}.$$

(4) 原方程可化为

$$\frac{\mathrm{d}y}{\mathrm{d}x}=\frac{x^2+2xy-y^2}{x^2-2xy-y^2}=\frac{1+2\cdot\dfrac{y}{x}-\left(\dfrac{y}{x}\right)^2}{1-2\cdot\dfrac{y}{x}-\left(\dfrac{y}{x}\right)^2},$$

这是齐次方程. 令 $\dfrac{y}{x}=u$, 则 $y=ux$, $\dfrac{\mathrm{d}y}{\mathrm{d}x}=u+x\dfrac{\mathrm{d}u}{\mathrm{d}x}$, 于是原方程化为

$$u+x\frac{\mathrm{d}u}{\mathrm{d}x}=\frac{1+2u-u^2}{1-2u-u^2},$$

即

$$x\frac{\mathrm{d}u}{\mathrm{d}x}=\frac{1+u+u^2+u^3}{1-2u-u^2}.$$

分离变量后得

$$\frac{1-2u-u^2}{1+u+u^2+u^3}\mathrm{d}u=\frac{\mathrm{d}x}{x},$$

两端积分得

$$\int \frac{1-2u-u^2}{1+u+u^2+u^3}\mathrm{d}u = \int \left(\frac{1}{u+1} - \frac{2u}{u^2+1}\right)\mathrm{d}u = \int \frac{\mathrm{d}x}{x},$$

解得

$$\ln|u+1| - \ln|u^2+1| = \ln|x| + C_1.$$

故方程的通解为

$$\frac{u+1}{u^2+1} = Cx, \text{ 其中 } C = \pm \mathrm{e}^{C_1}.$$

把 $u = \dfrac{y}{x}$ 代入上式并整理得原方程的通解为

$$\frac{y+x}{y^2+x^2} = C.$$

代入初值条件 $x=1, y=1$, 解得 $C=1$. 于是所求特解为

$$\frac{y+x}{y^2+x^2} = 1.$$

3. 设有连结点 $O(0,0)$ 和 $A(1,1)$ 的一段凸的曲线弧 $\overset{\frown}{OA}$, 对于 $\overset{\frown}{OA}$ 上任一点 $P(x,y)$, 曲线弧 $\overset{\frown}{OP}$ 与直线段 $\overline{OP}$ 所围图形的面积为 x^2, 求曲线弧 $\overset{\frown}{OA}$ 的方程.

解　设曲线弧的方程为 $y=y(x)$. 依题意, 有

$$\int_0^x y(x)\mathrm{d}x - \frac{1}{2}xy(x) = x^2.$$

上式两端对 x 求导,

$$y(x) - \frac{1}{2}y(x) - \frac{1}{2}xy'(x) = 2x,$$

即可得微分方程

$$y' = \frac{y}{x} - 4.$$

令 $\dfrac{y}{x} = u$, 则 $y = ux$, $\dfrac{\mathrm{d}y}{\mathrm{d}x} = u + x\dfrac{\mathrm{d}u}{\mathrm{d}x}$, 上述微分方程化为

$$\frac{\mathrm{d}u}{\mathrm{d}x} = -\frac{4}{x}.$$

两端积分, 可得

$$u = -4\ln x + C.$$

因为 $u = \dfrac{y}{x}$, 所以 $y = x(-4\ln x + C)$.

由于曲线过点 $A(1,1)$, 故 $C=1$. 于是曲线弧的方程为 $y = x(1-4\ln x)$.

*4. 化下列方程为齐次方程, 并求出通解:

(1) $(2y-x-5)\mathrm{d}x - (2x-y+4)\mathrm{d}y = 0$;

(2) $(x-y)\mathrm{d}x+(3x+3y-4)\mathrm{d}y=0$;

(3) $(x-y+1)\mathrm{d}x-(x+y-3)\mathrm{d}y=0$.

解 (1) 令 $x=X+h, y=Y+k$, 其中 h,k 为待定的常数, 则 $\mathrm{d}x=\mathrm{d}X$, $\mathrm{d}y=\mathrm{d}Y$, 于是原方程可化为

$$(2Y-X+2k-h-5)\mathrm{d}X-(2X-Y+2h-k+4)\mathrm{d}Y=0.$$

令

$$\begin{cases}2k-h-5=0,\\ 2h-k+4=0,\end{cases}$$

解得 $h=-1$, $k=2$. 从而令 $x=X-1$, $y=Y+2$, 原方程可化为齐次方程

$$(2Y-X)\mathrm{d}X-(2X-Y)\mathrm{d}Y=0,$$

即

$$\frac{\mathrm{d}Y}{\mathrm{d}X}=\frac{2Y-X}{2X-Y}=\frac{2\frac{Y}{X}-1}{2-\frac{Y}{X}}.$$

再令 $\frac{Y}{X}=u$, 则 $Y=uX$, $\frac{\mathrm{d}Y}{\mathrm{d}X}=u+X\frac{\mathrm{d}u}{\mathrm{d}X}$, 于是原方程化为

$$u+X\frac{\mathrm{d}u}{\mathrm{d}X}=\frac{2u-1}{2-u}.$$

分离变量后得

$$\frac{2-u}{u^2-1}\mathrm{d}u=\frac{\mathrm{d}X}{X},$$

两端积分得

$$\int\frac{2-u}{u^2-1}\mathrm{d}u=\int\frac{\mathrm{d}X}{X},$$

解得

$$\ln|u-1|-\ln|u+1|-\frac{1}{2}\ln|u^2-1|=\ln|X|+C_1.$$

故方程的通解为

$$\frac{u-1}{(u+1)^3}=CX^2,\ 其中\ C=\pm\mathrm{e}^{C_1}.$$

把 $u=\frac{Y}{X}$ 代入并化简, 得

$$Y-X=C(Y+X)^3.$$

再把 $X=x+1$, $Y=y-2$ 代入, 得原方程的通解为

$$y-x-3=C(y+x-1)^3.$$

(2) 令 $x=X+h,\ y=Y+k$, 其中 h,k 为待定的常数, 则 $\mathrm{d}x=\mathrm{d}X$, $\mathrm{d}y=\mathrm{d}Y$, 于是原方程可化为

$$(X-Y+h-k)\mathrm{d}X+(3X+3Y+3h+3k-4)\mathrm{d}Y=0.$$

令

$$\begin{cases}h-k=0,\\3h+3k-4=0,\end{cases}$$

解得 $h=\dfrac{2}{3}$, $k=\dfrac{2}{3}$. 从而令 $x=X+\dfrac{2}{3}$, $y=Y+\dfrac{2}{3}$, 原方程可化为齐次方程

$$(X-Y)\mathrm{d}X+(3X+3Y)\mathrm{d}Y=0,$$

即

$$\frac{\mathrm{d}Y}{\mathrm{d}X}=\frac{Y-X}{3(X+Y)}=\frac{\dfrac{Y}{X}-1}{3\left(1+\dfrac{Y}{X}\right)}.$$

再令 $\dfrac{Y}{X}=u$, 则 $Y=uX$, $\dfrac{\mathrm{d}Y}{\mathrm{d}X}=u+X\dfrac{\mathrm{d}u}{\mathrm{d}X}$, 于是原方程化为

$$u+X\frac{\mathrm{d}u}{\mathrm{d}X}=\frac{u-1}{3(1+u)}.$$

分离变量后得

$$\frac{1+u}{3u^2+2u+1}\mathrm{d}u=-\frac{\mathrm{d}X}{3X},$$

两端积分得

$$\int\frac{1+u}{3u^2+2u+1}\mathrm{d}u=-\int\frac{\mathrm{d}X}{3X},$$

解得

$$\frac{1}{6}\ln(3u^2+2u+1)+\frac{\sqrt{2}}{3}\arctan\frac{3}{\sqrt{2}}\left(u+\frac{1}{3}\right)=-\frac{1}{3}\ln|X|+C_1.$$

故方程的通解为

$$X^2(3u^2+2u+1)=C\mathrm{e}^{-2\sqrt{2}\arctan\frac{3}{\sqrt{2}}\left(u+\frac{1}{3}\right)}.$$

把 $u=\dfrac{Y}{X}$ 代入并化简, 得

$$3Y^2+2XY+X^2=C\mathrm{e}^{-2\sqrt{2}\arctan\frac{3}{\sqrt{2}}\left(\frac{Y}{X}+\frac{1}{3}\right)}.$$

再把 $X=x-\dfrac{2}{3}$, $Y=y-\dfrac{2}{3}$ 代入, 得原方程的通解为

$$3\left(y-\frac{2}{3}\right)^2+2\left(x-\frac{2}{3}\right)\left(y-\frac{2}{3}\right)+\left(x-\frac{2}{3}\right)^2=C\mathrm{e}^{-2\sqrt{2}\arctan\frac{3}{\sqrt{2}}\left(\frac{y-\frac{2}{3}}{x-\frac{2}{3}}+\frac{1}{3}\right)}.$$

(3) 令 $x=X+h,\ y=Y+k$, 其中 h,k 为待定的常数, 则 $\mathrm{d}x=\mathrm{d}X,\ \mathrm{d}y=\mathrm{d}Y$, 于是原方程可化为

$$(X-Y+h-k+1)\mathrm{d}X-(X+Y+h+k-3)\mathrm{d}Y=0.$$

令

$$\begin{cases}h-k+1=0,\\h+k-3=0,\end{cases}$$

解得 $h=1,\ k=2$. 从而令 $x=X+1,\ y=Y+2$, 原方程可化为齐次方程

$$(X-Y)\mathrm{d}X-(X+Y)\mathrm{d}Y=0,$$

即

$$\frac{\mathrm{d}Y}{\mathrm{d}X}=\frac{X-Y}{X+Y}=\frac{1-\dfrac{Y}{X}}{1+\dfrac{Y}{X}}.$$

再令 $\dfrac{Y}{X}=u$, 则 $Y=uX,\ \dfrac{\mathrm{d}Y}{\mathrm{d}X}=u+X\dfrac{\mathrm{d}u}{\mathrm{d}X}$, 于是原方程化为

$$u+X\frac{\mathrm{d}u}{\mathrm{d}X}=\frac{1-u}{1+u}.$$

分离变量后得

$$\frac{1+u}{u^2+2u-1}\mathrm{d}u=-\frac{\mathrm{d}X}{X},$$

两端积分得

$$\int\frac{1+u}{u^2+2u-1}\mathrm{d}u=-\int\frac{\mathrm{d}X}{X},$$

解得

$$\frac{1}{2}\ln|u^2+2u-1|=-\ln|X|+C_1.$$

故方程的通解为

$$u^2+2u-1=\frac{C}{X^2}.$$

把 $u=\dfrac{Y}{X}$ 代入并化简, 得

$$Y^2+2XY-X^2=C.$$

再把 $X=x-1,\ Y=y-2$ 代入, 得原方程的通解为

$$(y-2)^2+2(x-1)(y-2)-(x-1)^2=C,$$

或

$$y^2-x^2+2xy-2x-6y=C_2.$$

*5. 用适当的变量代换将下列方程化为齐次方程, 并求出通解:

(1) $y^3\mathrm{d}x+2(x^2-xy^2)\mathrm{d}y=0$; (2) $xy\mathrm{d}x+(y^4-3x^2)\mathrm{d}y=0$.

解 (1) 令 $x=X^2$, $y=Y$, 则 $\mathrm{d}x=2X\mathrm{d}X$, $\mathrm{d}y=\mathrm{d}Y$, 于是原方程可化为齐次方程

$$XY^3\mathrm{d}X+(X^4-X^2Y^2)\mathrm{d}Y=0,$$

即

$$\frac{\mathrm{d}X}{\mathrm{d}Y}=\frac{X^2Y^2-X^4}{XY^3}=\frac{X}{Y}-\left(\frac{X}{Y}\right)^3.$$

令 $\dfrac{X}{Y}=u$, 则 $X=uY$, $\dfrac{\mathrm{d}X}{\mathrm{d}Y}=u+Y\dfrac{\mathrm{d}u}{\mathrm{d}Y}$, 于是方程化为

$$u+Y\frac{\mathrm{d}u}{\mathrm{d}Y}=u-u^3.$$

分离变量后得

$$-\frac{\mathrm{d}u}{u^3}=\frac{\mathrm{d}Y}{Y},$$

两端积分, 可得

$$\frac{1}{2u^2}=\ln|Y|+C_1.$$

故方程的通解为

$$\frac{1}{u^2}=\ln Y^2+C.$$

把 $u=\dfrac{X}{Y}$ 代入并化简, 得

$$\frac{Y^2}{X^2}=\ln Y^2+C.$$

再把 $X^2=x$, $Y=y$ 代入, 得原方程的通解为

$$\frac{y^2}{x}=\ln y^2+C, \text{ 或 } y^2=x\ln y^2+Cx.$$

(2) 令 $x=X^2$, $y=Y$, 则 $\mathrm{d}x=2X\mathrm{d}X$, $\mathrm{d}y=\mathrm{d}Y$, 于是原方程可化为齐次方程

$$2X^3Y\mathrm{d}X+(Y^4-3X^4)\mathrm{d}Y=0,$$

即

$$\frac{\mathrm{d}X}{\mathrm{d}Y}=\frac{3X^4-Y^4}{2X^3Y}=\frac{3X}{2Y}-\frac{1}{2}\left(\frac{Y}{X}\right)^3.$$

令 $\dfrac{X}{Y}=u$, 则 $X=uY$, $\dfrac{\mathrm{d}X}{\mathrm{d}Y}=u+Y\dfrac{\mathrm{d}u}{\mathrm{d}Y}$, 于是方程化为

$$u+Y\frac{\mathrm{d}u}{\mathrm{d}Y}=\frac{3}{2}u-\frac{1}{2u^3}.$$

分离变量后得

$$\frac{2u^3\mathrm{d}u}{u^4-1}=\frac{\mathrm{d}Y}{Y},$$

两端积分

$$\frac{1}{2}\int\frac{\mathrm{d}(u^4-1)}{u^4-1}=\int\frac{\mathrm{d}Y}{Y},$$

解得

$$\frac{1}{2}\ln|u^4-1|=\ln|Y|+C_1.$$

故方程的通解为

$$u^4-1=CY^2.$$

把 $u=\dfrac{X}{Y}$ 代入并化简, 得

$$\frac{X^4}{Y^4}-1=CY^2.$$

再把 $X^2=x,\ Y=y$ 代入, 得原方程的通解为

$$\frac{x^2}{y^4}-1=Cy^2,\ \text{或}\ x^2-y^4=Cy^6.$$

习题 4.4

1. 求下列微分方程的通解:

(1) $xy'=y-2$;

(2) $(x^2+1)y'+2xy=4x^2$;

(3) $xy'+y=\mathrm{e}^x$;

(4) $y'+y\tan x=\cos x$;

(5) $xy'-y=2x\ln x$;

(6) $y\mathrm{d}x+(xy+x-\mathrm{e}^y)\mathrm{d}y=0$.

解 (1) **解法 1** 原方程是一阶线性微分方程, 且方程可化为

$$y'-\frac{1}{x}y=-\frac{2}{x},$$

其中 $P(x)=-\dfrac{1}{x},\ Q(x)=-\dfrac{2}{x}$. 由通解公式得

$$\begin{aligned}y&=\mathrm{e}^{-\int\left(-\frac{1}{x}\right)\mathrm{d}x}\left[\int\left(-\frac{2}{x}\right)\mathrm{e}^{\int\left(-\frac{1}{x}\right)\mathrm{d}x}\mathrm{d}x+C\right]\\&=x\left[\int\left(-\frac{2}{x^2}\right)\mathrm{d}x+C\right]=x\left(\frac{2}{x}+C\right)=2+Cx,\end{aligned}$$

即所求方程的通解为 $y=2+Cx$.

解法 2 方程又可化为

$$y'=\frac{y-2}{x},$$

这是可分离变量方程, 分离变量得

$$\frac{\mathrm{d}y}{y-2}=\frac{\mathrm{d}x}{x}.$$

两端积分 $\int \frac{\mathrm{d}y}{y-2}=\int \frac{\mathrm{d}x}{x}$, 解得 $\ln|y-2|=\ln|x|+C_1$.

于是原方程的通解为 $y=2+Cx$.

(2) 原方程是一阶线性微分方程, 且方程可化为

$$y'+\frac{2x}{x^2+1}y=\frac{4x^2}{x^2+1},$$

其中 $P(x)=\frac{2x}{x^2+1}$, $Q(x)=\frac{4x^2}{x^2+1}$. 由通解公式得

$$\begin{aligned} y&=\mathrm{e}^{-\int \frac{2x}{x^2+1}\mathrm{d}x}\left(\int \frac{4x^2}{x^2+1}\mathrm{e}^{\int \frac{2x}{x^2+1}\mathrm{d}x}\mathrm{d}x+C\right)\\ &=\frac{1}{x^2+1}\left(\int 4x^2\mathrm{d}x+C\right)=\frac{\frac{4}{3}x^3+C}{x^2+1}, \end{aligned}$$

即所求方程的通解为 $y=\frac{4x^3}{3(x^2+1)}+\frac{C}{x^2+1}$.

(3) 原方程是一阶线性微分方程, 且方程可化为

$$y'+\frac{1}{x}y=\frac{1}{x}\mathrm{e}^x,$$

其中 $P(x)=\frac{1}{x}$, $Q(x)=\frac{1}{x}\mathrm{e}^x$. 由通解公式得

$$y=\mathrm{e}^{-\int \frac{1}{x}\mathrm{d}x}\left(\int \frac{\mathrm{e}^x}{x}\cdot \mathrm{e}^{\int \frac{1}{x}\mathrm{d}x}\mathrm{d}x+C\right)=\frac{1}{x}\left(\int \mathrm{e}^x\mathrm{d}x+C\right)=\frac{\mathrm{e}^x}{x}+\frac{C}{x},$$

即所求方程的通解为 $y=\frac{\mathrm{e}^x}{x}+\frac{C}{x}$.

(4) 原方程是一阶线性微分方程, 且 $P(x)=\tan x$, $Q(x)=\cos x$. 由通解公式得

$$\begin{aligned} y&=\mathrm{e}^{-\int \tan x\mathrm{d}x}\left(\int \cos x\mathrm{e}^{\int \tan x\mathrm{d}x}\mathrm{d}x+C\right)\\ &=\cos x\left(\int \mathrm{d}x+C\right)=x\cos x+C\cos x, \end{aligned}$$

即所求方程的通解为 $y=x\cos x+C\cos x$.

(5) 原方程是一阶线性微分方程, 且方程可化为

$$y'-\frac{1}{x}y=2\ln x,$$

其中 $P(x)=-\frac{1}{x}$, $Q(x)=2\ln x$. 由通解公式得

$$y=\mathrm{e}^{-\int(-\frac{1}{x})\mathrm{d}x}\left[\int 2\ln x\mathrm{e}^{\int(-\frac{1}{x})\mathrm{d}x}\mathrm{d}x+C\right]$$

$$= x\left(\int \frac{2\ln x}{x}\mathrm{d}x + C\right) = x[(\ln x)^2 + C] = x\ln^2 x + Cx,$$

即所求方程的通解为 $y = x\ln^2 x + Cx$.

(6) 原方程可化为

$$\frac{\mathrm{d}x}{\mathrm{d}y} + \left(1 + \frac{1}{y}\right)x = \frac{\mathrm{e}^y}{y},$$

这是以 y 为自变量, x 为函数的一阶线性微分方程, 其中 $P(y) = 1 + \frac{1}{y}$, $Q(y) = \frac{\mathrm{e}^y}{y}$.

由通解公式得

$$x = \mathrm{e}^{-\int\left(1+\frac{1}{y}\right)\mathrm{d}y}\left[\int \frac{\mathrm{e}^y}{y}\mathrm{e}^{\int\left(1+\frac{1}{y}\right)\mathrm{d}y}\mathrm{d}y + C\right]$$
$$= \frac{\mathrm{e}^{-y}}{y}\left(\int \mathrm{e}^{2y}\mathrm{d}y + C\right) = \frac{\mathrm{e}^y}{2y} + C\frac{\mathrm{e}^{-y}}{y},$$

即所求方程的通解为 $x = \frac{\mathrm{e}^y}{2y} + C\frac{\mathrm{e}^{-y}}{y}$.

2. 求下列微分方程满足初值条件的特解:

(1) $2xy' = y - x^3$, $y|_{x=1} = 0$;

(2) $(x^2-1)\mathrm{d}y + (2xy - \cos x)\mathrm{d}x = 0$, $y|_{x=0} = 1$;

(3) $y'\cos^2 x + y = \tan x$, $y|_{x=0} = 0$;

(4) $y'x\ln x - y = 1 + \ln^2 x$, $y|_{x=\mathrm{e}} = 1$.

解 (1) 原方程是一阶线性微分方程, 且方程可化为

$$y' - \frac{1}{2x}y = -\frac{x^2}{2},$$

其中 $P(x) = -\frac{1}{2x}$, $Q(x) = -\frac{x^2}{2}$. 由通解公式得

$$y = \mathrm{e}^{-\int\left(-\frac{1}{2x}\right)\mathrm{d}x}\left[\int\left(-\frac{x^2}{2}\right)\mathrm{e}^{\int\left(-\frac{1}{2x}\right)\mathrm{d}x}\mathrm{d}x + C\right]$$
$$= \sqrt{x}\left[\int\left(-\frac{1}{2}x^{\frac{3}{2}}\right)\mathrm{d}x + C\right] = -\frac{1}{5}x^3 + C\sqrt{x},$$

即所求方程的通解为

$$y = -\frac{1}{5}x^3 + C\sqrt{x}.$$

由初值条件 $y|_{x=1} = 0$, 得 $C = \frac{1}{5}$. 于是原方程的特解为

$$y = -\frac{1}{5}x^3 + \frac{1}{5}\sqrt{x}.$$

(2) 原方程可化为

$$\frac{\mathrm{d}y}{\mathrm{d}x} + \frac{2x}{x^2-1}y = \frac{\cos x}{x^2-1},$$

这是一阶线性微分方程, 其中 $P(x)=\dfrac{2x}{x^2-1}$, $Q(x)=\dfrac{\cos x}{x^2-1}$. 由通解公式得

$$\begin{aligned}y&=\mathrm{e}^{-\int\frac{2x}{x^2-1}\mathrm{d}x}\left(\int\frac{\cos x}{x^2-1}\mathrm{e}^{\int\frac{2x}{x^2-1}\mathrm{d}x}\mathrm{d}x+C\right)\\&=\frac{1}{x^2-1}\left(\int\cos x\mathrm{d}x+C\right)=\frac{\sin x}{x^2-1}+C\frac{1}{x^2-1},\end{aligned}$$

即所求方程的通解为

$$y=\frac{\sin x}{x^2-1}+C\frac{1}{x^2-1}.$$

由初值条件 $y|_{x=0}=1$, 得 $C=-1$. 于是原方程的特解为

$$y=\frac{\sin x}{x^2-1}-\frac{1}{x^2-1}.$$

(3) 原方程是一阶线性微分方程, 且方程可化为

$$y'+y\sec^2x=\tan x\sec^2x,$$

其中 $P(x)=\sec^2x$, $Q(x)=\tan x\sec^2x$. 由通解公式得

$$\begin{aligned}y&=\mathrm{e}^{-\int\sec^2x\mathrm{d}x}\left[\int\tan x\sec^2x\mathrm{e}^{\int\sec^2x\mathrm{d}x}\mathrm{d}x+C\right]\\&=\mathrm{e}^{-\tan x}\left[\int\mathrm{e}^{\tan x}\tan x\sec^2x\mathrm{d}x+C\right]=(\tan x-1)+C\mathrm{e}^{-\tan x},\end{aligned}$$

即所求方程的通解为

$$y=(\tan x-1)+C\mathrm{e}^{-\tan x}.$$

由初值条件 $y|_{x=0}=0$, 得 $C=1$. 于是原方程的特解为

$$y=\tan x-1+\mathrm{e}^{-\tan x}.$$

(4) 原方程是一阶线性微分方程, 且方程可化为

$$y'-\frac{1}{x\ln x}y=\frac{1+\ln^2x}{x\ln x},$$

其中 $P(x)=-\dfrac{1}{x\ln x}$, $Q(x)=\dfrac{1+\ln^2x}{x\ln x}$. 由通解公式得

$$\begin{aligned}y&=\mathrm{e}^{-\int(-\frac{1}{x\ln x})\mathrm{d}x}\left[\int\frac{1+\ln^2x}{x\ln x}\mathrm{e}^{\int(-\frac{1}{x\ln x})\mathrm{d}x}\mathrm{d}x+C\right]=\ln x\left(\int\frac{1+\ln^2x}{x\ln^2x}\mathrm{d}x+C\right)\\&=\ln x\left(\ln x-\frac{1}{\ln x}+C\right)=\ln^2x-1+C\ln x,\end{aligned}$$

即所求方程的通解为

$$y=\ln^2x-1+C\ln x,$$

由初值条件 $y|_{x=\mathrm{e}}=1$, 得 $C=1$. 于是原方程的特解为

$$y=\ln^2x-1+\ln x.$$

3. 已知曲线过原点, 并且它在点 (x,y) 处的切线斜率等于 $2x+y$, 求该曲线的方程.

解 设曲线方程为 $y=y(x)$. 依题意有 $y'=2x+y$, 即

$$y'-y=2x,\quad y|_{x=0}=0,$$

这是一阶线性微分方程, 其中 $P(x)=-1$, $Q(x)=2x$. 由通解公式得

$$y=\mathrm{e}^{-\int(-1)\mathrm{d}x}\left[\int 2x\mathrm{e}^{\int(-1)\mathrm{d}x}\mathrm{d}x+C\right]=\mathrm{e}^{x}\left(\int 2x\mathrm{e}^{-x}\mathrm{d}x+C\right)$$
$$=\mathrm{e}^{x}(-2x\mathrm{e}^{-x}-2\mathrm{e}^{-x}+C)=-2x-2+C\mathrm{e}^{x}.$$

代入初值条件 $y|_{x=0}=0$, 解得 $C=2$. 于是所求的曲线方程为

$$y=-2x-2+2\mathrm{e}^{x}=2(\mathrm{e}^{x}-x-1).$$

4. 一静止的质点 (质量为 1) 受到力 $F(t)=\sin t$ 的作用开始做直线运动, 已知空气阻力与速度成正比 (比例系数为 k), 试求速度 $v(t)$.

解 根据题意, 由牛顿第二定律可得 $a=\sin t-kv$, $a=\dfrac{\mathrm{d}v}{\mathrm{d}t}$, 即

$$\frac{\mathrm{d}v}{\mathrm{d}t}=\sin t-kv,\ v|_{t=0}=0.$$

方程可化为

$$\frac{\mathrm{d}v}{\mathrm{d}t}+kv=\sin t,$$

该方程是一阶线性微分方程且 $P(t)=k$, $Q(t)=\sin t$, 由通解公式可得

$$v=\mathrm{e}^{-\int k\mathrm{d}t}\left(\int \sin t\mathrm{e}^{\int k\mathrm{d}t}\mathrm{d}t+C\right)=\mathrm{e}^{-kt}\left(\int \sin t\mathrm{e}^{kt}\mathrm{d}t+C\right)$$
$$=\mathrm{e}^{-kt}\left(\frac{k\sin t-\cos t}{1+k^2}\mathrm{e}^{kt}+C\right)=\frac{k\sin t-\cos t}{1+k^2}+C\mathrm{e}^{-kt}.$$

由初值条件 $v|_{t=0}=0$, 解得 $C=\dfrac{1}{1+k^2}$, 于是速度函数

$$v(t)=\frac{k\sin t-\cos t}{1+k^2}+\frac{1}{1+k^2}\mathrm{e}^{-kt}.$$

5. 求下列伯努利方程的通解:

(1) $x^2y'+xy=y^2$;　　(2) $3(1+x^2)y'+2xy=2xy^4$;

(3) $x^2y\mathrm{d}x-(x^3+y^4)\mathrm{d}y=0$;　　(4) $xy'+y=y^2x^2\ln x$.

解 (1) 原方程可化为

$$\frac{\mathrm{d}y}{\mathrm{d}x}+\frac{1}{x}y=\frac{1}{x^2}y^2,$$

等式两端同除以 y^2, 得

$$\frac{1}{y^2}\cdot\frac{\mathrm{d}y}{\mathrm{d}x}+\frac{1}{x}\cdot\frac{1}{y}=\frac{1}{x^2}.$$

令 $z=\dfrac{1}{y}$, 则 $\dfrac{\mathrm{d}z}{\mathrm{d}x}=-\dfrac{1}{y^2}\cdot\dfrac{\mathrm{d}y}{\mathrm{d}x}$, 于是方程化为如下形式

$$\frac{\mathrm{d}z}{\mathrm{d}x}-\frac{1}{x}z=-\frac{1}{x^2}.$$

这是一阶线性微分方程, 由通解公式得

$$z=\mathrm{e}^{-\int\left(-\frac{1}{x}\right)\mathrm{d}x}\left[\int\left(-\frac{1}{x^2}\right)\mathrm{e}^{\int\left(-\frac{1}{x}\right)\mathrm{d}x}\mathrm{d}x+C\right]=x\left[\int\left(-\frac{1}{x^3}\right)\mathrm{d}x+C\right]$$
$$=x\left(\frac{1}{2x^2}+C\right)=\frac{1}{2x}+Cx.$$

把 $z=\dfrac{1}{y}$ 代入, 便得原方程的通解 $\dfrac{1}{y}=\dfrac{1}{2x}+Cx$.

(2) 原方程可化为

$$3\frac{\mathrm{d}y}{\mathrm{d}x}+\frac{2x}{1+x^2}y=\frac{2x}{1+x^2}y^4,$$

等式两端同除以 y^4, 得

$$\frac{3}{y^4}\cdot\frac{\mathrm{d}y}{\mathrm{d}x}+\frac{2x}{1+x^2}\cdot\frac{1}{y^3}=\frac{2x}{1+x^2}.$$

令 $z=\dfrac{1}{y^3}$, 则 $\dfrac{\mathrm{d}z}{\mathrm{d}x}=-\dfrac{3}{y^4}\cdot\dfrac{\mathrm{d}y}{\mathrm{d}x}$, 于是方程化为如下形式

$$\frac{\mathrm{d}z}{\mathrm{d}x}-\frac{2x}{1+x^2}z=-\frac{2x}{1+x^2}.$$

这是一阶线性微分方程, 由通解公式得

$$z=\mathrm{e}^{-\int\left(-\frac{2x}{1+x^2}\right)\mathrm{d}x}\left[\int\left(-\frac{2x}{1+x^2}\right)\mathrm{e}^{\int\left(-\frac{2x}{1+x^2}\right)\mathrm{d}x}\mathrm{d}x+C\right]$$
$$=(1+x^2)\left\{\int\left[-\frac{2x}{(1+x^2)^2}\right]\mathrm{d}x+C\right\}$$
$$=(1+x^2)\left(\frac{1}{1+x^2}+C\right)=1+C(1+x^2).$$

把 $z=\dfrac{1}{y^3}$ 代入, 便得原方程的通解 $\dfrac{1}{y^3}=1+C(1+x^2)$.

(3) 原方程可化为

$$\frac{\mathrm{d}x}{\mathrm{d}y}-\frac{1}{y}x=y^3\cdot\frac{1}{x^2},$$

等式两端同乘 x^2, 得

$$x^2\frac{\mathrm{d}x}{\mathrm{d}y}-\frac{1}{y}x^3=y^3.$$

令 $z=x^3$, 则 $\dfrac{\mathrm{d}z}{\mathrm{d}y}=3x^2\dfrac{\mathrm{d}x}{\mathrm{d}y}$, 于是方程化为如下形式

$$\frac{\mathrm{d}z}{\mathrm{d}y}-\frac{3}{y}z=3y^3.$$

这是以 y 为自变量, z 为函数的一阶线性微分方程, 由通解公式得

$$z=\mathrm{e}^{-\int\left(-\frac{3}{y}\right)\mathrm{d}y}\left[\int 3y^2\mathrm{e}^{\int\left(-\frac{3}{y}\right)\mathrm{d}y}\mathrm{d}y+C\right]=y^3\left(\int\frac{3}{y}\mathrm{d}y+C\right)$$
$$=y^3(3\ln|y|+C)=3y^3\ln|y|+Cy^3.$$

把 $z=x^3$ 代入, 便得原方程的通解 $x^3=3y^3\ln|y|+Cy^3$.

(4) 原方程可化为

$$\frac{\mathrm{d}y}{\mathrm{d}x}+\frac{1}{x}y=y^2x\ln x,$$

等式两端同除以 y^2, 得

$$\frac{1}{y^2}\cdot\frac{\mathrm{d}y}{\mathrm{d}x}+\frac{1}{x}\cdot\frac{1}{y}=x\ln x.$$

令 $z=\dfrac{1}{y}$, 则 $\dfrac{\mathrm{d}z}{\mathrm{d}x}=-\dfrac{1}{y^2}\cdot\dfrac{\mathrm{d}y}{\mathrm{d}x}$, 于是方程化为如下形式

$$\frac{\mathrm{d}z}{\mathrm{d}x}-\frac{1}{x}z=-x\ln x.$$

这是一阶线性微分方程, 由通解公式得

$$z=\mathrm{e}^{-\int\left(-\frac{1}{x}\right)\mathrm{d}x}\left[\int(-x\ln x)\mathrm{e}^{\int\left(-\frac{1}{x}\right)\mathrm{d}x}\mathrm{d}x+C\right]=x\left[\int(-\ln x)\mathrm{d}x+C\right]$$
$$=x(x-x\ln x+C)=x^2-x^2\ln x+Cx.$$

把 $z=\dfrac{1}{y}$ 代入, 便得原方程的通解 $\dfrac{1}{y}=x^2-x^2\ln x+Cx$.

习题 4.5

1. 求下列微分方程的通解:

(1) $y''=x\mathrm{e}^x$;　　(2) $y''=\ln x$;

(3) $xy''+3y'=0$;　　(4) $y''=y'+x$;

(5) $x^2y''=(y')^2+2xy'$;　　(6) $yy''-y'^2-y'=0$;

(7) $yy''=(y')^2$;　　(8) $y''=(y')^3+y'$.

解 (1) 方程两端直接积分得

$$y'=\int x\mathrm{e}^x\mathrm{d}x=(x-1)\mathrm{e}^x+C_1,$$

两端再次积分, 得方程的通解

$$y=\int[(x-1)\mathrm{e}^x+C_1]\mathrm{d}x=(x-1)\mathrm{e}^x-\int\mathrm{e}^x\mathrm{d}x+C_1x+C_2$$
$$=(x-2)\mathrm{e}^x+C_1x+C_2.$$

(2) 方程两端直接积分得

$$y' = \int \ln x \mathrm{d}x = x\ln x - \int \mathrm{d}x + C_1 = x\ln x - x + C_1,$$

两端再次积分, 得方程的通解

$$\begin{aligned} y &= \int (x\ln x - x + C_1)\mathrm{d}x = \frac{1}{2}x^2\ln x - \int \frac{1}{2}x\mathrm{d}x - \frac{1}{2}x^2 + C_1x + C_2 \\ &= \frac{1}{2}x^2\ln x - \frac{3}{4}x^2 + C_1x + C_2. \end{aligned}$$

(3) 所给二阶方程不显含变量 y, 是可降阶的微分方程. 设 $y' = p$, 则 $y'' = \frac{\mathrm{d}p}{\mathrm{d}x}$, 方程化为

$$\frac{\mathrm{d}p}{\mathrm{d}x} + \frac{3}{x}p = 0,$$

这是可分离变量微分方程. 分离变量得

$$\frac{\mathrm{d}p}{p} = -\frac{3}{x}\mathrm{d}x.$$

两端积分得

$$\ln|p| = -3\ln|x| + C,$$

即 $p = \frac{C_1'}{x^3}$. 故 $p = y' = \frac{C_1'}{x^3}$, 积分得原方程通解

$$y = \int \frac{C_1'}{x^3}\mathrm{d}x = -\frac{C_1'}{2x^2} + C_2 = \frac{C_1}{x^2} + C_2.$$

(4) 所给二阶方程不显含变量 y, 是可降阶的微分方程. 设 $y' = p$, 则 $y'' = \frac{\mathrm{d}p}{\mathrm{d}x}$, 方程化为

$$\frac{\mathrm{d}p}{\mathrm{d}x} - p = x,$$

这是一阶线性微分方程. 由通解公式得

$$\begin{aligned} p &= \mathrm{e}^{-\int(-1)\mathrm{d}x}\left[\int x\mathrm{e}^{\int(-1)\mathrm{d}x}\mathrm{d}x + C_1\right] = \mathrm{e}^x\left(\int x\mathrm{e}^{-x}\mathrm{d}x + C_1\right). \\ &= \mathrm{e}^x(-x\mathrm{e}^{-x} - \mathrm{e}^{-x} + C_1) = -x - 1 + C_1\mathrm{e}^x. \end{aligned}$$

故

$$p = y' = -x - 1 + C_1\mathrm{e}^x,$$

积分得原方程通解

$$y = \int(-x - 1 + C_1\mathrm{e}^x)\mathrm{d}x = C_1\mathrm{e}^x - \frac{x^2}{2} - x + C_2.$$

(5) 所给二阶方程不显含变量 y, 是可降阶的微分方程. 设 $y'=p$, 则 $y''=\dfrac{\mathrm{d}p}{\mathrm{d}x}$, 方程化为

$$\frac{\mathrm{d}p}{\mathrm{d}x}-\frac{2}{x}p=\frac{1}{x^2}p^2,$$

这是伯努利方程. 等式两端同除以 p^2, 得

$$\frac{1}{p^2}\cdot\frac{\mathrm{d}y}{\mathrm{d}x}-\frac{2}{x}\cdot\frac{1}{p}=\frac{1}{x^2}.$$

令 $z=\dfrac{1}{p}$, 则 $\dfrac{\mathrm{d}z}{\mathrm{d}x}=-\dfrac{1}{p^2}\cdot\dfrac{\mathrm{d}y}{\mathrm{d}x}$, 于是方程化为如下形式

$$\frac{\mathrm{d}z}{\mathrm{d}x}+\frac{2}{x}z=-\frac{1}{x^2}.$$

这是一阶线性微分方程, 由通解公式得

$$\begin{aligned}z&=\mathrm{e}^{-\int\frac{2}{x}\mathrm{d}x}\left[\int\left(-\frac{1}{x^2}\right)\mathrm{e}^{\int\frac{2}{x}\mathrm{d}x}\mathrm{d}x+C_1\right]=\frac{1}{x^2}\left[\int(-1)\mathrm{d}x+C_1\right]\\&=\frac{C_1-x}{x^2}.\end{aligned}$$

把 $z=\dfrac{1}{p}$ 代入, 便得原方程的通解 $\dfrac{1}{p}=\dfrac{C_1-x}{x^2}$, 即 $p=y'=\dfrac{x^2}{C_1-x}$, 积分得原方程通解

$$y=\int\frac{x^2}{C_1-x}\mathrm{d}x=-C_1^2\ln|C_1-x|-\frac{(C_1+x)^2}{2}+C_2.$$

(6) 所给二阶方程不显含变量 x, 是可降阶的微分方程. 设 $y'=\dfrac{\mathrm{d}y}{\mathrm{d}x}=p$, 则 $y''=p\dfrac{\mathrm{d}p}{\mathrm{d}y}$, 方程化为 $yp\dfrac{\mathrm{d}p}{\mathrm{d}y}=p^2+p$.

注意到, 当 $p\equiv0$ 时, $y=C$ 是原方程的解, 但由于只含有一个独立的任意常数, 所以不是原二阶方程的通解. 下面假设 p 不恒为零, 则由 p 的连续性可得必定存在某个区间使得 $p\neq0$, 从而方程可变形为

$$y\frac{\mathrm{d}p}{\mathrm{d}y}=1+p,$$

这是可分离变量的微分方程. 分离变量, 得

$$\frac{\mathrm{d}p}{1+p}=\frac{\mathrm{d}y}{y},$$

两端积分得 $\ln|1+p|=2\ln|y|+C$, 即方程的通解为 $p=C_1\mathrm{e}^y-1$.

故 $p=y'=\dfrac{\mathrm{d}y}{\mathrm{d}x}=C_1\mathrm{e}^y-1$, 再次分离变量并两端积分得 $\displaystyle\int\frac{\mathrm{d}y}{C_1\mathrm{e}^y-1}=\int\mathrm{d}x$, 从而原方程通解为 $\ln|\mathrm{e}^{-y}-C_1|=x+C_2$, 即 $\mathrm{e}^{-y}=C_1+C_2\mathrm{e}^x$.

(7) 所给二阶方程不显含变量 x, 是可降阶的微分方程. 设 $y'=\dfrac{\mathrm{d}y}{\mathrm{d}x}=p$, 则 $y''=$

$p\dfrac{\mathrm{d}p}{\mathrm{d}y}$, 方程化为 $yp\dfrac{\mathrm{d}p}{\mathrm{d}y}=p^2$.

注意到, 当 $p\equiv 0$ 时, $y=C$ 是原方程的解, 但由于只含有一个独立的任意常数, 所以不是原二阶方程的通解. 下面假设 p 不恒为零, 则由 p 的连续性可得必定存在某个区间使得 $p\neq 0$, 从而方程可变形为

$$y\frac{\mathrm{d}p}{\mathrm{d}y}=p,$$

这是可分离变量微分方程. 分离变量, 得

$$\frac{\mathrm{d}p}{p}=\frac{\mathrm{d}y}{y}.$$

两端积分得 $\ln|p|=\ln|y|+C$, 即方程的通解为 $p=C_1y$.

故 $p=y'=\dfrac{\mathrm{d}y}{\mathrm{d}x}=C_1y$, 再次分离变量并两端积分得 $\displaystyle\int\frac{\mathrm{d}y}{y}=\int C_1\mathrm{d}x$, 解得 $\ln|y|=C_1x+C'$. 故原方程通解为 $y=C_2\mathrm{e}^{C_1x}$.

(8) 所给二阶方程不显含变量 x, 是可降阶的微分方程. 设 $y'=\dfrac{\mathrm{d}y}{\mathrm{d}x}=p$, 则 $y''=p\dfrac{\mathrm{d}p}{\mathrm{d}y}$, 方程化为 $p\dfrac{\mathrm{d}p}{\mathrm{d}y}=p^3+p$. 注意到, 当 $p\equiv 0$ 时, $y=C$ 是原方程的解, 但由于只含有一个独立的任意常数, 所以不是原二阶方程的通解. 下面假设 p 不恒为零, 则由 p 的连续性可得必定存在某个区间使得 $p\neq 0$, 从而方程可变形为

$$\frac{\mathrm{d}p}{\mathrm{d}y}=p^2+1,$$

这是可分离变量微分方程. 分离变量, 得

$$\frac{\mathrm{d}p}{p^2+1}=\mathrm{d}y.$$

两端积分得 $\arctan p=y+C$, 即方程的通解为 $p=\tan(y+C)$.

故 $p=y'=\dfrac{\mathrm{d}y}{\mathrm{d}x}=\tan(y+C)$, 再次分离变量并两端积分得 $\displaystyle\int\frac{\mathrm{d}y}{\tan(y+C)}=\int\mathrm{d}x$. 因此, 原方程通解为

$$\sin(y+C)=C_2\mathrm{e}^x,$$

或

$$y=\arcsin(C_2\mathrm{e}^x)+C_1.$$

2. 求下列初值问题的解:

(1) $(1+x^2)y''=2xy', y|_{x=0}=1, y'|_{x=0}=3$;

(2) $xy''-y'\ln y'+y'\ln x=0, y|_{x=1}=2, y'|_{x=1}=\mathrm{e}^2$;

(3) $y''-2(y')^2=0, y|_{x=0}=0, y'|_{x=0}=-1$;

(4) $yy''+(y')^2=0, y|_{x=0}=1, y'|_{x=0}=\dfrac{1}{2}$;

(5) $yy''=2[(y')^2-y'],y|_{x=0}=1,y'|_{x=0}=2$;

(6) $2yy''=(y')^2+y^2,y|_{x=0}=1,y'|_{x=0}=-1$.

解 (1) 所给二阶方程不显含变量 y, 是可降阶的微分方程. 设 $y'=p$, 则 $y''=\dfrac{\mathrm{d}p}{\mathrm{d}x}$, 方程化为

$$\frac{\mathrm{d}p}{\mathrm{d}x}=\frac{2x}{1+x^2}p,$$

这是可分离变量微分方程. 分离变量得

$$\frac{\mathrm{d}p}{p}=\frac{2x}{x^2+1}\mathrm{d}x.$$

两端积分得

$$\ln|p|=\ln(x^2+1)+C,$$

即方程的通解为

$$p=C_1(x^2+1).$$

由初值条件 $p|_{x=0}=y'|_{x=0}=3$, 解得 $C_1=3$, 故

$$p=y'=\frac{\mathrm{d}y}{\mathrm{d}x}=3x^2+3,$$

积分得原方程通解

$$y=\int(3x^2+3)\mathrm{d}x=x^3+3x+C_2.$$

再由初值条件 $y|_{x=0}=1$, 解得 $C_2=1$. 于是, 所求方程的特解为

$$y=x^3+3x+1.$$

(2) 所给二阶方程不显含变量 y, 是可降阶的微分方程. 设 $y'=p$, 则 $y''=\dfrac{\mathrm{d}p}{\mathrm{d}x}$, 方程化为

$$\frac{\mathrm{d}p}{\mathrm{d}x}=\frac{p}{x}\ln\frac{p}{x},$$

这是齐次方程. 令 $u=\dfrac{p}{x}$, 则 $p=xu$, $\dfrac{\mathrm{d}p}{\mathrm{d}x}=u+x\dfrac{\mathrm{d}u}{\mathrm{d}x}$, 于是方程可化为

$$u+x\frac{\mathrm{d}u}{\mathrm{d}x}=u\ln u.$$

分离变量得

$$\frac{\mathrm{d}u}{u(\ln u-1)}=\frac{\mathrm{d}x}{x},$$

两端积分得

$$\ln|\ln u-1|=\ln|x|+C,$$

整理得 $\ln u-1=C_1x$, 即方程的通解为 $u=\mathrm{e}^{C_1x+1}$. 把 $u=\dfrac{p}{x}$ 代入得

$$p=x\mathrm{e}^{C_1x+1},$$

由初值条件 $p|_{x=1}=y'|_{x=1}=\mathrm{e}^2$, 解得 $C_1=1$, 故

$$p=y'=\frac{\mathrm{d}y}{\mathrm{d}x}=x\mathrm{e}^{x+1},$$

积分得原方程通解

$$y=\int x\mathrm{e}^{x+1}\mathrm{d}x=(x-1)\mathrm{e}^{x+1}+C_2.$$

再由初值条件 $y|_{x=1}=2$, 解得 $C_2=2$. 于是, 所求方程的特解为

$$y=(x-1)\mathrm{e}^{x+1}+2.$$

(3) 所给二阶方程不显含变量 y, 是可降阶的微分方程. 设 $y'=p$, 则 $y''=\frac{\mathrm{d}p}{\mathrm{d}x}$, 方程化为

$$\frac{\mathrm{d}p}{\mathrm{d}x}=2p^2,$$

这是可分离变量微分方程. 分离变量得

$$\frac{\mathrm{d}p}{p^2}=2\mathrm{d}x.$$

两端积分得

$$-\frac{1}{p}=2x+C_1,$$

即方程的通解为

$$p=-\frac{1}{2x+C_1}.$$

由初值条件 $p|_{x=0}=y'|_{x=0}=-1$, 解得 $C_1=1$, 故

$$p=y'=\frac{\mathrm{d}y}{\mathrm{d}x}=-\frac{1}{2x+1},$$

积分得原方程通解

$$y=\int -\frac{1}{2x+1}\mathrm{d}x=-\frac{1}{2}\ln|2x+1|+C_2.$$

再由初值条件 $y|_{x=0}=0$, 解得 $C_2=0$. 于是, 所求方程的特解为

$$y=-\frac{1}{2}\ln|2x+1|.$$

(4) 所给二阶方程不显含变量 x, 是可降阶的微分方程. 设 $y'=\frac{\mathrm{d}y}{\mathrm{d}x}=p$, 则 $y''=p\frac{\mathrm{d}p}{\mathrm{d}y}$, 方程化为

$$yp\frac{\mathrm{d}p}{\mathrm{d}y}+p^2=0.$$

注意到, 当 $p\equiv 0$ 时, $y=C$ 是原方程的解, 但不满足初值条件. 下面假设 p 不恒为零, 则由 p 的连续性可得必定存在某个区间使得 $p\neq 0$, 从而方程可变形为

$$y\frac{\mathrm{d}p}{\mathrm{d}y}+p=0,$$

这是可分离变量微分方程. 分离变量得

$$\frac{\mathrm{d}p}{p}=-\frac{\mathrm{d}y}{y}.$$

两端积分得

$$\ln|p|=-\ln|y|+C,$$

即方程的通解为

$$p=\frac{C_1}{y}.$$

由初值条件 $y|_{x=0}=1, p|_{x=0}=y'|_{x=0}=\frac{1}{2}$, 解得 $C_1=\frac{1}{2}$, 故

$$p=y'=\frac{\mathrm{d}y}{\mathrm{d}x}=\frac{1}{2y},$$

再次分离变量并两端积分

$$\int 2y\mathrm{d}y=\int \mathrm{d}x,$$

得方程的通解为

$$y^2=x+C_2.$$

再由初值条件 $y|_{x=0}=1$, 解得 $C_2=1$, 于是, 所求方程的特解为

$$y^2=x+1.$$

(5) 所给二阶方程不显含变量 x, 是可降阶的微分方程. 设 $y'=\frac{\mathrm{d}y}{\mathrm{d}x}=p$, 则 $y''=p\frac{\mathrm{d}p}{\mathrm{d}y}$, 方程化为

$$yp\frac{\mathrm{d}p}{\mathrm{d}y}=2(p^2-p).$$

注意到, 当 $p\equiv 0$ 时, $y=C$ 是原方程的解, 但不满足初值条件. 下面假设 p 不恒为零, 则由 p 的连续性可得必定存在某个区间使得 $p\neq 0$, 从而方程可变形为

$$y\frac{\mathrm{d}p}{\mathrm{d}y}=2(p-1),$$

这是可分离变量微分方程. 分离变量得

$$\frac{\mathrm{d}p}{p-1}=\frac{2\mathrm{d}y}{y}.$$

两端积分得

$$\ln|p-1| = 2\ln|y| + C,$$

即方程的通解为

$$p = C_1y^2 + 1.$$

由初值条件 $y|_{x=0} = 1, p|_{x=0} = y'|_{x=0} = 2$, 解得 $C_1 = 1$, 故

$$p = y' = \frac{\mathrm{d}y}{\mathrm{d}x} = y^2 + 1,$$

再次分离变量并两端积分

$$\int \frac{\mathrm{d}y}{y^2+1} = \int \mathrm{d}x,$$

得方程的通解为

$$\arctan y = x + C_2, \text{ 或 } y = \tan(x + C_2).$$

再由初值条件 $y|_{x=0} = 1$, 解得 $C_2 = \frac{\pi}{4}$, 于是, 所求方程的特解为

$$y = \tan\left(x + \frac{\pi}{4}\right).$$

(6) 所给二阶方程不显含变量 x, 是可降阶的微分方程. 设 $y' = \frac{\mathrm{d}y}{\mathrm{d}x} = p$, 则 $y'' = p\frac{\mathrm{d}p}{\mathrm{d}y}$, 方程化为

$$\frac{\mathrm{d}p}{\mathrm{d}y} = \frac{p^2+y^2}{2yp} = \frac{y}{2p}\left[\left(\frac{p}{y}\right)^2 + 1\right],$$

这是齐次方程. 令 $u = \frac{p}{y}$, 则 $p = yu$, $\frac{\mathrm{d}p}{\mathrm{d}y} = u + y\frac{\mathrm{d}u}{\mathrm{d}y}$, 于是方程可化为

$$u + y\frac{\mathrm{d}u}{\mathrm{d}y} = \frac{u^2+1}{2u}.$$

分离变量得

$$\frac{2u\mathrm{d}u}{1-u^2} = \frac{\mathrm{d}y}{y},$$

两端积分得

$$-\ln|u^2-1| = \ln|y| + C,$$

即方程的通解为

$$u^2 - 1 = \frac{C_1}{y}.$$

把 $u = \frac{p}{y}$ 代入得

$$p^2 = y^2 + C_1y,$$

由初值条件 $y|_{x=0}=1$, $p|_{x=0}=y'|_{x=0}=-1$, 解得 $C_1=0$, 故

$$p=y'=\frac{\mathrm{d}y}{\mathrm{d}x}=-y.$$

再次分离变量并两端积分

$$\int\frac{\mathrm{d}y}{y}=\int-\mathrm{d}x,$$

得方程的通解为

$$\ln|y|=-x+C,\ \text{或}\ y=C_2\mathrm{e}^{-x}.$$

再由初值条件 $y|_{x=0}=1$, 解得 $C_2=1$, 于是, 所求方程的特解为

$$y=\mathrm{e}^{-x}.$$

3. 试求 $y''=x$ 的经过点 $(0,1)$ 且在此点与直线 $y=\dfrac{x}{2}+1$ 相切的积分曲线.

解 由于直线 $y=\dfrac{x}{2}+1$ 在 $(0,1)$ 处的切线斜率为 $\dfrac{1}{2}$, 故根据题意可得, 所求积分曲线是初值问题 $y''=x, y|_{x=0}=1, y'|_{x=0}=\dfrac{1}{2}$ 的解. 由 $y''=x$, 两端积分得

$$y'=\frac{x^2}{2}+C_1.$$

代入初值条件 $y'|_{x=0}=\dfrac{1}{2}$, 得 $C_1=\dfrac{1}{2}$, 即有

$$y'=\frac{x^2}{2}+\frac{1}{2}.$$

两端再积分得

$$y=\frac{x^3}{6}+\frac{x}{2}+C_2.$$

再代入初值条件 $y|_{x=0}=1$, 得 $C_2=1$, 于是, 所求积分曲线的方程为

$$y=\frac{x^3}{6}+\frac{x}{2}+1.$$

4. 有一凹曲线 L 位于 xOy 面的上半平面内, L 上任一点 M 处的法线与 x 轴相交, 其交点记为 B. 如果点 M 处的曲率半径始终等于线段 $\overline{MB}$ 之长, 并且 L 在点 $(1,1)$ 处的切线与 y 轴垂直, 试求 L 的方程.

解 设曲线 L 的方程为 $y=y(x)$, 由于曲线 L 是凹曲线, 因此 $y''>0$, 则点 M 处的曲率半径

$$R=\frac{1}{\kappa}=\frac{[1+(y')^2]^{\frac{3}{2}}}{y''}.$$

L 上任一点 $M(x,y)$ 处的法线方程为

$$Y-y=-\frac{1}{y'}(X-x),$$

它与 x 轴的交点 $B(x+yy',0)$. 于是, 线段 $\overline{MB}$ 的长度

$$|\overline{MB}|=\sqrt{(x+yy'-x)^2+(0-y)^2}=\sqrt{y^2[(y')^2+1]}.$$

又因为曲线 L 位于 xOy 面的上半平面内, 所以 $y>0$, 从而有

$$|\overline{MB}|=y\sqrt{(y')^2+1}.$$

根据题意, $R=|\overline{MB}|$, 可得

$$\frac{[1+(y')^2]^{\frac{3}{2}}}{y''}=y\sqrt{(y')^2+1},$$

即

$$yy''=1+(y')^2.$$

这是一个不显含变量 x 的可降阶的二阶微分方程. 设 $y'=\frac{\mathrm{d}y}{\mathrm{d}x}=p$, 则 $y''=p\frac{\mathrm{d}p}{\mathrm{d}y}$, 方程化为

$$\frac{\mathrm{d}p}{\mathrm{d}y}=\frac{p^2+1}{yp},$$

这是可分离变量的微分方程. 分离变量得

$$\frac{p\mathrm{d}p}{p^2+1}=\frac{\mathrm{d}y}{y},$$

两端积分得

$$\frac{1}{2}\ln|p^2+1|=\ln|y|+C,$$

即方程的通解为

$$p^2+1=C_1y^2.$$

由于曲线 L 过点 $(1,1)$ 且在点 $(1,1)$ 处的切线与 y 轴垂直, 则曲线 L 一定满足初值条件

$$y|_{x=1}=1,\quad y'|_{x=1}=0.$$

代入初值条件 $y|_{x=1}=1$, $p|_{x=1}=y'|_{x=1}=0$, 可得 $C_1=1$, 故

$$p=\frac{\mathrm{d}y}{\mathrm{d}x}=\pm\sqrt{y^2-1}.$$

再次分离变量并两端积分

$$\int\frac{\mathrm{d}y}{\pm\sqrt{y^2-1}}=\int\mathrm{d}x,$$

得方程的通解为

$$\ln|y+\sqrt{y^2-1}|=\pm x+C,$$

即

$$y+\sqrt{y^2-1}=C_2\mathrm{e}^x \text{ 或 } y+\sqrt{y^2-1}=C_2'\mathrm{e}^{-x}.$$

代入初值条件 $y|_{x=1}=1$, 解得 $C_2=\mathrm{e}^{-1}$, $C_2'=\mathrm{e}$, 于是所求的曲线方程为

$$y+\sqrt{y^2-1}=\mathrm{e}^{x-1} \text{ 或 } y+\sqrt{y^2-1}=\mathrm{e}^{1-x}.$$

(i) 对于第一条曲线 $y+\sqrt{y^2-1}=\mathrm{e}^{x-1}$, 可得

$$y-\sqrt{y^2-1}=\frac{1}{y+\sqrt{y^2-1}}=\mathrm{e}^{1-x}.$$

两式相加可求得方程的显式解为 $y=\dfrac{1}{2}(\mathrm{e}^{x-1}+\mathrm{e}^{1-x})$.

(ii) 对于第二条曲线 $y+\sqrt{y^2-1}=\mathrm{e}^{1-x}$, 可得

$$y-\sqrt{y^2-1}=\frac{1}{y+\sqrt{y^2-1}}=\mathrm{e}^{x-1}.$$

两式相加可求得方程的显式解为 $y=\dfrac{1}{2}(\mathrm{e}^{x-1}+\mathrm{e}^{1-x})$.

综合 (i) (ii) 所述, 曲线 L 的方程为 $y=\dfrac{1}{2}(\mathrm{e}^{x-1}+\mathrm{e}^{1-x})$.

5. 设子弹以 200 m/s 的速度射入厚度为 0.1 m 的木板, 受到的阻力大小与子弹的速度成正比. 如果子弹穿出木板时的速度为 80 m/s. 求子弹穿过木板的时间.

解 设子弹质量为 m, 正比例系数为 k, 子弹射入方向为 x 轴正方向, 子弹与木板的接触点为原点且取子弹刚射入木板时 $t=0$. 设子弹的位置函数为 $x(t)$, 速度函数为 $v(t)$, 子弹穿过木板的时间为 T, 则根据牛顿第二定律可得

$$m\frac{\mathrm{d}^2x}{\mathrm{d}t^2}=-k\frac{\mathrm{d}x}{\mathrm{d}t}.$$

这是一个可降阶的二阶微分方程. 由 $v=\dfrac{\mathrm{d}x}{\mathrm{d}t}$ 可得 $m\dfrac{\mathrm{d}v}{\mathrm{d}t}=-kv$. 分离变量得

$$\frac{\mathrm{d}v}{v}=-\frac{k}{m}\mathrm{d}t,$$

两端积分可得方程的通解为 $v(t)=C_1\mathrm{e}^{-\frac{k}{m}t}$.

令 $\lambda=\dfrac{k}{m}>0$, 则方程的通解可写为

$$v(t)=C_1\mathrm{e}^{-\lambda t}.$$

根据题意有初值条件 $v(0)=200$, 代入上式可求得 $C_1=200$, 于是

$$v(t)=200\mathrm{e}^{-\lambda t}.$$

对 $v=\dfrac{\mathrm{d}x}{\mathrm{d}t}=200\mathrm{e}^{-\lambda t}$ 两端积分得

$$x(t)=\int 200\mathrm{e}^{-\lambda t}\mathrm{d}t=-\frac{200}{\lambda}\mathrm{e}^{-\lambda t}+C_2.$$

根据题意有初值条件 $x(0)=0$, 代入上式可求得 $C_2=\dfrac{200}{\lambda}$, 于是

$$x(t)=\frac{200}{\lambda}(1-\mathrm{e}^{-\lambda t}).$$

依题意有 $\begin{cases}v(T)=200\mathrm{e}^{-\lambda T}=80,\\ x(T)=\dfrac{200}{\lambda}(1-\mathrm{e}^{-\lambda T})=0.1,\end{cases}$ 解得 $\begin{cases}\lambda=1\,200,\\ T\approx 0.000\,76.\end{cases}$

故子弹穿过木板的时间大约为 0.000 76 s.

习题 4.6

1. 判断下列函数组是否线性无关?

(1) x, x^2+1; (2) e^x, e^{-x};

(3) e^x, e^{x+2}; (4) $\sin x, \cos x$;

(5) $x, \ln x$; (6) $0, x, \sin x$.

解 (1) 因为 $\dfrac{x}{x^2+1}$ 不恒为常数, 所以 x, x^2+1 线性无关.

(2) 因为 $\dfrac{e^x}{e^{-x}} = e^{2x}$ 不恒为常数, 所以 e^x, e^{-x} 线性无关.

(3) 因为 $\dfrac{e^x}{e^{x+2}} = e^{-2}$ 恒为常数, 所以 e^x, e^{x+2} 线性相关.

(4) 因为 $\dfrac{\sin x}{\cos x} = \tan x$ 不恒为常数, 所以 $\sin x, \cos x$ 线性无关.

(5) 因为 $\dfrac{x}{\ln x}$ 不恒为常数, 所以 $x, \ln x$ 线性无关.

(6) 取 $k_1=1, k_2=k_3=0$, 可得

$$k_1 \cdot 0 + k_2 x + k_3 \sin x \equiv 0$$

成立, 所以根据函数组线性相关的定义可知, 函数组 $0, x, \sin x$ 线性相关.

2. 验证下列函数是否为所给微分方程的解, 并指出其中哪些是:

(1) $x^2 y'' - 2xy' + 2y = 0, y = x(C_1 + C_2 x)$;

(2) $y'' - 2y' + 2y = e^x, y = e^x(C_1 \cos x + C_2 \sin x + 1)$;

(3) $y'' + 4y' = 0, y = C_1 \sin 2x + C_2 \sin x \cos x$;

(4) $y'' - 4xy' + (4x^2-2)y = 0, y = (C_1 + C_2 x)e^{x^2}$.

解 (1) 由 $y = x(C_1 + C_2 x)$ 可得

$$y' = C_1 + 2C_2 x, y'' = 2C_2,$$

代入方程中得

$$x^2 y'' - 2xy' + 2y = 0$$

恒成立, 所以 $y = x(C_1 + C_2 x)$ 是方程 $x^2 y'' - 2xy' + 2y = 0$ 的解.

又因为解的表达式 $y = x(C_1 + C_2 x) = C_1 x + C_2 x^2$ 中含有两个独立的任意常数, 所以 $y = x(C_1 + C_2 x)$ 是二阶线性微分方程 $x^2 y'' - 2xy' + 2y = 0$ 的通解.

(2) 由 $y = e^x(C_1 \cos x + C_2 \sin x + 1)$ 可得

$$y' = e^x[(C_1 + C_2)\cos x + (C_2 - C_1)\sin x + 1], y'' = e^x(2C_2 \cos x - 2C_1 \sin x + 1),$$

代入方程中得

$$y'' - 2y' + 2y = e^x$$

恒成立, 所以 $y=\mathrm{e}^x(C_1\cos x+C_2\sin x+1)$ 是方程 $y''-2y'+2y=\mathrm{e}^x$ 的解.

又因为解的表达式 $y=\mathrm{e}^x(C_1\cos x+C_2\sin x+1)$ 中含有两个独立的任意常数, 所以 $y=\mathrm{e}^x(C_1\cos x+C_2\sin x+1)$ 是二阶线性微分方程 $y''-2y'+2y=\mathrm{e}^x$ 的通解.

(3) 由 $y=C_1\sin 2x+C_2\sin x\cos x=C_1\sin 2x+\dfrac{C_2}{2}\sin 2x=\left(C_1+\dfrac{C_2}{2}\right)\sin 2x$, 可得

$$y'=(2C_1+C_2)\cos 2x, y''=-(4C_1+2C_2)\sin 2x,$$

代入方程左侧得

$$y''+4y'=-(4C_1+2C_2)\sin 2x+(8C_1+4C_2)\cos 2x$$

不恒为零, 所以 $y=C_1\sin 2x+C_2\sin x\cos x$ 不是方程 $y''+4y'=0$ 的解, 从而也不是通解.

(4) 由 $y=(C_1+C_2x)\mathrm{e}^{x^2}$ 可得

$$y'=(C_2+2C_1x+2C_2x^2)\mathrm{e}^{x^2},$$

$$y''=[C_2+2(C_1+C_2)x+(4C_1+2C_2)x^2+4C_2x^3]\mathrm{e}^{x^2},$$

代入方程中得

$$y''-4xy'+(4x^2-2)y$$

不恒为零, 所以 $y=(C_1+C_2x)\mathrm{e}^{x^2}$ 不是方程 $y''-4xy'+(4x^2-2)y=0$ 的解, 从而也不是通解.

3. 验证函数 $y=\mathrm{e}^{\alpha x}\cos\beta x$ 和 $y=\mathrm{e}^{\alpha x}\sin\beta x(\beta\neq 0)$ 是二阶齐次线性微分方程

$$y''-2\alpha y'+(\alpha^2+\beta^2)y=0$$

的解, 并写出该微分方程的通解.

解 对 $y=\mathrm{e}^{\alpha x}\cos\beta x$ 求导, 可得 $y'=\mathrm{e}^{\alpha x}(\alpha\cos\beta x-\beta\sin\beta x)$,

$$y''=\mathrm{e}^{\alpha x}[(\alpha^2-\beta^2)\cos\beta x-2\alpha\beta\sin\beta x].$$

将 y, y', y'' 代入方程中可得

$$y''-2\alpha y'+(\alpha^2-\beta^2)y=0$$

恒成立, 所以 $y=\mathrm{e}^{\alpha x}\cos\beta x$ 是方程的解; 同理可验证 $y=\mathrm{e}^{\alpha x}\sin\beta x$ 也是方程的解.

由于

$$\frac{\mathrm{e}^{\alpha x}\cos\beta x}{\mathrm{e}^{\alpha x}\sin\beta x}=\cot\beta x\ (\beta\neq 0)$$

不恒为零, 所以函数 $y=\mathrm{e}^{\alpha x}\cos\beta x$ 和 $y=\mathrm{e}^{\alpha x}\sin\beta x$ 线性无关. 故该二阶齐次线性微分方程的通解为

$$y=C_1\mathrm{e}^{\alpha x}\cos\beta x+C_2\mathrm{e}^{\alpha x}\sin\beta x.$$

4. 若 $y_1(x), y_2(x)$ 是二阶非齐次线性微分方程 (6.2) 的两个不同的特解, 证明:

(1) $y_1(x), y_2(x)$ 是线性无关的;

(2) 对任意实数 λ, $y=\lambda y_1(x)+(1-\lambda)y_2(x)$ 也是方程 (6.2) 的解.

证明 (1) 由于 $y_1(x),y_2(x)$ 满足方程 (6.2), 则 $y_1(x)\neq 0$, $y_2(x)\neq 0$.

用反证法. 假设 $y_1(x),y_2(x)$ 线性相关, 则 $\dfrac{y_1(x)}{y_2(x)}=k$, 即 $y_1(x)=ky_2(x)$, 其中 $k\neq 0$ 为常数, 且有

$$[ky_2(x)]''+p(x)[ky_2(x)]'+q(x)[ky_2(x)]=f(x),$$
$$[y_2(x)]''+p(x)[y_2(x)]'+q(x)[y_2(x)]=f(x).$$

故有 $f(x)\equiv\dfrac{f(x)}{k}$, 从而 $k=1$, 即可得 $y_1(x)=y_2(x)$, 这与 $y_1(x),y_2(x)$ 是二阶非齐次线性微分方程 (6.2) 的两个不同的解矛盾, 所以 $y_1(x),y_2(x)$ 线性无关.

(2) $y=\lambda y_1(x)+(1-\lambda)y_2(x)=\lambda[y_1(x)-y_2(x)]+y_2(x)$.

因为 $y_1(x),y_2(x)$ 是二阶非齐次线性微分方程 (6.2) 的两个不同的解, 则 $y_1(x)-y_2(x)$ 一定是方程 (6.2) 对应的齐次方程 (6.3) 的非零解, 从而对任意实数 λ, $\lambda[y_1(x)-y_2(x)]$ 也是齐次方程 (6.3) 的解, 而 $y_2(x)$ 又是二阶非齐次线性微分方程 (6.2) 的解. 根据二阶线性微分方程的解的性质可知, 齐次线性微分方程 (6.3) 的解与非齐次线性微分方程 (6.2) 的解之和一定是非齐次线性微分方程 (6.2) 的解. 因此,

$$y=\lambda y_1(x)+(1-\lambda)y_2(x)=\lambda[y_1(x)-y_2(x)]+y_2(x)$$

一定是二阶非齐次线性微分方程 (6.2) 的解.

5. 若 $y_1=xe^x+e^{2x}$, $y_2=xe^x+e^{-x}$, $y_3=xe^x+e^{2x}-e^{-x}$ 是某个二阶非齐次线性微分方程的三个解, 求此微分方程的通解.

解 由 y_1,y_2,y_3 是二阶非齐次线性微分方程的三个解可得,

$$y_1-y_2=e^{2x}-e^{-x}\quad 和\ y_1-y_3=e^{-x}$$

一定是其对应的齐次方程的两个解, 且 $\dfrac{y_1-y_2}{y_1-y_3}=\dfrac{e^{2x}-e^{-x}}{e^{-x}}$ 不恒为常数, 从而这两个解必定是线性无关的, 所以其对应的齐次方程的通解可表示为

$$Y=C_1(e^{2x}-e^{-x})+C_2e^{-x}.$$

又因为 $y_1=xe^x+e^{2x}$ 是二阶非齐次线性微分方程的一个特解, 所以可得该二阶非齐次线性微分方程的通解为

$$y=C_1(e^{2x}-e^{-x})+C_2e^{-x}+xe^x+e^{2x}.$$

*6. 已知 $y=y_1(x)$ 是二阶齐次线性微分方程

$$y''+p(x)y'+q(x)y=0$$

的一个非零解. 若 $y=u(x)\cdot y_1(x)$ 也是该方程的解, 试列出 $u(x)$ 所满足的微分方程.

解 由于 $y=u(x)\cdot y_1(x)$ 是该方程的解, 故将

$$y=u(x)\cdot y_1(x),\quad y'=u'(x)\cdot y_1(x)+u(x)y_1'(x),$$

$$y'' = u''(x) \cdot y_1(x) + 2u'(x)y_1'(x) + u(x)y_1''(x)$$

代入方程可得

$$\begin{aligned}
& y'' + p(x)y' + q(x)y \\
= & [u''(x) \cdot y_1(x) + 2u'(x)y_1'(x) + u(x)y_1''(x)] + \\
& p(x)[u'(x) \cdot y_1(x) + u(x)y_1'(x)] + q(x) \cdot u(x) \cdot y_1(x) \\
= & y_1(x) \cdot u''(x) + [2y_1'(x) + p(x)y_1(x)]u'(x) + \\
& u(x)[y_1''(x) + p(x)y_1'(x) + q(x)y_1(x)] \\
= & 0.
\end{aligned} \qquad ①$$

因为 $y = y_1(x)$ 是二阶齐次线性微分方程 $y'' + p(x)y' + q(x)y = 0$ 的非零解, 所以

$$y_1''(x) + p(x)y_1'(x) + q(x)y_1(x) = 0,$$

从而①式可化为

$$y_1(x) \cdot u''(x) + [2y_1'(x) + p(x)y_1(x)]u'(x) = 0,$$

$$u''(x) + \left[\frac{2y_1'(x)}{y_1(x)} + p(x)\right]u'(x) = 0,$$

这个二阶齐次线性微分方程就是 $u(x)$ 所满足的微分方程.

习题 4.7

1. 求下列微分方程的通解:

(1) $y'' + 3y' = 0$;

(2) $y'' - 5y' + 6y = 0$;

(3) $y'' + 8y' + 16y = 0$;

(4) $y'' + y = 0$;

(5) $y'' + 2y' + 5y = 0$;

(6) $y'' + 2y' + ay = 0$ (a 为常数);

(7) $y''' + 6y'' + 10y' = 0$;

(8) $y''' - 6y'' + 3y' + 10y = 0$;

(9) $y^{(4)} - 2y''' + 2y'' - 2y' + y = 0$;

(10) $y^{(4)} + 3y'' - 4y = 0$.

解 (1) 给定方程是二阶常系数齐次线性微分方程, 其特征方程为

$$r^2 + 3r = r(r+3) = 0,$$

解得 $r_1 = 0$, $r_2 = -3$, 故方程的通解为

$$y = C_1 + C_2 e^{-3x}.$$

(2) 给定方程是二阶常系数齐次线性微分方程, 其特征方程为

$$r^2 - 5r + 6 = (r-2)(r-3) = 0,$$

解得 $r_1 = 2$, $r_2 = 3$, 故方程的通解为

$$y = C_1 e^{2x} + C_2 e^{3x}.$$

(3) 给定方程是二阶常系数齐次线性微分方程, 其特征方程为

$$r^2+8r+16=(r+4)^2=0,$$

解得 $r_1=r_2=-4$, 故方程的通解为

$$y=(C_1+C_2x)\mathrm{e}^{-4x}.$$

(4) 给定方程是二阶常系数齐次线性微分方程, 其特征方程为

$$r^2+1=0,$$

解得 $r_{1,2}=\pm\mathrm{i}$, 故方程的通解为

$$y=C_1\cos x+C_2\sin x.$$

(5) 给定方程是二阶常系数齐次线性微分方程, 其特征方程为

$$r^2+2r+5=0,$$

解得 $r_{1,2}=-1\pm2\mathrm{i}$, 故方程的通解为

$$y=\mathrm{e}^{-x}(C_1\cos2x+C_2\sin2x).$$

(6) 给定方程是二阶常系数齐次线性微分方程, 其特征方程为

$$r^2+2r+a=0.$$

(i) 当 $\Delta=4-4a>0$, 即 $a<1$ 时, 方程有两个不等的实特征根 $r_{1,2}=-1\pm\sqrt{1-a}$, 故方程的通解为

$$y=C_1\mathrm{e}^{(-1+\sqrt{1-a})x}+C_2\mathrm{e}^{(-1-\sqrt{1-a})x}.$$

(ii) 当 $\Delta=4-4a=0$, 即 $a=1$ 时, 方程有两个相等的实特征根 $r_1=r_2=-1$, 故方程的通解为

$$y=(C_1+C_2x)\mathrm{e}^{-x}.$$

(iii) 当 $\Delta=4-4a<0$, 即 $a>1$ 时, 方程有两个共轭的复特征根 $r_{1,2}=-1\pm\mathrm{i}\sqrt{a-1}$, 故方程的通解为

$$y=(C_1\cos\sqrt{a-1}x+C_2\sin\sqrt{a-1}x)\mathrm{e}^{-x}.$$

(7) 给定方程是三阶常系数齐次线性微分方程, 其特征方程为

$$r^3+6r^2+10r=r(r^2+6r+10)=0,$$

解得 $r_1=0$, $r_{2,3}=-3\pm\mathrm{i}$, 故方程的通解为

$$y=C_1+C_2\mathrm{e}^{-3x}\cos x+C_3\mathrm{e}^{-3x}\sin x.$$

(8) 给定方程是三阶常系数齐次线性微分方程, 其特征方程为

$$r^3-6r^2+3r+10=(r^3+1)-3(2r^2-r-3)=(r+1)(r-2)(r-5)=0,$$

解得 $r_1=-1$, $r_2=2$, $r_3=5$, 故方程的通解为

$$y=C_1\mathrm{e}^{-x}+C_2\mathrm{e}^{2x}+C_3\mathrm{e}^{5x}.$$

(9) 给定方程是四阶常系数齐次线性微分方程, 其特征方程为

$$r^4-2r^3+2r^2-2r+1=r^2(r^2-2r+1)+(r^2-2r+1)=(r-1)^2(r^2+1)=0,$$

解得 $r_{1,2}=1$, $r_{3,4}=\pm\mathrm{i}$, 故方程的通解为

$$y=C_1\mathrm{e}^x+C_2x\mathrm{e}^x+C_3\cos x+C_4\sin x.$$

(10) 给定方程是四阶常系数齐次线性微分方程, 其特征方程为

$$r^4+3r^2-4=(r+1)(r-1)(r^2+4)=0,$$

解得 $r_1=-1$, $r_2=1$, $r_{3,4}=\pm2\mathrm{i}$, 故方程的通解为

$$y=C_1\mathrm{e}^{-x}+C_2\mathrm{e}^x+C_3\cos 2x+C_4\sin 2x.$$

2. 求下列初值问题的解:

(1) $y''+y'-2y=0,\ y|_{x=0}=0,\ y'|_{x=0}=3$;

(2) $y''+y'=0,\ y|_{x=0}=2,\ y'|_{x=0}=-1$;

(3) $y''+4y'+4y=0,\ y|_{x=0}=0,\ y'|_{x=0}=1$;

(4) $y''-y'-y=0,\ y|_{x=0}=0,\ y'|_{x=0}=2$;

(5) $y''+25y=0,\ y|_{x=0}=2,\ y'|_{x=0}=5$;

(6) $y'''+2y''+y'=0,\ y|_{x=0}=0,\ y'|_{x=0}=3,\ y''|_{x=0}=-1$.

解 (1) 给定方程是二阶常系数齐次线性微分方程, 其特征方程为

$$r^2+r-2=(r-1)(r+2)=0,$$

解得 $r_1=1, r_2=-2$, 故方程的通解为

$$y=C_1\mathrm{e}^x+C_2\mathrm{e}^{-2x}.$$

由初值条件 $y|_{x=0}=0,\ y'|_{x=0}=3$, 得 $\begin{cases}C_1+C_2=0,\\ C_1-2C_2=3,\end{cases}$ 解得 $C_1=1$, $C_2=-1$, 于是所求特解为 $y=\mathrm{e}^x-\mathrm{e}^{-2x}$.

(2) 给定方程是二阶常系数齐次线性微分方程, 其特征方程为

$$r^2+r=r(r+1)=0,$$

解得 $r_1=0$, $r_2=-1$, 故方程的通解为 $y=C_1+C_2\mathrm{e}^{-x}$.

由初值条件 $y|_{x=0}=2,\ y'|_{x=0}=-1$ 得 $\begin{cases}C_1+C_2=2,\\ -C_2=-1,\end{cases}$ 解得 $C_1=1$, $C_2=1$, 于是所求特解为 $y=1+\mathrm{e}^{-x}$.

(3) 给定方程是二阶常系数齐次线性微分方程, 其特征方程为

$$r^2+4r+4=(r+2)^2=0,$$

解得 $r_1=r_2=-2$, 故方程的通解为 $y=C_1\mathrm{e}^{-2x}+C_2x\mathrm{e}^{-2x}$.

由初值条件 $y|_{x=0}=0,\ y'|_{x=0}=1$, 得 $\begin{cases}C_1=0,\\ C_2-2C_1=1,\end{cases}$ 解得 $C_1=0$, $C_2=1$, 于是所求特解为 $y=x\mathrm{e}^{-2x}$.

(4) 给定方程是二阶常系数齐次线性微分方程, 其特征方程为

$$r^2-r-1=0,$$

解得 $r_{1,2}=\dfrac{1\pm\sqrt{5}}{2}$, 故方程的通解为 $y=C_1\mathrm{e}^{\frac{1-\sqrt{5}}{2}x}+C_2\mathrm{e}^{\frac{1+\sqrt{5}}{2}x}$.

由初值条件 $y\big|_{x=0}=0,\ y'\big|_{x=0}=2$, 得 $\begin{cases}C_1+C_2=0,\\ \dfrac{1-\sqrt{5}}{2}C_1+\dfrac{1+\sqrt{5}}{2}C_2=2,\end{cases}$ 解得 $C_1=-\dfrac{2\sqrt{5}}{5}$, $C_2=\dfrac{2\sqrt{5}}{5}$, 于是所求特解为 $y=-\dfrac{2\sqrt{5}}{5}\mathrm{e}^{\frac{1-\sqrt{5}}{2}x}+\dfrac{2\sqrt{5}}{5}\mathrm{e}^{\frac{1+\sqrt{5}}{2}x}$.

(5) 给定方程是二阶常系数齐次线性微分方程, 其特征方程为

$$r^2+25=0,$$

解得 $r_{1,2}=\pm5\mathrm{i}$, 故方程的通解为 $y=C_1\cos 5x+C_2\sin 5x$.

由初值条件 $y\big|_{x=0}=2,\ y'\big|_{x=0}=5$, 得 $\begin{cases}C_1=2,\\ 5C_2=5,\end{cases}$ 解得 $C_1=2$, $C_2=1$, 于是所求特解为 $y=2\cos 5x+\sin 5x$.

(6) 给定方程是三阶常系数齐次线性微分方程, 其特征方程为

$$r^3+2r^2+r=r(r+1)^2=0,$$

解得 $r_1=0$, $r_{2,3}=-1$, 故方程的通解为

$$y=C_1+C_2\mathrm{e}^{-x}+C_3x\mathrm{e}^{-x}.$$

由初值条件 $y\big|_{x=0}=0,\ y'\big|_{x=0}=3,\ y''\big|_{x=0}=-1$, 得 $\begin{cases}C_1+C_2=0,\\ C_3-C_2=3,\\ C_2-2C_3=-1,\end{cases}$ 解得 $C_1=5$, $C_2=-5$, $C_3=-2$, 于是所求特解为 $y=5-5\mathrm{e}^{-x}-2x\mathrm{e}^{-x}$.

3. 求下列微分方程的通解:

(1) $y''-4y=\mathrm{e}^{2x}$; (2) $y''+y=-2x$;

(3) $y''-2y'+2y=\mathrm{e}^{x}$; (4) $y''+4y=x\cos x$;

(5) $y''-4y'+4y=\sin 2x+x$; (6) $y''+y=\cos x\cos 2x$.

解 (1) 这是二阶常系数非齐次线性微分方程, 它所对应的齐次方程为

$$y''-4y=0,$$

特征方程为 $r^2-4=0$, 解得特征根为 $r_1=2$, $r_2=-2$. 所以齐次方程的通解为

$$Y(x)=C_1\mathrm{e}^{2x}+C_2\mathrm{e}^{-2x}.$$

由于 $\lambda=2$ 是特征方程的单根且 $m=0$, 故设特解为 $y^*(x)=ax\mathrm{e}^{2x}$,

$$y^{*\prime}(x)=(a+2ax)\mathrm{e}^{2x},\quad y^{*\prime\prime}(x)=(4a+4ax)\mathrm{e}^{2x},$$

代入原方程, 得 $(4a+4ax)\mathrm{e}^{2x}-4ax\mathrm{e}^{2x}=\mathrm{e}^{2x}$, 即 $4a=1$, 解得 $a=\dfrac{1}{4}$, 因此原方程的一个特解为

$$y^*(x)=\frac{1}{4}x\mathrm{e}^{2x}.$$

于是, 所求方程的通解为 $y=C_1\mathrm{e}^{2x}+C_2\mathrm{e}^{-2x}+\dfrac{1}{4}x\mathrm{e}^{2x}$.

(2) 这是二阶常系数非齐次线性微分方程, 它所对应的齐次方程为

$$y''+y=0,$$

特征方程为 $r^2+1=0$, 解得特征根为 $r_{1,2}=\pm\mathrm{i}$. 所以齐次方程的通解为

$$Y(x)=C_1\cos x+C_2\sin x.$$

由于 $\lambda=0$ 不是特征方程的根且 $m=1$, 故设特解为 $y^*(x)=ax+b$,

$$y^{*\prime}(x)=a,\quad y^{*\prime\prime}(x)=0,$$

代入原方程, 得

$$ax+b=-2x,$$

比较等式两端 x 同次幂的系数得 $a=-2$, $b=0$, 因此原方程的一个特解为

$$y^*(x)=-2x.$$

于是, 所求方程的通解为 $y=C_1\cos x+C_2\sin x-2x$.

(3) 这是二阶常系数非齐次线性微分方程, 它所对应的齐次方程为

$$y''-2y'+2y=0,$$

特征方程为 $r^2-2r+2=0$, 解得特征根为 $r_{1,2}=1\pm\mathrm{i}$. 所以齐次方程的通解为

$$Y(x)=C_1\mathrm{e}^x\cos x+C_2\mathrm{e}^x\sin x.$$

由于 $\lambda=1$ 不是特征方程的根且 $m=0$, 故设特解为

$$y^*(x)=a\mathrm{e}^x,$$

其一阶和二阶导数为 $y^{*\prime}(x)=a\mathrm{e}^x$, $y^{*\prime\prime}(x)=a\mathrm{e}^x$, 代入原方程, 得

$$a\mathrm{e}^x=\mathrm{e}^x,$$

即 $a=1$, 因此原方程的一个特解为

$$y^*(x)=\mathrm{e}^x.$$

于是, 所求方程的通解为

$$y=C_1\mathrm{e}^x\cos x+C_2\mathrm{e}^x\sin x+\mathrm{e}^x.$$

(4) 这是二阶常系数非齐次线性微分方程, 它所对应的齐次方程为

$$y''+4y=0,$$

特征方程为 $r^2+4=0$, 解得特征根为 $r_{1,2}=\pm2\mathrm{i}$. 所以齐次方程的通解为

$$Y(x)=C_1\cos 2x+C_2\sin 2x.$$

由于 $\lambda+\mathrm{i}\omega=\mathrm{i}$ 不是特征方程的根且 $m=1$, 故设特解为

$$y^*(x)=(ax+b)\cos x+(cx+d)\sin x,$$

其一阶和二阶导数为

$$y^{*\prime}(x)=(cx+a+d)\cos x+(-ax-b+c)\sin x,$$

$$y^{*\prime\prime}(x)=(-ax-b+2c)\cos x+(-cx-2a-d)\sin x.$$

代入原方程, 得

$$(3ax+3b+2c)\cos x+(3cx+3d-2a)\sin x=x\cos x,$$

比较等式两端同类项的系数得 $\begin{cases}3a=1,\\3b+2c=0,\\3c=0,\\3d-2a=0,\end{cases}$ 解得 $\begin{cases}a=\dfrac{1}{3},\\b=0,\\c=0,\\d=\dfrac{2}{9},\end{cases}$ 因此原方程的一个特解为 $y^*(x)=\dfrac{1}{3}x\cos x+\dfrac{2}{9}\sin x.$

于是, 所求方程的通解为

$$y=C_1\cos 2x+C_2\sin 2x+\frac{1}{3}x\cos x+\frac{2}{9}\sin x.$$

(5) 这是二阶常系数非齐次线性微分方程, 它所对应的齐次方程为

$$y''-4y'+4y=0,$$

特征方程为 $r^2-4r+4=(r-2)^2=0$, 解得特征根为 $r_1=r_2=2$. 所以齐次方程的通解为

$$Y(x)=C_1\mathrm{e}^{2x}+C_2x\mathrm{e}^{2x}.$$

对于方程

$$y''-4y'+4y=\sin 2x, \qquad ①$$

由于 $\lambda+\mathrm{i}\omega=2\mathrm{i}$ 不是特征方程的根且 $m=0$, 故设特解为

$$y_1^*(x)=a\cos 2x+b\sin 2x,$$

其一阶和二阶导数为

$$y_1^{*\prime}(x)=-2a\sin 2x+2b\cos 2x,$$

$$y_1^{*\prime\prime}(x)=-4a\cos 2x-4b\sin 2x.$$

代入方程①, 得

$$-8b\cos 2x+8a\sin 2x=\sin 2x,$$

比较等式两端同类项的系数得 $\begin{cases}-8b=0,\\ 8a=1,\end{cases}$ 解得 $\begin{cases}a=\dfrac{1}{8},\\ b=0.\end{cases}$ 因此方程①的一个特解为 $y_1^*(x)=\dfrac{1}{8}\cos 2x$.

对于方程

$$y''-4y'+4y=x, \qquad ②$$

由于 $\lambda=0$ 不是特征方程的根且 $m=1$, 故设特解为

$$y_2^*(x)=ax+b,$$

其一阶和二阶导数为

$$y_2^{*\prime}(x)=a,$$

$$y_2^{*\prime\prime}(x)=0.$$

代入方程②, 得

$$4ax+4b-4a=x,$$

比较等式两端 x 同次幂的系数得 $a=\dfrac{1}{4}$, $b=\dfrac{1}{4}$, 因此方程②的一个特解为

$$y_2^*(x)=\frac{1}{4}x+\frac{1}{4}.$$

由非齐次线性微分方程解的叠加原理可得, 原方程的一个特解为

$$y^*(x)=y_1^*(x)+y_2^*(x)=\frac{1}{8}\cos 2x+\frac{1}{4}x+\frac{1}{4},$$

于是, 所求方程的通解为

$$y=C_1\mathrm{e}^{2x}+C_2x\mathrm{e}^{2x}+\frac{1}{8}\cos 2x+\frac{1}{4}x+\frac{1}{4}.$$

(6) 原方程可化为

$$y''+y=\frac{1}{2}\cos 3x+\frac{1}{2}\cos x.$$

这是二阶常系数非齐次线性微分方程, 它所对应的齐次方程为

$$y''+y=0,$$

特征方程为

$$r^2+1=0,$$

解得特征根为 $r_{1,2}=\pm\mathrm{i}$. 所以齐次方程的通解为

$$Y(x)=C_1\cos x+C_2\sin x.$$

对于方程

$$y''+y=\frac{1}{2}\cos 3x, \qquad ①$$

由于 $\lambda+\mathrm{i}\omega=3\mathrm{i}$ 不是特征方程的根且 $m=0$, 故设特解为

$$y_1^*(x)=a\cos 3x+b\sin 3x,$$

其一阶和二阶导数为

$$y_1^{*\prime}(x)=-3a\sin 3x+3b\cos 3x,$$

$$y_1^{*\prime\prime}(x)=-9a\cos 3x-9b\sin 3x.$$

代入方程①, 得

$$-8a\cos 3x-8b\sin 3x=\frac{1}{2}\cos 3x,$$

比较等式两端同类项的系数得 $\begin{cases}-8a=\dfrac{1}{2},\\ -8b=0,\end{cases}$ 解得 $\begin{cases}a=-\dfrac{1}{16},\\ b=0,\end{cases}$ 因此方程①的一个特解为

$$y_1^*(x)=-\frac{1}{16}\cos 3x.$$

对于方程

$$y''+y=\frac{1}{2}\cos x, \qquad ②$$

由于 $\lambda+\mathrm{i}\omega=\mathrm{i}$ 是特征方程的根且 $m=0$, 故设特解为

$$y_2^*(x)=x(a\cos x+b\sin x),$$

其一阶和二阶导数为

$$y_2^{*\prime}(x)=(a+bx)\cos x+(b-ax)\sin x,$$

$$y_2^{*\prime\prime}(x)=(-ax+2b)\cos x+(-bx-2a)\sin x.$$

代入方程②, 得

$$2b\cos x-2a\sin x=\frac{1}{2}\cos x,$$

比较等式两端同类项的系数得 $\begin{cases}2b=\dfrac{1}{2},\\ -2a=0,\end{cases}$ 解得 $\begin{cases}a=0,\\ b=\dfrac{1}{4},\end{cases}$ 因此方程②的一个特解为 $y_2^*(x)=\dfrac{1}{4}x\sin x$.

由非齐次线性微分方程解的叠加原理可得, 原方程的一个特解为

$$y^*(x)=y_1^*(x)+y_2^*(x)=-\frac{1}{16}\cos 3x+\frac{1}{4}x\sin x,$$

于是, 所求方程的通解为

$$y=C_1\cos x+C_2\sin x-\frac{1}{16}\cos 3x+\frac{1}{4}x\sin x.$$

4. 求下列初值问题的解:

(1) $y''-3y'+2y=1,\ y\big|_{x=0}=2,\ y'\big|_{x=0}=2$;

(2) $y''-2y'=\mathrm{e}^{2x},\ y\big|_{x=0}=1,\ y'\big|_{x=0}=1$;

(3) $y''-y'=4x\mathrm{e}^{x},\ y\big|_{x=0}=1,\ y'\big|_{x=0}=1$;

(4) $y''+y=-\sin 2x,\ y\big|_{x=\pi}=1,\ y'\big|_{x=\pi}=1$;

(5) $y''+y=\mathrm{e}^{x}+\cos x,\ y\big|_{x=0}=1,\ y'\big|_{x=0}=1$.

解 (1) 这是二阶常系数非齐次线性微分方程, 它所对应的齐次方程为

$$y''-3y'+2y=0,$$

特征方程为

$$r^2-3r+2=(r-1)(r-2)=0,$$

解得特征根为 $r_1=1,\ r_2=2$. 所以齐次方程的通解为

$$Y(x)=C_1\mathrm{e}^{x}+C_2\mathrm{e}^{2x}.$$

由于 $\lambda=0$ 不是特征方程的根且 $m=0$, 故设特解为

$$y^*(x)=a,$$

其一阶和二阶导数为

$$y^{*\prime}(x)=0,\quad y^{*\prime\prime}(x)=0.$$

代入原方程, 得 $2a=1$, 解得 $a=\dfrac{1}{2}$, 因此原方程的一个特解为

$$y^*(x)=\frac{1}{2}.$$

于是, 所求方程的通解为

$$y=C_1\mathrm{e}^{x}+C_2\mathrm{e}^{2x}+\frac{1}{2}.$$

由初值条件 $y\big|_{x=0}=2,\ y'\big|_{x=0}=2$, 得 $\begin{cases}C_1+C_2+\dfrac{1}{2}=2,\\ C_1+2C_2=2,\end{cases}$ 解得 $C_1=1,\ C_2=\dfrac{1}{2}$, 于是所求特解为

$$y=\mathrm{e}^{x}+\frac{1}{2}\mathrm{e}^{2x}+\frac{1}{2}.$$

(2) 这是二阶常系数非齐次线性微分方程, 它所对应的齐次方程为

$$y''-2y'=0,$$

特征方程为

$$r^2-2r=r(r-2)=0,$$

解得特征根为 $r_1=0,\ r_2=2$. 所以齐次方程的通解为

$$Y(x)=C_1+C_2\mathrm{e}^{2x}.$$

由于 $\lambda=2$ 是特征方程的单根且 $m=0$, 故设特解为

$$y^*(x)=ax\mathrm{e}^{2x},$$

其一阶和二阶导数为

$$y^{*\prime}(x)=(a+2ax)\mathrm{e}^{2x},\quad y^{*\prime\prime}(x)=(4a+4ax)\mathrm{e}^{2x}.$$

代入原方程, 并消去 e^{2x} 得 $2a=1$, 解得 $a=\dfrac{1}{2}$, 因此原方程的一个特解为

$$y^*(x)=\frac{1}{2}x\mathrm{e}^{2x}.$$

于是, 所求方程的通解为 $y=C_1+C_2\mathrm{e}^{2x}+\dfrac{1}{2}x\mathrm{e}^{2x}$.

由初值条件 $y\big|_{x=0}=1,\ y'\big|_{x=0}=1$ 得

$$\begin{cases}C_1+C_2=1,\\ 2C_2+\dfrac{1}{2}=1,\end{cases}$$

解得 $C_1=\dfrac{3}{4},\ C_2=\dfrac{1}{4}$, 于是所求特解为

$$y=\frac{3}{4}+\frac{1}{4}\mathrm{e}^{2x}+\frac{1}{2}x\mathrm{e}^{2x}.$$

(3) 这是二阶常系数非齐次线性微分方程, 它所对应的齐次方程为

$$y''-y'=0,$$

特征方程为

$$r^2-r=r(r-1)=0,$$

解得特征根为 $r_1=0,\ r_2=1$. 所以齐次方程的通解为

$$Y(x)=C_1+C_2\mathrm{e}^x.$$

由于 $\lambda=1$ 是特征方程的单根且 $m=1$, 故设特解为

$$y^*(x)=x(ax+b)\mathrm{e}^x,$$

其一阶和二阶导数为

$$y^{*\prime}(x)=[ax^2+(2a+b)x+b]\mathrm{e}^x,$$

$$y^{*\prime\prime}(x)=[ax^2+(4a+b)x+2a+2b]\mathrm{e}^x.$$

代入原方程, 并消去 e^x 得

$$2ax+2a+b=4x,$$

比较等式两端 x 同次幂的系数得

$$\begin{cases}2a=4,\\ 2a+b=0,\end{cases}$$

解得 $a=2$, $b=-4$, 因此原方程的一个特解为

$$y^*(x)=x(2x-4)\mathrm{e}^x=(2x^2-4x)\mathrm{e}^x.$$

于是, 所求方程的通解为

$$y=C_1+C_2\mathrm{e}^x+(2x^2-4x)\mathrm{e}^x.$$

由初值条件 $y\big|_{x=0}=1$, $y'\big|_{x=0}=1$ 得

$$\begin{cases}C_1+C_2=1,\\ C_2-4=1,\end{cases}$$

解得 $C_1=-4$, $C_2=5$, 于是所求特解为

$$y=-4+5\mathrm{e}^x+(2x^2-4x)\mathrm{e}^x.$$

(4) 这是二阶常系数非齐次线性微分方程, 它所对应的齐次方程为

$$y''+y=0,$$

特征方程为

$$r^2+1=0,$$

解得特征根为 $r_{1,2}=\pm\mathrm{i}$. 所以齐次方程的通解为

$$Y(x)=C_1\cos x+C_2\sin x.$$

由于 $\lambda+\mathrm{i}\omega=2\mathrm{i}$ 不是特征方程的根且 $m=0$, 故设特解为

$$y^*(x)=a\cos 2x+b\sin 2x,$$

其一阶和二阶导数为

$$y^{*\prime}(x)=-2a\sin 2x+2b\cos 2x,\ \ y^{*\prime\prime}(x)=-4a\cos 2x-4b\sin 2x.$$

代入原方程得

$$-3a\cos 2x-3b\sin 2x=-\sin 2x,$$

比较等式两端同类项的系数得

$$\begin{cases}-3a=0,\\ -3b=-1,\end{cases}$$

解得 $a=0$, $b=\dfrac{1}{3}$, 因此原方程的一个特解为 $y^*(x)=\dfrac{1}{3}\sin 2x$.

于是, 所求方程的通解为

$$y=C_1\cos x+C_2\sin x+\frac{1}{3}\sin 2x.$$

由初值条件 $y\big|_{x=\pi}=1$, $y'\big|_{x=\pi}=1$ 得

$$\begin{cases}-C_1=1,\\ -C_2+\dfrac{2}{3}=1,\end{cases}$$

解得 $C_1=-1, C_2=-\frac{1}{3}$, 于是所求特解为 $y=-\cos x-\frac{1}{3}\sin x+\frac{1}{3}\sin 2x$.

(5) 这是二阶常系数非齐次线性微分方程, 它所对应的齐次方程为

$$y''+y=0,$$

特征方程为

$$r^2+1=0,$$

解得特征根为 $r_{1,2}=\pm\mathrm{i}$. 所以齐次方程的通解为

$$Y(x)=C_1\cos x+C_2\sin x.$$

对于方程

$$y''+y=\mathrm{e}^x, \qquad ①$$

由于 $\lambda=1$ 不是特征方程的根且 $m=0$, 故设特解为

$$y_1^*(x)=a\mathrm{e}^x,$$

其一阶和二阶导数为

$$y_1^{*\prime}(x)=a\mathrm{e}^x,\ y_1^{*\prime\prime}(x)=a\mathrm{e}^x.$$

代入方程①, 并消去 e^x 得

$$2a=1,$$

解得 $a=\frac{1}{2}$, 因此方程①的一个特解为

$$y_1^*(x)=\frac{1}{2}\mathrm{e}^x.$$

对于方程

$$y''+y=\cos x, \qquad ②$$

由于 $\lambda+\mathrm{i}\omega=\mathrm{i}$ 是特征方程的根且 $m=0$, 故设特解为

$$y_2^*(x)=x(a\cos x+b\sin x),$$

其一阶和二阶导数为

$$y_2^{*\prime}(x)=(bx+a)\cos x+(b-ax)\sin x,$$

$$y_2^{*\prime\prime}(x)=(-ax+2b)\cos x+(-bx-2a)\sin x.$$

代入方程②, 得

$$2b\cos x-2a\sin x=\cos x,$$

比较等式两端同类项的系数得 $\begin{cases}2b=1,\\-2a=0\end{cases}$ 解得 $\begin{cases}a=0,\\b=\frac{1}{2}.\end{cases}$

因此方程②的一个特解为

$$y_2^*(x)=\frac{1}{2}x\sin x.$$

由非齐次线性微分方程解的叠加原理可得, 原方程的一个特解为

$$y^*(x)=y_1^*(x)+y_2^*(x)=\frac{1}{2}\mathrm{e}^x+\frac{1}{2}x\sin x.$$

于是, 所求方程的通解为

$$y=C_1\cos x+C_2\sin x+\frac{1}{2}\mathrm{e}^x+\frac{1}{2}x\sin x.$$

由初值条件 $y\big|_{x=0}=1$, $y'\big|_{x=0}=1$, 得

$$\begin{cases}C_1+\dfrac{1}{2}=1,\\ C_2+\dfrac{1}{2}=1,\end{cases}$$

解得 $C_1=C_2=\dfrac{1}{2}$, 于是所求特解为

$$y=\frac{1}{2}\cos x+\frac{1}{2}\sin x+\frac{1}{2}\mathrm{e}^x+\frac{1}{2}x\sin x.$$

5. 设连续函数 $f(x)$ 满足方程 $f(x)=\mathrm{e}^x-\displaystyle\int_0^x(x-t)f(t)\mathrm{d}t$, 求 $f(x)$ 的表达式.

解 因为 $f(x)$ 是连续函数, 函数 $x-t$ 也连续, 所以积分上限函数 $\displaystyle\int_0^x(x-t)f(t)\mathrm{d}t$ 一定是可导的. 又因为函数 e^x 可导, 所以 $f(x)=\mathrm{e}^x-\displaystyle\int_0^x(x-t)f(t)\mathrm{d}t$ 一定是可导函数.

方程可化为

$$f(x)=\mathrm{e}^x-x\int_0^x f(t)\mathrm{d}t+\int_0^x tf(t)\mathrm{d}t,$$

方程两端同时对 x 求导, 可得

$$f'(x)=\mathrm{e}^x-\int_0^x f(t)\mathrm{d}t, \qquad ①$$

即 $\displaystyle\int_0^x f(t)\mathrm{d}t=\mathrm{e}^x-f'(x)$.

两端再同时对 x 求导, 可得

$$f(x)=\mathrm{e}^x-f''(x),$$

即

$$f''(x)+f(x)=\mathrm{e}^x, \qquad ②$$

这是一个关于函数 $f(x)$ 的二阶常系数非齐次线性微分方程. 设 $y=f(x)$, 方程②所对应的齐次方程为 $y''+y=0$, 特征方程为 $r^2+1=0$, 解得特征根为 $r_{1,2}=\pm\mathrm{i}$. 所以齐次方程的通解为

$$Y(x)=C_1\cos x+C_2\sin x.$$

由于 $\lambda=1$ 不是特征方程的根且 $m=0$, 故设方程②的特解为

$$y^*(x)=a\mathrm{e}^x,$$

其一阶和二阶导数为

$$y^{*\prime}(x)=a\mathrm{e}^{x},$$

$$y^{*\prime\prime}(x)=a\mathrm{e}^{x}.$$

代入方程②，并消去 e^x 得 $2a=1$，解得 $a=\frac{1}{2}$，因此方程②的一个特解为 $y^*(x)=\frac{1}{2}\mathrm{e}^x$.

于是，方程②的通解为

$$y=f(x)=C_1\cos x+C_2\sin x+\frac{1}{2}\mathrm{e}^x. \qquad ③$$

根据题设条件 $f(x)=\mathrm{e}^x-\int_0^x(x-t)f(t)\mathrm{d}t$，令 $x=0$，可得初值条件

$$y\big|_{x=0}=f(0)=1.$$

再对方程①两端令 $x=0$，可得初值条件

$$y'\big|_{x=0}=f'(0)=1.$$

把初值条件 $y\big|_{x=0}=f(0)=1$, $y'\big|_{x=0}=f'(0)=1$ 代入通解③中可得

$$\begin{cases}C_1+\dfrac{1}{2}=1,\\ C_2+\dfrac{1}{2}=1,\end{cases}$$

解得 $C_1=C_2=\frac{1}{2}$，于是所求 $f(x)$ 为

$$f(x)=\frac{1}{2}\cos x+\frac{1}{2}\sin x+\frac{1}{2}\mathrm{e}^x.$$

6. 求微分方程 $y''-y=0$ 的一条积分曲线，使得该曲线在原点处有切线 $y=2x$，且原点是该曲线的拐点.

解 特征方程为 $r^2-1=0$，解得特征根为 $r_1=-1$, $r_2=1$. 所以方程的通解为

$$y=C_1\mathrm{e}^{-x}+C_2\mathrm{e}^x.$$

根据题意，曲线过原点，且原点处切线斜率为 2，故有初值条件

$$y\big|_{x=0}=0,\quad y'\big|_{x=0}=2.$$

代入通解可得 $\begin{cases}C_1+C_2=0,\\ C_2-C_1=2,\end{cases}$ 解得 $\begin{cases}C_1=-1,\\ C_2=1.\end{cases}$

于是，$y=-\mathrm{e}^{-x}+\mathrm{e}^x$，且 $y''=y=-\mathrm{e}^{-x}+\mathrm{e}^x=\dfrac{\mathrm{e}^{2x}-1}{\mathrm{e}^x}$. 因此，$y''\big|_{(0,0)}=0$，且当 $x<0$ 时，$y''<0$；当 $x>0$ 时，$y''>0$，从而原点恰好是积分曲线 $y=-\mathrm{e}^{-x}+\mathrm{e}^x$ 的拐点.

故所求积分曲线为 $y=-\mathrm{e}^{-x}+\mathrm{e}^x$.

7. 一个单位质量的质点在数轴上运动, 开始时质点在原点 O 处且速度为 v_0, 在运动过程中, 它受到一个力的作用, 这个力的大小与质点到原点的距离成正比 (比例系数 $k_1>0$), 而方向与初速度一致. 又介质的阻力与速度成正比 (比例系数 $k_2>0$). 求反映该质点的运动规律的函数.

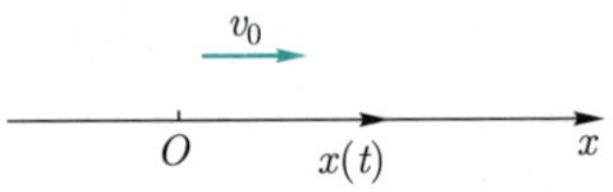

图 4.3

解 设数轴为 x 轴, v_0 方向为 x 轴正方向, 质点在 t 时刻位移为 $x(t)$, 如图 4.3 所示. 由题意得微分方程

$$x''=k_1x-k_2x',$$

即

$$x''+k_2x'-k_1x=0, \qquad ①$$

且满足初值条件 $x|_{t=0}=0$, $x'|_{t=0}=v_0$.

微分方程①是一个二阶常系数齐次线性微分方程, 且其特征方程为

$$r^2+k_2r-k_1=0,$$

解得特征根为 $r_1=\dfrac{-k_2+\sqrt{k_2^2+4k_1}}{2}$, $r_2=\dfrac{-k_2-\sqrt{k_2^2+4k_1}}{2}$, 故微分方程的通解为

$$x=C_1\mathrm{e}^{\frac{-k_2+\sqrt{k_2^2+4k_1}}{2}t}+C_2\mathrm{e}^{\frac{-k_2-\sqrt{k_2^2+4k_1}}{2}t}.$$

由初值条件 $x|_{t=0}=0$, $x'|_{t=0}=v_0$, 得 $\begin{cases}C_1+C_2=0,\\ C_1r_1+C_2r_2=v_0,\end{cases}$ 解得 $C_1=\dfrac{v_0}{\sqrt{k_2^2+4k_1}}$, $C_2=-\dfrac{v_0}{\sqrt{k_2^2+4k_1}}$.

因此质点的运动规律为

$$x=\frac{v_0}{\sqrt{k_2^2+4k_1}}\left(\mathrm{e}^{\frac{-k_2+\sqrt{k_2^2+4k_1}}{2}t}-\mathrm{e}^{\frac{-k_2-\sqrt{k_2^2+4k_1}}{2}t}\right).$$

*8. 求欧拉方程 $x^2\dfrac{\mathrm{d}^2y}{\mathrm{d}x^2}+4x\dfrac{\mathrm{d}y}{\mathrm{d}x}+2y=0\ (x>0)$ 的通解.

解 这是一个欧拉方程, 令 $x=\mathrm{e}^t$, 则

$$x\frac{\mathrm{d}y}{\mathrm{d}x}=Dy,$$

$$x^2\frac{\mathrm{d}^2y}{\mathrm{d}x^2}=D(D-1)y.$$

于是, 方程化为 $D(D-1)y+4Dy+2y=0$, 整理得 $D^2y+3Dy+2y=0$, 即

$$\frac{\mathrm{d}^2y}{\mathrm{d}t^2}+3\frac{\mathrm{d}y}{\mathrm{d}t}+2y=0.$$

这是二阶常系数齐次线性微分方程, 特征方程为 $r^2+3r+2=0$, 解得特征根为 $r_1=-1$, $r_2=-2$. 所以齐次方程的通解为

$$y=C_1\mathrm{e}^{-t}+C_2\mathrm{e}^{-2t}.$$

将 $\mathrm{e}^t=x$ 代入, 得原方程的通解 $y=\dfrac{C_1}{x}+\dfrac{C_2}{x^2}$.

总习题四

1. 若三阶常系数齐次线性微分方程有特解: $y_1(x)=\mathrm{e}^{-x}$, $y_2(x)=2x\mathrm{e}^{-x}$ 及 $y_3(x)=3\mathrm{e}^{x}$, 则该微分方程是 (　　).

(A) $y'''-y''-y'+y=0$　　(B) $y'''+y''-y'-y=0$

(C) $y'''-6y''+11y'-6y=0$　　(D) $y'''-2y''-y'+2y=0$

解　根据题意, 这个三阶常系数齐次线性微分方程的三个特征根为

$$r_1=r_2=-1, r_3=1,$$

所以其特征方程为 $(r+1)^2(r-1)=r^3+r^2-r-1=0$, 于是, 其对应的三阶常系数齐次线性微分方程为

$$y'''+y''-y'-y=0.$$

故选 (**B**).

2. 设线性无关的函数 $y_1(x)$, $y_2(x)$ 及 $y_3(x)$ 均为某二阶非齐次线性微分方程的解, C_1, C_2 是任意常数, 则该非齐次线性微分方程的通解是 (　　).

(A) $C_1y_1(x)+C_2y_2(x)+y_3(x)$

(B) $C_1y_1(x)+C_2y_2(x)-(C_1+C_2)y_3(x)$

(C) $C_1y_1(x)+C_2y_2(x)+(1-C_1-C_2)y_3(x)$

(D) $C_1y_1(x)+C_2y_2(x)-(1-C_1-C_2)y_3(x)$

解　根据线性微分方程解的性质, 由于 $y_1(x)$, $y_2(x)$ 及 $y_3(x)$ 线性无关且均为某二阶非齐次线性微分方程的解, 则函数 $y_1(x)-y_3(x)$, $y_2(x)-y_3(x)$ 一定是其对应的齐次线性微分方程的两个线性无关的解, 从而齐次方程的通解可表示为

$$y=C_1[y_1(x)-y_3(x)]+C_2[y_2(x)-y_3(x)].$$

而 $y_3(x)$ 又是非齐次方程的一个特解, 所以该非齐次方程的通解可表示为

$$\begin{aligned} y&=C_1[y_1(x)-y_3(x)]+C_2[y_2(x)-y_3(x)]+y_3(x)\\ &=C_1y_1(x)+C_2y_2(x)+(1-C_1-C_2)y_3(x). \end{aligned}$$

故选 (**C**). 其余选项均可验证都不是非齐次方程的通解.

3. 若函数 $y_1(x)$ 与 $y_2(x)$ 都是以下 (A), (B), (C), (D) 给出的方程的解, 设 C_1 与 C_2 是任意常数, 则函数 $y=C_1y_1(x)+C_2y_2(x)$ 必是 (　　) 的解.

(A) $y''+y'+y^2=0$　　(B) $y''+y'+2y=1$

(C) $xy''+y'+\dfrac{1}{x}y=0$　　(D) $x+y+\displaystyle\int_0^x y(t)\mathrm{d}t=0$

解　选项 (C) 中的方程是一个二阶齐次线性微分方程, 根据齐次线性微分方程的解的性质可得, 对任意常数 C_1, C_2, 函数 $y=C_1y_1(x)+C_2y_2(x)$ 必是这个方程的解, 所以选项 (C) 正确.

选项 (A) 是一个非线性的微分方程, 容易验证, $y=C_1y_1(x)+C_2y_2(x)$ 不一定是该方程的解.

选项 (B) 是非齐次线性微分方程, 对任意常数 C_1, C_2, 函数 $y=C_1y_1(x)+C_2y_2(x)$ 不一定是解.

选项 (D) 中的方程 $x+y+\int_0^x y(t)\mathrm{d}t=0$ 两端求导可得 $y'+y=-1$, 这是一阶非齐次线性微分方程, $y=C_1y_1(x)+C_2y_2(x)$ 不一定是解.

故选 (**C**).

4. 求下列微分方程的通解:

(1) $xy'+y=x\mathrm{e}^x$;　　(2) $2y+xy'=2y\sqrt{y}$;

(3) $yy''=2(y')^2$;　　(4) $y''+a^2y=\sin x\ (a>0)$.

解 (1) 方程可化为 $y'+\dfrac{1}{x}y=\mathrm{e}^x$, 这是一个一阶线性微分方程, 且 $P(x)=\dfrac{1}{x}$, $Q(x)=\mathrm{e}^x$, 由其通解公式可得

$$y=\mathrm{e}^{-\int\frac{1}{x}\mathrm{d}x}\left(\int \mathrm{e}^x\mathrm{e}^{\int\frac{1}{x}\mathrm{d}x}\mathrm{d}x+C\right)=\frac{1}{x}\left(\int x\mathrm{e}^x\mathrm{d}x+C\right)=\frac{1}{x}(x\mathrm{e}^x-\mathrm{e}^x+C)$$
$$=\left(1-\frac{1}{x}\right)\mathrm{e}^x+\frac{C}{x}.$$

(2) 方程可化为 $\dfrac{\mathrm{d}y}{\mathrm{d}x}=\dfrac{2y\left(\sqrt{y}-1\right)}{x}$, 这是一个可分离变量方程, 分离变量得

$$\frac{\mathrm{d}y}{2y\left(\sqrt{y}-1\right)}=\frac{1}{x}\mathrm{d}x.$$

两端积分得

$$\int\frac{\mathrm{d}\left(\sqrt{y}\right)}{\sqrt{y}\left(\sqrt{y}-1\right)}=\int\frac{1}{x}\mathrm{d}x,$$

即

$$\int\frac{\mathrm{d}\left(\sqrt{y}-1\right)}{\sqrt{y}-1}-\int\frac{\mathrm{d}\left(\sqrt{y}\right)}{\sqrt{y}}=\int\frac{1}{x}\mathrm{d}x,$$

解得

$$\ln\left|\sqrt{y}-1\right|-\ln\left|\sqrt{y}\right|=\ln|x|+C_1.$$

于是, 原方程的通解为

$$\frac{\sqrt{y}-1}{\sqrt{y}}=Cx.$$

(3) 所给二阶方程不显含变量 x, 是可降阶的微分方程. 设 $y'=\dfrac{\mathrm{d}y}{\mathrm{d}x}=p$, 则 $y''=p\dfrac{\mathrm{d}p}{\mathrm{d}y}$, 方程化为 $yp\dfrac{\mathrm{d}p}{\mathrm{d}y}=2p^2$.

注意到, 当 $p \equiv 0$ 时, $y=C$ 是原方程的解, 但由于只含有一个独立的任意常数, 所以不是原二阶方程的通解. 下面假设 p 不恒为零, 则由 p 的连续性可得必定存在某个区间使得 $p \neq 0$, 从而方程可变形为 $y\dfrac{\mathrm{d}p}{\mathrm{d}y}=2p$.

这是可分离变量微分方程. 分离变量, 得 $\dfrac{\mathrm{d}p}{p}=\dfrac{2\mathrm{d}y}{y}$. 两端积分得 $\ln|p|=2\ln|y|+C$, 即方程的通解为 $p=C_1y^2$. 故 $p=y'=\dfrac{\mathrm{d}y}{\mathrm{d}x}=C_1y^2$.

再次分离变量并两端积分 $\displaystyle\int\frac{\mathrm{d}y}{y^2}=\int C_1\mathrm{d}x$, 得原方程通解为

$$-\frac{1}{y}=C_1x+C_2.$$

(4) 这是二阶常系数非齐次线性微分方程, 它所对应的齐次方程为

$$y''+a^2y=0,$$

特征方程为

$$r^2+a^2=0,$$

解得特征根为 $r_{1,2}=\pm a\mathrm{i}$. 所以齐次方程的通解为

$$Y(x)=C_1\cos ax+C_2\sin ax.$$

(i) 当 $a\neq 1$ 时, 由于 $\lambda+\mathrm{i}\omega=\mathrm{i}$ 不是特征方程的根且 $m=0$, 故设特解为

$$y^*(x)=b\cos x+c\sin x,$$

其一阶和二阶导数为

$$y^{*\prime}(x)=-b\sin x+c\cos x,\ y^{*\prime\prime}(x)=-b\cos x-c\sin x.$$

代入原方程, 得

$$(a^2b-b)\cos x+(a^2c-c)\sin x=\sin x,$$

比较等式两端同类项的系数得 $\begin{cases}a^2b-b=0,\\ a^2c-c=1,\end{cases}$ 解得 $\begin{cases}b=0,\\ c=\dfrac{1}{a^2-1}.\end{cases}$ 因此原方程的一个特解为 $y^*(x)=\dfrac{1}{a^2-1}\sin x$.

于是, 当 $a\neq 1$ 时, 所求方程的通解为

$$y=C_1\cos ax+C_2\sin ax+\frac{1}{a^2-1}\sin x.$$

(ii) 当 $a=1$ 时, 原方程即为 $y''+y=\sin x$, 此时, 由于 $\lambda+\mathrm{i}\omega=\mathrm{i}$ 是特征方程的根且 $m=0$, 故设特解为

$$y^*(x)=x(d_1\cos x+d_2\sin x),$$

其一阶和二阶导数为

$$y^{*\prime}(x)=(d_1+d_2x)\cos x+(d_2-d_1x)\sin x,$$

$$y^{*\prime\prime}(x)=(2d_2-d_1x)\cos x+(-2d_1-d_2x)\sin x.$$

代入原方程, 得

$$2d_2\cos x-2d_1\sin x=\sin x,$$

比较等式两端同类项的系数得 $\begin{cases}2d_2=0,\\-2d_1=1,\end{cases}$ 解得 $\begin{cases}d_1=-\dfrac{1}{2},\\d_2=0.\end{cases}$ 因此原方程的一个特解为 $y^*(x)=-\dfrac{1}{2}x\cos x.$

于是, 当 $a=1$ 时, 所求方程的通解为

$$y=C_1\cos x+C_2\sin x-\frac{1}{2}x\cos x.$$

5. 求下列初值问题的解:

(1) $xy'+y=y^2\ln x,\ y\big|_{x=1}=1;$

(2) $y'+y=\mathrm{e}^{|x|},\ y\big|_{x=-1}=0;$

(3) $yy''-2yy'\ln y=(y')^2,\ y\big|_{x=0}=1,\ y'\big|_{x=0}=1;$

(4) $y''-3y'+2y=6\mathrm{e}^{-x},\ y\big|_{x=0}=0,\ y'\big|_{x=0}=-1.$

解 (1) 原方程可化为

$$\frac{\mathrm{d}y}{\mathrm{d}x}+\frac{1}{x}y=y^2\frac{\ln x}{x},$$

这是一个伯努利方程. 等式两端同除以 y^2, 得

$$\frac{1}{y^2}\cdot\frac{\mathrm{d}y}{\mathrm{d}x}+\frac{1}{x}\cdot\frac{1}{y}=\frac{\ln x}{x}.$$

令 $z=\dfrac{1}{y}$, 则 $\dfrac{\mathrm{d}z}{\mathrm{d}x}=-\dfrac{1}{y^2}\cdot\dfrac{\mathrm{d}y}{\mathrm{d}x}$, 于是方程化为 $\dfrac{\mathrm{d}z}{\mathrm{d}x}-\dfrac{1}{x}z=-\dfrac{\ln x}{x}.$

这是一阶线性微分方程, 由通解公式得

$$z=\mathrm{e}^{-\int\left(-\frac{1}{x}\right)\mathrm{d}x}\left[\int\left(-\frac{\ln x}{x}\right)\mathrm{e}^{\int\left(-\frac{1}{x}\right)\mathrm{d}x}\mathrm{d}x+C\right]=x\left[\int\left(-\frac{\ln x}{x^2}\right)\mathrm{d}x+C\right]$$

$$=x\left(\frac{1+\ln x}{x}+C\right)=1+\ln x+Cx.$$

把 $z=\dfrac{1}{y}$ 代入, 便得原方程的通解 $\dfrac{1}{y}=1+\ln x+Cx.$

由初值条件 $y\big|_{x=1}=1$, 解得 $C=0$, 于是, 原方程的一个特解为 $\dfrac{1}{y}=1+\ln x$, 即 $y=\dfrac{1}{1+\ln x}.$

(2) 这是一个一阶线性微分方程, 且 $P(x)=1,\ Q(x)=\mathrm{e}^{|x|}$, 由通解公式可得

$$y=\mathrm{e}^{-\int\mathrm{d}x}\left(\int\mathrm{e}^{|x|}\mathrm{e}^{\int\mathrm{d}x}\mathrm{d}x+C\right)=\mathrm{e}^{-x}\left(\int\mathrm{e}^{x+|x|}\mathrm{d}x+C\right).$$

(i) 当 $x \geqslant 0$ 时, 通解 $y = \mathrm{e}^{-x}\left(\int \mathrm{e}^{2x}\mathrm{d}x + C\right) = \dfrac{1}{2}\mathrm{e}^{x} + C\mathrm{e}^{-x}$.

(ii) 当 $x < 0$ 时, 通解 $y = \mathrm{e}^{-x}\left(\int \mathrm{d}x + C\right) = x\mathrm{e}^{-x} + C\mathrm{e}^{-x}$.

由初值条件 $y\big|_{x=-1} = 0$, 代入 (ii) 可求得 $C = 1$, 于是原方程的一个特解为

$$y = x\mathrm{e}^{-x} + \mathrm{e}^{-x}.$$

(3) 所给方程是不显含变量 x 的二阶可降阶的微分方程. 设 $y' = \dfrac{\mathrm{d}y}{\mathrm{d}x} = p$, 则 $y'' = p\dfrac{\mathrm{d}p}{\mathrm{d}y}$, 方程化为 $yp\dfrac{\mathrm{d}p}{\mathrm{d}y} - 2yp\ln y = p^2$.

注意到, 当 $p \equiv 0$ 时, $y = C$ 是原方程的解, 但不满足初值条件. 下面假设 p 不恒为零, 则由 p 的连续性可得必定存在某个区间使得 $p \neq 0$, 从而方程可变形为 $y\dfrac{\mathrm{d}p}{\mathrm{d}y} - 2y\ln y = p$, 即 $\dfrac{\mathrm{d}p}{\mathrm{d}y} - \dfrac{1}{y}p = 2\ln y$.

这是以 y 为自变量的一阶线性微分方程. 由通解公式可得

$$p = \mathrm{e}^{-\int\left(-\frac{1}{y}\right)\mathrm{d}y}\left[\int 2\ln y\,\mathrm{e}^{\int\left(-\frac{1}{y}\right)\mathrm{d}y}\mathrm{d}y + C\right] = y\left(\int 2\frac{\ln y}{y}\mathrm{d}y + C\right) = y\ln^2 y + Cy.$$

由初值条件 $y\big|_{x=0} = 1$, $p\big|_{x=0} = y'\big|_{x=0} = 1$, 解得 $C = 1$, 故有

$$p = y' = \frac{\mathrm{d}y}{\mathrm{d}x} = y(\ln^2 y + 1).$$

再次分离变量并两端积分 $\displaystyle\int \frac{\mathrm{d}y}{y(\ln^2 y + 1)} = \int \mathrm{d}x$, 解得 $\arctan\ln y = x + C_1$. 再由初值条件 $y\big|_{x=0} = 1$, 解得 $C_1 = 0$, 故原方程的特解为 $\arctan\ln y = x$, 即 $y = \mathrm{e}^{\tan x}$.

(4) 这是二阶常系数非齐次线性微分方程, 它所对应的齐次方程为

$$y'' - 3y' + 2y = 0,$$

特征方程为

$$r^2 - 3r + 2 = (r-1)(r-2) = 0,$$

解得特征根为 $r_1 = 1$, $r_2 = 2$. 所以齐次方程的通解为

$$Y(x) = C_1\mathrm{e}^{x} + C_2\mathrm{e}^{2x}.$$

由于 $\lambda = -1$ 不是特征方程的根且 $m = 0$, 故设特解为

$$y^*(x) = a\mathrm{e}^{-x},$$

其一阶和二阶导数为

$$y^{*\prime}(x) = -a\mathrm{e}^{-x},\ y^{*\prime\prime}(x) = a\mathrm{e}^{-x}.$$

代入原方程, 并消去 e^{-x} 得 $6a = 6$, 解得 $a = 1$, 因此原方程的一个特解为 $y^*(x) = \mathrm{e}^{-x}$.

于是, 所求方程的通解为

$$y = C_1\mathrm{e}^{x} + C_2\mathrm{e}^{2x} + \mathrm{e}^{-x}.$$

由初值条件 $y\big|_{x=0}=0$, $y'\big|_{x=0}=-1$ 得 $\begin{cases}C_1+C_2+1=0,\\ C_1+2C_2-1=-1\end{cases}$ 解得 $C_1=-2$, $C_2=1$, 于是所求特解为

$$y=-2\mathrm{e}^x+\mathrm{e}^{2x}+\mathrm{e}^{-x}.$$

6. 证明: 方程 $\varphi'(y)\dfrac{\mathrm{d}y}{\mathrm{d}x}+P(x)\varphi(y)=Q(x)$ 在变量代换 $u=\varphi(y)$ 下可化为线性微分方程, 并求出下列微分方程的通解:

(1) $\mathrm{e}^y\left(\dfrac{\mathrm{d}y}{\mathrm{d}x}+1\right)=x$; (2) $\dfrac{\mathrm{d}y}{\mathrm{d}x}+y\mathrm{e}^{-x}=y\ln y$.

证明 令 $u=\varphi(y)$, 则 $\dfrac{\mathrm{d}u}{\mathrm{d}x}=\varphi'(y)\dfrac{\mathrm{d}y}{\mathrm{d}x}$, 从而方程 $\varphi'(y)\dfrac{\mathrm{d}y}{\mathrm{d}x}+P(x)\varphi(y)=Q(x)$ 可化为 $\dfrac{\mathrm{d}u}{\mathrm{d}x}+P(x)u=Q(x)$, 这是一个关于函数 u 的一阶线性微分方程.

(1) 令 $u=\mathrm{e}^y$, 则 $\dfrac{\mathrm{d}u}{\mathrm{d}x}=\mathrm{e}^y\dfrac{\mathrm{d}y}{\mathrm{d}x}$, 于是原方程可化为 $\dfrac{\mathrm{d}u}{\mathrm{d}x}+u=x$. 根据一阶线性微分方程的通解公式, 可得

$$u=\mathrm{e}^{-\int\mathrm{d}x}\left(\int \mathrm{e}^{\int\mathrm{d}x}\mathrm{d}x+C\right)=\mathrm{e}^{-x}(\mathrm{e}^x+C)=1+C\mathrm{e}^{-x}.$$

再将 $u=\mathrm{e}^y$ 代入, 可得原方程的通解为 $\mathrm{e}^y=1+C\mathrm{e}^{-x}$.

(2) 原方程可化为 $\dfrac{1}{y}\cdot\dfrac{\mathrm{d}y}{\mathrm{d}x}-\ln y=-\mathrm{e}^{-x}$.

令 $u=\ln y$, 则 $\dfrac{\mathrm{d}u}{\mathrm{d}x}=\dfrac{1}{y}\cdot\dfrac{\mathrm{d}y}{\mathrm{d}x}$, 于是原方程可化为 $\dfrac{\mathrm{d}u}{\mathrm{d}x}-u=-\mathrm{e}^{-x}$. 根据一阶线性微分方程的通解公式, 可得

$$u=\mathrm{e}^{-\int-\mathrm{d}x}\left[\int(-\mathrm{e}^{-x})\mathrm{e}^{\int-\mathrm{d}x}\mathrm{d}x+C\right]=\mathrm{e}^x\left[\int(-\mathrm{e}^{-2x})\mathrm{d}x+C\right]=\frac{1}{2}\mathrm{e}^{-x}+C\mathrm{e}^x.$$

再将 $u=\ln y$ 代入, 可得原方程的通解为 $\ln y=\dfrac{1}{2}\mathrm{e}^{-x}+C\mathrm{e}^x$.

7. 设可导函数 $f(x)$ 满足方程 $f(x)=\sin x-\displaystyle\int_0^x(x-t)f(t)\mathrm{d}t$, 求 $f(x)$ 的表达式.

解 方程可化为

$$f(x)=\sin x-x\int_0^x f(t)\mathrm{d}t+\int_0^x tf(t)\mathrm{d}t.$$

方程两端同时对 x 求导, 可得

$$f'(x)=\cos x-\int_0^x f(t)\mathrm{d}t. \qquad ①$$

两端再同时对 x 求导, 可得

$$f(x)=-\sin x-f''(x),$$

即 $f''(x)+f(x)=-\sin x$. ②

这是一个关于函数 $f(x)$ 的二阶常系数非齐次线性微分方程. 设 $y=f(x)$, 方程②所对应的齐次方程为 $y''+y=0$, 特征方程为 $r^2+1=0$, 解得特征根为 $r_{1,2}=\pm \mathrm{i}$. 所以齐次方程的通解为

$$Y(x)=C_1\cos x+C_2\sin x.$$

由于 $\lambda+\mathrm{i}\omega=\mathrm{i}$ 是特征方程的根且 $m=0$, 故设方程②的特解为

$$y^*(x)=x(a\cos x+b\sin x),$$

其一阶和二阶导数为

$$y^{*\prime}(x)=(a+bx)\cos x+(b-ax)\sin x,$$

$$y^{*\prime\prime}(x)=(2b-ax)\cos x+(-2a-bx)\sin x.$$

代入方程②得 $2b\cos x-2a\sin x=-\sin x$, 比较等式两端同类项的系数可得 $\begin{cases}2b=0,\\-2a=-1,\end{cases}$ 解得 $a=\dfrac{1}{2}$, $b=0$, 因此方程②的一个特解为

$$y^*(x)=\frac{1}{2}x\cos x.$$

于是, 方程②的通解为

$$y=f(x)=C_1\cos x+C_2\sin x+\frac{1}{2}x\cos x. \qquad ③$$

根据题设条件 $f(x)=\sin x-\int_0^x(x-t)f(t)\mathrm{d}t$, 令 $x=0$, 可得初值条件

$$y\big|_{x=0}=f(0)=0.$$

再对方程①两端令 $x=0$, 可得初值条件

$$y'\big|_{x=0}=f'(0)=1.$$

把初值条件 $y\big|_{x=0}=f(0)=0$, $y'\big|_{x=0}=f'(0)=1$ 代入通解③中可得 $\begin{cases}C_1=0,\\C_2+\dfrac{1}{2}=1,\end{cases}$ 解得 $C_1=0$, $C_2=\dfrac{1}{2}$, 于是方程②的特解为

$$f(x)=\frac{1}{2}\sin x+\frac{1}{2}x\cos x.$$

8. 已知函数 $f(x)$ 具有连续的一阶导数, 且满足 $f(x+t)=\dfrac{f(x)+f(t)}{1-f(x)f(t)}$, 又 $f'(0)=3$, 试导出 $f(x)$ 所满足的微分方程, 并求出 $f(x)$ 的表达式.

解 令 $x=0,t=0$, 由等式 $f(x+t)=\dfrac{f(x)+f(t)}{1-f(x)f(t)}$ 可得 $f(0)=0$. 又

$$f(x+t)-f(x)=\frac{f(x)+f(t)}{1-f(x)f(t)}-f(x)=\frac{f(t)[1+f^2(x)]}{1-f(x)f(t)},$$

则 $f'(x)=\lim\limits_{t\to 0}\dfrac{f(x+t)-f(x)}{t}=\lim\limits_{t\to 0}\dfrac{f(t)[1+f^2(x)]}{t[1-f(x)f(t)]}$

$$=[1+f^2(x)]\lim_{t\to 0}\frac{f(t)}{t[1-f(x)f(t)]}$$

$$=[1+f^2(x)]\lim_{t\to 0}\frac{f(t)}{t}\cdot\lim_{t\to 0}\frac{1}{1-f(x)f(t)}$$

$$=[1+f^2(x)]\lim_{t\to 0}\frac{f(t)-f(0)}{t-0}\cdot\lim_{t\to 0}\frac{1}{1-f(x)f(t)}.$$

由于 $f(0)=0$, 且函数 $f(x)$ 连续, 可得 $\lim\limits_{t\to 0}f(t)=f(0)=0$. 又由 $f'(0)=3$, 可得 $\lim\limits_{t\to 0}\dfrac{f(t)-f(0)}{t-0}=f'(0)=3$, 所以有

$$f'(x)=3[1+f^2(x)],$$

这就是 $f(x)$ 满足的微分方程, 且满足初值条件 $f(0)=0$.

这是一个可分离变量方程, 令 $y=f(x)$, 分离变量两端积分得

$$\int\frac{\mathrm{d}y}{1+y^2}=\int 3\mathrm{d}x,$$

解得 $\arctan y=3x+C$, 于是方程的通解为 $y=f(x)=\tan(3x+C)$.

代入初值条件 $f(0)=0$, 解得 $C=0$, 于是所求函数 $f(x)=\tan 3x$.

9. 某种飞机在机场降落时, 为了减少滑行距离, 在触地的瞬间, 飞机尾部张开减速伞以增大阻力, 使飞机迅速减速并停下. 现已知飞机质量为 9 000 kg, 着陆时的水平速度为 700 km/h. 经测试, 减速伞打开后, 飞机所受的总阻力与飞机的速度成正比 (比例系数为 $k=6.0\times 10^6$). 问从着陆点算起, 飞机滑行的最长距离是多少?

解 飞机的质量 $m=9\,000$ kg, 着陆时的水平速度 $v_0=700$ km/h. 从飞机接触跑道开始计时, 设 t 时刻飞机的滑行距离为 $x(t)$, 速度为 $v(t)$.

根据牛顿第二定律, 得 $m\dfrac{\mathrm{d}^2x}{\mathrm{d}t^2}=-k\dfrac{\mathrm{d}x}{\mathrm{d}t}$, 即 $\dfrac{\mathrm{d}^2x}{\mathrm{d}t^2}+\dfrac{k}{m}\cdot\dfrac{\mathrm{d}x}{\mathrm{d}t}=0$.

这是一个二阶常系数齐次线性微分方程. 其特征方程为

$$r^2+\frac{k}{m}r=r\left(r+\frac{k}{m}\right)=0,$$

解得 $r_1=0$, $r_2=-\dfrac{k}{m}$, 于是, 方程的通解为 $x(t)=C_1+C_2\mathrm{e}^{-\frac{k}{m}t}$.

由初值条件 $x\big|_{t=0}=0$, $x'\big|_{t=0}=v\big|_{t=0}=v_0=700$, 解得

$$C_1=\frac{mv_0}{k}=\frac{9\,000\times 700}{6\times 10^6}=1.05,$$

$$C_2=-\frac{mv_0}{k}=-1.05.$$

于是, 满足初值条件的方程的特解为 $x(t)=1.05+1.05\mathrm{e}^{-\frac{2\,000}{3}t}$.

当 $t\to+\infty$ 时, $x(t)\to 1.05$, 所以飞机滑行的最长距离为 1.05 km.

10. 设圆柱形浮筒的直径为 0.5 m, 将它铅直放在水中, 当稍向下压后突然放开, 浮筒在水中上下振动的周期为 2 s, 求浮筒的质量.

解 设浮筒的质量为 m, 水的密度为 $\rho = 1\,000\ \mathrm{kg/m^2}$, 浮筒的直径 $D = 0.5$ m, 浮筒的横截面积为 $S = \dfrac{\pi D^2}{4}$, 且设压下的位移随时间的变化关系为 $x(t)$, 则 $f = -\rho g S \cdot x$. 又 $f = ma = m\dfrac{\mathrm{d}^2x}{\mathrm{d}t^2}$, 因此 $-\rho g S \cdot x = m\dfrac{\mathrm{d}^2x}{\mathrm{d}t^2}$, 即 $\dfrac{\mathrm{d}^2x}{\mathrm{d}t^2} + \dfrac{\rho g S}{m}x = 0$.

这是一个二阶常系数齐次线性微分方程, 其特征方程为 $r^2 + \dfrac{\rho g S}{m} = 0$, 解得特征根为 $r_{1,2} = \pm\sqrt{\dfrac{\rho g S}{m}}\mathrm{i}$. 于是微分方程的通解为

$$x = C_1 \cos\sqrt{\frac{\rho g S}{m}}t + C_2 \sin\sqrt{\frac{\rho g S}{m}}t,$$

整理后, 可化为 $x = A\sin\left(\sqrt{\dfrac{\rho g S}{m}}t + \varphi\right)$.

由此得浮筒振动的频率为 $\omega = \sqrt{\dfrac{\rho g S}{m}}$. 因为周期 $T = 2$, 故 $\dfrac{2\pi}{\omega} = 2\pi\sqrt{\dfrac{m}{\rho g S}} = 2$, 所以浮筒的质量

$$m = \frac{\rho g S}{\pi^2} = \frac{1\,000 \times 9.8 \times 0.5^2}{4\pi} \approx 195\ \mathrm{kg}.$$

11. 已知某车间的容积为 $30 \times 30 \times 6\ \mathrm{m^3}$, 车间内空气中二氧化碳的含量为 0.12%, 现输入二氧化碳含量为 0.04% 的新鲜空气, 假定新鲜空气进入车间后立即与车间内原有空气均匀混合, 并且有等量混合气体从车间排出, 问每分钟应输入多少这样的新鲜空气, 才能在 30 min 后使车间内二氧化碳的含量不超过 0.06%?

解 设每分钟应输入的空气为 $a\ \mathrm{m^3}$, t 时刻车间中二氧化碳的浓度为 $x(t)$, 则车间中二氧化碳的含量 (以体积计算) 在 t 时刻经过 $\mathrm{d}t$ min 的改变量为

$$30 \times 30 \times 6\mathrm{d}x = 0.000\,4a\mathrm{d}t - ax\mathrm{d}t.$$

分离变量得

$$\frac{1}{x - 0.000\,4}\mathrm{d}x = -\frac{a}{5\,400}\mathrm{d}t,$$

由于 $x > 0.000\,4$, 故两边积分得 $\ln(x - 0.000\,4) = -\dfrac{a}{5\,400}t + \ln C$, 即 $x = 0.000\,4 + C\mathrm{e}^{-\frac{a}{5\,400}t}$.

由于开始时车间中的空气含 0.12% 的二氧化碳, 即 $x\big|_{t=0} = 0.001\,2$, 代入上式得

$$C = 0.000\,8.$$

因此, $x = 0.000\,4 + 0.000\,8\mathrm{e}^{-\frac{a}{5\,400}t}$. 由上式得 $a = -\dfrac{5\,400}{t}\ln\dfrac{x - 0.004}{0.000\,8}$.

由于要求 30 min 后车间中二氧化碳的含量不超过 0.06%, 即当 $t = 30$ 时, $x \leqslant$

0.000 6, 将 $t=30$, $x=0.000\,6$ 代入上式得 $a=180\ln 4\approx 250$.

因为 $x'=-\dfrac{0.000\,8}{5\,400}\mathrm{e}^{-\frac{a}{5\,400}t}<0$, 所以 x 是 a 的减函数, 当 $a\geqslant 250$ 时可保证 $x\leqslant 0.000\,6$. 故每分钟输入新鲜空气的量不得小于 250 m^3.

12. 设船 A 从原点出发, 以固定的速率 v_1 沿 y 轴正向行驶, 另有船 B 从 x 轴负半轴上某点 $(x_0,0)$ 同时出发, 始终以指向船 A 的固定速率 v_2 $(v_2>v_1)$ 朝 A 追去, 试求船 B 的行驶路线, 并计算需要多少时间船 B 才能追上船 A?

解 设经过时间 t, 船 A 从原点 $O(0,0)$ 行驶到点 $C(0,v_1t)$, 船 B 从点 $P_0(x_0,0)$ 行驶到 $P(x(t),y(t))$, 则 y 关于 x 的函数关系式 $y=y(x)$ 即为船 B 的行驶路线 L, 如图 4.4 所示.

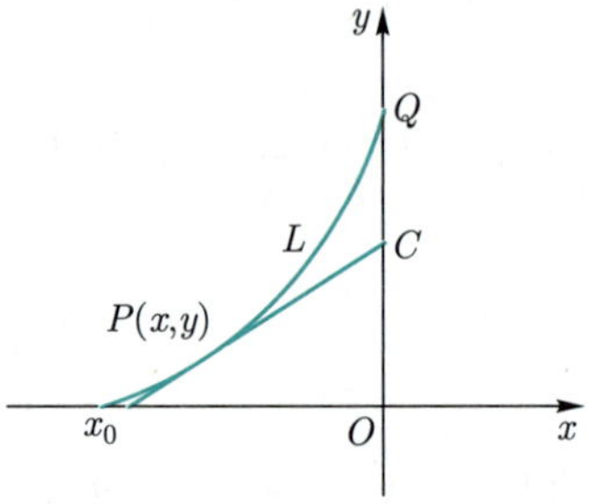

图 4.4

由于船 B 的速度方向始终指向船 A, 故船 B 始终沿着运动曲线 L 各点处的切线方向追逐, 即直线 PC 始终为船 B 的运动曲线 L 在点 P 处的切线. 于是, 船 B 的运动曲线 L: $y=y(x)$ 在点 P 处的切线 PC 的斜率 $\dfrac{\mathrm{d}y}{\mathrm{d}x}=k_{PC}=\dfrac{y-v_1t}{x}$, 即

$$x\frac{\mathrm{d}y}{\mathrm{d}x}=y-v_1t. \qquad ①$$

为求解函数 $y=y(x)$, 需先消去 t, 为此将①两端同时对 x 求导, 可得

$$x\frac{\mathrm{d}^2y}{\mathrm{d}x^2}=-v_1\frac{\mathrm{d}t}{\mathrm{d}x}. \qquad ②$$

而 $\dfrac{\mathrm{d}t}{\mathrm{d}x}=\dfrac{\mathrm{d}t}{\mathrm{d}s}\cdot\dfrac{\mathrm{d}s}{\mathrm{d}x}=\dfrac{1}{v_2}\sqrt{1+\left(\dfrac{\mathrm{d}y}{\mathrm{d}x}\right)^2}$, 其中 s 表示曲线 $y=y(x)$ 的弧长.

代入方程②可消去 t 得

$$x\frac{\mathrm{d}^2y}{\mathrm{d}x^2}=-v_1\frac{\sqrt{1+\left(\dfrac{\mathrm{d}y}{\mathrm{d}x}\right)^2}}{v_2},\ \text{且满足初值条件}\ y\big|_{x=x_0}=0,\ \left.\frac{\mathrm{d}y}{\mathrm{d}x}\right|_{x=x_0}=0.$$

这是一个不显含 y 的二阶可降阶微分方程. 故设 $y'=p$, 则 $\dfrac{\mathrm{d}^2y}{\mathrm{d}x^2}=\dfrac{\mathrm{d}p}{\mathrm{d}x}$, 方程化为

$$x\frac{\mathrm{d}p}{\mathrm{d}x}=-\frac{v_1}{v_2}\sqrt{1+p^2},$$

这是可分离变量微分方程. 分离变量得 $\dfrac{\mathrm{d}p}{\sqrt{1+p^2}}=-\dfrac{v_1}{v_2}\cdot\dfrac{\mathrm{d}x}{x}$.

两端积分得 $\displaystyle\int\frac{\mathrm{d}p}{\sqrt{1+p^2}}=-\frac{v_1}{v_2}\int\frac{\mathrm{d}x}{x}$, 解得 $\ln\left(p+\sqrt{1+p^2}\right)=-\dfrac{v_1}{v_2}\ln|x|+C$, 即方程的通解为

$$p+\sqrt{1+p^2}=C_1x^{-\frac{v_1}{v_2}}, \qquad ③$$

从而有

$$p-\sqrt{1+p^2}=-\frac{1}{p+\sqrt{1+p^2}}=-\frac{1}{C_1}x^{\frac{v_1}{v_2}}. \qquad ④$$

由③④式可得

$$p=\frac{\mathrm{d}y}{\mathrm{d}x}=\frac{1}{2}\left(C_1x^{-\frac{v_1}{v_2}}-\frac{1}{C_1}x^{\frac{v_1}{v_2}}\right).$$

两端积分得

$$y=\int\frac{1}{2}\left(C_1x^{-\frac{v_1}{v_2}}-\frac{1}{C_1}x^{\frac{v_1}{v_2}}\right)\mathrm{d}x=\frac{C_1v_2}{2(v_2-v_1)}x^{1-\frac{v_1}{v_2}}-\frac{v_2}{2C_1(v_2+v_1)}x^{1+\frac{v_1}{v_2}}+C_2,$$

代入初值条件 $y\big|_{x=x_0}=0,\ p\big|_{x=x_0}=\left.\frac{\mathrm{d}y}{\mathrm{d}x}\right|_{x=x_0}=0$, 解得 $C_1=x_0^{\frac{v_1}{v_2}}$, $C_2=-\frac{v_1v_2x_0}{v_2^2-v_1^2}$.

于是可得船 B 的运动曲线 L 的方程为

$$y=\frac{v_2x_0^{\frac{v_1}{v_2}}}{2(v_2-v_1)}x^{1-\frac{v_1}{v_2}}-\frac{v_2}{2x_0^{\frac{v_1}{v_2}}(v_2+v_1)}x^{1+\frac{v_1}{v_2}}-\frac{v_1v_2x_0}{v_2^2-v_1^2}.$$

当船 B 追上船 A 时, 曲线 L 与 y 轴相交, 此时交点 Q 的横坐标 $x=0$, 代入上式可得船 A 跑过的距离为

$$y=-\frac{v_1v_2x_0}{v_2^2-v_1^2}.$$

船 B 追上船 A 时所需时间

$$T=-\frac{v_1v_2x_0}{v_2^2-v_1^2}\cdot\frac{1}{v_1}=-\frac{v_2x_0}{v_2^2-v_1^2}.$$